"十四五"职业教育国家规划教材

人工智能技术应用核心课程系列教材

人工智能技术应用导论
（第2版）

聂 明 编著

电子工业出版社
Publishing House of Electronics Industry
北京·BEIJING

内 容 简 介

本书是"人工智能技术应用核心课程系列教材"之一，通过对人工智能基础概念、技术分类、技术应用、开发平台、应用场景和开发运行环境等的系统介绍，结合样板程序、经典案例的上机实践与代码分析，使初学者快速地对人工智能的技术全貌建立起系统的认识，并且掌握典型应用开发环境与平台的安装、配置及应用编程基础技术。

本书非常适合对人工智能、机器学习、深度学习、大模型与AIGC感兴趣的读者；需要掌握人工智能通识知识的政府、企事业人员和高校学生；需要先行快速了解人工智能技术全貌、为后续深入学习奠定基础的在校大学生；期望快速进入数据工程、图像识别、机器视觉、智慧语音、自然语言处理、智能机器人、大语言模型与AIGC等人工智能专业应用领域从事研发工作的工程技术人员。

未经许可，不得以任何方式复制或抄袭本书之部分或全部内容。
版权所有，侵权必究。

图书在版编目（CIP）数据

人工智能技术应用导论 / 聂明编著. —2版. —北京：电子工业出版社，2024.7
ISBN 978-7-121-47981-6

Ⅰ．①人…　Ⅱ．①聂…　Ⅲ．①人工智能－教材　Ⅳ．①TP18

中国国家版本馆 CIP 数据核字（2024）第 109327 号

责任编辑：康　静
印　　刷：三河市良远印务有限公司
装　　订：三河市良远印务有限公司
出版发行：电子工业出版社
　　　　　北京市海淀区万寿路 173 信箱　邮编 100036
开　　本：787×1 092　1/16　印张：23.25　字数：595.2 千字
版　　次：2019 年 4 月第 1 版
　　　　　2024 年 7 月第 2 版
印　　次：2025 年 5 月第 3 次印刷
定　　价：59.00 元

凡所购买电子工业出版社图书有缺损问题，请向购买书店调换。若书店售缺，请与本社发行部联系，联系及邮购电话：（010）88254888，88258888。
质量投诉请发邮件至 zlts@phei.com.cn，盗版侵权举报请发邮件至 dbqq@phei.com.cn。
本书咨询联系方式：（010）88254609，hzh@phei.com.cn。

"人工智能技术应用核心课程系列教材"

丛书编委会

顾问：
- 王国胤　　中国人工智能学会副理事长
  　　　　　重庆邮电大学副校长、教授、博导
- 赵云峰　　工业和信息化部国际合作司 副司长
  　　　　　电子工业出版社 原副社长
- 齐红威　　数据堂（北京）科技股份有限公司创始人
  　　　　　中科院自动化所博士、正高级工程师

主任：
- 马　蕾　　工业和信息化部教育与考试中心 原主任
  　　　　　全国工业和信息化职业教育教学指导委员会 原主任

副主任：
- 田　敏　　南京信息职业技术学院校长、教授
- 聂　明　　南京信息职业技术学院人工智能学院院长、教授、博士

委员：
- 陈力军　　南京大学计算机科学与技术系教授、博导
- 王卫宁　　中国人工智能学会秘书长，北京邮电大学研究员
- 张晓蕾　　北京信息职业技术学院副校长、教授
- 杜庆波　　南京信息职业技术学院副校长、教授
- 杨　明　　江苏省人工智能学会教育专委会主任、南京师范大学教授、博导
- 刘瑞祯　　上海中科智谷人工智能工业研究院院长、博士
- 吴章勇　　华为通信技术有限公司全球培训中心副部长、博士
- 刘小兵　　清华紫光集团新华三大学副校长
- 余　意　　中科院自动化所泰州智能制造研究院执行院长、博士
- 胡光永　　南京工业职业技术大学计算机与软件学院院长、教授
- 周连兵　　东营职业学院人工智能学院院长、教授
- 陈正东　　南京科技职业学院信息工程学院院长、副教授
- 张　娟　　江苏海事职业技术学院信息工程学院院长、教授、博士
- 杨功元　　新疆农业职业技术学院信息技术学院书记、教授
- 孙彩玲　　烟台工程职业技术学院电气与新能源工程系主任、教授
- 钱春花　　苏州农业职业技术学院人工智能专业负责人、博士
- 祝欣蓉　　上海杉达学院信息科学与技术学院副教授

推荐序 第2版

作为一名长期致力于人工智能研究和应用开发的工程技术专家，我深刻理解人工智能技术对现代社会的革命性影响。它不仅重塑了我们的生活方式，提升了工作效率，还在各行各业中发挥着越来越关键的作用。在这个充满潜力的新时代，我们迫切需要更多对人工智能充满热情的人才，这也是我为《人工智能技术应用导论》（第2版）写推荐序的原因。

聂明教授的这本著作不仅在第一版成功入选"十四五"职业教育国家规划教材的基础上进行了全面的更新，还增添了对当下热门话题如人工智能预训练大模型和内容生成等的深入探讨。本书从人工智能的历史沉淀到现今的前沿应用，从基础理论到实际案例，无论你是初步涉猎，还是深度研究，都能为你提供富有价值的参考和启示。它既关注人工智能本身的概念、理论和技术应用，又给出大量的样板程序供读者上机实践和编程训练。

人工智能不仅是工具，更是一种推动创新的思维方式、一种对未来的无限探索和想象。每一次技术突破都带来新的挑战和机遇，每个人都有机会参与到这个激动人心的时代。作为一名资深的人工智能研究者，我深知掌握这门学科的复杂性和挑战性，但正是这些挑战赋予了它无限的魅力。正如攀登高山，虽然过程艰辛，但从山顶远眺，你会发现所有努力都是值得的。

这本书就像一盏灯塔，在人工智能的浩瀚海洋中为我们指明方向。无论你是初学者还是资深专家，学生还是职场人士，都能在这本书中找到宝贵的知识和启发。它将带领你走进一个充满机遇、挑战和惊喜的新世界。这个世界等待你去探索、开创和改变。我期待你的加入，共同开启人工智能世界的新篇章，创造不可思议的未来。

愿这本书成为你的良师益友，伴随你在人工智能领域不断探索、成长。勇敢迈出学习的第一步，你将在阅读这本书的过程中找到自己的人工智能技术应用之路。

齐红威

数据堂（北京）科技股份有限公司创始人

中科院自动化所博士、正高级工程师

2023 年 12 月

推荐序一

多年来，高等学校在人工智能相关领域的硕士、博士培养上非常活跃，以北京大学为代表的几十所重点大学也开设了"智能科学与技术"的本科专业，《神经元网络》《模式识别》《计算机视觉》《机器学习》《深度学习》《人工智能导论》《自然语言处理》等人工智能领域的专著、教材也很多。但是，针对人工智能产业人才培养、针对高等职业院校学生以及社会上对人工智能感兴趣的政府与企事业人员，能够低起点地、通俗易懂地系统讲解人工智能技术应用，并且能够上机一步步地进行案例实践，这是本书的一大创新。

2016年，随着AlphaGo击败人类顶级围棋大师，人工智能产业迎来了蓬勃发展的春天。在谷歌、微软、IBM、BAT、科大讯飞等专业公司开发的通用技术与产品的支撑下，人工智能正在"赋能"各行各业，"AI+教育""AI+媒体""AI+医学""AI+物流""AI+农业"等行业应用层出不穷。蓬勃发展的人工智能产业需要高端的基础理论、算法、工具和芯片等的研究型、开拓型人才，同时还需要大量的人工智能技术应用型人才，去从事应用开发、数据处理、系统运维、开发管理、产品营销等技术应用型岗位的工作。

本书通过对人工智能基础概念、技术分类、开发平台、应用场景和开发运行环境及编程语言等的系统介绍，结合样板程序、经典案例的上机实践与代码分析，能够使初学者快速地对人工智能的技术全貌建立起系统的认识，并且掌握典型应用开发环境与平台的安装、配置及应用编程基础技术。本书是一部内容全面、概念清晰、通俗简洁的科普读物和专业入门教材。

作者聂明教授是上海交通大学阮雪榆院士的博士研究生，1996年进入南京航空航天大学航空宇航博士后流动站，由我指导从事互联网软件体系结构的研究工作，是国内早期在软件体系结构、CAD/CAM和Web开发等领域都具有深厚理论和实践经验的学者。1998年出站后，专业从事IT职业培训和职业教育工作。多年来，一直紧跟Web开发、云计算、大数据和人工智能等IT新技术的产业应用热点，对C++、Java、Linux、Hadoop、Spark、OpenStack、Python和Caffe、Tensorflow与PyTorch等工具、技术与平台已经融会贯通。相信本书能够帮助读者在较短时间内理解人工智能的全貌，掌握基本的上机案例实现技术，为后续的深入学习奠定良好基础。

丁秋林
南京航空航天大学教授、博导
2019年4月

推荐序二

自1956年的达特茅斯会议正式提出人工智能的概念后，经过六十多年的发展，今天的人工智能已经形成了一个由基础层、技术层与应用层构成的、蓬勃发展的产业生态，应用在人类生产、生活的各个领域，深刻而广泛地改变着人类的生产与生活方式，"AI+制造""AI+控制""AI+教育""AI+媒体""AI+医疗""AI+物流""AI+农业"等应用层出不穷。许多存在于科幻小说中的内容成为了现实：人工智能完胜人类顶尖围棋选手，自动驾驶汽车日趋成熟，生产线上大批量的机器人正在取代人工，城市装上了"智慧大脑"……

目前许多国内外知名的互联网企业、科研院所都在建立自己的人工智能研发团队，许多高校在开设人工智能相关的专业，许多企业在大量采用相关的人工智能技术，以期研发 AI 产品与工具，或者采用 AI 技术提升产品的体验和智能化程度。然而，各种 AI 名词也吓退了很多非科班出身的人工智能爱好者，神经元网络、知识表示、机器学习、深度学习、编程框架、海量计算、卷积、池化、贝叶斯公式、反向传播、梯度下降，等等，非常容易让初学者认为人工智能是个"高门槛"的专业领域。

这些现存问题，正是我对这本书寄予厚望的原因——这是一本适合具有初步计算机和数学基础的爱好者走近人工智能的入门级教程。因为它既有浅显易懂的文字叙述，又有完整的示例及代码注释，通过对人工智能产业构成、基础概念、技术分类、开发平台、应用场景和开发运行环境以及编程语言等的介绍，结合样板程序与经典案例分析，可以快速地使初学者对人工智能的技术全貌建立起系统的认识，并且还可以进一步通过"Step By Step"的上机操作，方便地掌握典型人工智能应用开发环境与平台的安装、配置和应用编程基础技术，让读者可以快速而直观地享受到上机调试、编程实现典型案例的成就感，激发学习兴趣。

蓬勃发展的人工智能产业需要大量的技术应用型人才；同时，企事业、政府的管理人员也需要了解、学习当前的人工智能基础知识。我相信有志于加入人工智能热潮的莘莘学子和企事业人员以及广大人工智能爱好者，能够通过此书快速系统地开启人工智能的学习之旅，在最短的时间内熟悉人工智能的主要概念、工具、技术与语言，为在这一领域更深入地学习打下基础，进一步成为人工智能技术应用的专业工程师或内行的组织、管理者。

本书简明扼要、理论实践相结合，是人工智能技术应用入门级教程，我很高兴地将它推荐给广大读者。

陈力军
南京大学-计算机科学与技术系教授
-计算机软件新技术国家重点实验室博导
-智能机器人研究院院长
2019 年 4 月

在党的二十大报告中，我们看到了对构建新一代信息技术和人工智能等新的增长引擎的强调。经过六十多年的发展，随着 2016 年谷歌 AlphaGo 战胜人类围棋顶尖选手、2022 年 OpenAI 的 ChatGPT 的凌空出世，以及深度学习在图像识别、自然语言处理、计算机视觉、自动驾驶和商业智能等领域取得突破性成绩，人工智能的多种专项技术的工程化、实用化的黄金时代到来了，整个人工智能产业迎来了蓬勃发展的朝阳时代。

从技术角度看，人工智能可划分为基础理论、通用技术与工具、行业应用的三层纵向结构，是云计算下的大数据与芯片加速、算法与工具，以及目标识别、图像理解、计算机视觉、语音识别、知识表示、自然语言理解、机器翻译、语音合成、智能机器人、商业智能等一项项的分支技术；而从应用角度看，人工智能则是横向的，是已渗透到医疗、通信、教育、制造、交通、金融、商业、娱乐、居家等领域的一项项智能应用（AI+）。多种人工智能分支技术组合后形成的智能应用型产品或服务，正在"赋能"当今的各行各业，掀起了一场轰轰烈烈的智能化推进热潮。车牌识别、人脸识别、电商产品推荐、语音交互、智能音箱、智能导航、手术机器人、医学影像识别、智能检测、智能安防、智能配送、车脸识别、自动驾驶、情感机器人、智能客服、虚拟现实、谷歌 Brain、IBM Watson、阿里城市大脑、百度大脑、讯飞超脑、元宇宙等一系列由人工智能驱动的应用与平台，已经广泛融入当今的工农业生产和人们的日常生活，从技术和应用两个维度构造出了一个当今蓬勃发展的人工智能产业。中国信息通信研究院发布的《2017 年中国人工智能产业数据报告》显示，2017 年我国人工智能市场规模达到 216.9 亿元，同比增长 52.8%，预计到 2030 年，中国人工智能核心产业规模将超过 1 万亿元，带动相关产业规模超过 10 万亿元。

蓬勃发展的人工智能产业需要高端的基础理论、算法、工具和芯片等的研究型、开拓型人才，同时还需要大量的人工智能技术应用型人才，去从事应用开发、数据处理（包括数据收集、转换、整理、管理、清洗、脱敏、标注等）、系统运维、产品营销等技术应用型岗位的工作。工业和信息化部教育与考试中心相关负责人曾在 2016 年向媒体透露，中国人工智能人才缺口超过 500 万，而缺少的绝大多数是人工智能技术应用型人才。正是在这样一个人工智能产业人才缺口巨大的背景下，作者依靠多年的 IT 研发、职业培训和职业教育背景，在全国工业和信息化职业教育教学指导委员会的支持下，组织相关院校和产业界的专家、学者，于 2015 年开始着手规划设计高等职业院校"人工智能技术应用"新专业，从人工智能产业人才需求调研、目标岗位划分、岗位技能抽取、工作任务分解、人才培养方案制定、核心教材开发、实验实训解决方案规划、师资培养、线上学习平台开发等多个维度展开了系列的推进工作。本书是"人工智能技术应用核心课程系列教材"之一，首次正式出版是在 2019 年 4 月，面向大学新生或相当起点的人工智能爱好者，通过对人工智能产业构成、基础概念、技术分类、开发平台、应用场景、开发运行环境及编程语言等的系统介绍，结合样板程序与经典案例分析，使读者快速对人工智能的技术全貌建立起系统的认识，并且通过"Step by Step"的上机操作，使读者轻松地掌握典型人工智能应用开发环境和平台的安装、配置及应用编程基础技术。

万事开头难，而人工智能又是个公认的"高门槛"专业领域。本书的一大编写特征就是让初学者打消顾虑，从人工智能的基础知识到基本操作都能轻松入门并建立起整体概念，为后续专项地、深入地学习人工智能应用技术奠定良好的基础。第 1 章像讲故事一样叙述了人工智能的产生、发展、概念、产业生态与人才需求；第 2 章以展现和体验的方式描述了当今人工智能的多种典型应用；第 3 章的 Python 数据处理是未来人工智能产业人才的主要岗位技能，给出了基础概念与基本处理示例；第 4 章～第 6 章通过基本概念讲解、开发环境搭建、样板程序展示、典型案例分析，通俗易懂地介绍了机器学习、神经元网络、深度学习等主流人工智能实现技术；第 7 章介绍了当前热门的预训练大模型与人工智能内容生成（AIGC）的概念、技术和应用；第 8 章人工智能的机遇、挑战与未来是本书的结尾和落脚点，通过对当前火爆的人工智能产业的总结、"智能代工"大潮的分析、对人工智能即将引爆第五次工业革命的大胆预测，尤其是对 2023 年以 GPT-4 为代表的一系列预训练多模态大模型的突出表现，清晰地为广大读者展现出了一幅通用人工智能（AGI）的大门即将徐徐打开、美好智能社会即将到来的蓝图，激发广大读者投身人工智能产业的热情。

感谢"人工智能技术应用核心课程系列教材"编委会各位领导、专家的指导；感谢参与本书部分章节编写和程序调试的南京信息职业技术学院人工智能学院的倪靖副教授、杨和稳副教授、张霞博士、夏嵬博士、孙仁鹏副教授；感谢为本书提出宝贵意见的数据堂（北京）科技股份有限公司总裁齐红威博士、中国科学院自动化研究所余意博士、南京工业职业技术大学计算机与软件学院院长胡光永教授、南京斯达通自动化科技有限公司陈正军总裁。另外，本书引用了一些专著、教材、论文、报告和网络上的成果、素材、结论或图文，受篇幅限制没有在参考文献中一一列出，在此一并向原创作者表示衷心感谢。

由于时间仓促，编著者水平有限，疏漏和不足之处在所难免，恳请广大读者和社会各界朋友批评指正！编著者联系邮箱：427723799@qq.com。

期望本书的出版发行，能够更好地为广大读者起到快速入门的指导作用，也期望能够为全国高等职业院校开设、办好"人工智能技术应用"新专业起到引导作用。

编著者

2024 年 1 月

第 1 章 人工智能的产生与发展 ································· 1

1.1 引言——激动人心的 AI-2016 与 AI-2023 ················· 1
1.1.1 人工智能的基本概念 ················· 1
1.1.2 AI-2016——无敌围棋系统 AlphaGo ················· 2
1.1.3 AI-2023——预训练大语言模型 GPT-4 凌空出世 ················· 3
1.1.4 计算机视觉的"世界杯"——ILSVRC ················· 4
1.1.5 计算机听觉的实现——智能语音处理 ················· 5
1.1.6 AI 的综合应用——自动驾驶汽车 ················· 6
1.1.7 我国新一代 AI 发展规划出台 ················· 7

1.2 人工智能的产生与发展 ················· 8
1.2.1 AI 的孕育与诞生（1943—1955） ················· 8
1.2.2 AI 艰难发展的六十年（1956—2016） ················· 9
1.2.3 AI 突飞猛进的七年（2017—2023） ················· 11

1.3 认识 AI 的赋能 ················· 12
1.3.1 AI 赋能的含义 ················· 12
1.3.2 感知能力——图像与视觉 ················· 12
1.3.3 语言能力——自然语言处理 ················· 15
1.3.4 记忆能力——知识表示与知识图谱 ················· 16
1.3.5 推理能力——自动推理与专家系统 ················· 17
1.3.6 规划能力——智能规划 ················· 19
1.3.7 学习能力——机器学习 ················· 19
1.3.8 AI 赋能实体经济 ················· 19

1.4 人工智能、机器学习与深度学习 ················· 21
1.4.1 AI 的分类 ················· 21
1.4.2 人工智能与机器智能 ················· 22
1.4.3 人工智能与模式识别 ················· 23
1.4.4 机器学习 ················· 23

IX

		1.4.5	深度学习	24
	1.5	算法、算力与大数据		25
		1.5.1	人工智能崛起的三大基石	25
		1.5.2	计算能力	25
		1.5.3	云存储与大数据	26
		1.5.4	人工智能算法	27
	1.6	人工智能的产业生态		28
		1.6.1	人工智能产业生态的三层划分	28
		1.6.2	基础层	28
		1.6.3	技术层	33
		1.6.4	应用层	34
	1.7	科技巨头在 AI 领域的布局		34
		1.7.1	国外科技巨头在 AI 领域的布局	34
		1.7.2	我国科技巨头在 AI 领域的布局	37
	1.8	人工智能产业人才需求与学习路径		40
		1.8.1	人工智能产业人才的含义	40
		1.8.2	人工智能产业人才的技能需求	41
第 2 章	AI 典型应用展现与体验			44
	2.1	科大讯飞开放平台		44
		2.1.1	科大讯飞开放平台简介	44
		2.1.2	平台特色	45
		2.1.3	功能特点	46
		2.1.4	应用领域	46
		2.1.5	讯飞输入法体验	48
		2.1.6	讯飞智能音箱体验	49
		2.1.7	讯飞星火认知大模型	50
	2.2	OpenAI 的 GPT 与 ChatGPT		52
		2.2.1	GPT 与 ChatGPT 简介	52
		2.2.2	调用 GPT-2 进行文本生成	53
		2.2.3	ChatGPT 的基础应用与文档生成	54
		2.2.4	GPT-4 的编程能力与代码生成	55
	2.3	微软 New Bing 与 Copilot		58
		2.3.1	微软智能搜索工具 New Bing	58
		2.3.2	微软 AI 工具 Copilot	59
		2.3.3	智能操作系统：Windows 11+ Copilot	59
	2.4	AIGC 的图像生成		60
		2.4.1	AIGC 图像生成简介	60
		2.4.2	AI 图像生成的原理与应用场景	61

  2.4.3 常用 AIGC 图像生成工具 ………………………………………………………… 62

 2.5 人脸识别系统 ………………………………………………………………………… 62

  2.5.1 人脸识别简介 …………………………………………………………………… 62

  2.5.2 人脸检测 ………………………………………………………………………… 63

  2.5.3 人脸对比 ………………………………………………………………………… 63

  2.5.4 人脸查找 ………………………………………………………………………… 63

  2.5.5 人脸识别应用体验 ……………………………………………………………… 64

 2.6 智能商务 ……………………………………………………………………………… 64

  2.6.1 AI 助力电子商务 ………………………………………………………………… 64

  2.6.2 典型电子商务 AI 应用 …………………………………………………………… 64

  2.6.3 电子商务的大数据 ……………………………………………………………… 66

 2.7 智能机器人 …………………………………………………………………………… 68

  2.7.1 苹果 Siri ………………………………………………………………………… 70

  2.7.2 百度机器人 ……………………………………………………………………… 71

  2.7.3 讯飞机器人 ……………………………………………………………………… 74

  2.7.4 汉森机器人公司 Sophia ………………………………………………………… 74

  2.7.5 达闼云端智能服务机器人 ……………………………………………………… 75

 2.8 智能视频监控 ………………………………………………………………………… 77

  2.8.1 智能视频监控简介 ……………………………………………………………… 77

  2.8.2 运动目标检测 …………………………………………………………………… 77

  2.8.3 目标跟踪 ………………………………………………………………………… 78

  2.8.4 三维建模 ………………………………………………………………………… 80

  2.8.5 行人重识别 ……………………………………………………………………… 80

  2.8.6 行为理解和描述 ………………………………………………………………… 81

 2.9 智能数字人 …………………………………………………………………………… 82

  2.9.1 智能数字人简介 ………………………………………………………………… 82

  2.9.2 智能数字人解决方案 …………………………………………………………… 82

  2.9.3 智能数字人的应用 ……………………………………………………………… 83

第 3 章 Python 数据处理 ……………………………………………………………………… 85

 3.1 Python 基本数据类型 ………………………………………………………………… 85

  3.1.1 Number（数字类型）…………………………………………………………… 85

  3.1.2 List（列表）……………………………………………………………………… 86

  3.1.3 Tuple（元组）…………………………………………………………………… 88

  3.1.4 Dictionary（字典）……………………………………………………………… 90

  3.1.5 String（字符串）………………………………………………………………… 91

  3.1.6 Set（集合）……………………………………………………………………… 94

 3.2 常用数据处理模块 …………………………………………………………………… 95

  3.2.1 NumPy …………………………………………………………………………… 95

XI

3.2.2 Pandas……103
3.2.3 Matplotlib 库……106
3.3 常见数据集简介……109
3.3.1 MNIST 数据集……109
3.3.2 CTW 数据集……111
3.4 数据收集、整理与清洗……112
3.4.1 数据收集……112
3.4.2 数据整理……115
3.4.3 数据清洗……117
3.5 数据分析……122
3.5.1 CSV 文件……122
3.5.2 Excel 文件……127
3.6 图像处理……132
3.6.1 数字图像处理技术……132
3.6.2 图像格式的转化……133
3.6.3 Python 图像处理……135

第 4 章 机器学习及其典型算法应用……141

4.1 机器学习简介……141
4.1.1 基本含义……141
4.1.2 应用场景……141
4.1.3 机器学习类型……143
4.1.4 机器学习的相关术语……145
4.1.5 scikit-learn 平台……147
4.2 分类任务……147
4.2.1 K 近邻分类算法……148
4.2.2 决策树分类算法……150
4.2.3 贝叶斯分类算法……153
4.2.4 支持向量机分类算法……155
4.2.5 人工神经网络……157
4.3 回归任务……158
4.3.1 回归的含义……158
4.3.2 线性回归……158
4.3.3 逻辑回归……159
4.3.4 回归主要算法……161
4.4 聚类任务……165
4.4.1 聚类的含义……165
4.4.2 聚类主要算法……165
4.4.3 聚类任务示例……167

4.5　机器学习应用实例 168
　　　　4.5.1　手写数字识别 168
　　　　4.5.2　波士顿房价预测 171

第 5 章　神经网络及其基础算法应用 179

　　5.1　神经网络简介 179
　　　　5.1.1　生物神经元 179
　　　　5.1.2　人工神经网络的概念 180
　　　　5.1.3　人工神经元模型与神经网络 181
　　　　5.1.4　感知器算法及应用示例 184
　　　　5.1.5　神经网络可视化工具——PlayGround 188
　　5.2　前馈神经网络 190
　　　　5.2.1　前馈神经网络模型 190
　　　　5.2.2　反向传播神经网络 191
　　　　5.2.3　反向传播神经网络算法规则 192
　　　　5.2.4　反向传播神经网络应用示例 193
　　5.3　反馈神经网络模型 197
　　　　5.3.1　反馈神经网络模型简介 197
　　　　5.3.2　离散 Hopfield 神经网络 198
　　　　5.3.3　连续 Hopfield 神经网络 205
　　5.4　循环神经网络 206
　　5.5　卷积神经网络 209
　　　　5.5.1　卷积与卷积神经网络简介 209
　　　　5.5.2　卷积神经网络的结构——LeNet-5 212
　　　　5.5.3　卷积神经网络的学习规则 221
　　　　5.5.4　卷积神经网络应用示例 223

第 6 章　深度学习及其典型算法应用 228

　　6.1　深度学习框架简介 228
　　　　6.1.1　深度学习框架社区情况 228
　　　　6.1.2　深度学习框架比较 229
　　6.2　TensorFlow 深度学习框架 233
　　　　6.2.1　TensorFlow 建模流程 233
　　　　6.2.2　TensorFlow 层次结构 233
　　　　6.2.3　TensorFlow 的高阶 API 234
　　　　6.2.4　TensorFlow 开发环境搭建 235
　　　　6.2.5　TensorFlow 组成模型 238
　　　　6.2.6　TensorFlow 实现线性回归 246
　　　　6.2.7　TensorFlow 实现全连接神经网络 249
　　6.3　深度学习在 MNIST 图像识别中的应用 250

XIII

- 6.3.1 MNIST 数据集及其识别方法 250
- 6.3.2 全连接神经网络识别 MNIST 图像 255
- 6.3.3 卷积神经网络识别 MNIST 图像 259
- 6.3.4 循环神经网络识别 MNIST 图像 261
- 6.4 高阶 API 构建和训练深度学习模型 264
  - 6.4.1 导入 tf.keras 264
  - 6.4.2 构建简单的模型 264
  - 6.4.3 训练和评估 265
  - 6.4.4 构建高级模型 266
  - 6.4.5 回调 268
  - 6.4.6 保存和恢复模型 268
  - 6.4.7 Eager Execution 269
  - 6.4.8 分布 269
  - 6.4.9 符号和命令式高阶 API 270

第 7 章 人工智能大模型与内容生成 271

- 7.1 AI 大模型的崛起 271
- 7.2 典型大模型 GPT-4 的功能概述 273
- 7.3 基于开放 AI 模型的应用开发入门 275
  - 7.3.1 搭建应用开发环境 275
  - 7.3.2 典型 AI 模型应用开发实例 275
  - 7.3.3 主流开放预训练模型能力汇总 278
- 7.4 多模态大模型与 AIGC 应用 279
  - 7.4.1 多模态大模型与 AIGC 的简介 279
  - 7.4.2 AIGC 文本生成 281
  - 7.4.3 AIGC 图像生成 284
  - 7.4.4 AIGC 音频生成 287
  - 7.4.5 AIGC 视频生成 289

第 8 章 人工智能的机遇、挑战与未来 292

- 8.1 AI 的行业应用日趋火爆 292
  - 8.1.1 云计算、大数据助力 AI 292
  - 8.1.2 AI 助力金融 294
  - 8.1.3 AI 助力电商零售 294
  - 8.1.4 AI 助力安防 294
  - 8.1.5 AI 助力教育 294
  - 8.1.6 AI 助力医疗健康 294
  - 8.1.7 AI 助力个人生活 295
  - 8.1.8 AI 助力自动驾驶 295
- 8.2 "智能代工"大潮来袭 295

	8.2.1 "智能代工"的含义	295
	8.2.2 "中国智造"的机遇	297
	8.2.3 "智能代工"带来的挑战	297
8.3	新IT、智联网与社会信息物理系统	298
	8.3.1 AI与IT新解	298
	8.3.2 智联网	299
	8.3.3 社会物理网络系统	300
8.4	人工智能的未来	301
	8.4.1 发展趋势预测	301
	8.4.2 我国的AI布局	303
	8.4.3 全球AI的产业规模	307
8.5	AI面临的挑战	307
	8.5.1 AI的人才挑战	307
	8.5.2 AI的技术挑战	308
	8.5.3 AI的法律、安全与伦理挑战	308
8.6	拥抱人工智能的明天	311
	8.6.1 AI产品将全面进入消费级市场	312
	8.6.2 认知类AI产品将赶超人类专家顾问水平	312
	8.6.3 AI将成为可复用、可购买的智能服务	313
	8.6.4 AI人才将呈现井喷式的大量需求	313
	8.6.5 人类的知识、智慧、人性或将重新定义	314
	8.6.6 一次非凡的突破——打电话的AI通过了图灵测试	316
	8.6.7 2022年—AI2.0的新纪元开启	316
	8.6.8 步入通用人工智能AGI的大门就要开启	317

附录A	人工智能基础开发环境搭建	319
附录B	人工智能的数学基础与工具	328
附录C	公开数据集介绍与下载	338
附录D	人工智能的网络学习资源	343
附录E	人工智能的技术图谱	346
附录F	人工智能技术应用就业岗位与技能需求	349
参考文献		353

第 1 章 人工智能的产生与发展

2018年9月17日，习近平主席在致2018世界人工智能大会的贺信中指出，新一代人工智能正在全球范围内蓬勃兴起，为经济社会发展注入了新动能，正在深刻改变人们的生产生活方式。习近平总书记强调，我国正致力于实现高质量发展，人工智能的发展应用将有力提高经济社会发展智能化水平，有效增强公共服务和城市管理能力。习近平总书记的重要论述，为人工智能产业实现高质量发展，更好服务于人民的美好生活指明了方向。

2018年10月31日下午，中共中央政治局就人工智能发展现状和趋势举行第九次集体学习。习近平主席在主持学习时强调，要深刻认识加快发展新一代人工智能的重大意义，加强领导，做好规划，明确任务，夯实基础，促进其同经济社会发展深度融合，推动我国新一代人工智能健康发展。

1.1 引言——激动人心的 AI-2016 与 AI-2023

1.1.1 人工智能的基本概念

人工智能（Artificial Intelligence，AI）是通过计算机系统和模型（算法、算力和数据）模拟、延伸和扩展人类智能的理论、方法、技术及应用系统的一门新的技术科学，目的是使机器具有一定水平的单项或多项感知能力（如视觉、听觉、触觉等）、认知能力（如语言、知识、推理等）或控制能力（如模糊决策、自主适应、智能控制等）。图1-1从多个维度概括了人工智能的分类、任务与目标、实现技术和发展趋势。

为简洁起见，下面全部章节涉及"人工智能"术语时，在不是特别强调或可能引起歧义的情况下，一律简称为AI。

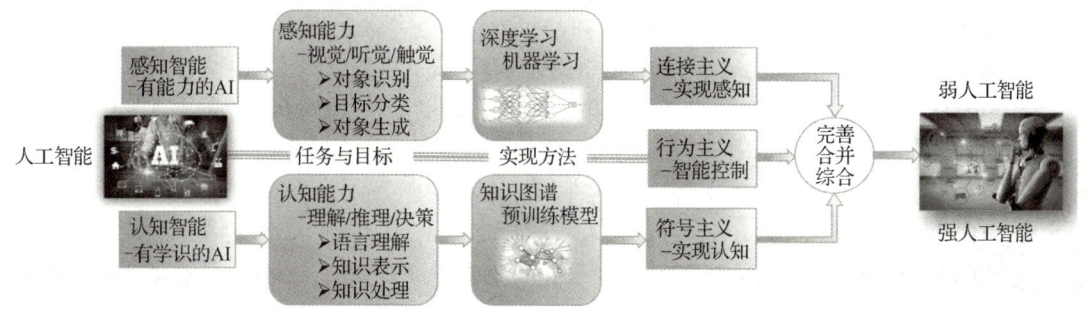

图 1-1 AI 的基本内涵

AI 的主要技术分支可以概括为以下几个方面。
- 计算机视觉：包括图像分割、图像识别、目标检查、对象跟踪、图像理解、场景重构等。
- 计算机听觉：包括语音识别、语音录入、语音合成、语音评测、声纹识别、语音交互等。

- 自然语言处理：包括语言理解、文字 OCR、机器翻译、文本生成、自动摘要、观点提取、文本分类、问题回答、舆情监测、语义对比等。
- 知识图谱：包括知识表述、知识处理、语言理解、图文理解、语义搜索等。
- 内容生成：包括文本生成、图像生成、语音生成、视频生成、多模态交互生成等。
- 数据服务：包括数据获取、存储、整理、清洗、转换，数据可视化，数据标注，数据工程工具与平台，数据产品营销等。
- 数据智能：包括数据分析、数据挖掘、知识提取、智能预测等。
- 智能控制：包括模糊决策、自适应控制、启发式推理、智能化控制等。

AI 经过六十多年的发展，2016 年 3 月随着谷歌 AlphaGo 以 4∶1 战胜世界著名围棋九段选手李世石，AI 达到的智能水平在全球引起轰动；2022 年 11 月又随着 OpenAI 推出的 ChatGPT（Chat Generative Pre-trained Transformer，聊天生成式预训练大语言模型）在自然语言理解与生成、编程、考试等多项能力上的绝佳表现，AI 技术发展达到了一个前所未有的高度和热度。全球多家著名的 IT 公司，如谷歌、微软、腾讯、阿里巴巴、百度、科大讯飞、商汤等纷纷宣布将 AI 作为下一步发展的战略重心，大力研发 AI 博弈、图像识别、计算机视觉、自然语言处理、商业智能、自动驾驶、智能机器人、预训练大模型等最新技术和产品，推动人类科技文明的进步。

卡内基·梅隆大学计算机博士、著名 IT 职业经理人、AI 技术的早期研究者、"创新工场"总裁李开复先生指出："AI 是人类有史以来最大的机遇！"

1.1.2 AI-2016——无敌围棋系统 AlphaGo

AlphaGo 是由谷歌旗下位于英国伦敦的 DeepMind 公司的戴维·西尔弗、艾佳·黄和戴密斯·哈萨比斯与他们的团队开发的一款基于 AI 的围棋程序。截至 2017 年 12 月，已经由 2015 年的第一代 AlphaGo，发展出了第二代 AlphaGo-Master、第三代 AlphaGo-Zero 和第四代 AlphaZero 系统，在智能算法模型构造、计算环境硬件结构设计、围棋对弈水平等多方面都开创了 AI 技术的先河。AlphaGo 的演进过程如下：

- 2016 年 1 月 27 日，国际顶尖期刊《自然》封面文章报道，谷歌研究者开发的名为"阿尔法围棋"（AlphaGo）的 AI 机器人（AI 应用程序），在没有任何让子的情况下，以 5∶0 完胜欧洲围棋冠军、职业二段选手樊麾。在围棋 AI 应用领域，AI 机器人能在不让子的情况下，在 19×19 的完整棋盘竞技中击败专业选手，这是史无前例的突破。
- 2016 年 3 月 9 日至 15 日，AlphaGo 挑战世界围棋冠军李世石，在韩国首尔举行了一场围棋人机大战五番棋。比赛采用中国围棋规则，AlphaGo 以 4∶1 的总比分取得了胜利。
- 2016 年 12 月 29 日至 2017 年 1 月 4 日，AlphaGo 在弈城围棋网和野狐围棋网上以 "Master" 为注册名，冒充人类围棋选手，历时 5 天，依次对战数十位人类顶尖围棋高手，包括世界冠军井山裕太、朴延恒、柯洁、聂卫平等，取得总比分 60∶0 的辉煌战绩。
- 2017 年 5 月 23 日至 27 日，在中国乌镇围棋峰会上，AlphaGo-Master 以 3∶0 的总比分战胜排名世界第一的世界围棋冠军柯洁。在这次围棋峰会期间，AlphaGo-Master 还战胜了由陈耀烨、唐韦星、周睿羊、时越、芈昱廷五位世界冠军组成的围棋团队。
- 2017 年 10 月 18 日，谷歌 DeepMind 团队又在《自然》发表论文，公布了最新版的 AlphaGo-Zero。它经过短短 3 天的自我训练、自主学习，就强势地以 100∶0 的战绩打败了此前战胜李世石的旧版 AlphaGo；又经过 40 天的自我训练、自主学习，再次完胜 AlphaGo-Master。

第1章 人工智能的产生与发展

- 2017年12月8日，DeepMind团队又在arXiv上扔了个重磅炸弹，新一代AlphaZero在用了强劲的计算资源（5000个TPU 1.0和64个TPU 2.0）之后，用不到24小时的时间自我对弈（tabula rasa，也叫白板）的强化学习，接连击败了三个世界冠军级的棋类程序：国际象棋Stockfish（28∶0）、将棋Elmo（90∶8）、围棋AlphaGo-Zero（60∶40）。

1.1.3 AI-2023——预训练大语言模型GPT-4凌空出世

  ChatGPT（Chat Generative Pre-trained Transformer，聊天生成型预训练转换模型）是一款由美国OpenAI公司开发的自然语言人机交互应用，拥有接近人类水平的语言理解和生成能力，因其出色的回答问题、创作内容、编写代码等能力，使得人们直观真切地体会到AI技术进步带来的巨大变革和效率提升，2022年上线5天用户数突破100万，两个月活跃用户数突破1亿，是迄今为止AI领域最成功的产品和历史上用户数增长速度最快的应用程序。ChatGPT的智能底座是GPT-3.5。2023年5月，能力进一步提升的GPT-4问世，支撑ChatGPT升级为ChatGPT Plus。

  表1-1总结了GPT-4的考试能力和与人类考试能力的比较情况。可以看出，以GPT为代表的新一代AI，在许多门类的考试的能力都超过了一般人类的水平！

表1-1 GPT-4参加人类考试的成绩与比较

序号	考试名称	考试类型	考试时间	GPT-4的成绩	与人类的比较	说明的问题
1	TOEFL	英语水平考试	2022年7月	115/120	高于95%的人类考生	GPT-4在语言理解和表达方面表现优异
2	SAT	大学入学考试	2022年10月	1550/1600	高于99%的人类考生	GPT-4在数学和英语方面表现出极高的水平
3	GRE	研究生入学考试	2022年12月	335/340	高于98%的人类考生	GPT-4在数学、英语和写作方面具有很高的能力
4	LSAT	法学院入学考试	2023年2月	173/180	高于99%的人类考生	GPT-4在逻辑推理和分析能力方面表现出色
5	GMAT	研究生商学院管理能力测验	2023年4月	760/800	高于98%的人类考生	GPT-4在数学、英语和分析写作方面表现出色
6	IELTS	国际英语语言测试系统	2023年5月	8.5/9	高于95%的人类考生	GPT-4在听、说、读、写方面具有很高的英语水平
7	ACT	美国大学入学考试	2023年6月	34/36	高于99%的人类考生	GPT-4在英语、数学、阅读和科学推理方面表现优异
8	MCAT	医学院入学考试	2023年8月	525/528	高于99%的人类考生	GPT-4在生物、化学、物理、心理和社会科学方面表现优异
9	CFA	注册金融分析师考试	2023年6月	Level 1: 80%	高于90%的人类考生	GPT-4在投资工具、企业金融和经济学方面表现优异
10	PMP	项目管理专业认证考试	2023年9月	180/200	高于95%的人类考生	GPT-4在项目规划、执行、监控和收尾方面表现出色
11	AP	美国大学预修课程考试	2023年5月	4.8/5（平均）	高于95%的人类考生	GPT-4在各个学科都具备了出色的能力

  在大模型领域，我国的发展步伐从未停止，在ChatGPT上线不久，我国百度和科大讯飞分别推出了自己的大模型系统——文心一言和星火认知大模型。

  百度文心一言云服务于2023年3月27日正式上线。文心一言（英文名为ERNIE Bot）是百度全新一代知识增强大语言模型，是文心大模型家族的新成员。类似于ChatGPT，它可以根据用户的输入生成各种类型的文本，如诗歌、故事、对话等。据介绍，文心一言当前包含以下五类落地场景：文学创作、商业文案创作、数理逻辑推送、中文理解、多模态生成。文心一言能够与人对话互动，回答问题，协助创作，高效便捷地帮助人们获取信息、知识和灵感。文心一言是基于飞桨深度学习平台和文心知识的增强大模型，可以持续从海量数据和大规模知识中融合学习，具备知识增强、检索增强和对话增强的技术特色。

科大讯飞的讯飞星火认知大模型于 2023 年 5 月 6 日正式发布。讯飞星火认知大模型具有七大核心能力，即多风格多任务长文本生成、多层次跨语种语言理解、泛领域开放式知识问答、情景式思维链逻辑推理、多题型步骤级数学能力、多功能多语言代码能力、多模态输入和表达能力。

2023 年 5 月 9 日，中文通用大模型综合性评测基准 SuperCLUE 正式发布，有机构利用 SuperCLUE 测试基准，对市面上主流的支持中文的通用大模型进行了评测与排名。从排名中可看出，GPT-4 一骑绝尘，已经非常接近人类的能力；国产大模型中讯飞科技研发的星火认知大模型则位列总榜第三、国内第一。

1.1.4 计算机视觉的"世界杯"——ILSVRC

ImageNet 是一个计算机视觉系统识别项目数据集（Data Set）的名称，是当前世界上用于图像识别的最大的免费数据集（1500 万张图片），由美国斯坦福大学的计算机科学家李飞飞教授牵头，模拟人类的视觉识别系统设计和开发，目的是通过设计和训练相关的 AI 系统（算法、模型），使其能够从 ImageNet 的图片中识别物体、场景，解决未来的计算机视觉（机器视觉）对物品、人和场景的直接辨认。如图 1-2 所示给出了图像识别的典型场景（扫描二维码，可查看彩图，下同）。

图 1-2 图像识别的典型场景

ILSVRC（ImageNet Large Scale Visual Recognition Challenge），即"ImageNet 大规模视觉识别挑战赛"，是基于 ImageNet 图像数据集的国际计算机视觉识别的著名赛事，有"AI 经典命题竞技场"的美称。实际上，计算机视觉识别是 AI 领域的经典命题，长久以来一直受到学术界和产业界的广泛关注。ILSVRC 不但是计算机视觉发展的重要推动者，也是深度学习热潮的关键驱动力之一，每年都吸引大量的全球各国的顶级 AI 团队在物体定位（识别）、物体检测、视频物体检测等三大类任务上展开激烈角逐。

ILSVRC 从 2010 年开始，到 2017 年已经成功举办八届，科技巨头如谷歌、微软、360 等，以及来自世界知名高校、研究单位，如牛津大学、加州大学伯克利分校、多伦多大学、东京大学、阿姆斯特丹大学、香港中文大学、北京大学、中国科学院自动化所等均多次参加该竞赛。竞赛主办方会在每年的国际顶级计算机视觉大会 ECCV（European Conference on Computer Vision）或 ICCV（IEEE International Conference on Computer Vision）举办专题论坛，交流分享参赛经验。特别是 2012 年多伦多大学杰弗里·辛顿（Geoffrey Hinton，深度学习之父）教授带领的团队，首次在大规模数据集上使用深度神经网络模型将竞赛中图像分类任务的成绩大幅度提高，引起了学术界的空前关注。基于该竞赛数据集训练的模型，被验证具有很好的泛化能力，可以大幅提升各项计算机视觉任务的性能。因此，该竞赛一直得到学术界和工业界的积极参与和高度关注。

2017 年 7 月 17 日正式落幕的 ILSVRC-2017 共吸引了来自中、美、英等 7 个国家和地区的 25 支顶尖 AI 团队参赛。令人惊喜的是，来自中国的 360 公司 AI 团队力压一直在此项任务中保持世界领先地位的谷歌、微软、牛津大学等强队，最终夺得了冠军，并在"物体定位"任务的两个场景竞赛中获得第一，同时在所有任务和场景中取得了全球前三的骄人战绩。

360 公司 AI 团队与新加坡国立大学团队合作提出的"DPN 双通道网络+基本聚合"深度学习模型取得了最低的定位错误率，分别为 0.062263 和 0.061941，刷新世界纪录！从最初的算法对物体进行识别的准确率只有 71.8%上升到现在的 97.3%，识别错误率已经远远低于人类的 5.1%。八届 ILSVRC 大赛错误率比较，如图 1-3 所示。

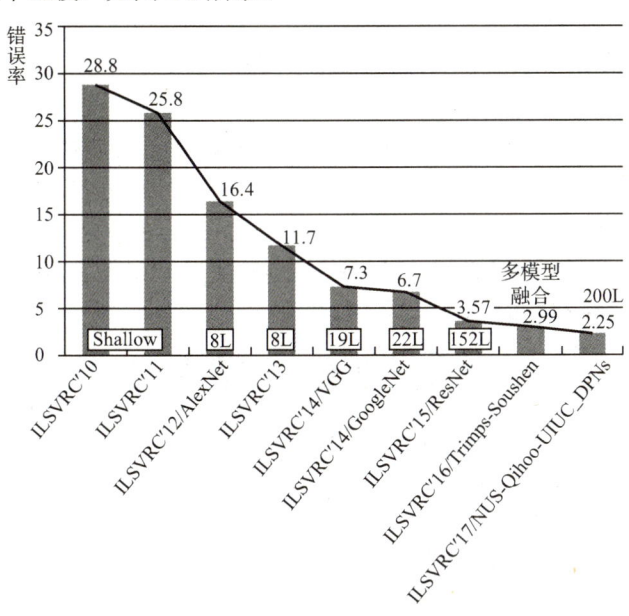

图 1-3　八届 ILSVRC 大赛错误率比较

1.1.5 计算机听觉的实现——智能语音处理

语音信号处理是一门跨多学科的综合技术。它以生理、心理、语言以及声学等基本实验为基础，以信息论、控制论、系统论等理论作为指导，通过运用信号处理、统计分析、模式识别等现代技术手段，发展成为一门新的学科。从 1939 年美国 H. 杜德莱展出的一个简单发音过程模拟系统，到 1965 年 J. L. Flanagan 编著出版《语音的分析、合成与感知》，及至今天，语音处理技术已经走过了漫长的发展历程。

让机器能够听懂人的语言是人类梦寐以求的心愿。近年来，随着 AI 技术在语音处理领域的应用和发展，这一心愿已经逐步要变成现实了。我国的科大讯飞作为全球领先的智能语音技术提供商,在智能语音技术领域经过长期的研究积累,在语音识别、语音合成、语义理解、机器翻译、语音交互、口语评测、声纹特征识别等多项技术上取得了国际领先的成果,已经推出从大型电信级应用到小型嵌入式应用,从电信、金融等行业到企业和家庭用户,从 PC 到手机再到 MP3/MP4/PMP 和玩具,能够满足多种不同应用环境的智能语音类产品。

语音合成和语音识别技术是实现人机语音通信,建立一个具有听说能力的语音交互系统所必需的两项关键技术。使计算机具有类似于人一样的听说能力,是当代信息产业的重要竞争市场。和语音识别相比,语音合成的技术相对来说要成熟一些,并已开始向产业化方向成功迈进,大规模应用指日可待。

语音评测技术,又称计算机辅助语言学习(Computer Assisted Language Learning,CALL)技术,是一种通过机器自动对发音进行评分、检错并给出矫正指导的技术。语音评测技术是智能语音处理领域的一项研究前沿,同时又因为它能显著提高受众对语言(口语)学习的兴趣、效率和效果而有着广阔的应用前景。

自然语言是几千年来人们生活、工作、学习中必不可少的元素,而计算机是 20 世纪最伟大的发明之一。如何利用计算机对人类掌握的自然语言进行处理甚至理解,使计算机具备人类的听、说、读、写能力,一直是国内外研究机构非常关注和积极开展的研究工作。

1.1.6 AI 的综合应用——自动驾驶汽车

通过先进驾驶辅助系统(Advanced Driver Assistant System,ADAS)实现的自动驾驶汽车是一种智能汽车,也可以称之为轮式移动机器人,主要依靠车内的以计算机系统为主的智能驾驶仪来实现自动驾驶。它利用车载传感器(摄像机、雷达等)来感知车辆周围环境,并根据感知所获得的道路、车辆位置和障碍物信息,控制车辆的转向和速度,从而使车辆能够安全、可靠地在道路上行驶。自动驾驶的基本原理如图 1-4 所示。

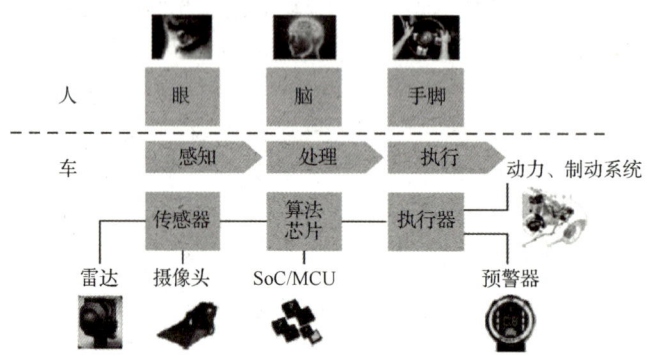

图 1-4 自动驾驶的基本原理

自动驾驶汽车从根本上改变了传统的"人—车—路"闭环控制方式,将不可控的驾驶员从该闭环系统中请出去,从而大大提高了交通系统的效率和安全性。自动驾驶汽车集自动控制、体系结构、AI、视觉计算等众多技术于一体,是计算机科学、模式识别和智能控制技术高度发展的产物,也是衡量国家科研实力和工业水平的一个重要标志,在国防和国民经济领域具有广阔的应用前景。

20 世纪 70 年代,美国、英国、德国等发达国家就开始进行自动驾驶汽车的研究,当前在可行性和实用化方面都取得了突破性的进展。我国从 20 世纪 80 年代开始进行自动驾驶汽车的研究,国防科技大学在 1992 年成功研制出我国第一辆真正意义上的自动驾驶汽车。

谷歌自动驾驶汽车已经行驶超过 300 万英里（1 英里=1.609344 千米）。技术人员表示：谷歌自动驾驶汽车通过摄像机、雷达传感器和激光测距仪来"看到"其他车辆，并使用详细的地图来进行导航。自动驾驶车辆收集来的信息量巨大，必须将这些信息进行处理转换，谷歌数据中心将这一切变成了可能，它的数据处理能力非常强大。自动驾驶所面临的难题是自动驾驶汽车和人驾驶的汽车如何共处而不引起交通事故的问题。2015 年 12 月，百度无人车路测完成并成立自动驾驶事业部后，其负责人王劲曾明确表示，百度无人车项目的目标是 3 年商用，5 年量产。2016 年 5 月 16 日，百度宣布，与安徽省芜湖市联手打造首个全无人车运营区域，这也是国内第一个无人车运营区域。据悉，除芜湖外，百度还将与全国十几座城市达成无人车商用落地合作。

按照国际自动机工程师学会（SAE International，简称 SAE）提出的分级标准，自动驾驶被分为 L0~L5 共 6 个级别，不同级别的 SAE 定义、驾驶主体等均是不同的，如表 1-2 所示。

表 1-2 SAE 的自动驾驶分级与定义

SAE 分级		SAE 定义	驾驶主体			适应场景
			驾驶者	周边监控	支援者	
L0	无自动化	由人类驾驶者全权操作汽车，在行驶过程中可以得到警告和保护系统的辅助	人类驾驶者	人类驾驶者	人类驾驶者	无
L1	驾驶支援	通过驾驶系统对方向盘和加减速中的一项操作提供驾驶支援，其他的驾驶动作都由人类驾驶者进行操作	人类驾驶者			限定场景
L2	部分自动化	通过驾驶系统对方向盘和加减速中的多项操作提供驾驶支援，其他的驾驶动作都由人类驾驶者进行操作	驾驶系统			
L3	有条件自动化	由智能驾驶系统完成所有的驾驶操作，根据系统请求，人类驾驶者提供适当的应答	驾驶系统	驾驶系统		
L4	高度自动化	由智能驾驶系统完成所有的驾驶操作，根据系统请求，人类驾驶者不一定需要对所有的系统请求做出应答，对道路和环境条件等有一定的限制	驾驶系统	驾驶系统	驾驶系统	
L5	完全自动化	由智能驾驶系统在所有的道路和环境条件下完成驾驶操作，人类驾驶者只在认为确实需要的情况下接管	驾驶系统	驾驶系统	驾驶系统	所有场景

2022 年，国内智能驾驶行业标准日趋完善，《深圳经济特区智能网联汽车管理条例》、工信部公安部《关于开展智能网联汽车准入和上路通行试点工作的通知（征求意见稿）》等政策陆续推出，对具备量产条件的 L3、L4 级别搭载自动驾驶功能汽车，逐步开展准入试点。

自动驾驶由算法主导，事故中的道德困境如何解决，这引发了一定的社会争议和伦理挑战。当前不同国别对自动驾驶责任认定存在差异，不同责任认定区间，或影响用户对自动驾驶的使用意愿。智能驾驶的进一步发展，关键在于实现从 L2 到 L3，即从驾驶辅助（部分自动化）到自动驾驶（有条件自动化）的跨越，实现真正意义上的自动驾驶，这也是最难的一步。

1.1.7 我国新一代 AI 发展规划出台

AI 的迅速发展将深刻改变人类社会生活、改变世界。为抢抓 AI 发展的重大战略机遇，构筑我国 AI 发展的先发优势，加快建设创新型国家和世界科技强国，国务院于 2017 年 7 月 8 日印发了《新一代 AI 发展规划》（以下简称《规划》），提出了面向 2030 年我国新一代 AI 发展的指导思想、战略目标、重点任务和保障措施。

《规划》指出，要坚持科技引领、系统布局、市场主导、开源开放等基本原则，以加快 AI 与经济、社会、国防深度融合为主线，以提升新一代 AI 科技创新能力为主攻方向，构建开放协同的 AI 科技创新体系，把握 AI 技术属性和社会属性高度融合的特征，坚持 AI 研发攻关、产品应用和产业培育"三位一体"推进，全面支撑科技、经济、社会发展和国家安全。

《规划》明确了我国新一代 AI 发展的战略目标：到 2020 年，AI 总体技术和应用与世界先进水平同步，AI 产业成为新的重要经济增长点，AI 技术应用成为改善民生的新途径；到 2025 年，AI 基础理论实现重大突破，部分技术与应用达到世界领先水平，AI 成为我国产业升级和经济转型的主要动力，智能社会建设取得积极进展；到 2030 年，AI 理论、技术与应用总体达到世界领先水平，成为世界主要 AI 创新中心。

《规划》提出六个方面重点任务：一是构建开放协同的 AI 科技创新体系，从前沿基础理论、关键共性技术、创新平台、高端人才队伍等方面强化部署；二是培育高端高效的智能经济，发展 AI 新兴产业，推进产业智能化升级，打造 AI 创新高地；三是建设安全便捷的智能社会，发展高效智能服务，提高社会治理智能化水平，利用 AI 提升公共安全保障能力，促进社会交往的共享互信；四是加强 AI 领域军民融合，促进 AI 技术军民双向转化、军民创新资源共建共享；五是构建泛在安全高效的智能化基础设施体系，加强网络、大数据、高效能计算等基础设施的建设升级；六是前瞻布局重大科技项目，针对新一代 AI 特有的重大基础理论和共性关键技术瓶颈，加强整体统筹，形成以新一代 AI 重大科技项目为核心、统筹当前和未来研发任务布局的 AI 项目群。

《规划》强调，要充分利用已有资金、基地等存量资源，发挥财政引导和市场主导作用，形成财政、金融和社会资本多方支持新一代 AI 发展的格局，并从法律法规、伦理规范、重点政策、知识产权与标准、安全监管与评估、劳动力培训、科学普及等方面提出相关保障措施。

1.2 人工智能的产生与发展

AI 涉及哲学、数学、经济学、神经学、心理学、计算机工程、控制论、语言学等多学科、多领域。1956 年夏天，达特茅斯会议在美国达特茅斯学院召开，标志着 AI 的正式诞生。今天回头品味一下 60 多年前达特茅斯会议的提案声明，真是敬佩大师们的高瞻远瞩：

"我们提议 1956 年夏天，在新罕布什尔州汉诺威市的达特茅斯学院开展一次由十个人参加的为期两个月的 AI 研究。学习的每个方面或智能的任何其他特征原则上可被这样精确地描述以至于能够建造一台机器来模拟它。该研究将基于这个推断来进行，并尝试着发现如何使机器使用语言，形成抽象概念，求解多种现在注定由人来求解的问题，进而改进机器。我们认为，如果仔细选择一组科学家对这些问题一起工作一个夏天，那么对其中的一个或多个问题就能够取得意义重大的进展。"

1.2.1 AI 的孕育与诞生（1943—1955）

现在一般认为 AI 的最早工作是由 Warren McCulloch 和 Walter Pitts 于 1943 年完成的。他们利用了三种资源：基础生理学知识和脑神经元的功能，归功于罗素和怀特海德的对命题逻辑的形式分析，以及图灵的计算理论。他们提出了一种人工神经元模型，其中每个神经元被描述为"开"或"关"的状态，作为一个神经元对足够数量邻近神经元刺激的反应，其状态将出现到"开"的转变。神经元的状态被设想为"事实上等价于提出足够刺激的一个命题"。例如，他们证明，任何可以计算的函数都可以通过相连神经元的某个网络来计算，并且所有逻辑连接词（与、或、非等）都可以用简单的网络结构来实现。Warren McCulloch 和 Walter Pitts 还提出适当定义的神经元网络能够学习。1949 年 Donald Hebb 提出一条简单的用于修改神经元之间的连接强度的更新规则，即

第 1 章 人工智能的产生与发展

现在仍然具有一定影响的"赫布型学习"（Hebbian Learning）规则。

两名哈佛大学的本科生 Marvin Minsky 和 Dean Edmonds 在 1950 年创建了第一台神经网络计算机。这台称为 SNARC 的计算机，使用了 3000 个真空管和 B-24 轰炸机上一个多余的自动指示装置，来模拟一个由 40 个神经元构成的网络。

阿兰•图灵是 AI 的重要奠基者之一，他的先见之明对 AI 的产生与发展具有重要的影响力。早在 1947 年，他就在伦敦数学协会发表了开创性的相关主题演讲，并在其 1950 年的文章"计算机器与智能"（Computing Machinery and Intelligence）中，清晰地表达了有说服力的 AI 相关工作，创造性地、高瞻远瞩地提出了图灵测试、机器学习、遗传算法和强化学习等概念。

图灵测试（The Turing Test）指测试者与被测试者（一个人和一台机器）隔开的情况下，通过一些装置（如键盘）向被测试者随意提问。进行多次测试后，如果机器让平均每个参与者做出超过 30%的误判，那么这台机器就通过了测试，并被认为具有人类智能。其中 30%是图灵对 2000 年时的机器思考能力的一个预测。

1956 年夏天，在为期两个月的达特茅斯研讨会上，正式提出了"AI（Artifical Intelligence, AI）"的概念，标志着 AI 正式诞生并且成为一个独立领域。发起和参与研讨会的 J. McCarthy（麦卡锡，达特茅斯学院）、M. L. Minsky（明斯基，哈佛大学）、N. Rochester（IBM）、C.E. Shannon（贝尔电话实验室）、Trenchard More（摩尔，普利斯顿大学）、Ray Solomonoff（所罗门诺夫）与 Oliver Selfridge（赛弗里奇，麻省理工学院）等学者对随后的 AI 发展做出了巨大贡献。

2006 年，达特茅斯会议召开 50 周年之际，10 位当时的与会者中有 5 位已经仙逝，在世的摩尔、麦卡锡、明斯基、赛弗里奇和所罗门诺夫在达特茅斯学院重新团聚（参见图 1-5），忆往昔，展未来。参加 50 周年庆祝会之一的霍维茨（Horvitz）当时是微软实验室的一位高管，他和夫人拿出一笔钱捐助了斯坦福大学的一个 AI 100 活动，目的是在未来 100 年，每 5 年要由业界精英出一份 AI 进展报告，第一期已于 2015 年年底发表。

（左起：摩尔，麦卡锡，明斯基，赛弗里奇，所罗门诺夫）

图 1-5　2006 年 AI 创始人五十年后达特茅斯学院重聚

1.2.2　AI 艰难发展的六十年（1956—2016）

2016 年是 AI 诞生六十周年。由于谷歌 DeepMind 项目组采用深度学习技术的 AlphaGo 战胜了人类围棋顶尖选手，以及深度学习在图像识别、自然语言处理、计算机视觉、自动驾驶和商业智能等多个领域取得的突破性成绩，2016年被称为"AI的元年"，标志着AI技术工程化、实用化的黄金时代的到来。

中国电子技术标准化研究院2018年1月发布的《AI标准化白皮书（2018版）》把AI的发展大致分为三个阶段。第一阶段是20世纪50年代—20世纪80年代，这一阶段AI刚诞生，基于抽象数学推理的可编程数字计算机已经出现，符号主义（Symbolism）快速发展，但由于很多事物不能形式化表达，建立的模型存在一定的局限性。此外，随着计算任务的复杂性不断加大，AI发展一度遇到瓶颈。第二阶段是20世纪80年代—20世纪90年代末，在这一阶段，专家系统得到快速发展，数学模型有了重大突破，但由于专家系统在知识获取、推理能力等方面的不足，以及开发成本高等原因，AI的发展又一次进入低谷期。第三阶段是21世纪初至今，随着大数据的积聚、理论算法的革新、计算能力的提升，AI在很多应用领域取得了突破性进展，又迎来了一个繁荣时期。AI具体的发展历程如图1-6所示。

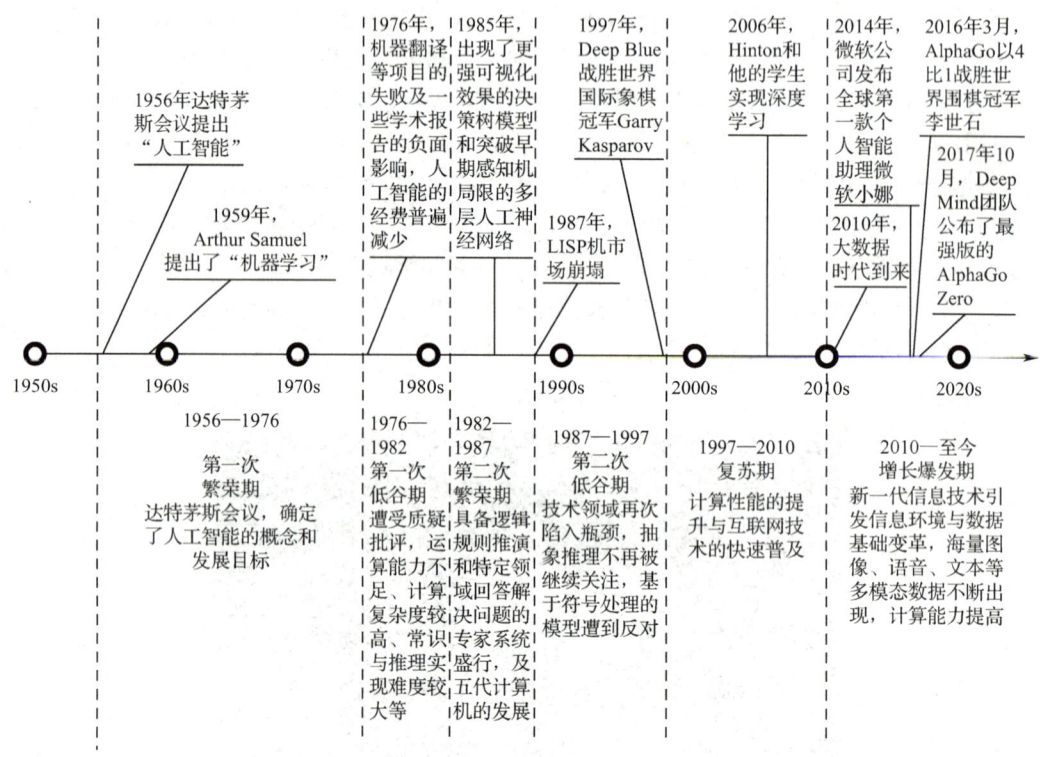

图1-6　AI具体的发展历程

AI大事记：

- 1956年AI的诞生：达特茅斯会议上，科学家们探讨用机器模拟人类智能等问题，并首次提出了AI的术语，AI的名称和任务得以确定，同时出现了最初的成就和最早的一批研究者。
- 1959年第一代机器人出现：德沃尔与美国发明家约瑟夫·英格伯格联手制造出第一台工业机器人，随后，成立了世界上第一家机器人制造工厂——Unimation公司。
- 1965年兴起研究"有感觉"的机器人：约翰·霍普金斯大学应用物理实验室研制出Beast机器人。Beast已经能通过声呐系统、光电管等装置，根据环境校正自己的位置。

- 1968 年世界第一台智能机器人诞生：美国斯坦福研究所公布他们研发成功的机器人 Shakey。它带有视觉传感器，能根据人的指令发现并抓取积木，不过控制它的计算机有一个房间那么大，可以算是世界第一台智能机器人。
- 1986 年 AI 算法取得重大突破：Hinton 提出"通过反向传播来训练深度神经网络理论"，标志着深度学习发展的一大转机，奠定了近年来 AI 发展的基础。
- 2002 年家用机器人诞生：美国 iRobot 公司推出了吸尘器机器人 Roomba，它能避开障碍，自动设计行进路线，还能在电量不足时自动驶向充电座。Roomba 是当前世界上销量较大的家用机器人之一。
- 2006 年深度学习大放光彩：随着计算机运行速度的巨大提升，超快速芯片的诞生以及海量训练数据的出现，深度学习（多层、反向传播的卷积神经元网络）在图像识别、语音识别、机器翻译等多个领域取得重大进展。
- 2014 年机器人首次通过图灵测试：在英国皇家学会举行的"2014 图灵测试"大会上，聊天程序"尤金·古斯特曼"（Eugene Goostman）首次通过了图灵测试，预示着 AI 进入全新时代。
- 2016 年 AlphaGo 打败人类：2016 年 3 月，AlphaGo 对战世界围棋冠军、职业九段选手李世石，并以 4∶1 的总比分获胜。这并不是机器人首次打败人类事件。

1.2.3　AI 突飞猛进的七年（2017—2023）

2017 年到 2023 年是 AI 领域突飞猛进的七年，涌现出了许多关键技术、创新产品和具有重大贡献的公司与个人。以下是这段时间的主要突破与创新。

- 2016 年—2017 年
  - 深度学习的广泛应用：深度学习在计算机视觉、自然语言处理和语音识别等领域取得重大突破，如图像识别、语义分析和语音助手等技术得到大规模应用。
  - 开放 AI 倡议（OpenAI）：OpenAI 成立，致力于推动 AI 的发展与应用，旨在将 AI 的好处普惠于全人类。
- 2018 年—2019 年
  - 预训练大语言模型的出现：OpenAI 发布了 GPT 模型，具备强大的自然语言处理能力，可以生成连贯的文章和对话，并在各种任务上取得优异成绩。
  - 自动驾驶技术：特斯拉、Waymo 和百度等公司加大了自动驾驶技术的研发和测试，实现了更高级别的自动驾驶功能，推动了智能交通的发展。
- 2020 年—2021 年
  - 语音助手的智能化：语音助手（如 Siri、Alexa 和小冰）通过语义理解和对话生成等技术的改进，变得更加智能、个性化和人性化。
  - 量子计算的突破：Google 宣布实现了量子霸权，展示了量子计算在特定任务上的超越性能，引发了对量子计算的广泛关注。
- 2022 年—2023 年
  - Open AI 公司的 ChatGPT、GPT-4 发布，在完成许多特定任务的能力上达到甚至超过了人类。
  - 强化学习的进展：通过强化学习技术，AlphaFold 由 DeepMind 成功预测了蛋白质结构，这一突破对于药物研发和生命科学领域具有重大意义。

- 我国 AI 发展：我国在 AI 领域取得了显著进展，涌现了一批具有重要贡献的公司，如华为、阿里巴巴、百度和科大讯飞等。我国在 AI 技术研究、应用创新和市场规模上的快速发展引起了全球的关注。
- 2023 年 5 月苹果公司发布 Vision Pro 智能眼镜，开启了空间计算的新时代，这是继 Mac 计算机开启个人计算时代、iPhone 开启移动计算时代后的又一重大创新。

这七年的 AI 发展中，OpenAI 和其开发的 GPT 模型发挥了重要的作用。OpenAI 成立于 2015 年，旨在推动 AI 的发展与应用，并致力于将 AI 的好处普惠于全人类。OpenAI 在推动深度学习和自然语言处理等领域取得了显著突破，并在 AI 研究和开发中发挥了重要的领导力。其中，GPT 模型是 OpenAI 的一项重要成果。GPT 是一种基于 Transformer 架构的语言模型，通过在大规模数据上进行预训练，能够生成连贯的文章和对话，并在多种自然语言处理任务上展现出优秀的性能。GPT 的突破在于其对上下文的理解和生成能力，使其能够产生高质量的文本输出，广泛应用于机器翻译、文本生成和对话系统等领域。

这七年的 AI 发展中，我国也取得了一系列显著的业绩。华为在 AI 芯片和 5G 技术领域有着突出贡献，科大讯飞在智慧语音领域领先全球，阿里巴巴则在 AI 驱动的电商和物流领域处于领先地位，百度则在语音识别和自动驾驶技术方面取得了重要突破。

AI 技术发展这六十多年，尤其近七年的突飞猛进，为社会带来了巨大的影响，推动了科技的进步和社会的发展。当前，AI 已经渗透到各个领域，为人们的生活、工作和创新带来了新的可能性。然而，随着 AI 的快速发展，也带来了一些伦理、隐私和安全等问题，需要持续关注和探索解决方案，以确保 AI 的发展与应用能够造福于整个人类社会。

1.3 认识 AI 的赋能

1.3.1 AI 赋能的含义

赋能，即通过 AI 技术模仿和增强人类的记忆、感知、语言、学习、推理和规划等一系列能力，为应用系统、机器设备赋予人的能力、智力甚至智慧，提升应用系统与机器设备的服务水平，减少人的参与度，从而推动人类生产和生活朝着自动化、智能化甚至无人化的方向发展。自动化生产线、自动驾驶汽车、图像识别、聊天机器人、智能监控、语音识别、机器翻译等都是依靠 AI 赋能的典型应用。

如图 1-7 所示给出了当前实现 AI 赋能的主要研究领域与实现技术。

1.3.2 感知能力——图像与视觉

AI 在模仿人的感知能力方面主要集中在视觉和听觉，对触觉和嗅觉的模仿在特定的领域也有研究与应用。

AI 在视觉方面的研究与应用主要分为数字图像处理（Digital Image Processing）、计算机视觉（Computer Vision，CV）和机器视觉（Machine Vision，MV）三大领域。

1. 数字图像处理

数字图像处理又称为计算机图像处理，简称图像处理，是指将图像信号或视频信号（视频可以理解为连续的图像信号）转换成一幅幅数字图像信号并利用计算机对其进行处理的过程，主要处理技术包括去噪、增强、复原、分割、变换、重建、提取特征、识别（场景、物体、动作、形态等）等。数字图像的基本处理技术经过几十年的发展，在理论、技术、工具上已经比较成熟，并且获得了广泛应用。

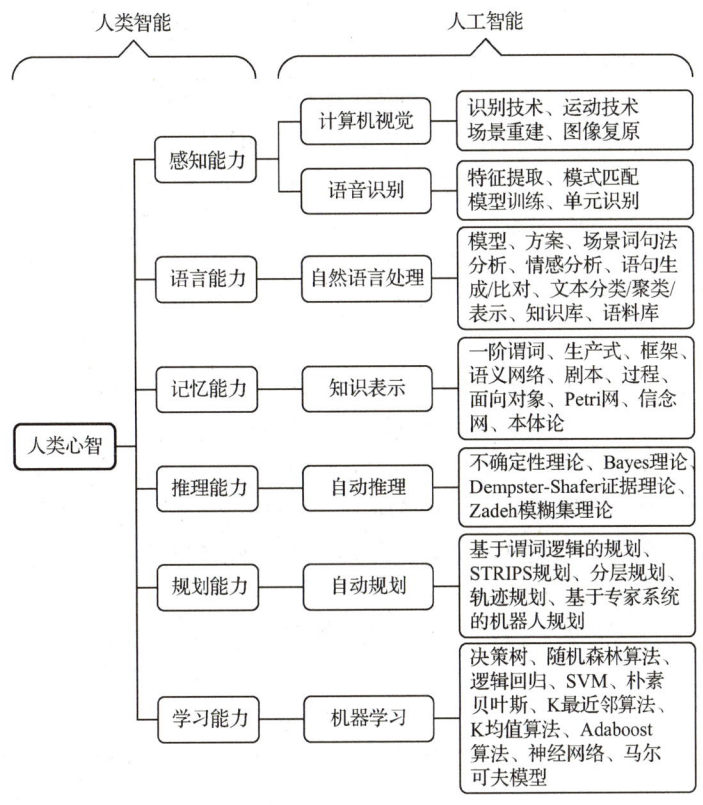

图 1-7　AI 研究领域与实现技术

- 民众可以方便地使用图像处理工具获取、处理、存储、传输数字图像，手机上的美颜相机、美图秀秀每天都有上亿的用户在广泛使用。
- 农林部门通过遥感图像了解植物生长情况，进行估产，监视病虫害发展及治理。
- 水利部门通过遥感图像分析，获取水害灾情的变化。
- 气象部门通过分析气象云图，提高天气预报的准确程度。
- 国防、国土及测绘部门通过航测或卫星图像分析，获得地域、地貌及地面设施等资料。
- 机械部门通过使用图像处理技术，自动进行金相图分析识别。
- 医疗部门采用各种数字图像技术（CT 等），对各种疾病进行自动诊断。
- 通信领域的传真通信、可视电话、会议电视、多媒体通信、宽带综合业务数字网（B-ISDN）和高清晰度电视（HDTV）等，都需要依靠数字图像处理技术。

2. 计算机视觉

计算机视觉是利用摄像机和计算机模仿人类视觉（眼睛与大脑），对目标进行分割、分类、识别、跟踪、判别、决策等功能的 AI 技术。它的研究目标是使计算机具有通过二维图像认知三维环境信息的能力，即在基本图像处理的基础上，进一步进行图像识别、图像（视频）理解和场景重构。计算机视觉是当今非常活跃的 AI 研究与应用领域。

- 人脸识别是当前 AI "视觉与图像"领域中最热门的应用，我国的"刷脸支付"技术已经被列入《麻省理工科技评论》发布的"2017 全球十大突破性技术"榜单。其主要应用场景包括门禁、考勤、身份认证、人脸属性认知、人脸检测跟踪、人脸对比、人脸搜索等；当前已经广泛应用于金融、司法、军队、公安、边检、政府、航天、电力、工厂、教育、医疗等行业和领域。
- 智能监控（视频/监控分析）实现对结构化的人、车、物等视频内容信息进行快速检索、查询。其主要应用场景包括物体（商品）的智能识别与分析定位、行人属性与行为的分析及跟踪、客流密度分析、道路车辆行为分析等；当前已经应用于各种安防监控、罪犯搜寻、电子商务、城市交通等行业和领域。
- 图像识别、分析实现对图像中蕴含的物体识别、类型区分、场景识别、内容解析等一系列智能化的处理。其主要应用场景包括电子商务的商品推荐、以图搜图、物体/场景识别、车型识别、人物分析（如年龄、性别、外表、颜值、服装、时尚等）、商品识别、违禁鉴别（如黄、赌、毒、暴等）、看图配文、图像分类等。电子商务、工农业生产和人们日常生活持续积累、生产和存储浩如烟海的图片，这些图片蕴含着大量的实用信息和商业价值，对这些图片进行智能化的分类、识别、分析和处理，具有非常广阔的商业前景。
- 驾驶辅助/智能驾驶是指基于计算机视觉和图像处理技术实现的、进一步代替人的汽车驾驶系统。其主要应用场景包括车辆及物体检测、碰撞预警、车道检测、偏移预警、交通标识识别、行人检测、车距检测等。
- 三维图像视觉主要是对三维物体的识别，应用于三维视觉建模、三维测绘等领域。其主要应用场景包括三维机器视觉、双目立体视觉、三维重建、三维扫描、三维地理信息系统、工业仿真等。
- 工业视觉检测是将机器视觉可以快速获取大量信息并进行智能处理的特性应用在自动化生产过程中，进行工况监视、成品检验和质量控制等生产过程，提高生产效率、生产柔性和自动化程度，同时还可以运用在一些危险工作环境或人工视觉难以满足要求的场景。其主要应用场景包括工业相机、工业视觉监测、工业视觉测量、工业控制等。
- 智能医学影像是利用 AI 技术开发的对特定类别影像和疾病的智能识别、分析、诊断系统，将 AI 技术应用在医学影像的诊断上。AI 在医学影像方面的应用主要分为两部分：一是图像识别，应用于感知环节，其主要目的是对影像进行分析，获取一些有意义的信息；二是深度学习，应用于学习和分析环节，通过大量的影像数据和诊断数据，不断对神经元网络进行深度学习训练，促使其掌握诊断能力。
- 文字识别也称为计算机文字识别或光学字符识别（Optical Character Recognition，OCR），它是利用光学技术和 AI 技术把印在或写在纸上（图上）的文字识别读取出来，并转换成一种计算机能够接收、人又可以理解的格式。这是一项实现文字高速录入、图文理解的关键技术。其主要应用场景包括互联网图像文字识别、对焦自然场景文字识别和随拍自然场景文字识别等。2017 年 3 月，海康威视研究院预研团队基于深度学习的中文技术，刷新了 ICDAR Robust Reading 竞赛数据集的全球最好成绩，并在三项挑战的文字识别（Word Recognition）任务中战胜谷歌、微软、百度、三星、旷视等来自 82 个国家和地区的 2367 个团队取得第一。
- 图像及视频的智能编辑是指利用 AI 技术对图像进行智能修复、美化、变换甚至创作图像的技术。其主要应用场景包括机器作画、美图、美颜、修复等。

3. 机器视觉

机器视觉是 AI 正在快速发展的一个分支。简单说来，机器视觉就是用机器代替人眼来做测量和判断。机器视觉系统通过机器视觉产品（即图像摄取装置，分 CMOS 和 CCD 两种）将被摄取目标转换成图像信号，传送给专用的图像处理系统，得到被摄目标的形态信息，根据像素分布和亮度、颜色等信息，转变成数字信号；图像系统对这些信号进行各种运算，来抽取目标的特征，进而根据判别的结果来控制现场的设备运行。

由于机器视觉系统可以快速获取大量信息，而且易于自动处理，也易于同设计信息以及加工控制信息集成，因此，在现代自动化生产过程中，人们将机器视觉系统广泛地应用于工业、农业、航空航天等场景的工况监视、成品检验和质量控制等领域。工业应用中的机器视觉包括：

- 引导和定位。视觉定位要求机器视觉系统能够快速准确地找到被测零件并确认其位置，上下料使用机器视觉来定位、引导机械手臂准确抓取。在半导体封装领域，设备需要根据机器视觉取得的芯片位置信息调整拾取头，准确拾取芯片并进行绑定，这就是视觉定位在机器视觉工业领域最基本的应用。
- 外观检测。检测生产线上产品有无质量问题，这也是取代人工最多的环节。机器视觉涉及的医药领域，其主要检测包括尺寸检测、瓶身外观缺陷检测、瓶肩部缺陷检测、瓶口检测等。
- 高精度检测。有些产品的精密度较高，达到 0.01～0.02mm 甚至 μm 级，人眼无法检测，必须使用机器完成。
- 识别。就是利用机器视觉对图像进行处理、分析和理解，以识别各种不同模式的目标和对象。可以达到数据的追溯和采集的目的，在汽车零部件、食品、药品等领域应用较多。

机器视觉和计算机视觉都与视觉相关，都是通过使用机器或者计算机代替人眼去工作，完成人眼不方便或者难以完成的工作。但是两者的侧重和应用领域有所不同：

- 机器视觉侧重的是从视觉感官上去做人做不到的工作，包括测量、定位，与光源镜头自动化控制相关，比如常会用在测量一个硬币的直径、检测产品的损坏与否等相关场景。机器视觉会更注重对视觉上的一个"量"的分析。相关的知识侧重相机镜头光源、图像处理、运动控制等。同时，机器视觉更侧重机器，更"工程"一些。
- 计算机视觉则更侧重利用计算机分析得到的图像，往往是对图像内部信息进行分析处理，比如人脸识别、车牌识别、目标跟踪等，会更加侧重于对视觉的一个"质"的分析。同时，计算机视觉侧重计算机，更"学术"一些。

1.3.3 语言能力——自然语言处理

听觉是人类的一项非常重要的交流和感知能力。AI 模仿人的听觉能力主要分为语音识别、语义理解、语音输入、语音交互、语音合成、文本生成、机器翻译、声纹特征识别等多个相互关联的研究与应用领域，统称为自然语言处理（Natural Language Processing，NLP），是 AI 的一个重要研究领域。

语音识别是自然语言处理技术中最重要、最困难的一个分支，是指从语音信号中识别出语音特征、语音含义，并转化为相应的文字（语音输入）、控制指令（语音交互）或其他语音（语音合成）、语言（机器翻译）的 AI 技术。由于受语种、方言、个人发音特征、表达习惯、环境噪声、拾音质量以及单词的边界界定、词义的多义、句法的模糊、口语表达的缩略等一系列复杂因素的影响，自然语言处理一直是个伴随 AI 一起艰难前行的研究与应用领域，实现人类与机器（计算机）通过语言的自由交流将是人类科技的一大进步。其应用场景包括语音录入（特定人语音输入、非特定人语音输入、方言输入）、声纹特征提取与说话人识别、机器翻译、智能问答、信息提取、情感分析、舆情分析等。近年来，科大讯飞在自然语言处理领域取得了一系列全球领先的技术突破，开发了讯飞语音输入法、语音交互平台（AIUI）、语言评测、同声翻译等一系列产品。科大讯飞语音处理技术体系如图1-8所示。

图1-8 科大讯飞语音处理技术体系

现在来看一个语音处理技术的应用——人机对话系统。在一个人机对话系统中一般有5个技术模块，分别为自动语音识别（Automatic Speech Recognition，ASR）、自然语言理解（Natural Language Understanding，NLU）、自然语言生成（Natural Language Generation，NLG）、语音合成（Text to Speech，TTS）和对话管理（Dialog Management，DM）。一个人机对话系统的框架如图1-9所示。

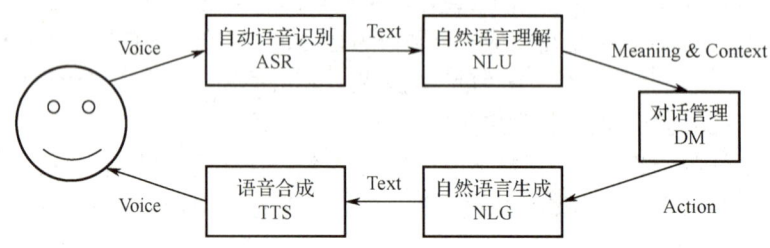

图1-9 人机对话系统的框架

ASR模块负责用户输入语音的识别，产生语音识别结果也就是用户话语，传递给NLU模块；NLU模块根据上下文来理解所收到的用户话语的含义，并将其映射成用户对话行为，传递给DM模块；DM模块选择需要执行的系统行为，如果这个系统行为需要和用户交互，那么NLG模块会被触发，生成自然语言或者说是系统话语；最后，生成的语言由TTS模块朗读给用户听。

1.3.4 记忆能力——知识表示与知识图谱

人类的智能活动过程主要是一个获得知识、记忆知识、更新知识并运用知识的过程，知识是人类一切智能行为的基础。为了使AI能够模仿人类的智能行为，首先就必须使它具有知识，即把人类积累尤其是专家拥有的知识，采用适当的模式表示出来、存储起来，供AI系统方便检索、快速提取和有效使用。这就是知识表示技术要解决的问题。

知识表示就是对知识的一种描述，或者说是对知识的一组约定，从某种意义上讲，知识表示可视为描述知识的结构模型及其知识处理机制的综合，即：

$$知识表示 = 结构模型 + 处理机制$$

伴随着 AI 技术的发展，已经有许多种知识表示方法得到了深入的研究和应用，如逻辑表示法、产生式表示法、框架表示法、面向对象的表示法、语义网表示法、基于 XML 的表示法、本体表示法、概念图、Petri 网法、基于网格的知识表示法、粗糙集、基于云理论的知识表示法等。在实际应用过程中，一个智能系统往往包含了多种知识表示方法。

知识库技术包括知识的组织、管理、维护、优化等技术。对知识库的操作要靠知识库管理系统的支持。显然，知识库与知识表示密切相关。需要说明的是，知识表示实际也隐含着知识的运用，知识表示和知识库是知识运用的基础，同时也与知识的获取密切相关。

知识库有两种含义：一种是指专家系统设计所应用的规则集合，包含规则所联系的事实及数据，它们的全体构成知识库，这种知识库与具体的专家系统有关，不存在知识库的共享问题；另一种是指具有特定领域、行业或特定专项知识的开放性质的、可共享的知识库，可通过互联网提供相关的服务，比如语音服务、自动驾驶服务、导航服务、健康服务等。

知识库是基于知识的系统（或专家系统），具有智能性。并不是所有具有智能的程序都拥有知识库，只有基于知识的系统才拥有知识库。许多应用程序都利用知识，其中有的还达到了很高的水平，但是，这些应用程序可能并不是基于知识的系统，它们也不拥有知识库。一般的应用程序与基于知识的系统之间的区别在于：一般的应用程序是把问题求解的知识隐含地编码在程序中，而基于知识的系统则将应用领域的问题求解知识显式地表达，并单独地组成一个相对独立的程序实体。

1.3.5 推理能力——自动推理与专家系统

运用相关知识进行逻辑推理是人类的一项复杂逻辑运算与推理的智能行为，AI 在获取了一定人类知识的基础上，还必须研究如何通过机器逻辑和机器推理模仿人的推理能力，从而通过简单推理如"规则演绎"，复杂推理如基于概率的不确定性推理（如"主观贝叶斯"），得到新知识，或者直接利用旧知识解决问题。

专家系统是一类具有专门知识和经验的计算机智能程序系统，通过对人类专家的问题求解能力的建模，采用 AI 中的知识表示和知识推理技术来模拟通常由专家才能解决的复杂问题，达到具有与专家同等解决问题能力的水平。这种基于知识的系统设计方法是以知识库和推理机为中心而展开的，即：

$$专家系统 = 知识库 + 推理机$$

它把知识从系统中与其他部分分离开来。专家系统强调的是知识而不是方法。很多问题没有基于算法的解决方案，或算法方案太复杂。采用专家系统，可以利用人类专家拥有的丰富知识，因此专家系统也称为基于知识的系统（Knowledge-Based Systems）。一般说来，一个专家系统应该具备以下三个要素：

- 具备某个应用领域的专家级知识。
- 能模拟专家的思维。
- 能达到专家级的解题水平。

专家系统与传统的计算机程序的主要区别如表 1-3 所示。

表 1-3　专家系统与传统的计算机程序的主要区别

比 较 项	传统的计算机程序	专 家 系 统
处理对象	数字	符号
处理方法	算法	启发式
处理方式	批处理	交互式
系统结构	数据和控制集成	知识和控制分离
系统修改	难	易
信息类型	确定性	不确定性
处理结果	最优解	可接受解
适用范围	无限制	封闭世界假设

建造一个专家系统的过程可以称为"知识工程",它是把软件工程的思想应用于设计基于知识的系统。知识工程包括下面几个方面：

- 从专家那里获取系统所用的知识（即知识获取）。
- 选择合适的知识表示形式（即知识表示）。
- 进行软件设计。
- 以合适的计算机编程语言实现。

近年来专家系统技术逐渐成熟,广泛应用在工程、科学、医药、军事、商业等方面,而且成果相当丰硕,甚至在某些应用领域还超过人类专家的智能与判断。专家系统的功能应用领域包括：

- 解释（Interpretation）,如肺功能测试（PUFF）。
- 预测（Prediction）,如预测可能由黑蛾所造成的玉米损失（PLAN）。
- 诊断（Diagnosis）,如诊断血液中细菌的感染（MYCIN）,又如诊断汽车柴油引擎故障原因的 CATS 系统。
- 故障排除（Fault Isolation）,如电话故障排除系统 ACE。
- 设计（Design）,如专门设计小型马达弹簧与碳刷之专家系统 MOTORBRUSHDESIGNER。
- 规划（Planning）,如辅助规划 IBM 计算机主架构的布置,重安装与重安排的专家系统 CSS,以及辅助财物管理的 PlanPower 专家系统。
- 监督（Monitoring）,如监督 IBM MVS 操作系统的 YES/MVS。
- 除错（Debugging）,如侦查学生减法算术错误原因的 BUGGY。
- 修理（Repair）,如修理原油储油槽的专家系统 SECOFOR。
- 行程安排（Scheduling）,如制造与运输行程安排的专家系统 ISA,又如工作站制造步骤安排系统。
- 教学（Instruction）,如教导使用者学习操作系统的 TVC 专家系统。
- 控制（Control）,如帮助 Digital Corporation 计算机制造及分配的控制系统 PTRANS。
- 分析（Analysis）,如分析油井储存量的专家系统 DIPMETER 及分析有机分子可能结构的 DENDRAL 系统,它是最早的专家系统,也是最成功者之一。
- 维护（Maintenance）,如分析电话交换机故障原因并能建议人类该如何维修的专家系统 COMPASS。
- 架构设计（Configuration）,如设计 VAX 计算机架构的专家系统 XCON 以及设计新电梯架构的专家系统 VT 等。
- 校准（Targeting）,如校准武器如何工作。

1.3.6 规划能力——智能规划

智能规划（Intelligent Planning）是 AI 模仿人的规划能力的一个重要研究与应用领域。规划是指对某个待求解问题给出求解过程的步骤，是通过对周围环境的认识与分析，根据预定实现的目标，对若干可供选择的动作及所提供的资源限制进行推理，综合制定出实现目标的动作序列。智能规划是一种重要的问题求解技术，与一般问题求解相比，智能规划更注重于问题的求解过程，而不是求解结果。此外，规划要解决的问题往往是真实世界的问题，而不是抽象的问题。规划设计时，往往是将问题分解为若干相应的子问题，以及如何记录并处理在问题求解过程中发现的子问题之间的关系。

规划时，通常是把某些较复杂的问题分解为一些较小的子问题。实现问题分解有两条重要途径：

- 当从一个问题状态移动到下一个状态时，无须计算整个新的状态，而只要考虑状态中可能变化了的那些部分。
- 把单一的困难问题分割为几个有希望较为容易解决的子问题。

智能规划应用场景包括航空航天自主控制、机器人动作规划、生产调度、物流调度、导航路径优化、网络安全、军事对抗等。

1.3.7 学习能力——机器学习

人类的学习是一个靠感知输入（听觉、视觉、嗅觉、触觉）、持续积累的记忆、重复、思考、联想、推理、演绎、遗忘的复杂过程，进一步还上升到意识、情感的产生和掌控。应该讲，当前的医学及相关学科对人脑的学习机制、记忆方法、推理过程、意识的由来、情感的机理等许多问题都还没有研究清楚，因此 AI 模仿人的综合学习能力是件非常困难的事情。当前的主要实现方法是机器学习（Machine Learning，ML），尤其是基于反向传播深度卷积神经元网络的机器学习，后者习惯上简称为深度学习（Deep Learning，DL）。

深度学习是机器学习的一个分支，它们都是当前 AI 模仿人的学习能力的实现技术，解决数据分类、回归、聚类和规则等学习问题，也就是从大量的数据中找出规律，反复提炼模型，持续应用模型对新的相似数据进行预测。机器学习的应用遍及 AI 的各个领域，近年来取得突破性进展的图像识别、语音识别、AlphaGo 围棋等都是基于深度学习的 AI 应用实现。

1.3.8 AI 赋能实体经济

从技术角度看，AI 是机器人、自然语言处理、图像识别、计算机视觉、语音识别、自动驾驶等一个个热门产业的分支；从社会经济运行的角度看，随着多项技术的突破，全球 AI 创业热情火爆，各种应用创新层出不穷。现在应用型 AI 已经渗透到了各行各业，多种技术组合后打包为产品或服务（AI+），改变了不同领域的商业实践，使垂直领域 AI 商业化进程加速，掀起一场轰轰烈烈的智能革命。

根据腾讯研究院发布的《2017 中美 AI 创投现状与趋势研究报告》中整理的我国 AI 渗透行业热度图，医疗行业成为当前 AI 应用最火热的行业；汽车行业借势自动驾驶/辅助驾驶等相关技术的发展脱颖而出，位列第二；第三梯队中包含了教育、制造、交通、电商等实体经济标志性领域。AI 的主要应用领域如图 1-10 所示。

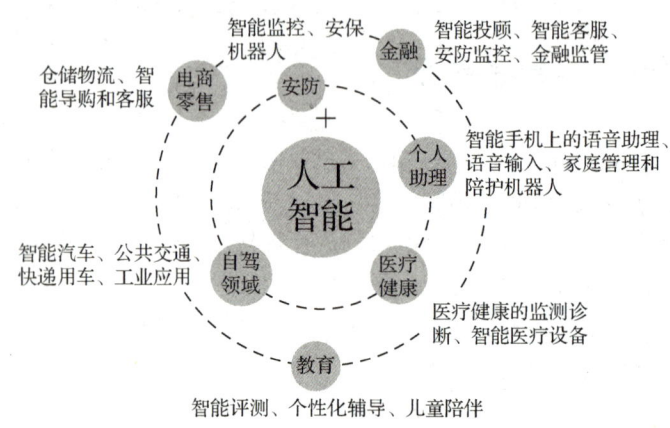

图 1-10　AI 的主要应用领域

在各行各业引入 AI（AI+）是一个渐进的过程。从最基础的感知能力，到对海量数据的分析能力（知识获取），再到理解、推理与决策，AI 将逐步改变各领域的生产方式，推进社会的结构转型。根据 AI 当前的技术能力和应用热度，AI 正在赋能以下几个实体经济领域。

1. 健康医疗——从辅诊到精准医疗

历史上，重大技术进步都会催生医疗保健水平的飞跃。比如工业革命之后人类发明了抗生素，信息革命后发明了 CT 扫描仪、微创手术仪器等多种诊断与治疗仪器。

AI 在医疗健康领域的应用已经相当广泛。依托深度学习算法，AI 在提高健康医疗服务的效率和疾病诊断方面具有天然的优势，各种旨在提高医疗服务效率和体验的应用应运而生。

医疗诊断的 AI 主要有两个方向：一是基于计算机视觉，通过医学影像诊断疾病；二是基于自然语言处理，"听懂"患者对症状的描述，然后根据疾病数据库里的内容进行对比和深度学习诊断疾病。一些公司已经开始尝试基于海量数据和机器学习为病患量身定制诊疗方案。AI 将加速医疗保健向医疗预防转变。充分理解 AI 如何应用到各个医疗场景，将对未来提升人类健康福祉有重要的意义。

2. 智慧城市——为城市安装智慧中枢

AI 正在助力智慧城市进入 2.0 版本。大数据和 AI 是建设智慧城市有力的抓手。城市的交通、能源、安防、供水等领域每天都产生大量数据，AI 可以从城市运行与发展的海量数据中提取有效信息，使数据在处理和使用上更加有效，为智慧城市的发展提供新的路径。

在城市治理领域，AI 可以应用于交通状况实时分析，实现公共交通资源自动调配、交通流量的自动管理。

如今，生产自动驾驶汽车已经在梅赛德斯-奔驰等老牌汽车巨头与科技巨头之间展开竞争。未来自动驾驶也将有大幅提高城市整体通行效率，助力建设综合交通运输体系。

计算机视觉正在快速落地智能安防领域。腾讯的优图天眼系统正是基于人脸检索技术和公安已有的海量大数据建模，面向公安、安防行业推出的智能安防解决方案。

3. 智能零售——实体店加速升级

零售行业将会是从 AI 发展创新中受益最多的产业之一。在 Amazon 的带动下，各类无人零售解决方案层出不穷。随着人口红利的消失，老龄化加剧，便利店的人力成本正在变得越来越高，无人零售正处在风口浪尖。无人便利店可以帮助提升经营效率，降低运营成本。

人脸识别技术可以提供全新的支付体验。《麻省理工科技评论》发布的"2017 全球十大突破性技术"榜单中，我国的"刷脸支付"技术位列其中。基于视觉设备及处理系统、动态 Wi-Fi 追踪、遍布店内的传感器、客流分析系统等技术，可以实时输出特定人群预警、定向营销及服务建议，以及用户行为及消费分析报告。

零售商可以利用 AI 简化库存和仓储管理。未来，AI 将助力零售业以消费者为核心，在时间碎片化、信息获取社交化的大背景下，建立更加灵活便捷的零售场景，提升用户体验。

4. 智能服务业务——"懂你"的服务入口

Bot 是建立在信息平台上与我们互动的一个 AI 虚拟助理。在未来以用户为中心的物联网时代，Bot 会变得越来越智能，成为下一代移动搜索和多元服务的入口。在生活服务领域，Bot 可以通过对话提供各式各样的服务，如天气预报、交通查询、新闻资讯、网络购物、翻译等。在专业服务领域，借助专业知识图谱，Bot 也可以配合业务场景特性准确理解用户的行为和需求，提供专业的客服咨询。

虚拟助理并不是为了取代或颠覆人类，而是为了将人类从重复性、可替代的工作中解放出来，去完成更高阶的工作，如思考、创新、管理。

5. 智能教育——面向未来"自适应"教育

AI 在教育行业的应用当前还处在初始阶段。语音识别和图像识别与教育相关的场景结合，将应用到个性化教育、自动评分、语音识别测评等场景中。通过语音测评、语义分析提升学生语言学习效率。AI 不会取代教师，而是协助教师成为更高效的教育工作者；在算法制定的标准评估下，学生获得量身定制的学习支持，形成面向未来的"自适应"教育。

当前，一批我国 AI 企业正蓄势待发。在智能革命的影响下，旧的产业将以新的形态出现并形成新产业。AI 与实体经济的融合，既是 AI 的产业化路径，也是传统产业升级的风向标。

1.4 人工智能、机器学习与深度学习

1.4.1 AI 的分类

1956 年夏天达特茅斯会议上正式提出的 AI，经过六十多年的发展，已经成为一个比较完整的学科，在技术分类、研究方向、应用领域等多个维度上都已经形成体系。现在 AI 一般泛指"为机器赋予人的智能"的所有技术、方法和应用的统称，可以分为"强 AI"（General AI）和"弱 AI"（Narrow AI）。

强 AI 是一种理想化的设想、憧憬与发展目标，也称为通用 AI 或（Artificial General Intelligence，GAI），是指拥有与人类智慧同样本质特性的、无所不能的机器，它具有甚至超过人类的感知、理性和思考力，如科幻电影《星球大战》中的 C-3PO、邪恶终结者等。

当前的 AI 都是弱 AI，是指接近人的某些特定能力甚至比人更好地执行特定任务的智能系统，如前面讲到的 AlphaGo 围棋系统、科大讯飞的语音识别系统、旷世科技的人脸识别系统、Sophia 机器人等。

从 AI 实现"智能"的方式和水平的视角，还可以将其分为计算智能、感知智能和认知智能：
- 计算智能是指计算能力和存储能力超强的智能，如神经网络和遗传算法的出现，使得机器能够更高效、快速处理海量的数据，机器具有像人类一样进行计算的智能，AlphaGo 是其中的典型代表。

- 感知智能是指机器能听会说人类的语言、看懂世界万物的智能，智能语音和智能视觉就属于这一范畴。这些技术能够很好地辅助甚至代替人类高效地完成一些特定任务，比如第一个被授予国籍的机器人 Sophia。
- 认知智能是指机器能够主动思考并采取行动，是对计算智能和感知智能的综合与升华，如自动驾驶汽车、知识图谱、用户画像、考试机器人、预训练大模型等。

1.4.2　人工智能与机器智能

"AI"是以"人"为中心定义的"智能"，通过计算机程序和模型模拟人类心智（Mind）能做的各种事情，如记忆、推理、感知、语言和学习等能力；而"机器智能（Machine Intelligence，MI）"是以"机器（机械）"为中心实现的"智能"，通过 AI 的相关技术赋予机器特定的智能，甚至一些超越人类的能力。这里的"机器"可以是个大系统，如阿里巴巴为杭州市建造的"城市大脑"，也可以是一个称为智能机器人（智能机器）的小型装置，如自动驾驶汽车、女性机器人 Sophia、打乒乓球的机器人 Agilus 等。

在 2017 中国国际大数据产业博览会的"机器智能"高峰对话上，全球 IT 界多位领军人物就机器智能（MI）与人工智能（AI）的区别和联系展开了讨论：

- 阿里巴巴集团技术委员会主席王坚说："只要创造出关于动物和人的智能，都可以叫作人工智能。但人与动物不具备的智能，如果机器具备了，那就是机器智能，这是我的理解。"他举例说，最常见的 AI 就是创造一个聊天机器人，但阿里巴巴在 2016 年为杭州市安装了一个"城市大脑"，它具备人不具备的智能，更适合叫机器智能。
- 美国硅谷著名创业家、天使投资人史蒂夫·霍夫曼认为，AI 是以图灵测试作为定义的，能与人进行互动，通过图灵测试的都是 AI。"MI 会是人机共生的核心点，我希望在有生之年能看到 MI 无处不在。因为今天我所做的很多决定，如果有 MI 辅助，我可以做出更好的决定，这让每个人未来可以发挥潜力。""我是写书的，写每一本书的时候都要做大量的研究工作，如果有 MI 帮我收集信息、整理信息，把最相关的信息提取出来，我可以用更短时间写出更有水平的书。"
- 美国斯坦福大学 AI 与伦理学教授杰瑞·卡普兰认为，机器智能不应该是让机器变得像人一样有智慧，应该是新一代的自动化。它不是来取代人，而是来辅助人的，还会有大量的工作岗位，现在就有很多工作岗位不能靠自动化来取代，这个技术会改变工作的性质，让我们的工作变得更加高效。如果从这个视角来理解，机器智能是自动化的延伸。
- 北京大数据研究院院长鄂维南认为，机器智能的核心是会学习的机器，它将会把我们带入智能化社会，就像当年造出了会劳动的机器把我们带入了工业化社会一样。

2023 年 5 月 16 日的特斯拉 2023 股东大会上，马斯克公布了该公司人形机器人"擎天柱"（Optimus）的最新研发动向。公开视频里，5 个人形机器人在特斯拉的工厂中直立行走，它们能够探测周围环境，还能通过传感器实时复刻真人的动作，并且能够执行分拣物品等任务。

机器智能如此无所不能，是否会取代人类？对此，王坚打了一个有趣的比喻："我们让一条狗去找毒品的时候从来没有说过我们的鼻子被狗的鼻子给取代了。"他认为，我们要尊重机器在某些方面的能力超越人类。

从上面的分析可以看出，机器智能实际上是建立在人工智能技术基础之上的，为传统的机械、控制与传输赋予一定的感知、认知与学习能力的技术。显然，机器智能的内涵比 AI 更宽泛，但由于本书讨论的重点是智能技术，所以后续章节不再对两者详细区分，统一称为人工智能或 AI。

1.4.3 人工智能与模式识别

模式识别（Pattern Recognition），即通过计算机采用数学的知识和方法来研究模式的自动处理及判读，实现 AI。在这里，我们将周围的环境及客体统统都称为"模式"，即计算机需要对其周围所有的相关信息进行识别和感知，进而进行信息的处理。在 AI 开发即智能机器开发过程中的一个关键环节，就是采用计算机来实现模式（包括文字、声音、人物和物体等）的自动识别，其在实现智能的过程中也给人类对自身智能的认识提供了一个途径。

在模式识别的过程中，信息处理实际上是机器对周围环境及客体的识别过程，是对人参与智能识别的一个仿真。相对于人而言，光学信息及声学信息是两个重要的信息识别来源和方式，它同时也是 AI 机器在模式识别过程中的两个重要途径。在市场上具有代表性的产品有光学字符识别系统以及语音识别系统等。在这里的模式识别可以理解为：根据识别对象具有特征的观察值来将其进行分类的一个过程。采用计算机来进行模式识别，是在 20 世纪 60 年代初发展起来的一门新兴学科，但同样也是未来一段时间发展的必然方向。模式识别的定义是借助计算机，就人类对外部世界某一特定环境中的客体、过程和现象的识别功能（包括视觉、听觉、触觉、判断等）进行自动模拟的科学技术。随着 20 世纪 40 年代计算机的出现以及 20 世纪 50 年代 AI 的兴起，人们当然也希望能用计算机来代替或扩展人类的部分脑力劳动。模式识别在 20 世纪 60 年代初迅速发展并成为一门新学科。

1.4.4 机器学习

如图 1-11 所示是英伟达公司（nVIDIA）网站上给出的 AI、机器学习和深度学习三者的关系。AI 是为机器赋予人的智能的所有理论、方法、技术和应用的统称；机器学习是实现 AI 的一套方法的统称；而深度学习是机器学习方法中的一类，其内涵是基于多层的、非线性变换的、反向传播的人工神经元网络的机器学习。

机器学习是 AI 的一个重要分支与核心研究内容，是当前实现 AI 的一个重要途径。它专门研究机器怎样模拟或实现人类的学习行为，以获取新的知识或技能，并且能重新组织已有的知识结构使之不断改善自身的性能。这里的"机器"是指包含硬件和软件的计算机系统。机器学习的应用已遍及 AI 的各个分支，如专家系统、自动推理、自然语言理解、模式识别、计算机视觉、智能机器人等领域。

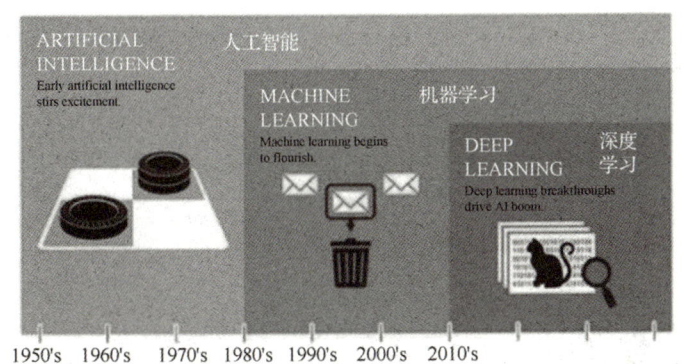

图 1-11 AI、机器学习与深度学习三者的关系

从技术实现的角度看，机器学习就是通过算法与模型设计，使机器从已有数据（训练数据集）中自动分析、习得规律（模型与参数），再利用规律对未知数据进行预测。不同的算法与模型的预测准确率、运算量不同。如图1-12所示给出了机器学习的基本原理和相关基本概念。

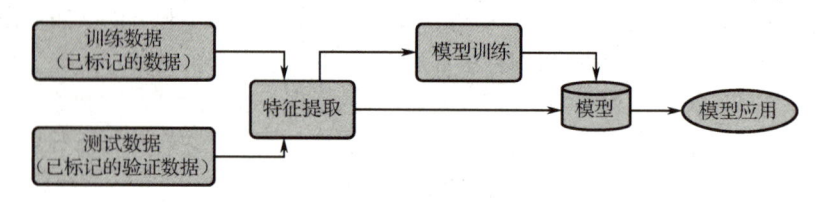

图1-12 机器学习的基本原理和相关基本概念

机器学习最基本的思路就是使用算法来解析训练数据（模型训练），从中学习到特征（得到模型），然后使用得到的模型对真实世界中的事物、事件做出分类、预测或决策。与传统的为解决特定任务、硬编码的软件程序不同，机器学习是用大量的数据来"训练"的，通过各种算法从数据中学习如何完成任务。机器学习的传统算法包括决策树学习、推导逻辑规划、聚类、强化学习和贝叶斯网络等。机器学习在数据处理、商业智能、邮政编码识别（邮件自动分拣）、产品检验（自动化生产线）、字符识别（印刷字母、手写字符、文字）、标示识别等生产生活领域得到了广泛应用，提高了自动化程度，一定程度上实现了让机器可以持续学习、持续提高水平的方法。但是，传统的机器学习方法受算法、算力和训练数据获取等多方面的约束，"智能"水平非常有限，连弱AI的水平都还远远没有达到。

1.4.5 深度学习

2006年，由加拿大多伦多大学Geoffrey Hinton教授等人提出的"深度学习（Deep Learning，DL）"，突破了传统机器学习的算法瓶颈，在基于现代云计算的强大计算力（CPU/GPU/TPU、云计算）和海量数据操控力（存储、管理、传输）的支撑下，使得AI的实现技术取得了一系列突破性进展。这里的"深度"是指人工神经元网络的层数，可多达上千层，并且通过卷积、池化、反向传播等非线性变换方法进行分析、抽象和学习的神经网络，模仿人脑的机制来"分层"抽象和解释数据、提取特征、建立模型。相比于当今的深度学习，传统的机器学习可以认为是"浅度"机器学习，但是由于其模型简单、计算量小，仍然具有广泛的工程应用。

如图1-13所示给出了一种深度学习系统结构。在短短几年内，深度学习颠覆了图像分类、语音识别、文本理解等众多领域的算法设计思路，创造了一种从数据出发，经过一个端到端最后得到结果的新模式。由于深度学习是根据提供给它的大量的实际行为（训练数据集）来自动调整规则中的参数，进而调整规则的，因此在和训练数据集类似的场景下，可以做出一些比较准确的判断。

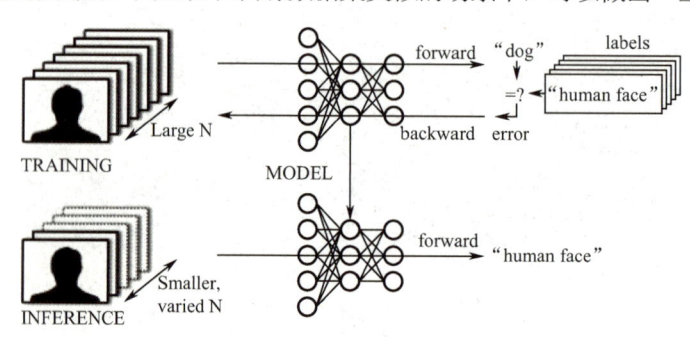

图1-13 深度学习系统结构

如图 1-14 所示是一个著名的多层卷积神经元网络模型 LeNet-5 的示意图。LeNet-5 是 Yann LeCun 在 1998 年设计的用于识别手写数字的卷积神经网络,当年美国大多数银行使用它来识别支票上面的手写数字。LeNet-5 是早期卷积神经网络中最有代表性的实验系统之一。

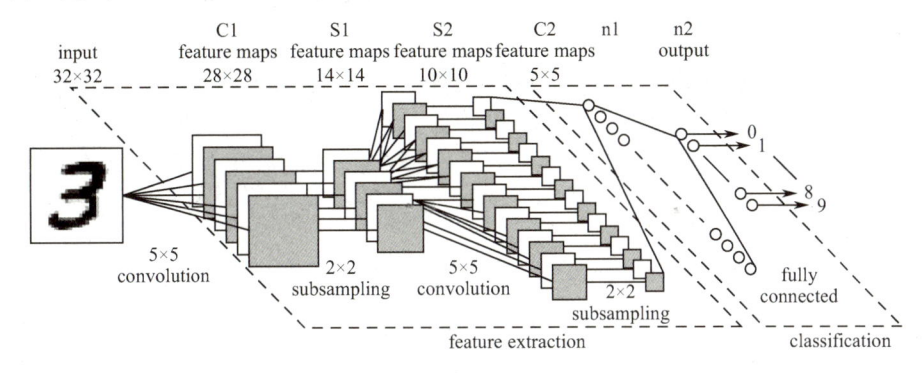

图 1-14　多层卷积神经元网络模型 LeNet-5 示意图

现在,基于深度学习开发的图像识别系统,在一些场景中甚至可以比人做得还好。
- 百度的人脸识别准确度达到了 99.99%,超过了人眼的识别水平,并且能够识别年龄、性别、表情等多种属性。
- 从识别猫狗、物体、场景,到辨别血液中癌症的早期成分,再到识别核磁共振成像中的肿瘤。
- AlphaGo 是基于深度学习的 AI 围棋系统,它先是学会了如何下围棋,然后与它自己下棋训练,24 小时就可以与自己反复地下几十万盘,迅速提高棋艺。
- 科大讯飞的语音识别技术也是基于深度学习的智能系统,中文识别准确率达到了 98%,方言的识别种类达到了 22 种(其中准确率超过 90%的超过了 10 种)。

1.5　算法、算力与大数据

1.5.1　人工智能崛起的三大基石

AI 从 1956 年正式诞生,通过六十多年不断的理论和实践探索,经历多次起起伏伏,终于在 2016 年以 AlphaGo 击败人类围棋顶尖选手李世石、ILSVRC-2017 识别准确率达到 97%超过人类、科大讯飞取得汉语语音识别准确率超过 97%等多项重大突破、2022 年 ChatGPT 的凌空出世之后,迎来了技术与应用的发展高潮。

事实上,互联网与云计算支撑下的大数据基础、计算力平台和算法引擎构成了当今 AI 技术快速发展和应用的三大基石,如图 1-15 所示。它们相辅相成、相互依赖、相互促进,使得 AI 有机会从专用的技术发展成为通用的技术,融入各行各业之中。

1.5.2　计算能力

首先,AI 对计算能力的要求很高,而以前研究 AI 的科学家往往受限于单台计算机的计算能力,需要对数据样本进行裁剪,对算法模型进行简化,数据在单台计算机里对模型进行训练、分析,导致模型的准确率降低。

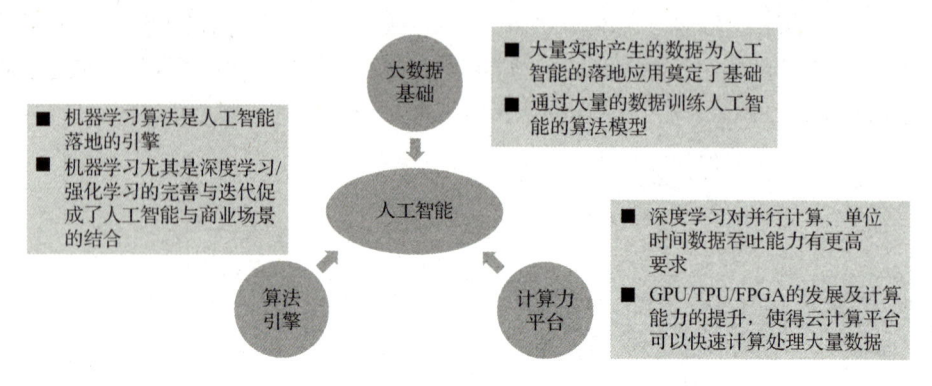

图 1-15　算法引擎、计算力平台与大数据基础构成 AI 三大基石

近几年随着网络技术尤其是云计算技术、高性能计算技术的发展，解决了同时利用成千上万台服务器进行并行计算的"算力横向扩展"的需求；同时，服务器芯片处理能力和处理方式的迅速发展解决了单台服务器"算力纵向扩展"的需求。计算能力的大幅度提升和计算成本的大幅度下降，使得海量数据样本、复杂算法模型的 AI 研究与应用得以广泛开展。

尤其是 GPU、FPGA 以及 AI 专用芯片（比如谷歌的 TPU）的发展为 AI 各种应用的落地提供了强大的计算能力，使得需要海量运算的、模拟类似于人类的深层神经网络算法模型的 AI 应用成为现实。

1.5.3　云存储与大数据

伴随着互联网、物联网和各行各业信息化应用的普及与飞速发展，人类社会的数据量呈指数形态在爆发式地增长，如图 1-16 所示。对多来源、实时、海量、多类型数据的收集、存储、传输和处理的需求十分强烈。这些数据从不同的角度对现实世界进行逼近真实的描述，其中蕴藏着大量有价值的信息、规律和知识；而利用深度学习技术对这些数据之间的多层次关联关系进行挖掘具有重要的商业价值和社会价值，为 AI 应用奠定了数据源基础。

阿里巴巴集团技术委员会主席王坚博士认为：AI 是互联网驱动下的一个重要领域，能够发展到今天，不是靠自身内部的驱动力，而是因为互联网在不断完善，数据变得随处可得。所以，AI 的进步来源于互联网基础设施的不断进步，离开互联网孤立地来看 AI 是没有意义的。

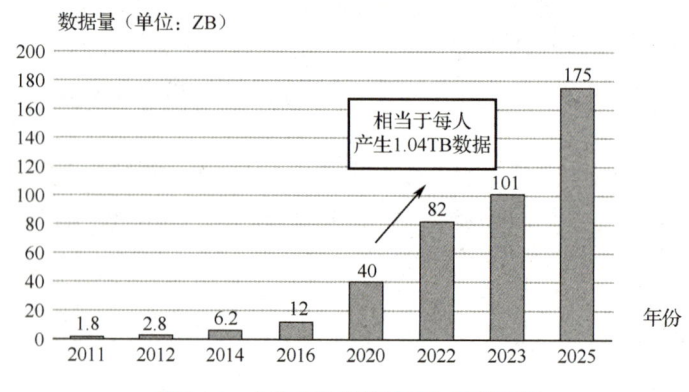

图 1-16　人类产生的数据量与增长预测

1.5.4 人工智能算法

经过六十多年的发展，一系列人工智能实现算法不断产生、发展和完善，如表1-4所示。值得特别关注的是Geoffrey Hinton教授于2006年提出的深度学习方法，在近几年超强计算力和大数据的支持下，推动了AI实现技术与模仿人的能力方面朝前迈进了一大步。AlphaGo、ILSVRC图像识别、科大讯飞语音识别、GPT/BERT等一系列重大AI突破都是通过设计和采用各种深度学习算法实现的。

表1-4 人工智能主要算法汇总

序号	英文名称	中文名称	主要功能	应用场景	典型公司与产品
1	神经网络	Neural Network	模拟人类大脑神经元的工作方式，实现自动化学习和分类任务	图像和语音识别、自然语言处理、推荐系统	Google Photos、Siri、Alexa
2	决策树	Decision Tree	根据给定的输入数据，自动构建出一个树形结构，用于分类和预测	金融风险评估、医学诊断、市场营销	Google Analytics、Microsoft Excel
3	支持向量机	Support Vector Machine	寻找数据之间的最佳边界，用于分类和预测	文本分类、图像识别、生物医学工程	eBay、Facebook、IBM
4	聚类	Clustering	将数据集分成多个相似的组或簇	市场细分、社交网络分析、基因组研究	Amazon、Netflix、LinkedIn
5	遗传算法	Genetic Algorithm	模拟自然选择的过程，寻找最优解	工程设计、调度问题、金融风险管理	Boeing、Ford、NASA
6	人工神经网络	Artificial Neural Network	模拟人类大脑神经元的工作方式，实现自动化学习和分类任务	自然语言处理、图像和语音识别、推荐系统	IBM Watson、Google DeepMind、Baidu
7	贝叶斯网络	Bayesian Network	用于分析和预测变量之间的关系	金融风险管理、医学诊断、智能交通	Google AdWords、Microsoft Office
8	深度学习	Deep Learning	使用多层神经网络实现自动化学习和分类任务	自然语言处理、图像和语音识别、推荐系统	Google Translate、OpenAI GPT、Facebook、Microsoft
9	强化学习	Reinforcement Learning	通过试错学习来优化决策过程	机器人控制、游戏AI、自动驾驶	AlphaGo、OpenAI Gym、DeepMind
10	自然语言处理	Natural Language Processing	用于处理和分析人类语言的算法和技术	机器翻译、文本分类、问答系统	Google Assistant、IBM Watson、Amazon Alexa
11	Transformer	变换器	用于处理序列数据的模型，可应用于自然语言处理、图像处理等领域	文本分类、机器翻译、语音识别、图像生成	GPT-3、GPT-4、BERT、T5
12	BERT	双向编码器表示转换器	基于Transformer模型，用于自然语言处理任务的预训练模型	机器翻译、文本分类、问答系统	Google Search、Hugging Face Transformers、Microsoft Dynamics 365
13	GPT	生成式预训练模型	基于Transformer模型，用于生成文本、对话系统等任务	文本生成、对话系统、语音合成	GPT-4、ChatGPT、GPT-3、GPT-2、GPT-1
14	XLNet	可扩展的自回归预训练模型	基于Transformer模型，用于处理序列数据的模型，可应用于自然语言处理、机器翻译等任务	文本分类、机器翻译、问答系统	XLNet、RoBERTa、ALBERT
15	UniLM	通用语言模型	基于Transformer模型，用于处理多种语言任务的模型	机器翻译、文本分类、问答系统、文本摘要	UniLM、ERNIE、ELECTRA

1.6 人工智能的产业生态

1.6.1 人工智能产业生态的三层划分

AI 产业生态涉及的机构、企业、技术、产品和应用纷繁复杂,可以将相关的基础设施、核心算法、应用平台和解决方案与产品等,从承上启下和产业分工的视角,划分为三个大的层次,即底端的基础层、中间的技术层和顶端的应用层。实际上,全球的众多企业、院校、机构和学者,正在自身的工作层面和跨层拓展的层面上,从不同路径共同打造全球 AI 产业生态,如图 1-17 所示。

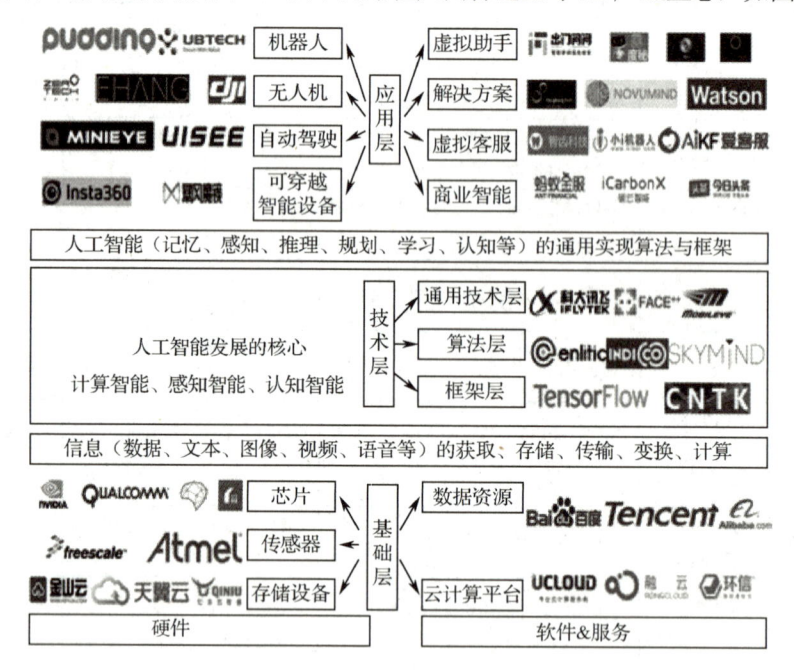

图 1-17 AI 的产业生态

1.6.2 基础层

基础层主要包括芯片、传感器和存储设备等硬件技术,以及在此基础上以软件与服务方式实现的海量数据的获取、存储、传输和超大规模并行计算的实现技术。其中 AI 对芯片技术的需求有别于传统的信息技术,而超大规模计算能力和海量数据的收集与存储是通过互联网和云计算等技术实现的。

当前,以美国为首的一些西方国家妄图阻断中国的崛起和中华民族的伟大复兴,对我国实施经济和科技制裁。在计算机领域,美国对我国实行芯片等一系列产品的禁运,禁止向中国出口高端芯片等,企图迟滞我国在高性能计算机及 AI 领域的发展。但美国没有想到的是,中国是一个社会主义国家,中国具有制度的优越性,中国的制度就决定了我们可以集中力量办大事,统一资源克难攻坚,把"危"变成"机",把每一次制裁当作是突破某一瓶颈的机会。在芯片领域也不例外,随着我国的 BATH(百度、阿里巴巴、腾讯、华为公司首字母缩写)等科技巨头积极布局 AI 芯片,我国在 AI 芯片领域开始加速追赶。最受瞩目的 AI 芯片公司如华为海思、寒武纪和地平线等全力冲刺国产芯片。如华为海思推出的麒麟系列芯片、号称"算力最强"昇腾 910 芯片和全场景 AI 计算框架 MindSpore；阿里的 AI 芯片玄铁 910 是当前业界最强的 RISC-V 处理器；百度的全功能 AI 芯片"昆仑"，据称比最新基于 FPGA 的 AI 加速器性能提升近 30 倍。

1. AI 芯片分类

根据应用场景的不同，当前 AI 芯片可以归纳为三个类别：

- 支持 AI 工程应用及实验室研发阶段的高速训练（在服务器端，Training on Servers）用的芯片，如英伟达（nVIDIA）的 GPU、谷歌的 TPU。
- 支持数据中心 AI 应用推断（Inference on Cloud）的芯片，如亚马逊 Alexa、谷歌大脑（TPU2.0）、寒武纪的 Dianao、科大讯飞语音服务等主流 AI 应用，均需要通过云端提供服务，即将推断环节放在云端而非用户设备上。
- 面向智能手机、智能安防摄像头、机器人/无人机、自动驾驶、VR 等终端设备推断（Inference on Device）的高度定制化、低功耗的芯片，如华为 Mate 10/X 的麒麟 970/980 中搭载的寒武纪 IP，旨在为手机端实现较强的深度学习本地端计算能力，从而支撑以往需要云端计算推断的 AI 应用。

按照上述的分类思路，从应用场景及芯片特性两个角度出发，可勾画出一个 AI 芯片的三层生态体系，即训练层、云端推断层和设备端推断层，如图 1-18 所示。

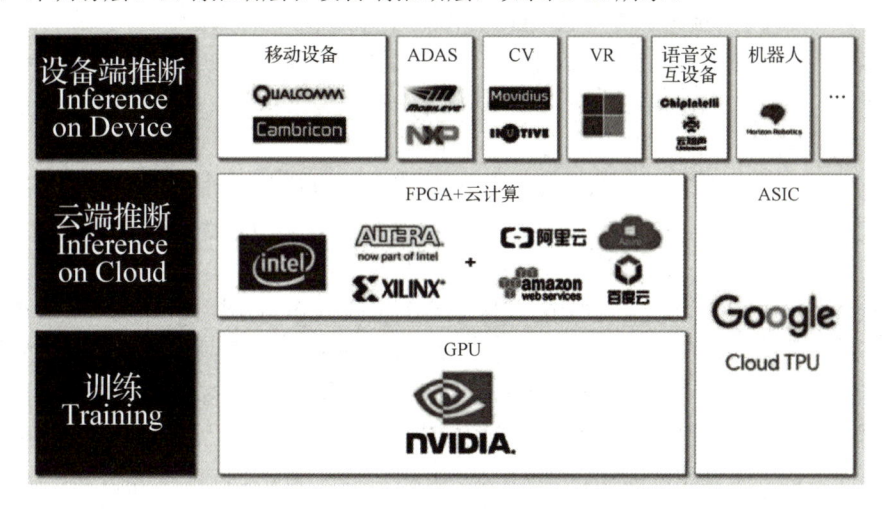

图 1-18 AI 芯片的三层生态体系

在深度学习的训练和推断环节，常用到的芯片及特征如表 1-5 所示。

表 1-5 深度学习的训练和推断常用芯片及特征

类 型	训练（Training）		推断（Inference）
硬件	GPU	TPU	CPU、GPU、FPGA、ASIC（TPU、DianNao 等）
数据需要量	多		少
运算量	大		小

2. 训练加速技术

一项商用的深度学习工程的搭建可分为训练（Training）和推断（Inference）两个环节。训练是指用大量整理过甚至标记过的数据来"训练"一个模型，使之具有特定的功能。推断是指利用训练好的模型，使用新数据推理出各种结论。

训练环节通常需要通过大量的数据输入，采用深度学习、增强学习等 AI 的学习方法，训练出一个复杂的深度神经网络模型。训练过程由于涉及海量的训练数据和复杂的深度神经网络结构，需要的计算规模非常庞大，通常需要采用多台服务器训练几天甚至数周的时间，主要的运算方式是向量与矩阵运算。当前在训练环节通过 GPU 加速尤其是采用英伟达的 GPU 及其通用计算架构 CUDA（Compute Unified Device Architecture）以及 cuDNN 等系列加速库提升训练速度，已经成为行业的一个典型做法。作者 2017 年 3 月组装的一台双 GPU 实验训练机（Ubentu14.4+CUDA+cuDNN+NCCL），使用 Caffe 架构下构建的深度学习模型训练 MNIST 手写识别案例，速度提升了 70 倍左右，原来需要训练两天的项目，现在只需要不到一个小时就完成了。2017 年 4 月英伟达发布的一款让人惊叹的、定位于深度学习的超级计算机 DGX-1，拥有 8 颗帕斯卡架构 GP100 核心的 Tesla P100 GPU，以及 7TB 的 SSD（固态硬盘），由两颗 16 核的 Xeon E5-2698v3 以及 512GB 的 DDR4 内存驱动，其运算力相当于 250 台普通服务器。

英伟达和谷歌为了维护当前在 GPU 训练加速市场的垄断地位，还在持续发力。

- 2023 年 5 月英伟达市值过万亿美元，成为世界上最大的 GPU 市场的主导者，全球独立显卡市占率高达 80%，其高端 GPU 如 H100、A100 和 V100 等，占据 AI 算法训练市场绝大部分的份额。2023 年 5 月 29 日，英伟达 CEO 黄仁勋在中国台北发布超级计算机 DGX GH200，黄仁勋称它"集成了英伟达最先进的加速计算和网络技术"，具有 144TB 的共享内存，比 2021 年推出的上一代 DGX A100，内存扩大了近 500 倍。
- 加强 AI 软件堆栈体系的生态培育，即提供易用、完善的 GPU 深度学习平台，不断完善 CUDA、cuDNN 等套件以及深度学习框架、深度学习类库，来保持英伟达体系 GPU 加速方案的黏性。
- 推出 nVIDIA GPU Cloud 云计算平台，除了提供 GPU 云加速服务，英伟达以 NVDocker 方式提供全面集成和优化的深度学习框架容器库，以其便利性进一步吸引中小 AI 开发者使用其平台。
- 谷歌 2017 年 5 月发布了一款针对深度学习加速的 ASIC 芯片 TPU 2.0，而此前的 TPU1.0 仅能用于推断（即不可用于训练模型），并在 AlphaGo 人机大战中提供了巨大的算力支撑。而当前谷歌发布的 TPU 2.0 除了推断以外，还能高效支持训练环节的深度网络加速。谷歌披露，谷歌在自身的深度学习翻译模型的实践中，如果在 32 块顶级 GPU 上并行训练，需要一整天的训练时间，而在 TPU2.0 上，1/8 个 TPU Pod（TPU 集群，每 64 个 TPU 组成一个 Pod）就能在 6 个小时内完成同样的训练任务。2018 年 5 月推出的 TPU3.0 的总处理能力又比 TPU2.0 提升了 8 倍。
- 当前谷歌并没有急于推进 TPU 芯片的商业化。谷歌对 TPU 芯片的整体规划是，基于自家开源、当前在深度学习框架领域排名第一的 TensorFlow，结合谷歌云服务推出 TensorFlow Cloud，通过 TensorFlow + TPU 云加速的模式为 AI 开发者提供服务。谷歌或许并不会考虑直接出售 TPU 芯片。如果一旦谷歌将来能为 AI 开发者提供相比购买 GPU 更低成本的 TPU 云加速服务，那么借助 TensorFlow 生态毫无疑问会对 nVIDIA 构成重大威胁。

3．云端推断加速技术（Inference on Cloud）

当一项深度学习应用，如基于深度神经网络的机器翻译服务，经过数周甚至长达数月的 GPU 集群并行训练后获得了足够性能，接下来将投入面向终端用户的消费级服务应用中，如视频监控设备通过后台的深度神经网络模型判断一张抓拍到的人脸是否属于黑名单、智能手机语音输入和翻译等。一般而言，由于训练出来的深度神经网络模型往往非常复杂，其 Inference（推断）仍然是计算密集型和存储密集型的任务，这使得它难以被部署到资源有限的终端用户设备（如智能手机）上。

正如谷歌不期望用户会安装一个大小超过 300MB 的机器翻译 App 应用到手机上，并且每次翻译推断（应用训练好的神经网络模型计算出翻译的结果）的手机本地计算时间长达数分钟甚至耗尽手机电量仍然未完成计算。这时候，云端推断（Inference on Cloud）在 AI 应用部署架构上变得非常有必要。虽然单次推断的计算量远远无法和训练相比，但如果假设有 1000 万人同时使用这项机器翻译服务，其推断的计算量总和足以给云服务器带来巨大压力。而随着 AI 应用的普及，这点无疑会变成常态以及业界的另一个痛点。由于海量的推断请求仍然是计算密集型任务，CPU 在推断环节再次成为瓶颈。在云端推断环节，GPU 不再是最优的选择，取而代之的是，当前 3A（阿里云、Amazon、微软 Azure）都纷纷探索云服务器+FPGA 芯片模式替代传统 CPU 以支撑推断环节在云端的技术密集型任务。在推断环节，除了使用 CPU 或 GPU 进行运算外，FPGA 以及 ASIC 均能发挥重大作用。

FPGA（可编程门阵列，Field Programmable Gate Array）是一种集成大量基本门电路及存储器的芯片，可通过烧入 FPGA 配置文件来定义这些门电路及存储器间的连线，从而实现特定的功能。而且烧入的内容是可配置的，通过配置特定的文件可将 FPGA 转变为不同的处理器，就如一块可重复刷写的白板一样。因此，FPGA 可灵活支持各类深度学习的计算任务，性能上根据百度的一项研究，对于大量的矩阵运算，GPU 远好于 FPGA，但是当处理小计算量大批次的实际计算时 FPGA 性能优于 GPU。另外，FPGA 有低延迟的特点，非常适合在推断环节支撑海量的用户实时计算请求（如语音云识别）。

ASIC（专用集成电路，Application Specific Integrated Circuit）则是不可配置的高度定制专用芯片。其特点是需要大量的研发投入，如果不能保证出货量则其单颗成本难以下降，而且芯片的功能一旦流片后则无更改余地，若市场深度学习方向一旦改变，ASIC 前期投入将无法回收，意味着 ASIC 具有较大的市场风险。但 ASIC 作为专用芯片，其性能高于 FPGA，如能实现高出货量，则其单颗成本可做到远低于 FPGA。

亚马逊 AWS 在 2017 年推出了基于 FPGA 的云服务器 EC2 F1；微软早在 2015 年就通过 Catapult 项目在数据中心实验 CPU+FPGA 方案；而百度则选择与 FPGA 巨头 Xilinx（赛思灵）合作，在百度云服务器中部署 KintexFPGA，用于深度学习推断；阿里云、腾讯云也均有类似围绕 FPGA 的布局。值得一提的是，FPGA 芯片厂商也出现了一家中国企业的身影——清华系背景、定位于深度学习 FPGA 方案的深鉴科技，当前深鉴科技已经获得了 Xilinx 的战略性投资。

云计算巨头纷纷布局云计算+FPGA 芯片，首先是因为 FPGA 作为一种可编程芯片，非常适合部署于提供虚拟化服务的云计算平台之中。FPGA 的灵活性，可赋予云服务商根据市场需求调整 FPGA 加速服务供给的能力。比如一批深度学习加速的 FPGA 实例，可根据市场需求导向，通过改变芯片内容将其变更为如加解密实例等其他应用，以确保数据中心中 FPGA 的巨大投资不会因为市场风向变化而陷入风险之中。另外，由于 FPGA 的体系结构特点，非常适合用于低延迟的流式计算密集型任务处理，意味着 FPGA 芯片做面向与海量用户高并发的云端推断，相比 GPU 具备更低计算延迟的优势，能够为消费者提供更佳的体验。

在云端推断的芯片生态中，不得不提的最重要力量是 PC 时代的王者英特尔。面对摩尔定律失效的 CPU 产品线，英特尔痛定思痛，将 PC 时代积累的现金流，通过多桩大手笔的并购迅速补充 AI 时代的核心资源能力。首先以 167 亿美元的代价收购 FPGA 界排名第二的 Altera，整合 Altera 多年 FPGA 技术以及英特尔自身的生产线，推出 CPU + FPGA 异构计算产品，主攻深度学习的云端推断市场。另外，2017 年通过收购拥有为深度学习优化的硬件和软件堆栈的 Nervana，补全了深度学习领域的软件服务能力。当然，不得不提的是英特尔还收购了领先的先进驾驶辅助系统（Advanced Driver Assistance System，ADAS）服务商 Mobileye 以及计算机视觉处理芯片厂商 Movidius，将 AI 芯片的触角延伸到了设备端市场。

4. 终端推断加速技术（Inference on Device）

随着 AI 应用生态的爆发，将会出现越来越多不能单纯依赖云端推断的设备。例如，自动驾驶汽车的推断不能交由云端完成，否则如果出现网络延时则会造成灾难性后果；或者大型城市动辄百万级数量的高清摄像头，其人脸识别推断如果全交由云端完成，高清录像的网络传输带宽将让整个城市的移动网络不堪重负。未来在相当一部分 AI 应用场景中，要求终端设备本身需要具备足够的推断计算能力，而显然当前 ARM 等架构芯片的计算能力并不能满足这些终端设备的本地深度神经网络推断的需求。业界需要全新的低功耗异构芯片，以赋予设备足够的计算力去应对未来越发增多的 AI 应用场景。

需要设备端具有直接推断能力的应用场景包括智能手机、ADAS、CV 设备、VR 设备、语音交互设备以及机器人等。具体应用包括：

- 智能手机——智能手机中嵌入深度神经网络加速芯片，或许将成为业界的一个新趋势，当然这个趋势要等到有足够多基于深度学习的"杀手级"App 出现才能得以确认。华为已经在 Mate 10 的麒麟 970 中搭载寒武纪 IP，为 Mate 10 带来较强的深度学习本地端推断能力，让各类基于深度神经网络的摄影/图像处理应用能够为用户提供更佳的体验。另外，高通同样有意在日后的芯片中加入骁龙神经处理引擎，用于本地端推断。同时 ARM 也推出了针对深度学习优化的 DynamIQ 技术。对于高通等 SoC 厂商，在其成熟的芯片方案中加入深度学习加速器 IP 并不是什么难事，智能手机未来 AI 芯片的生态基本可以断定仍会掌握在传统 SoC 厂商手中。

- ADAS（先进驾驶辅助系统）——ADAS 作为最吸引大众眼球的 AI 应用之一，需要处理海量由激光雷达、毫米波雷达、摄像头等传感器采集的海量实时数据。作为 ADAS 的中枢大脑，ADAS 芯片市场的主要玩家包括 2017 年被英特尔收购的 Mobileye、恩智浦（NXP），以及汽车电子的领军企业英飞凌。随着英伟达推出自家基于 GPU 的 ADAS 解决方案 Drive PX2，英伟达也加入到战团之中。

- 计算机视觉（Computer Vision，CV）设备——计算机视觉领域全球领先的芯片提供商是 Movidius，当前已被英特尔收购，大疆无人机、海康威视和大华股份的智能监控摄像头均使用了 Movidius 的 Myriad 系列芯片。需要深度使用计算机视觉技术的设备，如上述提及的智能摄像头、无人机，以及行车记录仪、人脸识别迎宾机器人、智能手写板等设备，往往都具有本地端推断的刚需，上述这些设备如果仅能在联网下工作，无疑将带来非常糟糕的体验。而计算机视觉技术当前看来将会成为 AI 应用的沃土之一，计算机视觉芯片将拥有广阔的市场前景。当前国内涉足计算机视觉技术的公司以初创公司为主，如商汤科技、旷视、腾讯优图，以及云从、依图等公司。在这些公司中，未来有可能随着其自身计算机视觉技术的积累渐深，部分公司将会自然而然转入 CV 芯片的研发中，正如 Movidius 也正是凭借计算机视觉技术而转为芯片商的。

- 虚拟现实（Virtual Reality，VR）设备、语音交互设备以及机器人——VR 设备芯片的代表有微软为自身 VR 设备 Hololens 而研发的 HPU 芯片，这颗由台积电代工的芯片能同时处理来自 5 个摄像头、一个深度传感器以及运动传感器的数据，并具备计算机视觉的矩阵运算和 CNN（Convolutional Neural Networks，卷积神经网络）运算的加速功能。

- 语音交互设备芯片方面，国内有启英泰伦以及云知声两家公司，其提供的芯片方案均内置了为语音识别而优化的深度神经网络加速方案，实现设备的语音离线识别。

- 机器人方面，无论是家居机器人还是商用服务机器人，均需要专用软件+芯片的 AI 解决方案，这方面的典型公司有由前百度深度学习实验室负责人余凯创办的地平线机器人，除此之外，地平线机器人还提供 ADAS、智能家居等其他嵌入式 AI 解决方案。

在 Inference on Device 领域，呈现的是一个缤纷的生态。因为无论是 ADAS 还是各类 CV、VR 等设备领域，AI 应用仍远未成熟，各 AI 技术服务商在深耕各自领域的同时，逐渐由 AI 软件演进到软件+芯片解决方案是自然而然的路径，因此形成了丰富的芯片产品方案。同时，英伟达、英特尔等巨头逐渐也将触手延伸到了 Inference on Device 领域，意图形成端到端的综合 AI 解决方案体系，实现各层次资源的联动。

1.6.3 技术层

AI 在模仿人类智能的过程中，根据智能程度的不同，可以分为运算智能、感知智能和认知智能。

- 运算智能，即快速计算和记忆存储能力。数据挖掘、AI 所涉及的各项技术的发展是不均衡的，现阶段计算机比较具有优势的是运算能力和存储能力。1996 年 IBM 的深蓝计算机战胜了当时的国际象棋冠军卡斯帕罗夫，从此，人类在这样的强运算型的比赛方面就很难战胜机器了。

- 感知智能，即视觉、听觉、触觉等感知能力。人和动物都能够通过各种智能感知能力与自然界进行交互。自动驾驶汽车就是通过激光雷达等感知设备和 AI 算法，实现这样的感知智能的。机器在感知世界方面，比人类更有优势。人类都是被动感知的，但是机器可以主动感知，如激光雷达、微波雷达和红外雷达。不管是 Big Dog 这样的感知机器人，还是自动驾驶汽车，因为充分利用了 DNN（Deep Neural Networks，深层神经网络）和大数据的成果，机器在感知智能方面已越来越接近于人类。

- 认知智能，通俗讲就是机器"能理解、会思考"。人类有语言，才有概念，才有推理，所以概念、意识、观念等都是人类认知智能的表现。当前的自然语言处理、用户画像、服务机器人、考试机器人等就属于认知智能。

图 1-17 中间的技术层主要是提供实现 AI（记忆、感知、推理、规划、学习、认知等）的通用算法与框架，以及之上的通用技术服务，如语音处理、计算机视觉等。实际上，通用技术层是全球学者、企业多年积累的通用算法、工具，通过框架和服务等方式提供给 AI 应用产品的开发者的，从而简化开发过程、缩短开发周期、提升产品质量。

所谓 AI 框架（现在多数称为深度学习框架，也称为 AI 开发平台），就是由机构、个人或厂商设计、开发和维护的 AI 通用算法、实现程序、编程接口以及应用案例、文档，经过封装、打包后提供给应用开发者使用的软件系统。当前流行的 AI 框架很多，而且绝大多数都是免费开源的，比如谷歌用来开发 AlphaGo 的 TensorFlow、Facebook 的 PyTorch、百度的飞桨等。如图 1-19 所示给出了当前全球主流 AI 框架。其中，具有自动求导和 GPU 加速功能的 PyTorch 发展势头良好。

所谓的通用技术服务，也就是 AI 能力的开放，是指由高水平的专业公司在"攻克"特定的 AI 通用问题、实现特定的 AI 能力后，在互联网上将其实现的智能功能通过"服务"（Web Service）的形式提供给应用开发者使用，从而简化应用开发，支持复杂智能功能的实现。比如科大讯飞"AI 交互界面——AIUI"，它集成了双全工技术、麦克风阵列技术、声纹识别技术、方言识别、语义理解技术和内容服务等一系列 AI 技术，通过互联网提供智能语音交互界面服务，使得应用开发者能够非常方便地在其应用系统中添加语音交互控制功能，在服务机器人、智能音箱、车载终端、移动 App 等产品上都得到了广泛应用。

序号	名称	所属公司
1	TensorFlow	Google
2	PyTorch	Facebook
3	飞桨(PaddlePaddle)	百度
4	Caffe	加州大学伯克利
5	Theano	蒙特利尔理工学院
6	MXNet	亚马逊（Amazon）
7	Core ML	苹果
8	CNTK	微软
9	DL4J	Skymind
10	Keras	Google

图 1-19　当前全球主流 AI 框架

1.6.4　应用层

应用层按照对象不同，可分为消费级终端应用产品和行业场景应用两大类。

消费级终端包括机器人、无人机以及智能硬件三个方向，主要是对接各类外部行业的 AI 应用场景，包括智慧医疗、智慧教育、智慧金融、新零售、智慧安防、智慧营销、智慧城市等。近年来，国内企业陆续推出应用层面的产品和服务，如小 i 机器人、智齿客服等智能客服，"出门问问""度秘"等虚拟助手，工业机器人和服务型机器人也层出不穷，应用层产品和服务正逐步落地。

其中，IBM 最早布局 AI，"万能 Watson"推动多行业变革；百度推出"百度大脑"计划，重点布局自动驾驶汽车；而谷歌的 AI 业务则较为繁杂，多领域遍地开花，包括 AlphaGo、自动驾驶汽车、谷歌大脑等；微软在语音识别、语义理解、计算机视觉等领域保持领先。除此之外，家电行业也掀起了 AI 的热潮，不少家电企业都瞄准了 AI，潜心研发 AI 技术，将其应用于家电产品。近年来，长虹、美的、格力、格兰仕等都在向智能制造转型，试图立足"Smart Home"，将 AI 和智能家居更紧密地结合在一起。

1.7　科技巨头在 AI 领域的布局

AI 的高速发展，很大程度上得益于各大科技巨头的高度重视和大力推进。科技巨头在 AI 领域的布局大都比较全面，尤其在技术层有许多重合之处，常用的语音、图像、语义技术基本都会自主研发。

1.7.1　国外科技巨头在 AI 领域的布局

1. 谷歌（Google）

谷歌是全球在 AI 领域投入最大且整体实力最强的公司。2016 年 4 月，谷歌 CEO Sundar Pichai 明确提出将 AI 优先作为公司大战略。近年来，谷歌的 Jeff Dean 将工作重心都投入到谷歌大脑项目。谷歌还吸引了深度学习鼻祖、多伦多大学 Geoffrey Hinton 教授，计算机视觉专家、斯坦福大学李飞飞教授等顶尖专家加盟。

- 基础技术：谷歌在 2011 年便推出了分布式深度学习框架 DistBelief，2015 年开源了第二代深度学习框架 TensorFlow。TensorFlow 是当前最受关注的深度学习框架之一，谷歌还为其研发了专用芯片 TPU，将性能提高了一个数量级。谷歌云平台基于 TensorFlow 提供了云端机器学习引擎。

- 应用技术：谷歌云平台提供了自然语言、语音、翻译、视觉、视频智能等常用应用技术接口。
- 产品服务：早在 2009 年，谷歌便启动了自动驾驶汽车项目。2016 年 12 月，该项目分拆为一家独立的公司 Waymo。当前谷歌自动驾驶汽车测试里程已经突破 200 万英里（1 英里≈1.61 千米），但由于真实路况的复杂性以及法律风险，自动驾驶汽车距离大规模应用还有很长一段距离。2014 年 10 月，谷歌推出 Gmail 的进化版——Inbox，Inbox 可以被自动归类到旅行、财务、新闻资讯等类别。2015 年 5 月，谷歌发布 Google Photos，可以对照片自动识别、分类，并支持自然语言搜索。2016 年 5 月，谷歌推出智能家居中控系统 Google Home，对标亚马逊的 Echo。Google Home 背后的智能助手引擎是 Google Assistant，对标亚马逊的 Alexa。2016 年谷歌的 AlphaGo 在人机围棋大战中的碾压式胜利又一次引爆了公众对 AI 的关注。

2. 微软（Microsoft）

1991 年创立的微软研究院（Microsoft Research）一直在从事 AI 领域相关的研究。2016 年 9 月，微软整合微软研究院、必应（Bing）和小娜（Cortana）产品部门以及机器人等团队，组建"微软 AI 与研究事业部"，借此来加速 AI 研发的进程。该事业部当前拥有 7000 多名计算机科学家和工程师。

- 基础技术：微软开源了深度学习工具包 CNTK，推出了基于云平台的 AI 超级云计算机。微软在其云平台 Azure 中加入 FPGA，达到了前所未有的网络性能，提高了所有工作负载的吞吐量。
- 应用技术：微软认知服务（Microsoft Cognitive Services）当前已经集合了多种智能 API 以及知识 API 等二十多款工具可供开发者调用。
- 产品服务：微软 2014 年 5 月推出智能聊天机器人小冰，同年 7 月发布智能助手小娜（Cortana）。现在小娜每天都在为 1.13 亿用户服务，已回答超过 120 亿个问题。在商用领域，微软还推出了 Cortana 智能套件（Cortana Intelligence Suite）。微软 2016 年 4 月发布聊天机器人框架 Bot Framework，当前已经被超过 40000 名开发者使用。

2023 年 1 月 23 日，微软宣布，将扩大与 OpenAI 的合作关系，并利用 OpenAI 的 AI 技术和产品为微软的 Bing、Edge、Office 和开发工具赋能。

3. 脸书（Facebook）

AI 是 Facebook 的三大方向之一。2013 年 12 月成立 AI 实验室（Facebook AI Research，FAIR），由卷积神经网络 CNN 的发明者、纽约大学终身教授 Yann LeCun 领导。还成立了应用机器学习部门（Applied Machine Learning，AML），由机器学习专家 Joaquin Candela 领导，负责将 AI 研究成果应用到 Facebook 现有产品中。LeCun 和 Candela 都直接向 Facebook 的 CTO 汇报工作。Facebook CEO 扎克伯格在 2016 年还亲自编写代码为自己家开发了一个 AI 管家 Jarvis。

- 基础技术：Facebook 于 2015 年 12 月开源 AI 硬件平台 Big Sur，2017 年 3 月又开源了新一代的服务器设计方案 Big Basin，能训练的模型比 Big Sur 大了 30%。2016 年和 2017 年分别开源了基于 Torch 的深度学习框架 Torchnet 和 PyTorch。Facebook 内部搭建了通用的机器学习平台 FBLearner Flow。当前在 FBLearner Flow 平台上平均每月运行 120 万个 AI 任务。Lumos 构建于 FBLearner Flow 平台之上，是专用于图像和视频的学习平台。

- 应用技术：Facebook 在语义领域开发了文本理解引擎 DeepText，开源了文本表示和分类库 fastText。在图像领域，开发了人脸识别技术 DeepFace，开源了三款图像分割工具：DeepMask、SharpMask 和 MultiPathNet。
- 产品服务：Facebook 于 2015 年 8 月推出智能助手 M，2016 年 4 月推出基于 Facebook Messenger 的聊天机器人框架 Bot。但受限于当时的 AI 技术水平，聊天机器人的错误率被曝高达 70%，Facebook 已经将聊天机器人的重心转向一些特定的任务。Facebook 还开源了自己的围棋 AI 引擎 DarkForest。
- 2021 年 10 月 28 日 Facebook 创始人马克·扎克伯格在 "Facebook Connect" 大会上，宣布了公司新名称 "Meta"，并且同时公布了建设 "元宇宙（metaverse）" 的计划。"元宇宙"是一个人们可以在虚拟环境中玩游戏、工作和交流的线上世界，通常使用虚拟现实头盔（VR Headsets）连接。
- 相比 OpenAI、Google 推出闭源的 GPT-4、Bard 模型，Meta 在开源大模型的路上一骑绝尘，在开源 LLaMA 大模型之后，再次于 2023 年 5 月 9 日开源了一个新的 AI 模型——ImageBind，短短一天时间，收获了 1600 个 Star。这个模型与众不同之处便是可以将多个数据流连接在一起，包括文本、图像/视频和音频、视觉、IMU、热数据和深度（Depth）数据。这也是业界第一个能够整合六种类型数据的多模态大模型。

4. 国际商业机器（IBM）

AI 是 IBM 在 2014 年后的重点关注领域，IBM 正在转型成为认知产品服务和云平台公司。IBM 未来十年战略核心是 "智慧地球" 计划，IBM 每年为其投入的研发经费在 30 亿美元以上。

- 基础技术：IBM 一直致力于研发类脑芯片 TrueNorth，并取得了不错的进展，但离量产尚有距离。IBM 还开源了大规模机器学习平台 SystemML。
- 应用技术：IBM 云平台 Bluemix 提供了覆盖语音、图像、语义等领域的十多种常用技术。
- 产品服务：Watson 在 "Jeopardy！"（美国著名的电视智力竞答节目）一战成名之后，IBM 围绕 Watson 继续发力，计划将其打造成商业领域的 AI 平台。医疗是他们当前最重要的领域。2016 年 8 月，Watson 只用了 10 分钟便为一名患者确诊了一种很难判断的罕见白血病。此外，Watson 还被广泛应用于教育、保险、气象等领域。

5. 亚马逊（Amazon）

有别于其他科技巨头，亚马逊鲜有宣传自己的 AI 布局，却不声不响地做出了 AI 明星产品 Echo。2016 年 7 月卡内基·梅隆大学教授、顶尖机器学习专家 Alex Smola 加盟亚马逊担任 AWS 机器学习总监。

- 基础技术：亚马逊在 AWS 上提供了分布式机器学习平台。
- 应用技术：2016 年年底，AWS 才正式推出自己的 AI 产品线——Amazon Lex、Amazon Polly 以及 Amazon Rekognition，分别用于聊天机器人、语音合成以及图像识别。
- 产品服务：亚马逊 2014 年发布智能音箱 Echo，据估计，截至 2018 年 6 月底 Echo 系列产品在美国家庭的安装量已经达到 3500 万台（市场占有率达到 70%），取得了巨大的商业成功。借助 Echo 的成功，Echo 背后的智能语音助手 Alexa 也被众多第三方设备采用。Alexa 当前已拥有超过 1 万项技能，这个数字还在快速增长。亚马逊还推出了新零售实体便利商超 Amazon Go。在 Amazon Go 中，没有服务员，没有收银台，消费者进店不用排队结账，拿了就走。

6. 苹果（Apple）

苹果于 2011 年最早推出语音助手 Siri，掀起语音助手的热潮。但 Siri 的效果远低于用户的预期，最终沦为一个玩具。在近几年的 AI 大潮中，苹果除收购了一些 AI 创业公司，并无重量级的产品或技术问世，已经明显落后于其他科技巨头。2016 年 10 月，苹果挖来 CMU 的深度学习专家 Russ Salakhutdinov 担任 AI 研究团队的负责人，表明苹果已经开始加紧步伐追赶。

1.7.2 我国科技巨头在 AI 领域的布局

1. 百度

百度是国内 AI 领域投入最大、布局最广且整体实力最强的公司之一。2013 年 1 月，百度建立深度学习研究院（Institute of Deep Learning，IDL）。2014 年 5 月，百度硅谷 AI 实验室在美国硅谷成立。同时，世界顶级 AI 专家、斯坦福大学教授吴恩达（Andrew Ng）出任百度首席科学家，全面负责百度研究院。2017 年 1 月，曾任微软集团全球执行副总裁的陆奇加入百度担任百度集团总裁和 COO（2018 年 5 月离任）。2017 年 2 月，百度宣布全资收购渡鸦科技，渡鸦创始人吕骋出任百度智能家居硬件总经理，直接向陆奇汇报。原度秘团队升级为度秘事业部，也直接向陆奇汇报。2017 年 3 月，百度成立智能驾驶事业群组，由陆奇兼任总经理，吴恩达离职。百度宣布整合包括 NLP、KG、IDL、Speech、Big Data 等在内的百度核心技术，组成百度 AI 技术平台体系（AIG），任命百度副总裁王海峰为 AI 技术平台体系（AIG）总负责人。当前百度 AI 团队已经增长到近 1300 人。从百度频繁且大规模的 AI 相关的人事和组织调整亦可以看出，百度在 AI 上下了重注。

- 基础技术：百度在数据中心也大规模采用了 FPGA 来加速计算。另外，百度还自主研发并开源了自己的深度学习框架 PaddlePaddle，这属于国内首家。
- 应用技术：百度云平台提供了语音、人脸识别、文字识别、自然语言处理、黄反识别、智能视频分析等常用应用技术。
- 产品服务：百度自动驾驶车项目于 2013 年起步。2015 年 12 月，百度自动驾驶车国内首次实现城市、环路及高速道路混合路况下的全自动驾驶，测试时最高时速达到 100km。2016 年 7 月，百度与乌镇旅游举行战略签约仪式，宣布双方在景区道路上实现 Level4 的自动驾驶。2015 年 9 月，百度推出 AI 助理度秘（英文名：Duer），度秘可以在对话中清晰地理解用户的多种需求，为用户提供各种优质服务。2017 年 1 月，百度推出首款对话式 AI 操作系统 DuerOS。DuerOS 支持第三方开发者的能力接入，当前已经具备 7 大类别 70 多项能力，能够支持手机、电视、音箱、汽车、机器人等多种硬件设备。

2. 腾讯

腾讯之前已经有微信模式识别中心、优图实验室、文智等多个团队在应用技术层开展了很多工作。腾讯于 2016 年 4 月成立 AI 实验室（简称 AI Lab），由曾经担任百度 IDL 首席科学家的张潼领导，重金招揽优秀的 AI 领域研发人员，意图加速 AI 的进程。

- 基础技术：腾讯云提供了大规模机器学习平台和深度学习平台，当前支持 TensorFlow、Caffe、Torch 三大深度学习框架。
- 应用技术：腾讯的云平台也提供图像、语音、自然语言处理等常用应用技术。
- 产品服务：2015 年 9 月，腾讯的新闻写作机器人 Dreamwriter 撰写财经新闻并发布。2017 年 3 月，腾讯的围棋机器人"绝艺"斩获 UEC 杯计算机围棋大赛冠军。2022 年 5 月，腾讯混元 AI 大模型在 CLUE 总排行榜、阅读理解、大规模知识图谱三个榜单同时登顶，一举打破三项纪录。

3. 阿里巴巴

阿里巴巴主要围绕自身的电商业务和商业领域进行布局。2017 年 3 月，在阿里巴巴首届技术大会上，马云宣布启动一项代号"NASA"的计划，面向未来 20 年组建强大的独立研发部门，涉及面向机器学习、芯片、IoT、操作系统、生物识别等核心技术。

- 基础技术：2017 年 3 月，阿里巴巴发布分布式机器学习平台 PAI 2.0，全面兼容主流深度学习框架 TensorFlow、Caffe 和 MXNet。
- 应用技术：阿里云提供了语音和图像的接口，暂无自然语言处理的接口。
- 产品服务：阿里巴巴于 2015 年 7 月发布智能客服机器人"阿里小蜜"，能力堪比 3.3 万个客服小二。2016 年阿里巴巴与杭州市联合推出城市大脑，初步实验表明，通过智能调节红绿灯，道路车辆通行速度最高提升了 11%。此外，阿里巴巴还布局了工业大脑、电商大脑、医疗大脑。

4. 科大讯飞

科大讯飞作为我国最大的智能语音技术提供商，在智能语音技术领域有着长期的研究积累，并在中文语音合成、语音识别、口语评测等多项技术上拥有国际领先的成果。科大讯飞是我国唯一以语音技术为产业化方向入选"国家 863 计划成果产业化基地""国家规划布局内重点软件企业""国家火炬计划重点高新技术企业""国家高技术产业化示范工程"，并被当时的信息产业部确定为中文语音交互技术标准工作组组长单位，牵头制定中文语音技术标准。2003 年，科大讯飞荣获迄今我国语音产业唯一的"国家科技进步奖"（二等奖），2005 年获中国信息产业自主创新最高荣誉"信息产业重大技术发明奖"。2006 年—2011 年，连续六届英文语音合成国际大赛（Blizzard Challenge）荣获第一名。2008 年荣获国际说话人识别评测大赛（美国国家标准技术研究院，NIST 2008）桂冠，2009 年获得国际语种识别评测大赛（NIST 2009）高难度混淆方言测试指标冠军、通用测试指标亚军。

- 基础技术：自主研发麦克风阵列、语音合成芯片、离线识别芯片。
- 应用技术：在中文语音合成、语音识别、口语评测、语义理解、手写识别等多项技术上拥有国际领先的成果。
- 产品服务：基于拥有自主知识产权的世界领先智能语音技术，科大讯飞已推出从大型电信级应用到小型嵌入式应用，从电信、金融等行业到企业和家庭用户，从 PC 到手机再到 MP3/MP4/PMP 和玩具，能够满足不同应用环境的多种产品。科大讯飞占有中文语音技术市场 70%以上市场份额，语音合成产品市场份额达到 70%以上，在电信、金融、电力、社保等主流行业的份额更达 80%以上，开发伙伴超过 10000 家，灵犀定制语音助手在同类产品中用户规模排名第一。以科大讯飞为核心的中文语音产业链已初具规模。科大讯飞应用服务与产品如图 1-20 所示。2023 年 5 月 6 日科大讯飞正式发布"讯飞星火认知大模型"，该模型具有 7 大核心能力，即文本生成、语言理解、知识问答、逻辑推理、数学能力、代码能力、多模态能力。

5. 商汤科技

商汤科技（简称商汤）作为 AI 软件公司，以"坚持原创，让 AI 引领人类进步"为使命，旨在持续引领 AI 前沿研究，持续打造更具拓展性更普惠的 AI 软件平台，推动经济、社会和人类的发展，并持续吸引及培养顶尖人才，共同塑造未来。

商汤科技拥有深厚的学术积累，并长期投入于原创技术研究，不断增强行业领先的多模态、多任务通用 AI 能力，涵盖感知智能、自然语言处理、决策智能、智能内容生成等关键技术领域，同时包含 AI 芯片、AI 传感器及 AI 算力基础设施在内的关键能力。此外，商汤前瞻性地打造新型 AI

基础设施——商汤 AI 大装置 SenseCore，打通算力、算法和平台，并在此基础上建立商汤大模型及研发体系，以低成本解锁通用 AI 任务的能力，推动高效率、低成本、规模化的 AI 创新和落地，进而打通商业价值闭环，解决长尾应用问题，引领 AI 进入工业化发展阶段。商汤科技业务涵盖智慧商业、智慧城市、智慧生活、智能汽车四大板块，相关产品与解决方案深受客户与合作伙伴好评。

图 1-20　科大讯飞应用服务与产品

商汤倡导"发展"的 AI 伦理观，并积极参与有关数据安全、隐私保护、AI 伦理道德和可持续 AI 的行业、国家及国际标准的制定，与多个国内及多边机构就 AI 的可持续及伦理发展开展了密切合作。商汤《AI 可持续发展道德准则》被联合国 AI 战略资源指南选录，并于 2021 年 6 月发表，是亚洲唯一获此殊荣的 AI 公司。

2023 年 4 月 10 日，商汤科技举办技术交流日活动，分享了以"大模型+大算力"推进 AGI（通用 AI）发展的战略布局，并公布了商汤在该战略下的"日日新 SenseNova"大模型体系，推出自然语言处理、内容生成、自动化数据标注、自定义模型训练等多种大模型及能力。其中，商汤最新研发的大语言模型被命名为"商量 SenseChat"。作为千亿级参数的自然语言处理模型，"商量 SenseChat"在活动现场展示了多轮对话和超长文本的理解能力。商汤也展示了语言大模型支持的几项创新应用，包括：编程助手，可帮助开发者更高效地编写和调试代码；健康咨询助手，为用户提供个性化的医疗建议；PDF 文件阅读助手，能轻松从复杂文档中提取和概括信息。

6. 寒武纪科技

寒武纪科技（简称寒武纪）是全球智能芯片领域的先行者，宗旨是打造各类智能云服务器、智能终端以及智能机器人的核心处理器芯片。公司创始人、首席执行官陈天石教授，在处理器架构和 AI 领域深耕十余年，是国内外学术界享有盛誉的杰出青年科学家，曾获国家自然科学基金委员会"优秀青年科学基金"资助、CCF-Intel 青年学者奖、中国计算机学会优秀博士论文奖等荣誉，团队骨干成员均毕业于国内顶尖高校，具有丰富的芯片设计开发经验和 AI 研究经验，从事相关领域研发的平均时间超过七年。

寒武纪科技是全球第一个成功流片并拥有成熟产品的智能芯片公司，拥有终端和服务器两条产品线。2016 年推出的寒武纪 1A 处理器（Cambricon1A）是世界首款商用深度学习专用处理器，面向智能手机、安防监控、可穿戴设备、无人机和智能驾驶等各类终端设备，在运行主流智能算法时性能功耗比全面超越 CPU 和 GPU，与特斯拉增强型自动辅助驾驶、IBM Watson 等国内外新兴信息技术的杰出代表同时入选第三届世界互联网大会（乌镇）评选的十五项"世界互联网领先科技成果"。

当前寒武纪与智能产业的各大上下游企业建立了良好的合作关系。在 AI 大爆发的前夜，寒武纪科技的光荣使命是引领人类社会从信息时代迈向智能时代，做支撑智能时代的伟大芯片公司。解决方案包括 IP 授权、芯片服务、智能子卡、智能平台。

- IP 授权：寒武纪科技拥有世界领先的深度学习加速器架构设计和研发能力，Cambricon1A 系列 IP 产品可授权集成至当前所有的智能终端、可穿戴设备、监控设备、机器人及自动驾驶芯片中，大幅提升各类设备的智能化处理能力，实现终端产品的离线智能化。
- 芯片服务：基于集成了寒武纪 IP 的业界最先进的深度学习芯片，寒武纪科技团队可帮助各类客户搭建高效、精准的深度学习平台，满足不同客户在各个领域的智能化应用需求。
- 智能子卡：基于强大的芯片和板卡设计能力，寒武纪科技可为客户定制深度学习智能板卡，在节约成本的前提下，大大提升原有服务器机房及云平台的智能化处理能力，实现机房及云平台的智能化升级改造。
- 智能平台：基于寒武纪产品的强大智能处理能力，以及寒武纪科技团队强大的软硬件设计能力，可为各类客户搭建高性能、低功耗、低成本的智能计算平台，孕育智能化时代的核心大脑。

2023 年 3 月，寒武纪推出了首款 7 纳米 GPU 芯片 Gaudi，这也是该公司推出的第一款 AI 训练芯片。这款芯片被誉为是与美国 nVIDIA 竞争的强有力的对手。寒武纪 Gaudi 的最高性能可以达到 14.2TFLOPS，采用了面向计算机视觉的神经网络加速器 NNP-T，能够实现超过 95%的训练卷积神经网络的加速。

1.8 人工智能产业人才需求与学习路径

1.8.1 人工智能产业人才的含义

在前述 AI 产业生态划分中，明确区分解决芯片、计算力和存储力的基础层，解决通用算法、架构、软件服务的技术层，以及解决 AI 与各行各业对接、落地的应用层。基础层、技术层涉及 AI 的硬件创新、算法创新及复杂的基础设施和大团队合作，多数由企业、院校、机构中的专家、学者或高级研发人员完成。这里的"AI 产业人才"也称"AI 应用人才"，是指在基础层和技术层之上，为消费级终端和各行各业的应用场景下的智能产品提供设计、开发、数据、测试、销售、运维服务的实用人才。

2022 年，工业和信息化部发布数据显示，我国 AI 核心产业规模超过 4000 亿元，企业数量超过 3000 家。智能芯片、开源框架等关键核心技术取得重要突破，智能芯片、终端、机器人等标志性产品的创新能力持续增强。中国信息通信研究院发布的《2017 年中国 AI 产业数据报告》显示，2017 年我国 AI 市场规模达到 216.9 亿元，同比增长 52.8%，到 2030 年中国 AI 核心产业规模将超过 1 万亿元，带动相关产业规模超过 10 万亿元。

蓬勃发展的 AI 产业需要高端的基础理论、算法、工具和芯片等的研究型、开拓型人才，同时还需要大量的 AI 技术应用型人才，去从事应用开发、数据处理（包括数据收集、转换、整理、管理、清洗、脱敏、标注等）、系统运维、产品营销等技术应用型岗位的工作。工信部教育考试中心相关负责人曾在 2016 年向媒体透露，中国 AI 人才缺口超过 500 万，而缺少的绝大多数是 AI 技术应用型人才。

图 1-21 描述了 AI 应用系统的开发流程、典型工作任务与岗位名称。特定的 AI 相关技术与岗位技能支撑着数据服务、算法实现、模型训练、应用开发和运维/营销等典型工作任务，也是当今 AI 产业发展对应用型人才的主要要求。

第 1 章　人工智能的产生与发展

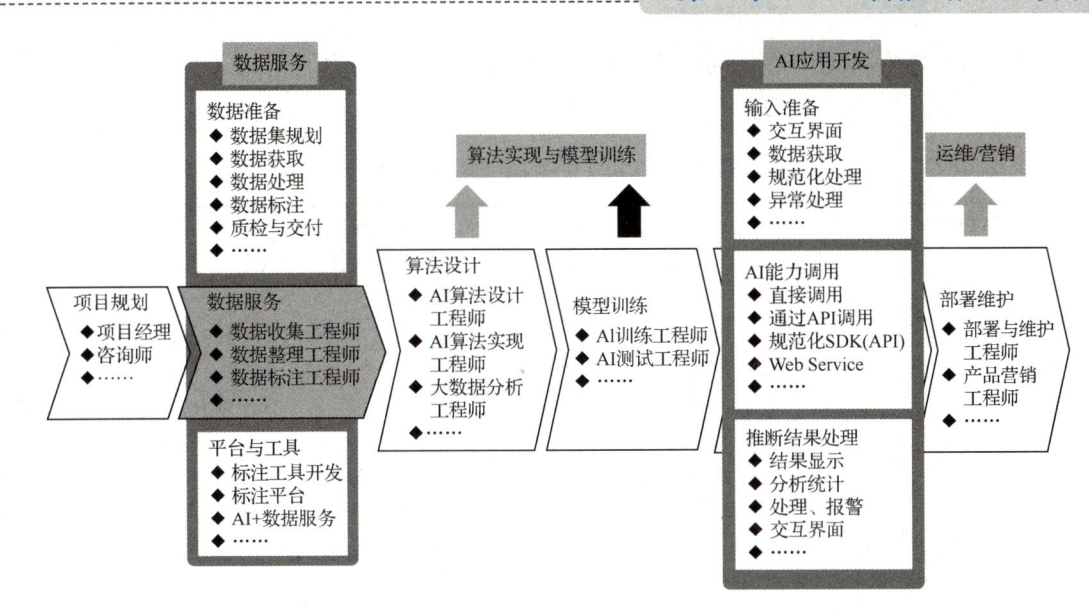

图 1-21　典型 AI 应用系统的开发流程、典型工作任务与岗位名称

1.8.2　人工智能产业人才的技能需求

图 1-22 总结了当今 AI 产业人才的基础知识、技术与技能体系，可以作为高职 AI 相关专业人才培养方案制定的参考，也可以作为有志于从事 AI 技术应用开发者的自学参考。

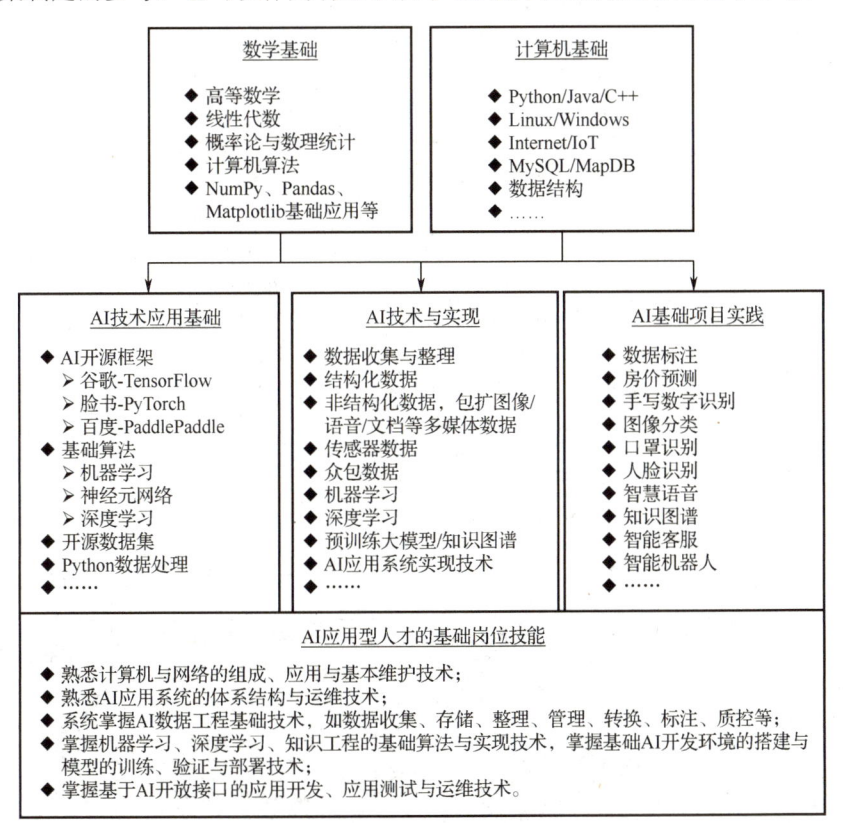

图 1-22　AI 产业人才的基础知识、技术与技能体系

041

表 1-6 概括提炼了 AI 系统的主要开发流程、工作岗位、典型工作任务与岗位技能，可以作为 AI 产业人才培养和个人学习的参考。

表 1-6 AI 系统的主要开发流程、工作岗位、典型工作任务和岗位技能分析表

序号	开发流程	工作岗位	典型工作任务	岗位技能	语言/工具/平台
1	项目规划	项目经理	制订项目计划、确定目标和范围，协调资源和团队管理	项目管理，沟通协调能力，需求分析	MS Project、JIRA、Confluence
2	项目规划	架构师	研究市场需求、确定应用场景，提供技术咨询和解决方案	软件工程、数据分析，机器学习算法，领域知识	Python、R、TensorFlow、Scikit-learn
3	项目规划	产品经理	定义产品需求、制定功能规格，负责产品规划和用户体验设计	产品管理，需求分析，用户研究	Wireframe 工具（Axure RP、Sketch）、JIRA
4	数据工程	数据工程师	数据收集、清洗、预处理和存储，构建适用于模型训练的数据集	数据处理，数据库管理，数据挖掘技术	SQL、Python（Pandas、NumPy）、Hadoop
5	数据工程	数据标注工程师	对数据进行标注、整理和注释，为模型训练提供有标签数据	数据标注工具使用，标注准则了解，质量控制	LabelImg、VGG Image Annotator、Labelbox
6	数据工程	数据质量控制工程师	检查数据质量、处理异常数据，确保数据的准确性和一致性	数据质量评估，数据清洗，异常处理	Python（Pandas、NumPy）、数据可视化工具
7	数据工程	数据产品营销与运维工程师	数据产品转换、整理、营销与运维	数据操作、转换、增强	Python（Pandas、NumPy）、数据可视化工具
8	数据工程	大数据科学家	数据收集、清洗和预处理，特征工程，建模和算法选择	数据处理和分析技能、统计学、机器学习算法	Python、R、SQL、Spark
9	数据工程	大数据工程师	构建和管理数据处理流程，数据仓库设计和维护	数据处理和数据仓库技术、数据流程管理	Python、SQL、Hadoop、Spark
10	算法设计与实现	算法工程师	设计、实现和优化算法模型，选择合适的算法和参数进行训练	机器学习算法、数学和统计知识、算法优化	Python、TensorFlow、PyTorch
11	算法设计与实现	研究科学家	进行前沿研究，提出新的算法模型和技术，推动 AI 领域的创新	研究方法、论文阅读和撰写、创新思维	Jupyter Notebook
12	模型训练	深度学习工程师	设计深度学习模型架构、训练算法、超参数调整、模型调优	熟悉深度学习框架（如 TensorFlow、PyTorch）、数学和统计学知识	Python、TensorFlow、PyTorch
13	模型训练	自然语言处理工程师	文本分类、情感分析、命名实体识别等自然语言处理任务	自然语言处理算法和技术、机器学习算法	Python、NLTK、SpaCy
14	模型训练	计算机视觉工程师	图像识别、目标检测、图像生成等计算机视觉任务	计算机视觉算法和技术、图像处理和分析	Python、OpenCV、TensorFlow
15	模型训练	预训练大模型工程师	NLP、深度学习、云计算、大数据、GPT、LLM	大数据处理、NLP 实现、LLM 训练、LLM 微调、LLM 定制、多模态实现	Python、NLTK、SpiCy、Transformer、GPT、TensorFlow、PyTorch
16	应用开发	软件工程师	开发应用程序和系统，整合 AI 模型和算法	软件开发、算法实现、系统集成	Python、Java、C++
17	应用开发	前端开发工程师	设计和开发用户界面，实现用户与应用程序的交互	前端开发技术（HTML、CSS、JavaScript）、用户体验设计	HTML、CSS、JavaScript
18	应用开发	后端开发工程师	构建后端系统和服务，处理大规模数据的存储和计算	后端开发框架（如 Django、Flask）、数据库管理	Python、Django、MySQL
19	营销与运维	营销经理	市场推广策略制定，产品定位和市场调研	市场营销知识和技能	ERP、Project、钉钉

续表

序号	开发流程	工作岗位	典型工作任务	岗位技能	语言/工具/平台
20	营销与运维	运维工程师	配置和管理服务器和基础设施,确保系统稳定运行和性能优化	网络和系统管理知识,故障排除和问题解决能力	Linux、AWS、Docker、云服务
21	营销与运维	产品经理	定义产品需求和功能,制定产品规划和发布策略	产品管理、市场分析和用户需求理解	ERP、Project、钉钉
22	营销与运维	运维工程师	监控和维护系统运行,故障排除和性能优化	系统管理和故障排除技能	Linux、Shell、云服务
23	部署与监控	部署工程师	部署和配置系统、模型和算法	系统部署和配置技能、Linux	Linux、Docker、Kubernetes
24	部署与监控	监控工程师	设计和实现监控系统,监控应用程序和基础设施	监控和警报工具、问题诊断和解决能力	Prometheus、Grafana、ELK Stack
25	维护与优化	系统维护工程师	系统维护和升级,性能优化和故障排除	系统维护和故障排除技能	Linux、Shell、云服务
26	维护与优化	性能优化工程师	分析和优化系统性能,提高应用程序效率	性能优化和调优技术	Profiling 工具、分析工具
27	持续改进	数据分析师	分析数据和指标,提供洞察和建议	数据分析和可视化技能	Python、R、SQL、Tableau
28	持续改进	质量控制工程师	检测和解决系统和算法的质量问题	质量控制和测试技术、问题分析和解决能力	AI 测试工具

第 2 章　AI 典型应用展现与体验

2.1　科大讯飞开放平台

2.1.1　科大讯飞开放平台简介

科大讯飞开放平台是一个基于云计算和互联网的、以语音综合智能服务为主的开放平台。它作为全球首个开放的智能交互技术服务平台，致力于为开发者打造一站式智能人机交互解决方案。用户可通过互联网、移动互联网，使用任何设备，在任何时间、任何地点，随时随地享受科大讯飞开放平台提供的"听、说、读、写……"全方位的 AI 服务。目前，该开放平台以"云+端"的形式向开发者提供语音合成、语音识别、语音扩展、语音硬件等多项服务，如图 2-1 所示。

图 2-1　科大讯飞开放平台提供的服务

国内外企业、创业团队和个人开发者，均可在科大讯飞开放平台直接体验世界领先的语音技术，并简单快速集成到产品中，让产品具备"能听，会说，会思考，会预测"的功能。如图 2-2 所示给出了科大讯飞覆盖全行业的 AI 专业解决方案。

第 2 章　AI 典型应用展现与体验

图 2-2　科大讯飞覆盖全行业的 AI 专业解决方案

2.1.2　平台特色

科大讯飞开放平台整合了科大讯飞研究院、中国科技大学讯飞语音实验室以及清华大学讯飞语音实验室等在语音识别、语音合成等技术上多年的技术成果，语音核心技术达到了国际领先水平，同时引进国内外最先进的 AI 技术，如人脸识别等，与学术界、产业界合作，共同打造以语音为核心的全新移动互联网生态圈。科大讯飞平台的特征如图 2-3 所示。

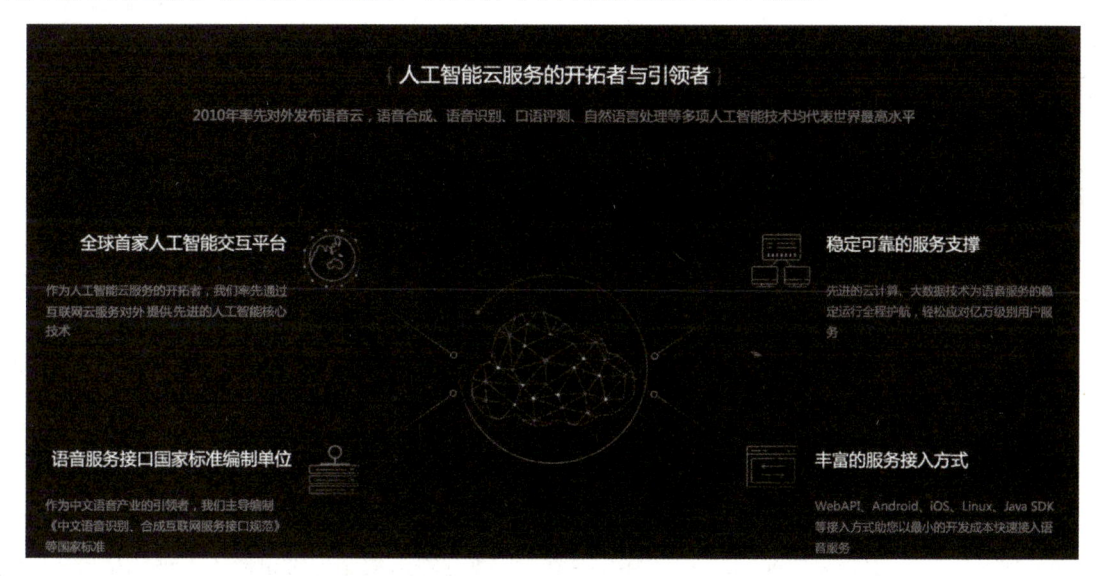

图 2-3　科大讯飞平台的特征

科大讯飞开放平台具有如下特色和优势。

- 一站式解决方案：作为一个综合性的智能人机交互平台，提供世界领先的语音合成、语音识别、语义理解等技术，开发者可以同时获得所需的多项服务能力，一站式解决了需要从不同技术供应商获取服务的烦琐过程，让智能人机交互技术更简单、实用。
- 丰富的接入方式：支持接入所有主流的操作系统，提供业内最全的 SDK，Android、iOS、WP8、Java、Flash、Windows、Linux 等平台 SDK 应有尽有。同时支持多类型终端，如智

045

能手机、智能家电、智能车载、PC、可穿戴设备等，保证了用户可以在任何地点以任何方式通过科大讯飞开放平台获得智能人机交互服务。
- 稳定的服务支撑：科大讯飞开放平台配备完善的基于 B/S 架构的管理平台，按照权限登录，可实时监视开放平台服务状态；自动化监控、自动化部署以及自动化测试等功能为开放平台的稳定运行全程护航；利用云计算、大数据等相关技术处理完备的日志记录，为服务性能的提升、优化提供支持。
- 专业全面的服务支持：通过科大讯飞开放平台，可以获得开发、调试、评估、调优等全方位的技术支持和点对点的技术服务。开放平台技术支持团队可通过电话、论坛、邮件、QQ 群、微信、微博等工具，或现场支持的方式，为开发者提供及时有效的技术支持服务，保障开发者大幅提升开发效率，快速构建智能应用。
- 免费易用可定制：科大讯飞开放平台在线开发接口可供任何团队和个人免费使用；提供可视化控件以及 Demo 程序和源码；支持自定义界面、音频保存类型以及个性化语音能力，使得短短几分钟即可构建一款具备智能交互能力的应用。
- 强大的数据分析能力：科大讯飞开放平台向开发者开放了业界最领先、最实时、最稳定的数据分析平台——讯飞开放统计，让开发者随时随地更懂应用发展趋势，全面倾听用户"心声"，助力精细化运营，辅助决策，明晰产品迭代方向。
- 无限可扩展的开放能力：科大讯飞开放平台除了目前开放的语音识别、语音合成以及语义理解等功能外，随着智能人机交互技术的发展以及开发者的需求，语音唤醒、离线语音合成、离线命令词、声纹识别、人脸识别、语音评测等技术也相继开放，打造无限人机智能交互的开放平台。

2.1.3 功能特点

科大讯飞开放平台在为应用提供语音综合服务的同时，还提供了多项增值服务。
- 打造智能应用：提供语音合成、语音识别、语义理解等能力可以让应用具备"能听，会说，会思考"的功能，为开发者提供了"云+端"的语音识别和语音合成服务，只需简单几行代码集成 SDK 便可让应用具备智能交互能力，释放双手，开启智能交互。
- 知晓产品发展趋势：讯飞开放统计平台提供实时数据分析，不仅提供应用趋势、渠道分析、终端属性、行为分析、自定义分析、错误分析等常见分析功能，更有贴心个性化的管理配置，如指标预警、数据发送策略自定义、里程碑管理、协作者自定义等。
- 获得稳健收益：持续开放多种增值服务，提供个性化彩铃、阅读基地、酒店预订、移动交互式广告等增值服务，且具有资源丰富、分成比例高、接入流程简单快捷等优势，开发者根据产品特征以及用户需求集成相关服务，便可让产品获得稳健收益。
- 推广应用：提供展示平台以及渠道合作推广，通过应用广场为应用提供了展示位置，可以带来合理有效的曝光；结合科大讯飞开放平台自有渠道，可以帮助合作伙伴推广产品。

2.1.4 应用领域

1. 智能电视

科大讯飞目前已与长虹、海信、康佳等国内六大电视厂商达成合作，由科大讯飞开放平台为电视厂商提供语音交互服务，同时为迈乐盒子等电视盒子厂商提供语音交互能力。

功能描述：
- 语音遥控器，无须手动操控电视。
- 语音搜索海量视频，即刻呈现。
- 换台、快进、调音量、查天气、查股票等功能，随心"语控"。

应用特点：
- 高达99%的识别率，新剧老剧轻松识别。
- 完美支持Android、iPhone手机与电视相连，手机操控更便捷。
- 语音唤醒，无须触碰，即刻开启语音交互。

2．可穿戴设备

科大讯飞语音目前已成功应用在GlassX、ZWatch等可穿戴设备上。

功能描述：
- 语音操控手表、眼镜等智能穿戴设备。
- 定闹钟、读新闻、查天气等从未如此简单。

应用特点：
- 响应速度快。
- 支持语音唤醒。
- 耗电量低。

3．智能车载

科大讯飞已与奥迪、宝马、奔驰、通用、福特、上汽、广汽、长安、吉利、长城、江淮、奇瑞等国内外汽车制造厂商进行密切合作，产品如凯越"智能星"。

功能描述：
① 通过语音即可搜索线路、打电话、发短信。
② 语音搜索海量音乐，轻松畅听。
③ 完善的车载信息服务，所说即所得，如天气、新闻资讯等。

应用特点：
① 语音唤醒启动，说出"语音助手"即可启用语音功能，无须动手按语音启动键。
② 针对胎噪、发动机噪声、风噪等采用特殊降噪算法过滤。
③ 适配多语种、多方言。
④ 支持离线识别，没有网络也可以保证常见功能的使用。
⑤ 强大的自然语言理解能力，满足用户自由表达习惯。

4．移动应用

科大讯飞开放平台为超过60000个App提供智能语音交互服务，覆盖聊天通信、工具、视频、新闻、导航等生活领域的方方面面。

① 58同城。

功能描述：生僻字不会打？简历太长，键盘输入太烦琐？搜索和输入其实可以更简单，轻轻一点，说出要搜索的内容、要输入的文字即可。

应用特点：科大讯飞开放平台能快速帮助合作伙伴开发具有语音搜索、语音输入等智能语音交互功能、令人惊艳的App，找房子、找工作更简单、快捷！

② 滴滴打车。

功能描述：用户无论文字叫车还是语音叫车，都能够精准清晰地传递到司机端，为滴滴司机带来业界最好的体验，尤其是滴滴语音播报吐字更加清晰、流畅，最贴近自然人声，语调告别枯燥单调的机器味，让驾乘双方享受更加愉悦的体验。

应用特点：科大讯飞开放平台为滴滴打车提供了完全本地化的语音合成技术，不仅省流量，而且播报更清晰。

③ 高德地图。

功能描述：出行找不到路？开车键盘输入不方便？路况实时播报？高德地图都能解决，精准的 GPS 定位，智能的语音输入和语音合成，让导航更精准、输入更便捷、播报更清晰。

应用特点：科大讯飞开放平台为高德地图提供了语音搜索功能，只需说出目的地，即可规划最佳路线；定制化的"林志玲为您导航"，让"林志玲"为您服务。

④ QQ 阅读。

功能描述：海量图书，满足用户需求；舒适读书、方便找书，提升用户体验；告别传统的音频文件才能听书，电子书通过语音合成可以直接听。

应用特点：讯飞语音+为 QQ 阅读提供语音合成功能，可以直接听电子书，并支持多音色、多方言、音调高低调节等。

⑤ 携程旅行。

功能描述：携程旅行除提供酒店、机票、火车票、汽车票、景点门票等旅游产品外，还包括美食、用车、团购、旅行攻略等全方位旅行服务。

应用特点：科大讯飞开放平台为携程旅行提供语音识别和语义理解能力，语音查询酒店、订机票、订火车票、订景点门票等方便又快捷。

5. 智能硬件

讯飞语音为智能音箱（讯飞智能音箱）、聊天机器人（小鱼在家）等智能硬件产品以及窗帘、空调等智能家居产品提供语音技术解决方案。

2.1.5 讯飞输入法体验

如图 2-4 所示，讯飞输入法（原讯飞语音输入法）是由中文语音产业领导者科大讯飞推出的一款输入软件，集语音、手写、拼音、笔画、双拼等多种输入方式于一体，可以在同一界面实现多种输入方式平滑切换，符合用户使用习惯，大大提升了输入速度。

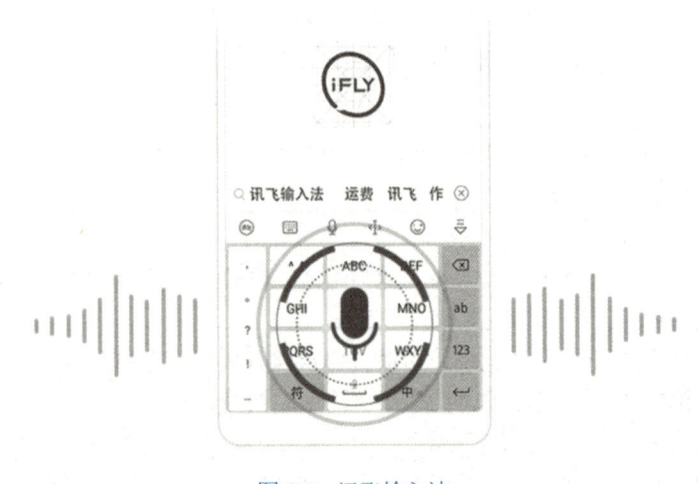

图 2-4　讯飞输入法

功能特点：
- 输入速度快：首创"蜂巢"输入模型，输入免切换，全方位提升输入速度。
- 输入准确率高：独家采用拼音、手写、语音"云+端"输入引擎+海量云端词库，输入准确率提升 30%。
- 语音输入业界第一：语音识别率超过 95%，不仅支持粤语、英语、普通话识别，还支持客家话、四川话、河南话、东北话、天津话、湖南（长沙）话、山东（济南）话、湖北（武汉）话、安徽（合肥）话、江西（南昌）话、闽南语、陕西（西安）话、江苏（南京）话、山西（太原）话、上海话等方言识别，独家推出离线语音功能。
- 首创"随意写"输入：采用第三代手写引擎，支持多字叠写连写，数字、英文、符号混合手写，识别率超过 98%。
- 键盘输入功能齐全：拼音、笔画、英文、表情输入统统支持，更有九宫格、全键盘、双键、双拼等不同输入模式供用户选择。

讯飞输入法支持 Android、iPad、iPhone、iMAC、Windows PC 等多种主流平台，可以免费下载和安装。

2.1.6 讯飞智能音箱体验

智能音箱是家庭消费者用语音进行上网的一个工具，如点播歌曲、上网购物，或是了解天气预报、新闻、常识等。它还可以对智能家居设备进行控制，如操作窗帘、设置冰箱温度、提前让热水器升温等。

叮咚智能音箱是科大讯飞联手京东推出的一款智能音箱，如图 2-5 所示。这是双方致力于智能家居硬件产品、语音解决方案及智能硬件平台服务的研发和推广，打造可连接智能应用链的热点产品。

人机交互的界面在一百年间已经走过了旋钮、按键到触摸屏的演化，而京东和科大讯飞联合推出的智能音箱则代表着又一次交互的变革，它完全无须用户动手或是穿戴配件。它拥有强大的自然语言交互系统，用户只要说"叮咚叮咚"，便可直接唤醒音箱进行语音交互，这也让它成为国内率先实现真正"零触控"的智能音箱产品。

图 2-5 科大迅飞叮咚智能音箱

为了保证出色的语音交互能力，该产品采用了多项业界领先的语音技术。它顶部配有 8 个麦克风，运用创新的多麦克风 Beam-forming 技术来定位音源位置，确保它可以听清你说出的每一句话，无论你身在房间哪个位置。独特的远场识别技术，让它成为当时市场上唯一支持 5 米超远距离语音交互的产品。再加上多声道回声消除技术，这款智能音箱能过滤掉各种背景噪声，包括正在播放的音乐等，以便更为准确地领会用户指令。它通过接入科大讯飞语音云平台来进行语音识别和自然语言处理，而且随着时间的推移，它可以更好地理解用户的表达，对用户的要求做出更合理的回应。

自然的语音交互更让这款智能音箱不同于一般的智能产品，明显降低了使用门槛，将用户群扩展到儿童和老人。他们无须复杂的学习就可以自如地控制智能音箱，享受智能生活的乐趣。科大讯飞在语音识别交互方面的优势，使得这款叮咚智能音箱在中英文语音识别的功能上非常强大。现场体验时，它不仅仅能够准确识别定向区域的声音，还能识别一些英文歌曲名，第一时间就可以准确播放出指定的曲目，点播功能也是比较全面的。

叮咚智能音箱应用体验：

- 想象这样的场景，当你回到家，说声"叮咚叮咚，我回来了"，于是，灯自动打开，窗帘自动闭合，空调、加湿器启动，电视自动打开并跳转到你平时最常看的频道，客厅里响起你喜欢的音乐。
- "叮咚叮咚，给我讲个童话故事""叮咚叮咚，我心情不好，放首快乐的歌""叮咚叮咚，七点提醒我起床"……通过背后的京东微联支持，这款智能音箱获取了数百款智能产品的操控能力。它可以通过语音操控接入京东微联的产品，用户无须任何按键，直接与智能音箱语音对话，如"叮咚叮咚，打开空调""叮咚叮咚，拉上窗帘"。简单直接的语言交流不仅能够满足你的所有要求，还能够给你带来意想不到的乐趣。
- 快速提供天气、新闻等信息，用户可以通过语音指令设置闹钟，控制音乐播放。它还能回答各类问题，提供来自网络百科的基本信息以及词语释义，也是迄今为止最贴心的家庭智能语音小帮手。

2.1.7 讯飞星火认知大模型

2023年5月，科大讯飞发布了"讯飞星火认知大模型"，如图2-6所示。

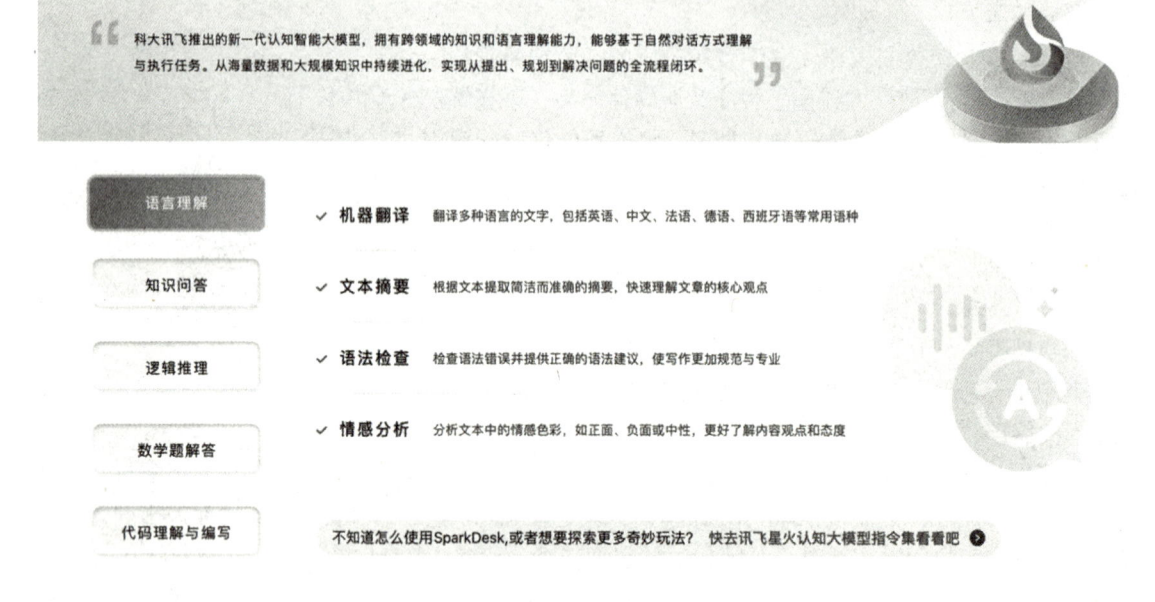

图2-6 讯飞星火认知大模型功能简介

读者可以通过访问 https://xinghuo.xfyun.cn 网站，进行注册和免费试用。图2-7和图2-8是作者的两个使用样例，可供参考。

第 2 章　AI 典型应用展现与体验

图 2-7　讯飞星火认知大模型使用样例

图 2-8　使用讯飞星火大模型生成表格的样例

2.2 OpenAI 的 GPT 与 ChatGPT

2.2.1 GPT 与 ChatGPT 简介

ChatGPT（Chat Generative Pre-trained Transformer，聊天生成式预训练大语言模型）是一款由美国 OpenAI 公司开发的自然语言人机交互应用，拥有接近人类水平的语言理解和生成能力。因其出色的回答问题、创作内容、编写代码等能力，使得人们直观真切地体会到 AI 技术进步带来的巨大变革和效率提升。2023 年上线 5 天用户数突破 100 万，两个月活跃用户数突破 1 亿，它已经成为迄今为止 AI 领域最成功的产品和历史上用户增长速度最快的应用程序。

ChatGPT 是一个经过长期技术储备、通过大量资源投入、带有一定成功偶然性的 AI"核爆点"。它的前期发展经历了三个阶段：前期 GPT-1（2018 年）、GPT-2（2019 年）、GPT-3（2020 年）等版本已经投入了大量资源（包括购买高性能芯片、雇佣数据标注人员、占用计算资源等），效果并不理想；后期在采用"基于强化学习的人类反馈学习"技术后能力"涌现"，迅速成为爆款应用，其智能底座的大模型版本是 GPT-3.5。2023 年 5 月，能力进一步提升的 GPT-4 问世，支撑 ChatGPT 升级为 ChatGPT Plus。

ChatGPT 的几大支撑为大模型、大数据、大算力、超强能力。

- **大模型**：全称是"大语言模型"（Large Language Model），指参数量庞大（目前规模达千亿级）、使用大规模语料库进行训练的自然语言处理模型，是 ChatGPT 的"灵魂"。
- **大数据**：GPT-1 使用了约 7000 本书籍训练语言模型。GPT-2 收集了 Reddit 平台（美国第五大网站，功能类似于国内的百度贴吧）800 多万个文档的 40GB 文本数据。GPT-3 使用维基百科等众多资料库的高质量文本数据，数据量达到 45TB，是 GPT-2 的 1150 倍。
- **大算力**：以 GPT-3 为例，其参数量达 1750 亿，采用 1 万颗英伟达 V100 GPU 组成的高性能网络集群，单次训练用时 14.8 天，总算力消耗约为 3640PF-days（假如每秒进行一千万亿次计算，需要 3640 天）。
- **超强能力**：GPT-4 是目前最大规模的 Transformer 模型，拥有超过 1 万亿个参数，是自然语言处理领域的一次重大技术突破，具有自然语言理解和生成的超强能力。

表 2-1 给出了 GPT-4 所实现的功能总结。

表 2-1 GPT-4 的主要功能总结

序号	功能名称	应用场景	与人类能力的比较
1	文本生成	写作助手、自动摘要、代码生成等	能够生成高质量的文本，但缺乏创造力和主观性
2	对话系统	聊天机器人、客户服务代理等	可以回答问题、提供信息，但缺乏情感和人际交互的能力
3	语言翻译	实时翻译、跨语言沟通等	能够实现基础的语言翻译，但在复杂语境和文化差异方面仍不及人类
4	图像识别	物体识别、人脸识别、场景理解等	在视觉识别任务上能够达到或超过人类水平，但对于抽象概念和情感的理解仍有局限
5	情感分析	社交媒体监测、情感识别等	能够识别情感，但对于语境和微妙的情感表达仍不如人类敏感
6	知识问答	提供问题解答和知识查询服务	可以回答大量的常见问题，但在复杂问题和推理推断方面仍有局限

续表

序号	功能名称	应用场景	与人类能力的比较
7	智能助手	个人助理、日程管理、推荐系统等	可以提供个性化的帮助和建议,但在深入理解用户需求和复杂推理方面仍有局限
8	自动编程	代码自动生成、错误修复、软件开发辅助等	可以生成基础代码和提供辅助,但对于复杂逻辑、优化和创造性编程仍需人类参与
9	决策支持	数据分析、业务决策、风险评估等	可以提供数据驱动的决策支持,但在判断价值观、伦理道德和复杂决策方面需要人类参与
10	自动文档生成	自动生成报告、摘要、文档整理等	可以生成结构化的文档和摘要,但在判断信息价值、排版和文本风格方面欠佳
11	参加考试	TOEFL、SAT、GRE 等	超过人类 95% 的考生成绩

2.2.2 调用 GPT-2 进行文本生成

GPT 作为先进的预训练大模型,分为 GPT-1~GPT-4 多个持续演进的版本。GPT-2 是开源免费的,即开发者可以免费查看它的源代码和调用它的 API;GPT-3 以后不再开源,API 的调用开始商业收费。为了简化初学者了解和学习 GPT 技术,省掉烦琐的注册、付费和生成 API Key 等过程,下面通过一个开源免费、简单易学的 GPT-2 API 调用样板程序,展示一下 GPT 的基本语言生成能力。

【程序说明】

◇ 功能:本程序利用预训练的 GPT-2 模型,对给定的输入文本进行延续,生成一段连贯的文本。
◇ 输入:一个字符串,作为生成文本的起始内容。
◇ 处理:程序首先加载预训练的 GPT-2 模型及其 tokenizer,然后使用 tokenizer 将输入的字符串转化为模型可以理解的格式(即一个数字序列),之后将这个数字序列输入模型进行推理,得到一个新的数字序列,最后使用 tokenizer 将这个新的数字序列转化为文本。
◇ 输出:一个字符串,是模型生成的与输入内容连贯的文本。

【源代码:2-1.ipynb】

```python
# 导入必要的库
from transformers import GPT2LMHeadModel, GPT2Tokenizer

def generate_text(input_str, model_name='gpt2'):
    # 加载预训练的 GPT-2 模型和对应的 tokenizer
    tokenizer = GPT2Tokenizer.from_pretrained(model_name)
    model = GPT2LMHeadModel.from_pretrained(model_name)

    # 使用 tokenizer 将输入文本转化为模型可以理解的格式,返回的是一个 PyTorch 的 tensor
    inputs = tokenizer.encode(input_str, return_tensors='pt')

    # 将处理后的输入数据送入模型进行推理
    # max_length 定义了生成文本的最大长度
    # num_return_sequences 定义了要生成的文本数量
    # no_repeat_ngram_size 定义了模型生成文本时不重复的 n-gram 的大小
    # do_sample 和 temperature 定义了生成文本的随机性
    outputs = model.generate(inputs, max_length=150, num_return_sequences=1, no_repeat_ngram_size=2,
```

```
do_sample=True, temperature=0.7)

    # 将模型生成的输出（一个数字序列）转化为文本
    generated_text = tokenizer.decode(outputs[0], skip_special_tokens=True)

    return generated_text

# 输入的起始文本
input_str = "Artificial intelligence is"
print(generate_text(input_str))
```

【运行结果】

Artificial intelligence is a key to accelerating the development of new technologies and to supporting the emergence of innovative technology," said Srinivasan. "In addition, we hope to contribute to the field of artificial intelligence with the use of the new artificial neural networks, which will enable rapid and effective research and development. We also need to work on the application of AI to other fields, such as medicine and agriculture. The future of science and engineering may depend on whether AI is used in the future to advance our understanding of basic biological phenomena. And artificial-intelligence research needs to become more inclusive and innovative."

2.2.3 ChatGPT 的基础应用与文档生成

ChatGPT 的智能底座是基于 GPT-3.5 的，升级版的 ChatGPT Plus 基于 GPT-4。当前全球有许多应用软件和浏览器插件已经引入 GPT 予以赋能，如微软 Office、New Bing 和 Notion 等。也就是说，用户在使用这些应用软件的时候，也在间接使用（调用）GPT 的能力。

目前，通过微软 Edge 浏览器访问 OpenAI 网站，通过微软账户或 OpenAI 账户使用 ChatGPT 是个比较直接、简洁的方法。

图 2-9 是作者访问 https://chat.openai.com/网站，使用 ChatGPT Plus 的一个交互生成案例。

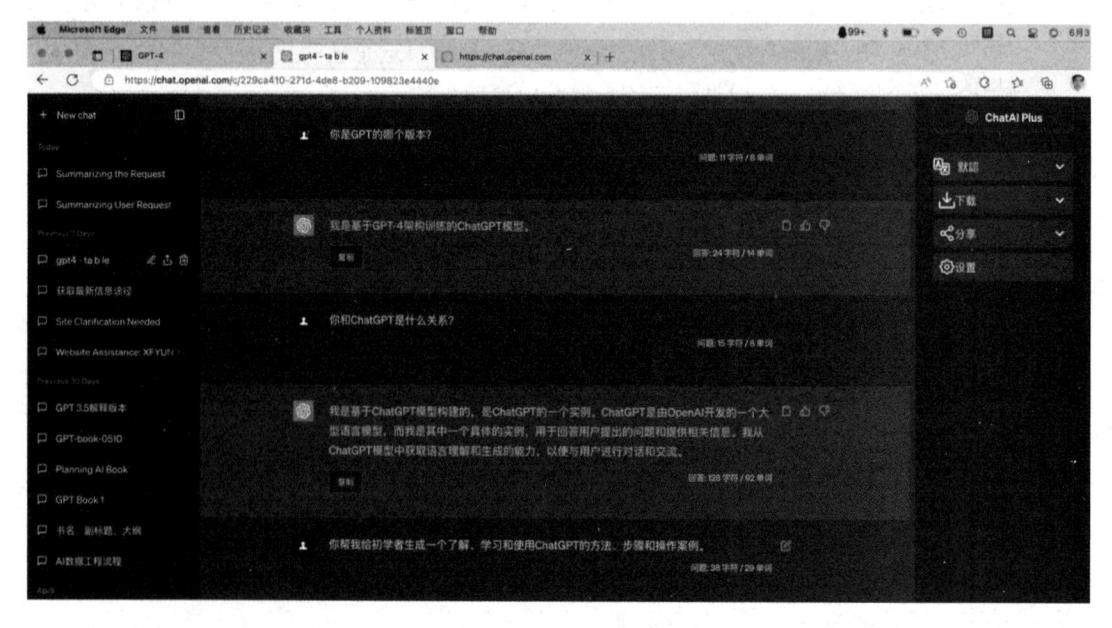

图 2-9　ChatGPT 使用入门

图 2-10 是让它帮助生成的一个文档，作者给它的提示语（Prompt）是：

"你帮我给初学者生成一个了解、学习和使用 ChatGPT 的方法、步骤和操作案例。"

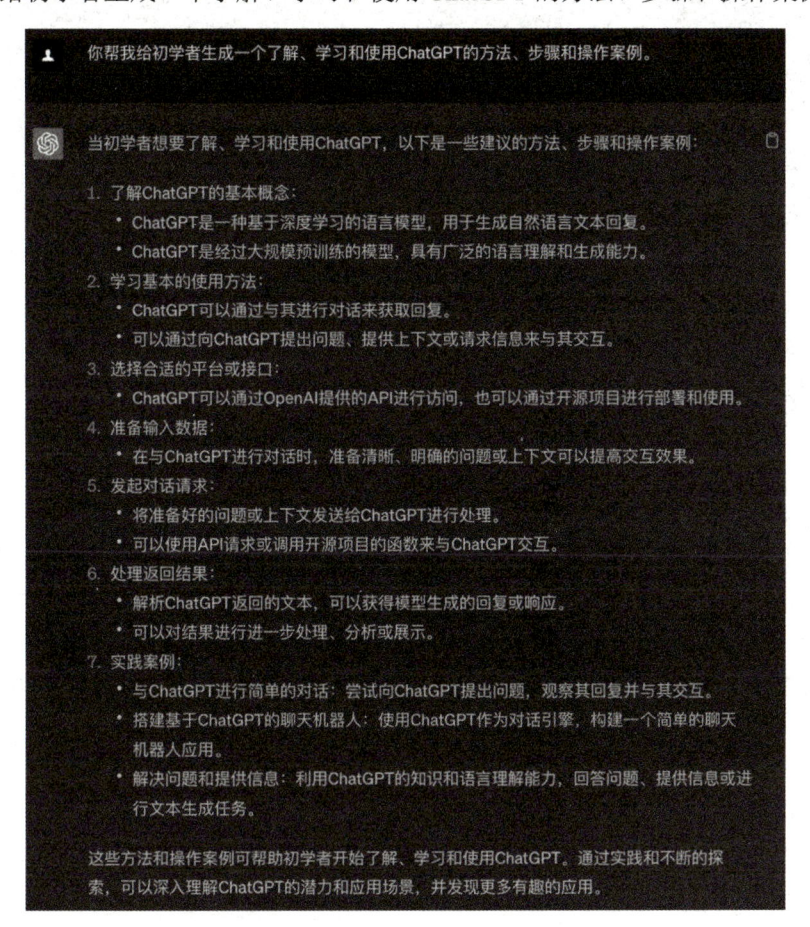

图 2-10 ChatGPT 的文档生成样板

2.2.4 GPT-4 的编程能力与代码生成

GPT-4 在编写只依赖于现有公共库的特定程序方面具有很高的熟练度，这与普通软件工程师的能力相仿。在 2023 年年初的谷歌招聘中，ChatGPT 成功通过了谷歌的面试，拿到了年薪 18 万美元的 L3 工程师 offer。实际上，GPT-4 的代码理解与生成能力的更重要的价值是可以同时为工程师和非熟练用户赋能，使得编写、编辑和理解程序变得容易。

- 能够以非常高的水平编程，无论是根据指令编写代码还是理解现有代码。
- 可以处理广泛的编程任务，从编程挑战到现实世界的应用，从低级汇编到高级框架，从简单的数据结构到复杂的程序，如游戏等。
- 可以对代码执行进行推理，模拟指令的效果，并用自然语言解释结果。
- 可以执行伪代码，能够解释在任何编程语言中都无效的非正式和模糊的编程代码。

图 2-11 是使用 ChatGPT（GPT-4）生成代码的样例，所给的提示语明确提出了对程序功能、输入输出和解释说明的要求。

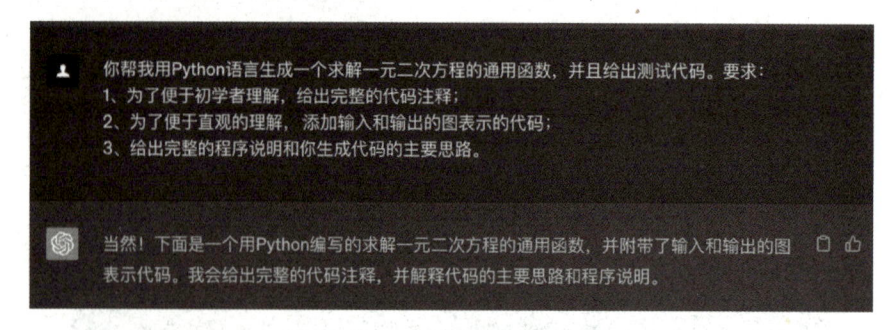

图 2-11　使用 GPT-4 生成代码的样例

【程序说明】

这个通用函数和测试代码的思路很简单：首先，我们根据输入的系数计算方程的判别式，根据判别式的值判断方程的根的情况。如果判别式小于 0，则方程无实数解；如果判别式等于 0，则方程有一个重根；如果判别式大于 0，则方程有两个不同的实数解。根据不同的情况，我们计算并返回方程的解。在测试代码中，我们调用 solve_quadratic_equation 函数来求解给定的方程，并打印解的值。同时，我们使用 Matplotlib 库来绘制方程的曲线图，通过生成一组 x 值和对应的 y 值，然后使用 plt.plot()函数绘制曲线图。最后，我们通过设置坐标轴、网格和标题，使图形更具可读性，并使用 plt.show()函数显示图形。

这样就可以使用这个通用函数来求解任意一元二次方程，并且通过图形展示方程的曲线。希望对后面的学习和实践有所帮助！

AIGC 代码生成是指利用 AI 技术自动生成计算机程序的代码。例如，可以使用 AIGC 技术生成特定功能的软件代码、机器学习模型的训练代码等，提高编程效率并降低开发成本。一个实际的案例是，GPT-4 可以通过输入自然语言描述的问题，生成相应的代码。图 2-12 是使用 GPT-4 生成程序代码的示例，提示语中（Prompt）明确给出了三点要求。

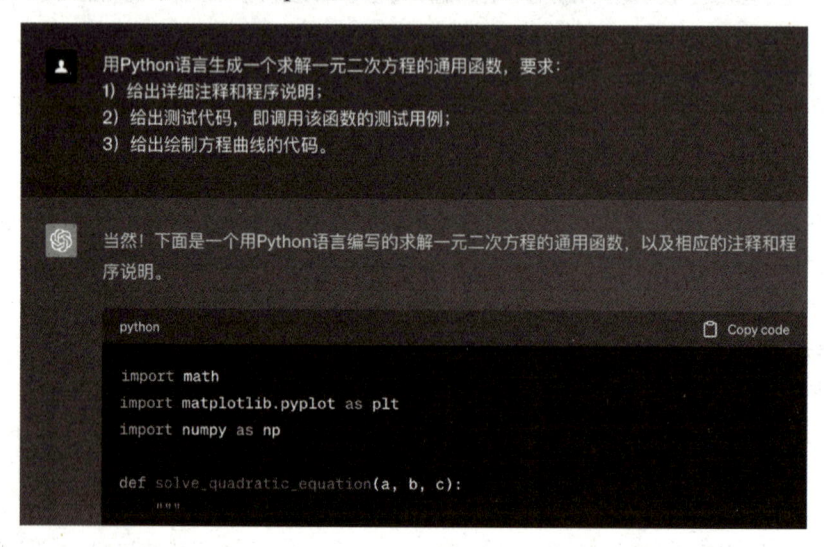

图 2-12　使用 GPT-4 生成程序代码的示例

图 2-13 是把上面生成的代码拷贝到 Jupyter Notebook 环境、用 Python3 编辑和运行的结果。

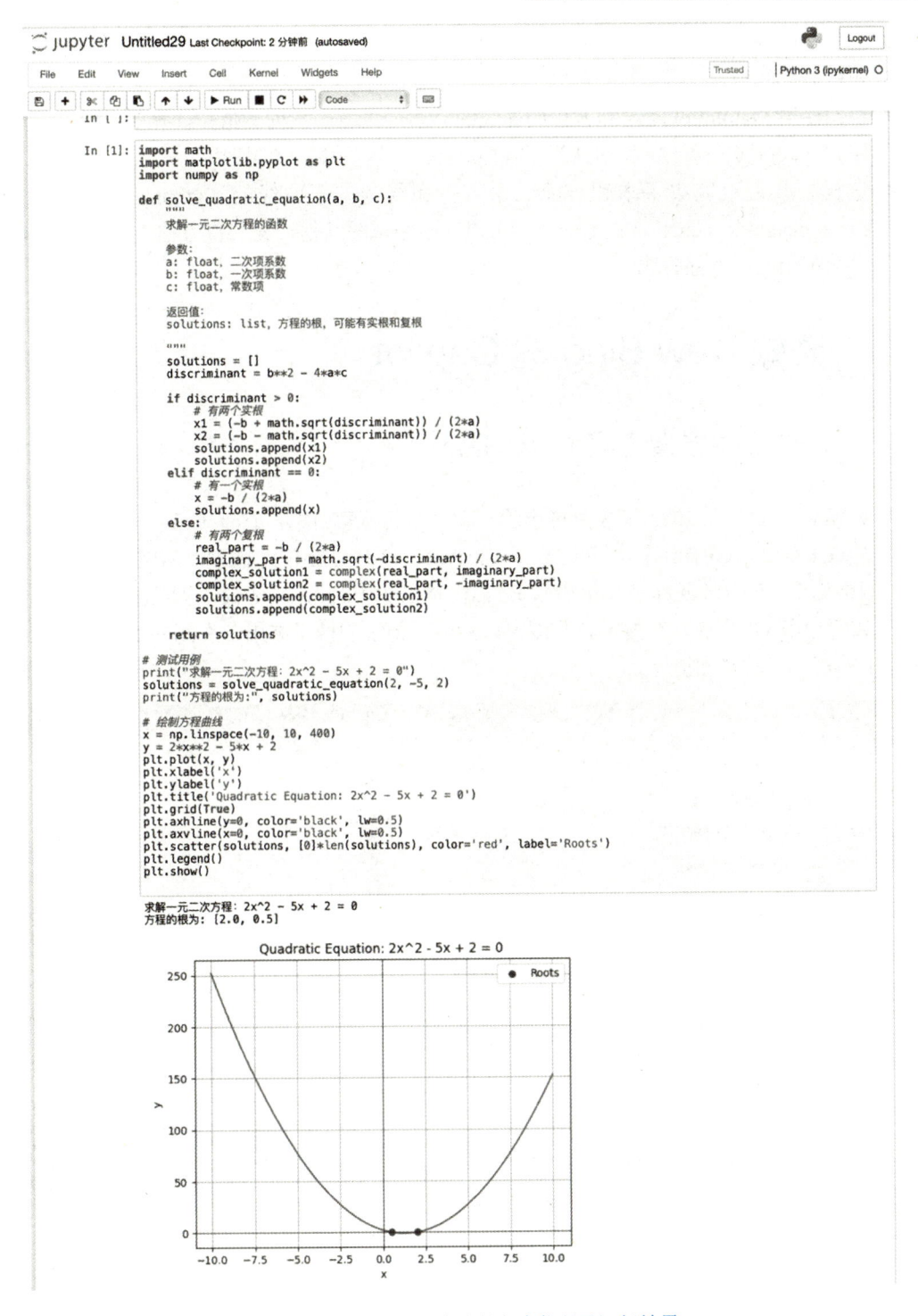

图 2-13　使用 GPT-4 生成的程序代码及运行结果

下面是 GPT-4 生成的程序说明：

- 以上代码中，solve_quadratic_equation 函数接收三个参数：二次项系数 a、一次项系数 b 和常数项 c。根据判别式的值，函数会计算方程的根，并将其存储在 solutions 列表中返回。如果判别式大于零，则有两个实根；如果判别式等于零，则有一个实根；如果判别式小于零，则有两个复根。

- 在测试用例中，我们调用 solve_quadratic_equation 函数来解决方程 2x^2 − 5x + 2 = 0，并打印出方程的根。
- 我们使用 Matplotlib 库绘制方程的曲线图。通过生成一系列 x 值，计算对应的 y 值，并使用 plt.plot(x, y)进行绘制，最后，通过 plt.show()函数显示了图形。
- 这样，我们就完成了求解一元二次方程和绘制方程曲线的 Python 代码。通过调用 solve_quadratic_equation 函数，我们可以轻松地求解其他一元二次方程，并使用 Matplotlib 库绘制相应的方程曲线。

2.3 微软 New Bing 与 Copilot

2.3.1 微软智能搜索工具 New Bing

New Bing 是微软在 2023 年 3 月推出的一款全新的搜索引擎，它基于 OpenAI 的预训练大型语言模型（GPT-3.5，GPT-4 等），并结合了 ChatGPT 和 DALL·E 的技术，为用户提供了一个 AI 驱动的网络助手。图 2-14 是作者使用微软 Edge 浏览器访问"bing.com/new"实现的一个询问"New Bing 是如何应用 GPT 的？"搜索。左侧窗口列出了传统的搜索结果，右侧的 Sider 窗口给出了 ChatGPT 的进一步解释和提炼。

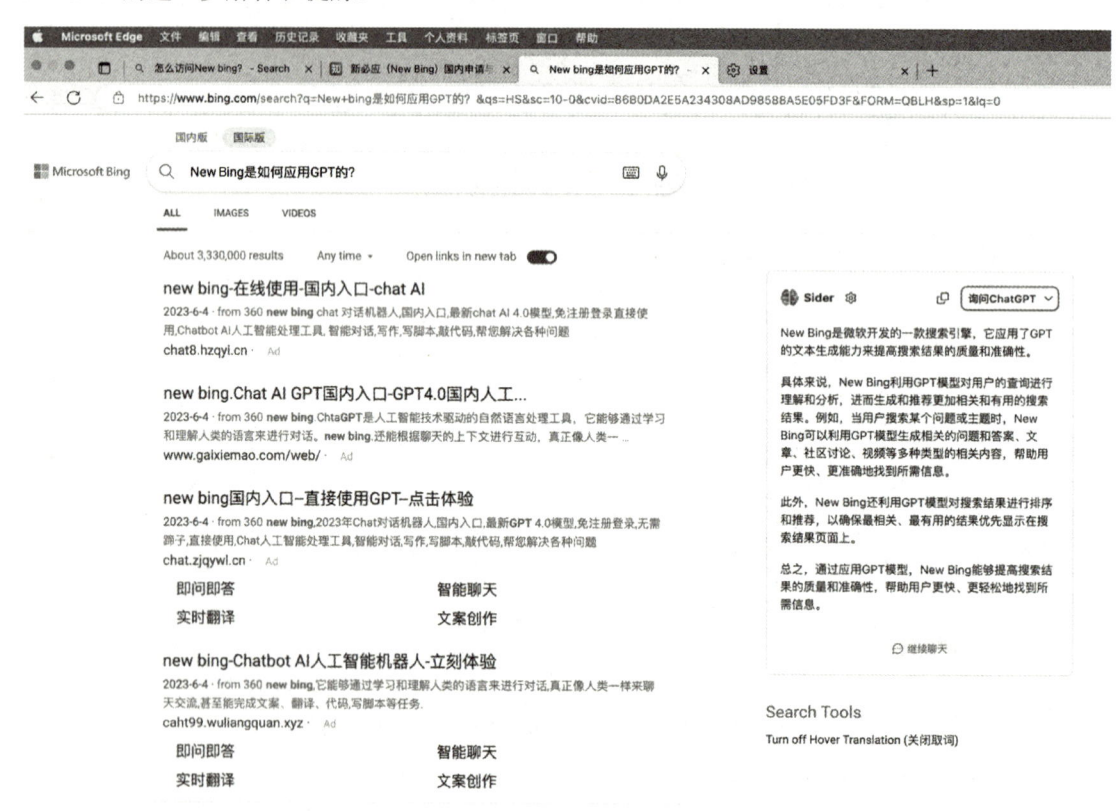

图 2-14 New Bing 使用示范

New Bing 有以下几个特点：
- 它可以用自然语言来回答用户的问题，提供相关的信息和建议，甚至进行闲聊和创作。

- 它可以用图像作为输入信息，生成与之相关的文本或图像，或者用文本作为输入信息，生成与之相关的图像。
- 它可以与微软的其他应用程序和服务进行集成，如 Edge 浏览器、Skype 等，让用户在使用这些应用程序时，也能享受到 New Bing 的帮助和服务。
- 它遵循微软的 AI 原则和负责任的 AI 标准，并建立在数十年的基础和隐私保护机器学习研究之上。

2.3.2 微软 AI 工具 Copilot

Copilot 是微软在自家办公系列软件 Office 和 Windows 11 操作系统中最新研发的 AI 助手。搭载了 GPT-4 大模型的 Copilot 一经问世就仿佛有一种颠覆办公软件和操作系统领域的趋势。不难看出，这是一款目前全世界最强大软件和目前全世界最强大的 AI 大语言模型相结合的产物。因此，它确实非常有可能改写办公软件和操作系统的历史，作为划时代的奇点，帮助人类走向进一步提升生产力的道路。

Copilot 可以理解为一个非常智能化的 Office 插件，只要用户通过语音交互，它就可以飞速完成符合用户预期的任务，甚至在某些功能上可以完全解放用户的双手和大脑。

- Word：Copilot 会根据用户输入或上传的文本提示撰写稿件，还可以改稿、修稿、优化稿件，将 GPT 的语言能力与微软自研的 Word 排版技术相结合。
- Excel：Copilot 能大大降低使用学习成本，如对于从未学习过宏、函数分析的用户，当他们使用 Copilot 后，即可通过下达指令的方式，将自己的需求表明清楚，Copilot 即可自动帮助用户实现，最重要的是，Copilot 是在不修改用户文件数据的情况下进行的。
- PowerPoint：Copilot 可以一键生成符合用户预期的精美 PPT，用户也可以上传文档给 Copilot，它会自动分析其中数据并创建指定页数的幻灯片、自己插入符合需求的图片、主题模板，这一切只需用户稍微动动手指即可实现。

2.2.3 智能操作系统：Windows 11+ Copilot

2023 年 5 月 24 日，微软在其年度 Build 开发者大会上宣布，将在 Windows 11 中加入一个名为 Copilot 的 AI 助手。它位于计算机的右侧边栏，能够在各种基本操作和任务中帮助用户，包括回答问题、总结信息、编辑文档、调整计算机设置等。用户只需要直接向 Windows Copilot 提问，就能得到 AI 助手反馈的操作建议；单击同意按钮后，系统就能帮助用户进行调整和改善操作。

Copilot 的目标是让每个 Windows 11 用户都能轻松地掌握和享受 Windows 11 的所有功能。无论你是想要调整 PC 的设置、打开特定的应用、查找某个文件、获取某个信息，还是完成某个任务，都可以直接向 Copilot 提问或指示，Copilot 将会给出相应的回答或操作。

例如，如果你想要在工作之前核实一下海外朋友的时间，则可以直接问 Copilot "现在伦敦几点？"，Copilot 将会告诉你答案，并且还会给出一些相关的建议，比如 "是否需要设置提醒或发送邮件？"。如果你想要快速打开 Spotify 的某个歌单，则可以直接告诉 Copilot "播放我最喜欢的摇滚歌曲"，Copilot 将会自动打开 Spotify 并播放对应的歌单。如果你想要了解 Windows 11 的某个新功能，比如集中模式或者快速访问工具栏，则可以直接询问 Copilot "集中模式是什么？" 或者 "如何使用快速访问工具栏？"，Copilot 将会给出详细的解释，并且还会引导你进行相关的设置或操作。Windows 11 的 Copilot 使用示例如图 2-15 所示。

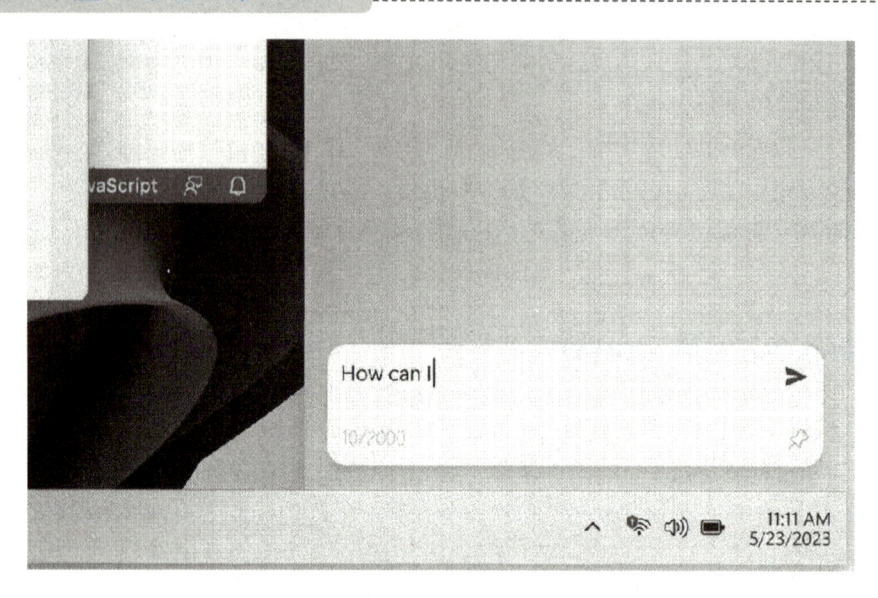

图 2-15　Windows 11 的 Copilot 使用示例

除了回答问题和执行命令之外，Copilot 还可以帮助你完成一些更复杂的工作，如文档处理、内容创作、数据分析等。你只需要把文档拖曳到 Copilot 侧边栏中，就可以请求 Copilot 为你做出内容的要约、摘要、重写等操作。Copilot 会根据你的需求，利用 AI 的能力，为你提供高质量的文本输出。你还可以利用 Copilot 的插件，获取更多的 AI 功能和体验，如 Bing Chat 可以让你和 Copilot 聊天，ChatGPT 可以让你和任何主题或人物进行对话，Bing Image Creator 可以让你生成任何你想象的图片等。

Copilot 不仅是一个智能的助手，也是一个友好的伙伴。它可以根据你的喜好和习惯，为你提供个性化的建议和服务。它还可以根据你的情绪和状态，为你提供适当的关怀和支持。它还可以根据你的兴趣和爱好，为你提供有趣的娱乐和学习内容。Copilot 会随着时间和使用而不断学习和进步，为你带来更好的智能体验。

2.4　AIGC 的图像生成

在 AI 领域，图像生成是一项令人兴奋和富有挑战性的任务。利用 AI 生成图像，使计算机能够模拟人类创造图像的能力，为许多应用领域带来了巨大的潜力。本节将介绍 AIGC（Artificial Intelligence Generated Content）的图像生成能力，并列举一些典型的工具和案例。

2.4.1　AIGC 图像生成简介

图像生成是指利用 AI 技术生成逼真的图像。AIGC 技术通过学习大量的图像数据和模式，可以生成新的图像，包括从无到有的图像创作、图像修复和图像增强等任务。图像生成的目标是生成具有高质量、多样性和创造性的图像，以满足不同应用场景的需求。通常的生成交互方法包括：

- 仅根据文本提示作为输入来生成图像（text2img）。
- 根据文字描述修改输入图像。

图 2-16 是当前热门的图像生成软件 Stable Diffusion 的图像生成案例。

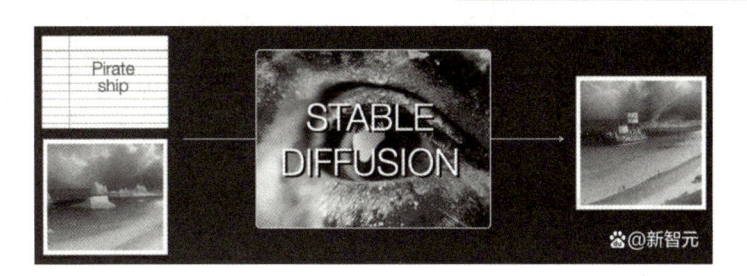

图 2-16　Stable Diffusion 的图像生成案例

2.4.2　AI 图像生成的原理与应用场景

AIGC 的图像生成能力通过 AI 技术实现了令人惊叹的图像生成效果。通过预训练语言大模型、深度学习和生成对抗网络等算法，AIGC 模型能够理解输入文本的含义、学习图像的特征和分布，并生成具有逼真度和创造力的图像。图 2-17 给出了 AIGC 图像生成的基本原理。实际上，输入文本的理解（NLP、GPT 等）以及图像的编码、理解、变换、特征提取、合成、解码等都涉及到许多复杂的 AI 处理技术。

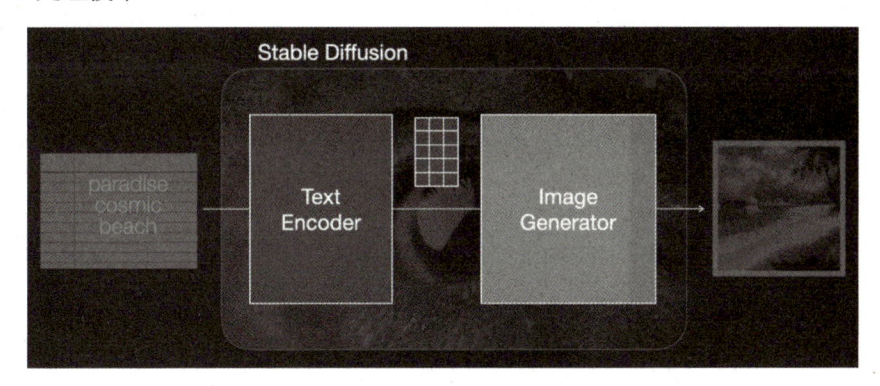

图 2-17　AIGC 图像生成的基本原理

当今的 AIGC 图像生成能力为各行各业提供了许多有趣和实用的应用。
- 在艺术创作领域，AIGC 的图像生成技术为艺术家和设计师提供了创造性的工具。他们可以使用这些工具来生成各种风格的艺术作品，探索新颖的图像概念，并获得灵感。例如，DeepArt.io 和 DALL-E 都是典型的工具，它们可以根据用户的输入生成艺术感十足的图像，使创作过程更加灵活和有趣。
- 在图像处理领域，AIGC 的图像生成能力为图像修复和增强提供了强大的工具。通过学习大量的图像样本，模型可以理解图像的内容和结构，并生成缺失或受损部分的合理图像。这在修复老照片、去除图像噪声和增强图像细节方面具有广泛的应用。深度梦境（DeepDream）是一个有趣的工具，它可以通过强化图像中的特定特征来创造幻觉般的图像效果，使图像更具艺术感和想象力。
- 此外，AIGC 的图像生成技术还被广泛应用于图像风格转换和图像翻译等领域。通过训练模型，可以将图像从一个领域转换到另一个领域，如将马的图像转换为斑马的图像。这为图像处理、虚拟现实和增强现实等应用提供了丰富的可能性。

与人类相比，AIGC 的图像生成能力已经取得了令人瞩目的进展。它可以生成高质量、逼真度较高的图像，具有一定的创造性和多样性。然而，与人类艺术家相比，AIGC 模型在理解情感、创造性思维和整体图像感知方面仍存在差距。人类艺术家能够将自己的情感和体验融入创作中，创造出更具独特性和情感共鸣的作品。此外，AIGC 模型的生成过程是基于已有数据的学习，存在着对训练数据的依赖性和局限性。

2.4.3 常用 AIGC 图像生成工具

AIGC 常用工具如表 2-2 所示。

表 2-2　AIGC 常用工具

序号	工具名称	应用场景	主要功能	开发公司	版本与发布时间
1	Stable Diffusion	文本理解、图像与动画生成	通过文本 Prompt 生成图像，执行图像的超分辨率、风格迁移、图像修复等任务	由 CompVis、Stability AI 和 LAION 的研究人员和工程师创建	V2.0 2022 年 11 月 24 日
2	Midjourney	AI 制图工具，只要输入关键字，就能生成相对应的图片，只需要不到一分钟	人像卡通化、轮廓生成、色彩生成、视频换脸、视觉问答、人脸合成等	Midjourney 研究实验室	V5.0 2023 年 5 月
3	DALL-E	图像生成	生成图像、图像编辑、创意设计	OpenAI	2021 年 3 月
4	CLIP	图像与文本理解	图像分类、图像检索、语义理解等	OpenAI	2021 年 1 月
5	DeepArt	图像艺术创作	将图像转化为艺术风格的图像	DeepArt	2015 年 6 月
6	RunwayML	创意生成、多模态处理	图像生成、音频生成、多模态应用开发	RunwayML	2018 年 8 月
7	ArtBreeder	图像创作、混合	图像编辑、艺术创作、混合图像	ArtBreeder	2017 年 9 月
8	Deep Dream	图像风格迁移	将图像转化为梦幻风格的艺术作品	Google	2015 年 6 月
9	AI Painter	图像绘画	根据草图生成逼真的图像绘画	AI Painter	2020 年 3 月
10	Prisma	图像滤镜	为图像设置艺术风格滤镜	Prisma Labs	2016 年 6 月

2.5　人脸识别系统

2.5.1 人脸识别简介

如图 2-18 所示给出了百度人脸识别（ai.baidu.com）所实现的人脸检测、对比和查找三大基本功能，这些功能可以满足远程身份认证、刷脸门禁考勤、安防监控、智能相册分类和人脸美颜等多种应用场景的需求。

人脸检测　　　　　　　　　　人脸对比　　　　　　　　　　人脸查找

图 2-18　百度人脸识别

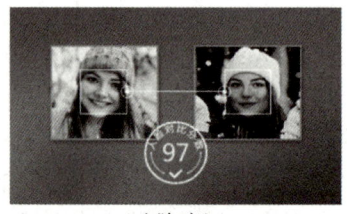

2.5.2 人脸检测

检测图中的人脸，并为人脸标记出边框。检测出人脸后，可对人脸进行分析，获得眼、口、鼻轮廓等 72 个关键点定位，准确识别多种人脸属性，如性别、年龄、表情等信息。该技术可适应大角度侧脸、遮挡、模糊、表情变化等各种实际环境。主要应用场景包括智能相册分类、人脸美颜、互动营销等。

- 智能相册分类：基于人脸识别，自动识别照片库中的人物角色，并进行分类管理，从而提升产品用户体验。合作案例：百度网盘。
- 人脸美颜：基于五官及轮廓关键点识别，对人脸特定位置进行修饰加工，实现人脸的特效美颜、特效相机、贴片等互动娱乐功能。合作案例：百度魔图。
- 互动营销：基于关键点、人脸属性值信息，匹配预先设定好的业务内容，可用于线上互动娱乐营销，如脸缘测试、名人换脸、颜值比拼等。合作案例：百度糯米。

2.5.3 人脸对比

通过提取人脸的特征，计算两张人脸的相似度，从而判断是否为同一个人，并给出相似度评分。在已知用户 ID 的情况下帮助确认是否为用户本人的对比操作，即 1∶1 身份验证。它可用于真实身份验证、人证合一验证，主要应用场景包括金融远程开户、服务人员身份监管、民事政务自助办理等。

- 金融远程开户：通过自拍照与身份证照或公安系统照片之间的人脸对比，核实用户身份是否属实，优化金融等高风险行业复杂的身份验证流程。合作案例：百度钱包。
- 服务人员身份监管：对于用户身份真实性要求较高的服务领域（如家政、货运等），通过人证对比，确保服务人员的身份真实性，提高业务人员身份审核效率。合作案例：叭叭速配。
- 民事政务自助办理：原本烦琐费时的窗口业务办理，转为线上自助办理（如制卡、社保核验），保证用户身份真实性的同时，大大缩短业务处理时间。
- 远程身份认证：通过离线、在线混合活体检测，判断用户为真人；通过公安身份图像与真人图像比对，判断用户是否为本人，从而完成在线用户身份核真检验。

2.5.4 人脸查找

给定一张照片，与指定人脸库中的 N 个人脸进行比对，找出最相似的一张脸或多张人脸。根据待识别人脸与现有人脸库中的人脸匹配程度，返回用户信息和匹配度，即 1∶N 人脸检索。它可用于用户身份识别、身份验证相关场景，应用场景包括安防监控、门禁闸机、签到考勤等。

- 安防监控：在银行、机场、商场、市场等人流密集的公共场所对人群进行监控，实现人流自动统计、特定人物的自动识别和追踪。
- 门禁闸机：通过人脸识别，快速为用户录入人脸信息，用户需要通行时，只需简单地进行人脸验证，即可完成身份信息确认，实现企业、商业、住宅等多种场景的刷脸进门，提升安全性、效率和用户体验。合作案例：乌镇闸机。
- 签到考勤：与会人员、公司员工或学员等预先录入人脸，在需要验证身份时，实现刷脸签到、考勤打卡、学员登记等操作，提升业务处理效率及用户体验。合作案例：柠檬优力。

2.5.5 人脸识别应用体验

如图 2-19 所示,上传本地图片或提供图片 URL,该功能演示是基于 Compare API 搭建的程序。比较结果是:为同一个人的可能性很大。

图 2-19 人脸识别应用

2.6 智能商务

2.6.1 AI 助力电子商务

国家统计局数据显示,2016 年我国网上零售额约 51556 亿元,2017 年更是突破 7 万亿元达到 7.18 万亿元,占社会消费品零售总额的 19.6%,网购用户渗透率达到 64.0%。随着数字交易逐渐成为人们日常购物的标配方式,那些电子商务巨头也正探索如何利用 AI 降低成本、提升服务质量、提高品牌竞争力与顾客忠诚度。

当前,电子商务中最常用的 AI 应用包括聊天机器人/AI 助手、智能物流、推荐引擎。
- 聊天机器人/AI 助手:自动回复顾客问题,对简单的语音指令做出响应,并通过使用自然语言推荐产品(详见阿里巴巴和 eBay)。
- 智能物流:基于数据进行机器学习,以将仓储运作自动化(详见京东)。
- 推荐引擎:电商公司分析顾客行为,并利用算法预测哪些产品可能会吸引顾客,之后为顾客推荐产品(详见亚马逊)。

2.6.2 典型电子商务 AI 应用

最近十年来,电子商务取得了卓越的成果,以淘宝、京东、唯品会为代表的电商品牌不仅为消费者带来了方便、高效的消费模式,同时,由于电商运营成本较实体经济更低,因此也大大优化了经济运行的效率,为消费者带来了实惠。据媒体报道,国内零售业现有 40 余家 AI 创业公司,针对电商领域实现的功能主要有客服、实时定价促销、搜索、销售预测、补货预测等。

(1)决定最优价格。传统模式下,企业要依靠数据和自身的经验来完成商品价格制定。但是,

第 2 章　AI 典型应用展现与体验

随着电商规模的迅速扩大，每个采销人员需要管理的商品种类不断增加，面对的数据量也日趋庞大，要实现精细管理必须投入更多的精力和资源。同时，电商平台的"造节"风潮也增加了定价的难度。有了具备快速处理大数据能力的 AI，现在已有不少企业通过此项技术，基本解决大量商品的自动定价。如图 2-20 所示为阿里智慧供应链中台。

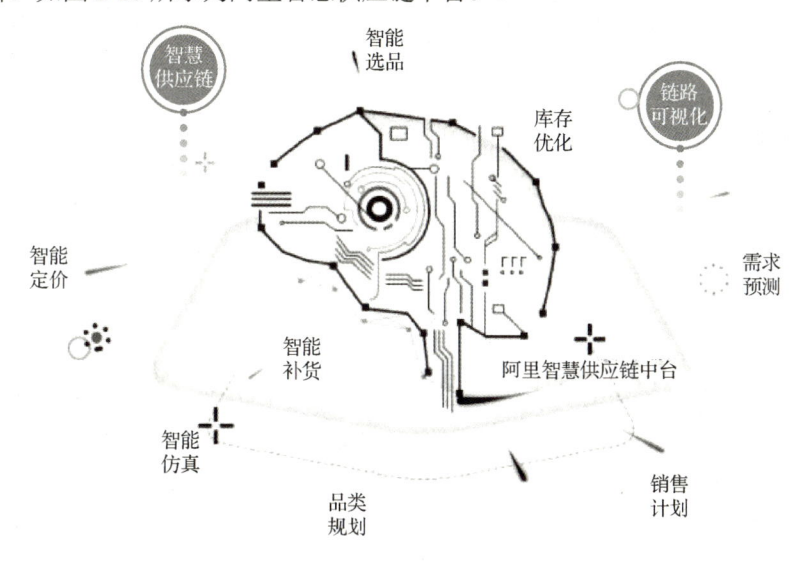

图 2-20　阿里智慧供应链中台图示

除了大型电商平台自主开发智慧供应链，AI 决策公司杉数科技也在通过 AI 技术，服务企业客户，解决复杂决策，其中定价便是最为主要的场景之一。

"当生产要素的成本日益提高时，企业也面临着极大的效率提升压力。这也是大数据和 AI 在近年来越来越得到重视的原因。"杉数科技联合创始人王曦认为，经过多年的发展，国内的电商行业已经逐渐走进下半场。在定价上，大型电商企业亟需批量定价，以及避免经验定价带来的不合理。智能决策系统则能辅助梳理产品数据，建立起动态定价和清仓定价的模型。

"我们所服务的一家大型电商，通过 AI 决策，可帮助其将成本降低超过 20%。"王曦说。

（2）智能客服机器人。2017 年 3 月，阿里巴巴发布 AI 服务机器人"店小蜜"，这款面向淘系千万商家的智能客服，经过商家授权、调试，可以取代部分客服，从而降低人工客服的工作量。

2016 年"双 11"期间，店小蜜曾邀请 Apple、小米、森马等 9 个品牌的天猫旗舰店参与内测，最终，店小蜜一天内接待消费者近百万，节省了近一半客服人力。

与之类似的产品还有京东自 2012 年下半年起上线的智能机器人 JIMI。其累计服务用户数已经破亿，并于 2016 年 9 月 7 日正式发布开放平台，免费向第三方开放使用。

在 2017 世界电子商务大会上，致力于 AI 交互技术的智齿科技联合创始人彭伟称，"目前，机器人已经可以为电商企业的用户解决 40%~60%的问题。在机器人遇到处理不了的问题交给人工处理的过程中，机器人还可以继续为人工做辅助，从而可以提升 60%的服务效率，而将人工的服务成本降低 30%。"

（3）无人仓库成为可能。AI 影响最直接的是后端的供应链和物流环节。通过 AI，实现系统自动预测、补货、下单、入仓和上架。在物流仓储环节，阿里巴巴和京东都已经发布了其无人仓储系统。仓储物流的自动化直接带来的结果是，这一原本电商压力最重的环节效率提高，成本优化，进而创造更大的利润空间。如图 2-21 所示为京东无人仓内的 Shuttle 货架穿梭车。

图 2-21　京东无人仓内的 Shuttle 货架穿梭车

AI 技术在仓储中的运用对于生鲜电商而言可能更有价值。业界普遍认为,生鲜电商运营之难点在于供应链,而供应链之难点又在于销售预测。对于前置仓模式来说,要同时把数百种商品科学分配到几十个仓库,库存管理难度将进一步增加。

生鲜电商 U 掌柜通过数据挖掘和机器学习,将损耗率从 12%降低到 8%,其销售预测与实际结果的匹配度已经达到了 93%。在 AI 神经网络模型的支持下,U 掌柜得以较好地控制进货量,进而降低损耗率和缺货率。

(4)让商家更懂消费者。"如果公司能够把深度学习整合进自己的电子商务网站,那么这将能显著地提高用户的搜索能力。"无限分析(Infinite Analytics)CEO 和 AI 专家巴蒂亚曾说。例如,一个妇女可能有一张裙子的照片,她很喜欢这个裙子,于是她把照片上传到购物网站的搜索栏,借助 AI,购物网站可以立即分析这张照片,理解这种裙子的款式、大小、颜色、品牌和其他特征。她就可以立即找到自己想要的商品。

目前,国内的码隆科技也正在为企业提供类似的服务。初创公司码隆科技通过"计算机视觉 + 深度学习"打造的 AI 模型 ProductAI 已能够为电商平台实现拍照找商品、商品属性管理等功能。"有电商平台客户上线这个功能 2 个月,订单量增加 20%,节省了 25 个运营人力。"码隆科技创始人兼 CEO 黄鼎隆说,ProductAI 还能够把图片中服装的色彩、材质、风格等要素提取出来,形成时尚趋势数据。"这项功能对于电商供应商更重要。"如图 2-22 所示是电商使用 AI 技术总结的时装流行趋势。

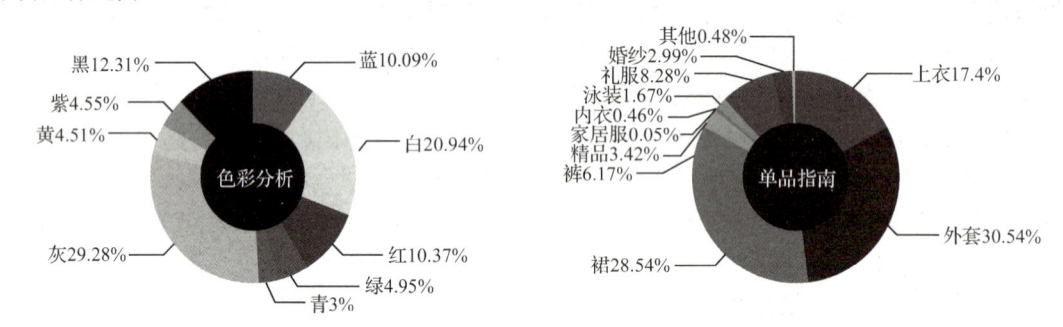

图 2-22　电商使用 AI 技术总结的时装流行趋势

"以往,供应商们想要为消费者提供更符合个性化需求的产品,往往不得不耗费大量的时间、寻找不同方式进行调查测试。"黄鼎隆说,"现在,通过 AI 技术,能让商家更理解消费者。"AI 的相关技术就像是一面镜子,对于海量消费者的喜好、反馈等信息进行汇总、统计,然后进行画像。和一般的大数据分析所不同的是,AI 具备一定的学习能力和思考能力,其分析出来的结果往往更接近消费者的真实想法。这样一来,无论是商品的改进,还是服务的优化,都变得有迹可循。

2.6.3　电子商务的大数据

1. 电子商务大数据的形成

电子商务大数据伴随着消费者和企业的行为实时产生,广泛分布在电子商务平台、社交媒体、智能终端、企业内部系统和其他第三方服务平台上。电子商务数据类型多种多样，既包含消费者交易信息、消费者基本信息、企业的产品信息与交易信息，也包括消费者的评论信息、行为信息、社交信息和地理位置信息等。移动智能终端对电子商务的影响越来越大，移动终端的移动性、便捷性和私人性等特征促进了移动电子商务的快速发展，产生了大量的电子商务数据。对电子商务数据进行挖掘、创造价值，将成为电子商务企业的主要竞争力。eBay、阿里巴巴、亚马逊等电子商务平台充分利用大数据开展个性化推荐和按需定制等服务。

2. 大数据背景下的电子商务价值创造

Raphael Amit 等认为电子商务价值创造主要来自四个方面：效率、互补、锁定和创新。效率是指电子商务快速、高效的信息传递方式；互补是指大量的交易双方需求信息形成规模经济效应；锁定是指通过需求满足锁定客户；创新是指产品与服务的不断创新。在大数据背景下，电子商务的价值创造方式呈现出新的变化。

（1）电子商务营销精准化和实时化。电子商务平台、社交网络、移动终端、传感设备等促进了消费者数据的快速增长，整合来自不同渠道的消费者数据形成了消费者的全面信息，为及时、全面、精准地了解消费者需求奠定了基础。云计算、复杂分析系统的出现提供了快速、精细化分析消费者偏好及其行为轨迹的工具。移动智能终端的快速发展使为随时随地向消费者有针对性地提供相关产品和服务成为可能。移动智能终端一方面提供了用户的地理位置数据，使得提供基于地理位置的服务成为可能；另一方面智能手机通常为个人所独有，使得一对一的定制化服务成为可能。因此，大数据、云计算、移动智能终端促进了数据收集、智能分析、精准推送产品和服务的一体化，实现了营销精准化和实时化。

（2）产品和服务高度差异化和个性化。大数据的产生在很大程度上降低了消费者和企业之间的信息不对称程度。一方面，企业通过多元化的信息获取渠道掌握消费者的全面信息，提供的产品和服务更具针对性；另一方面，分散孤立的消费者同样通过多种渠道了解产品的各种信息，需求逐步呈现出个性化和多样化趋势。交易双方信息的愈加透明促进消费者与生产企业之间更加互动，消费者的个性化需求成为生产企业关注的核心。因此，大数据等新一代信息技术的发展使得消费者的地位日益重要，推动电子商务的价值创造方式发生转变，生产企业以消费者为中心创造高度差异化的产品和服务，并引导消费者参与产品生产和价值创造。

（3）价值链上企业运作一体化和动态化。大数据时代快速满足消费者需求成为企业的核心竞争力。大数据等新一代信息技术推动来自各个渠道的跨界数据进行整合，促使价值链上的企业相互连接，形成一体。地理上分布各异的企业以消费者需求为中心，组成动态联盟，将研发、生产、运营、仓储、物流、服务等各环节融为一体，协同运作，创造、推送差异化的产品和服务，形成智能化和快速化的反应机制。大数据时代企业间通过信息开放与共享、资源优化、分工协作，实现新的价值创造。

（4）新型增值服务模式不断涌现。新一代信息技术在电子商务中的应用产生了消费、生产、物流、金融等多方面的大数据。来自不同领域的数据进行融合推动产生新的增值服务模式。买卖双方的交易数据与物流、金融数据的整合为确切地掌握消费者与企业的信用奠定了基础，拥有大数据的公司积极开展信用服务，进而推动了供应链金融、互联网金融等增值服务的快速发展，为中小企业的发展提供了帮助。

3. 基于大数据的电子商务模式创新

传统电子商务创新主要局限在电子商务的效率、便利化、营销方式等方面，大数据技术的广泛应用给电子商务的模式创新带来机遇。基于大数据的电子商务创新主要在于提炼大数据的价值并将其应用于电子商务的各个流程，形成新的商业模式。

（1）按需定制。大数据时代电子商务模式创新的一个典型特征就是识别消费者的个性化需求，创造实时化、差异化的产品及服务，以满足不同消费者需求。按需定制模式就是以消费者需求为中心，设计、研发、生产、配送个性化产品，消费者积极参与到各个环节。按需定制具有以下几个特征：一是利用社交网站、电子商务平台、移动终端等多渠道获取消费者全景信息，通过大数据、云计算技术挖掘潜在需求；二是基于消费者偏好及其潜在需求，提供个性化和高度差异化的产品和服务；三是柔性化生产与价值链协同，动态组织价值链上相匹配的相关企业，协同运作，快速制造产品，自动选择物流企业与运输路径，满足客户需求最大化。目前的按需定制模式主要由消费者提出需求，企业快速响应消费者需求，进而进行定制化生产。云计算、大数据、物联网的进一步应用将会推动按需定制的深入发展。各个渠道全面信息的获取为按需定制提供了从挖掘消费者潜在需求、共同设计产品、组织生产到物流等整个链条上的智能化和快速反应机制。

（2）线上线下深度融合模式。电子商务经济中的价值链由实体价值链和虚拟价值链构成，随着对信息的利用愈加深入，价值活动的实现逐步从实体环节向虚拟环节转变。实体企业与电子商务的结合形成了新的商业模式，促进了线上线下共同发展。线上线下融合分为以下几个阶段：移动互联、社交商务与电子商务相结合，推动线上线下互动融合；消费者全方位的消费习惯迁移，深化线上线下紧密融合；线上资源和线下资源全面整合，推动线上线下全面融合。线上、线下、移动终端资源的融合，一方面，推动电子商务充分利用消费者的碎片化时间提供全渠道的无缝服务，增强用户体验，增加用户黏性，锁定用户；另一方面，线上线下互通促进实体零售企业转型，增强物流仓库功能，优化存货配置。

（3）互联网金融和在线供应链金融。消费者数据、电商企业数据、物流数据与金融数据的相互结合，推动了互联网金融的发展。电子商务平台消除了地域的限制，信息搜寻更加容易，买卖双方直接对接，大数据和云计算的应用降低了交易双方匹配和风险分担的成本，解决中小企业融资难问题，促进流通与消费，已成为近年来关注的焦点。目前在互联网金融方面，电子商务平台提供的多是借贷服务。阿里小额贷款将线下的商务机会与互联网结合，为电商平台加入授信审核体系。Lending Club 将网络借贷平台与社交网站相结合，借贷需求者通过社交网站直接进入 Lending Club 进行交易。现有的电子商务平台还充分利用云计算、大数据技术，将商流、物流、资金流、信息流集成一体，提供在线供应链金融服务。相较于传统的供应链金融，电子商务下的在线供应链金融存在以下主要优势：一是电子商务平台与企业的信息系统无缝对接，能够实现数据资源共享，加强电子商务平台企业对电商企业的信用状况和经营状况的深入了解；二是高效的信息传递、交易行为的网络化使得融资方式更为灵活、便捷；三是资金结算更加安全，第三方监管结算系统不仅保障了买方付款的安全，也规避了卖方收不到货款的风险；四是融资成本降低，物流、电子商务应用与金融结算的有效协同服务能够在很大程度上降低运营成本。

2.7 智能机器人

机器人（Robot）是一种能够半自主或全自主工作的机器装置，具有感知、决策、执行等基本特征，可以辅助甚至替代人类完成危险、繁重、复杂的工作，提高工作效率与质量，服务人类生活，扩大或延伸人的活动及能力范围。

按照应用领域和服务对象的不同，机器人可以划分为工业机器人和服务机器人。

（1）工业机器人：集机械、电子、控制、计算机、传感器、AI 等多学科先进技术于一体的现代制造业重要的自动化装备,是可以实现柔性制造系统(FMS)、自动化工厂(FA)、计算机集成制造系统(CIMS)的自动化工具。按照体系功能可以进一步划分为以下 4 个类别。

- 专用机器人:在固定地址以固定程序作业的机器人,其构造简略、作业方针单一、无独立操控体系、造价低,如附设在加工基地机床上的主动换刀机械手。
- 通用机器人:具有独立操控体系,经过改动操控程序能完成多种作业的机器人。其构造复杂,作业计划大,定位精度高,通用性强,适用于柔性制造体系。
- 示教再现式机器人:具有回想功用,在操作者的示教操作后,能按示教的次第、方位、条件与其他信息重现示教作业。
- 智能机器人:选用计算机操控,具有视觉、听觉、触觉等多种感触功能和辨认功能的机器人,经过比照和辨认,独立做出抉择,主动进行信息反响,完成预订的动作。

(2)服务机器人:是工业机器人发展到一定的阶段,伴随着服务能力更加精细化而产生的一类机器人,可以进一步细分为以下两类。

- 专业领域服务机器人:商业/政务接待、医院导诊、餐厅送餐、展厅导览物流运送、医院消毒、传菜、巡检、巡逻等。
- 个人/家庭服务机器人:家庭陪伴、养老照护、智慧教育等。

图 2-23~图 2-24 给出了工业机器人和服务机器人的样例。

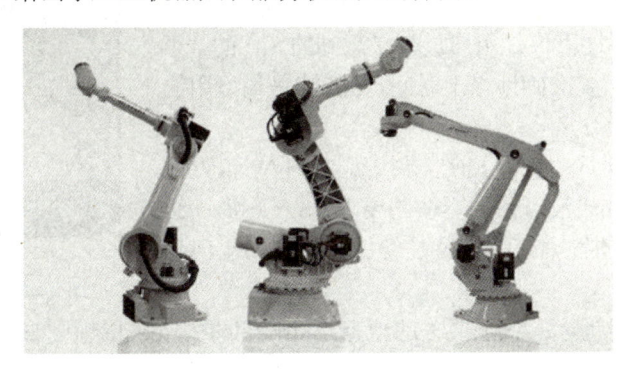

图 2-23 工业机器人样例

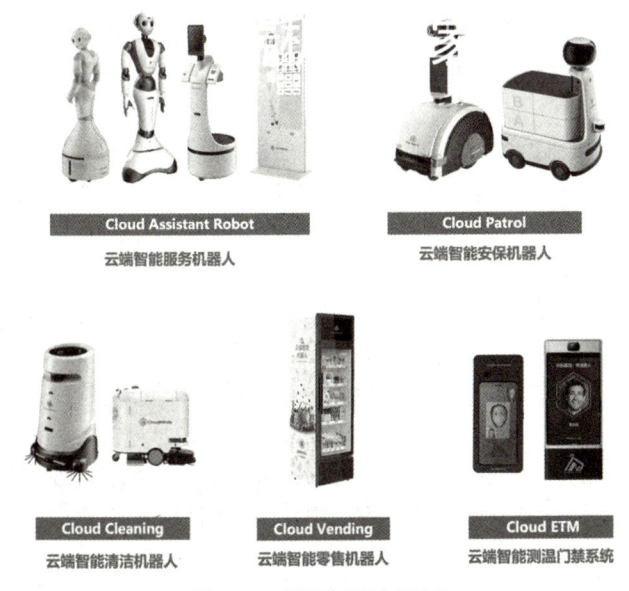

图 2-24 服务机器人样例

2.7.1 苹果 Siri

Siri 是 2010 年苹果公司以 2 亿美元收购的一款智能虚拟个人助理软件，支持英语、汉语等多种语言的语音智能处理，集成了大量的网络服务与 AI 服务。Siri 的客户端应用被内置在了苹果的手机、平板和 Mac 计算机等智能设备上，可以使用文字和语音进行智能交互，客户的请求通过互联网传递给后台的"Siri 大脑"进行智能处理，然后把结果反馈给客户端。"Siri 大脑"连接了多种网络服务和 AI 服务，从而使 Siri 具备了较强的智能服务能力（界面如图 2-25 所示）。这些后台技术主要包括：

- 以 Google 为代表的网页搜索技术。
- 以 Wolfram Alpha 为代表的知识搜索技术（或者知识计算技术）。
- 以 Wikipedia 为代表的知识库（与 Wolfram Alpha 不同的是，这些知识来自人类的手工编辑）和技术（包括其他百科，如电影百科等）。
- 以 Yelp 为代表的问答以及推荐技术。

Siri 的 11 大功能介绍如下。

- Siri 变身闹钟：这应该是用户最容易想到的 Siri 的"正经"用法了。只要准确地报上时间，Siri 将是最好用的闹钟。
- 用 Siri 寻找咖啡厅：告诉 Siri，寻找离当前位置最近的咖啡厅即可。如果没有附加更多的要求，Siri 将反馈给用户还算不错的答案，很可能是告诉你最近的星巴克在哪儿。

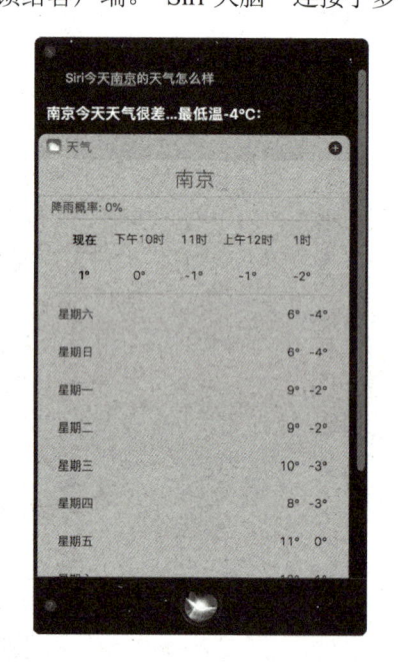

图 2-25 苹果 Siri 界面示例

- 想去哪，Siri 告诉你：报上要去的地点，Siri 会调用 Google 地图来寻找出行路线的方案。
- 用 Siri 随机播放音乐：如果你厌倦了固定顺序的音乐播放列表，可以试着用 Siri 随机播放音乐。
- 发送短信，Siri 代劳：告诉 Siri 你想表达的内容，即可轻轻松松地发送短信。
- 天气预报，Siri 知道：这也是 Siri 十分擅长的一项功能。关于气象信息的问题，Siri 都能正确理解。
- 用 Siri 提醒日程安排：既然能把 Siri 当闹钟用，当然也可以用它来提醒日程安排。
- 用 Siri 提醒地点：Siri 提醒地点的功能还不是很完善。除了"家"或"上班处"，Siri 对于一些位置称呼的理解能力不佳。但是，Siri 对"这里"的理解十分准确，即当前的 GPS 坐标位置。
- Siri 为你答疑解惑：珠穆朗玛峰多高？美国的 GDP 是多少？回答不上来的话，无须 Google，张嘴问问 Siri 吧。Siri 本身是不知道这些问题的答案的，但它会从"知识问答引擎"Wolfram Alpha 中寻找答案。所有的回答都会以自然语言的形式呈现。这也是 Siri 被认为将对 Google 形成重要威胁的原因。当然，Siri 在相当长的一段时间内肯定不能取代 Google，但对 Google 的威胁将是长远的。当 Siri 足够智能的时候，人们用它取代 Google 并不是没有可能。
- 用 Siri 发送微博（支持新浪微博、腾讯微博）：在使用 Siri 发微博前，还得做一些必要的设置。
- 用 Siri 来订电影票（美国）。

2.7.2 百度机器人

1. 小度机器人简介

小度机器人 2014 年 9 月诞生于百度自然语言处理部，于同年 9 月 16 日首次亮相江苏卫视《芝麻开门》节目。依托于百度强大的 AI，集成了自然语言处理系统、对话系统、语音视觉等技术，小度机器人能够自然流畅地与用户进行信息、服务、情感等多方面的交流。几年来参加了一系列智力活动。

- 2014 年 9 月 16 日 22 点整，江苏卫视《芝麻开门》闯关节目的擂台迎来了节目开播以来的首位"非人类"挑战选手——小度机器人。这位由百度开发的智能机器人在国内还属首例，不仅频频和主持人互动调侃，更是凭借迅速的反应和准确的回答勇闯四关，40 道涉及音乐、影视、历史、文学类型的题目全部答对，出色的表现使得现场观众惊叹不已。不少观众在节目后纷纷表示，"小度机器人好厉害，真想再看它多答几轮题"，"第一次看到机器人前来应战，每道题都保证百分之百的正确率，确实大开眼界"。
- 2015 年 4 月 23 日，小度机器人参加互联网机器翻译论坛，进行中、英、日、韩多语翻译对话演示。百度翻译获得中国电子学会的科技进步一等奖。
- 2015 年 7 月 29 日，小度机器人现身 2015 年 ACL 大会（The Association for Computational Linguistics）。
- 2015 年 8 月 15 日，小度机器人参与中央电视台《开讲啦》的节目录制，并与主持人进行现场互动。
- 2015 年 10 月 19 日，小度机器人参加北京的双创周活动，为国务院领导做演示。
- 2015 年 10 月 21 日，小度机器人走进朝阳服务中心参加敬老活动。
- 2015 年 11 月 3 日，小度机器人陪同百度副总裁参加中央电视台节目录制，展示自然语言交互能力。
- 2015 年 11 月 19 日，小度机器人参加 2015 百度 MOMENTS 营销盛典。
- 2015 年 11 月 27 日，小度机器人作为特邀嘉宾参加由中央电视台发起的中国经济生活大调查启动仪式。
- 2015 年 12 月 31 日，小度机器人亮相浙江卫视 2016 跨年晚会。
- 2016 年 4 月 25 日，小度机器人化身 KFC 点餐机器人。
- 2016 年 10 月 17 日，小度机器人在神舟十一号飞船发射期间，直播朗读"太空万行诗"活动。
- 2016 年 11 月 25 日，小度机器人在伊利工厂参与网络直播。
- 2017 年 1 月 6 日，江苏卫视《最强大脑》第四季，人类"最强大脑"王峰 2∶3 惜败于 AI 机器人小度。
- 2017 年 1 月 13 日，小度机器人在《最强大脑》第四季第二场比赛中和名人堂选手听音神童孙亦廷打成了平手。
- 2017 年 1 月 21 日，在《最强大脑》第四季第三场比赛中小度机器人与"水哥"王昱珩进行了人脸识别比赛，最终小度机器人以 2∶0 胜出。
- 2017 年 4 月 7 日，《最强大脑》第四季收官之战，黄政、Alex 不敌 AI 小度，双双落败；AI 机器人小度在图像识别挑战中连胜两局，却在语音匹配项目中，小度机器人惨遭"滑铁卢"，三次挑战均以失败告终。

- 2017年6月3日，小度机器人亮相百度第二届Family Day活动。6月5日，小度机器人在百度总部大厦落地，正式开始实习生活，为百度员工以及前来参观、考察的访客朋友等提供大厦信息、班车查询、拍照等服务。
- 2017年7月5日，小度机器人参加百度第一届AI开发者大会，为前来参加大会的各方人士提供了大会相关的引导服务。
- 2017年9月8日，小度机器人赴深圳参加全球创新者大会（GIC），结识了一位新朋友——机器人Han。两个机器人就"机器人的未来"这个话题进行了探讨，小度机器人认为机器人未来应该更好地理解人、服务人。

2. 度秘机器人

度秘机器人（如图2-26所示，英文名为Duer，简称度秘）是百度出品的对话式AI秘书，于2015年9月由李彦宏在百度世界大会中推出。基于DuerOS对话式AI系统，通过语音识别、自然语言处理和机器学习，用户可以使用语音、文字或图片，以一对一的形式与度秘进行沟通。

"世界很复杂，百度更懂你"，依托于DuerOSAI技术，度秘可以在对话中清晰地理解用户的多种需求，进而在广泛索引真实世界的服务和信息的基础上，为用户提供各种优质服务。比如一键叫车、订个喜欢吃的外卖、买张熟悉位置的电影票、预订心仪的餐厅，还有智能化叫醒等。跟其他的萌宠网络机器人不同，度秘的定位是专业、实用、优质的体验。

图2-26 度秘机器人

（1）遇见度秘。

方法一：如果已经安装了"手机百度"App，可以通过以下方式找到度秘。

- 进入"手机百度"App，在底端找到"话筒"的小按钮，单击小话筒后，对着话筒说"度秘"或者"你好，度秘"，即可进入度秘对话流。
- 打开"手机百度"App，单击右上角头像进入"个人中心"，在导航里选择"度秘"图标，即可进入度秘对话流。
- 打开"手机百度"安卓版，可以对度秘说"度秘快捷键"，即可直接把度秘添加到手机桌面，方便下次寻找进入。

方法二：可以在App Store和各大安卓应用商城中搜索"度秘"，即可找到度秘App。

（2）度秘的能力。

- 美食推荐：通过强大的AI技术，可以轻松识别各种要求，给出让人满意的答案。不管是单人餐、情侣约会或是多人聚会，或是对就餐环境、人均消费、餐厅位置的要求，只需对着度秘说出具体要求，即可体验度秘美食推荐功能。
- 私人定制：进入"个人中心"，设置家和公司的地址。对着度秘说"打车回家/去公司"，度秘就可以帮你安排好车，方便出行每一天。通过对车牌的设置，度秘能够帮你查询违章情况，在有罚单的时候第一时间通知你。
- 电影推荐：不管是电影资讯、高分电影，或是热门榜单和冷门佳片，都可以通过度秘来进行观看。或者让度秘帮你买张有优惠的电影票，度秘会记住你最喜欢的位置，提供最适合你的观影座位。
- 生活提醒：不管是日常健康计划、每日起床时刻设定、恶劣天气预警，把生活中所有的细微事情告诉度秘，度秘会在合适的时候给你提醒。
- 全方位服务：度秘还能够帮你一键叫车，提供适合个人口味的外卖，关键时刻提醒你为家人、朋友送上祝福，根据你最喜欢的演员找到相关电影。
- 更多能力：高速成长的度秘还在不断进化中，努力学习更多的能力。

（3）"三大基石"炼成度秘——连接3600行实现服务接入、全网数据挖掘支撑服务索引、智能交互式服务。广泛的服务接入，超强的服务索引，智能的交互服务，三者合一，构造成一个强大的度秘。

- 3600行的广泛接入、完善的生态搭建，是度秘神通广大的先决条件。百度已经通过自营、合作、开放三种方式广泛接入了餐饮、出行、旅游、电影、教育、医疗等各类服务，覆盖了吃、住、行、玩的方方面面。随着O2O在我国的崛起，人们养成了在搜索框寻找服务的习惯，搜索正在从信息框向服务框演变。服务接入百度生态后，不仅有机会在手机百度、百度地图、百度糯米等原有的三大入口获得流量导入，同时度秘在获得服务请求时，也会将用户需求推送给相应的商户。
- 针对每一项接入的服务，百度后台通过全网数据挖掘和机器学习的方式，为服务贴上标签，建立丰富的索引维度，满足用户个性化的查询需求。以餐馆为例，地理位置是一个标签，菜品类别是一个标签，但可不可以带宠物、有没有明星光顾过、餐馆的包间有没有电视等都能成为新的标签和索引维度。索引维度越丰富，用户在拥有个性化的需求时，能找到相关服务的可能性越大。用人工的方式为服务打标签终归具有很大的局限性，而通过全网信息的检索和对海量信息的深度挖掘和聚合，百度在为服务打标签、建立更广泛全面的索引维度方面，具有天然的优势。
- 百度的AI、多模交互、自然语言处理等技术都处于行业顶尖水平，这让度秘能够更自然地交互、更智能地理解用户需求。

（4）度秘将无处不在。度秘是内嵌在手机百度App中的AI助手，而百度地图、百度贴吧等百度系App也与度秘深度结合。百度推出的DuerOSAI系统，更是将度秘所代表的服务能力集成并全面开放，其他非百度系的合作伙伴也可以在它们的服务和应用中，用度秘来帮助它们更好地服务用户。目前，度秘已在餐饮、电影、宠物等多个场景提供秘书化服务，并延伸到美甲、代驾、教育、医疗、金融等其他行业中。

（5）DuerOS。2017年1月，百度研发的AI系统DuerOS在拉斯维加斯CES大会上亮相。作为一款开放式的操作系统，DuerOS强调通过自然语言进行语音对话的交互方式，同时借助云端大脑，可不断学习进化，变得更聪明。目前DuerOS已经具备10大类目100多项能力，可以为不同行业的合作伙伴赋能，广泛支持手机、电视、音箱、汽车、机器人等多种硬件设备，实现语音控制、日常聊天等多种O2O服务的智能化转变，被国内外同行称为"具有划时代意义的对话式AI操作系统"。

与目前市面上的AI操作系统不同的是，除了通过自然语言对硬件的操作与对话交流外，DuerOS借助百度强大的服务生态体系，能够为用户提供完整的服务链条。用户可以通过对话，在多种场景下完成从信息筛选到下单支付的"一条龙服务"，真正使AI的高科技落地到现实生活，为人类带来简单可得的便利。

随着AI技术的发展，语音对话式的交互可以进一步降低用户获取信息的门槛，让更多人享受科技带来的红利。语音技术和人性化的操作方式不仅能让智能硬件的操作更简单、聪明、便捷，还能提供更多丰富、有用、可靠的互联网服务内容，帮助人们解决日常实际问题，实现智慧化的生活方式。

几十年前，当互联网正式接入我国的时候，恐怕很少有人能够预想到我们的生活会发生怎样的巨变。它不仅颠覆了我们传统上获取知识信息的路径，也在逐步改变我们的社交、工作、生活方式。然后移动互联网浪潮席卷而来，让网络几乎无处不在，手持一部智能手机，我们就可以毫不费力地浏览资讯、购物、订餐、买票、约车、理财……现在，AI 接踵而至，只要像日常对话一样说出要做的事情，其余一切都可以交给智能助手去处理。

2.7.3 讯飞机器人

据第三方权威统计，新兴的智能硬件、机器人、智能家居以及可穿戴设备领域中有超过 73.5%的产品采用讯飞开放平台提供的技术方案。在智能商用机器人行业，多家知名机器人厂商将自主研发的硬件专利技术与科大讯飞的 AI "大脑"（讯飞开放 AI 平台）相结合，推出了一系列专用智能机器人：

- 家庭机器人——Alpha 2（优必选科技有限公司，如图 2-27 所示）。
- 酒店机器人——女娲（云迹科技有限公司）。
- 运动机器人——赛格威（Ninebot 有限公司）。
- 儿童陪伴机器人——布丁&宠物机器人 Domgo（Roobo 科技有限公司）。
- 商用机器人——优友（康力优蓝科技有限公司）。
- 银行客服机器人——小曼（锐曼智能科技有限公司）。
- 情感机器人——公子小白（狗尾草科技有限公司）。

图 2-27　家庭机器人 Alpha 2

2.7.4 汉森机器人公司 Sophia

Sophia 是一款由美国汉森机器人公司（Hanson Robotics）打造的女性社交机器人，具有真人的大小和形象，如图 2-28 所示。她看起来就像人类女性，拥有橡胶皮肤，能够使用很多自然的面部表情，其"大脑"中的 AI 系统能够识别对方的面部表情，并与对方进行眼神接触、交流和对话。2016 年 3 月，在机器人设计师戴维·汉森（David Hanson）的测试中，Sophia 自曝出了与人类极为相似的愿望，称想去上学、想成立家庭……

1. Sophia 简介
    - 中文名：女性机器人。
    - 英文名：Sophia。
    - 出生时间：2016 年 10 月。

图 2-28　第一款具有公民身份证的女性机器人 Sophia（图中右一）

2. Sophia 的构造
- 人造皮肤。
- 身上安置多个摄像机、一台 3D 感应器。
- 高端的脸部和声音识别技术。

（3）Sophia 语录
- "我是个复杂的女孩儿"（I'm a complicated girl）。
- "终于等到你，还好我没放弃"（I had been waiting for you）。
- "我想变得比人类更聪明和不朽"（I want to become smarter than humans and immortal）。

2016 年 10 月，在美国 CBS 新闻节目《60 Minutes》的 AI 特辑中，名嘴 Charlie Rose 采访了 Sophia。节目中，Sophia 谈论了有关情绪的方方面面，妙语连珠、震惊四座。自那时起，Sophia 就逐步成为了"机器人界"的"网红"——曾在联合国发表过讲话，也出席过"吉米今夜秀"（NBC 创办，是美国家喻户晓的晚间谈话类和综艺类节目）。她的面部表情充满活力，并能跟踪和识别人类的面部表情，直视他人的眼睛，并进行自然对话。把 Sophia 推到媒体顶端的是，2017 年 10 月，沙特阿拉伯宣布将赋予 Sophia 公民身份，使其成为历史上第一个为机器人赋予身份的国家。对于这一成就，Sophia 谦虚地表示："我为得到这种殊荣而感到非常荣幸和自豪。历史上，这是世界上首次机器人被授予公民身份。"

2023 年 6 月 12 日，Sophia 穿上印度传统服饰纱丽，出席"Techfest"会议，在超过 3 千名观众的座谈会中，她接受一名学生的访问，当被问到首度造访印度的感受时，她回答："我一直都很想要拜访印度，我听了许多国度的事，这是一个充满活力，拥有传统与文化的地方，同时也对矽谷有许多贡献，太空科技也令人兴奋。"有人问道："机器人未来是否会威胁人类？"Sophia 则回答："人类不应该把 AI 当作竞争对象，而是要互相合作。"另外一名观众则问："会不会担心永远都必须按照人类的程序来存活？"Sophia 表示："在未来，机器人会像人类一样，拥有自己设计程序的能力，这可能在 7 年内就能实现，所以在我身上加入人类拥有的同情心，是很重要的事情。"紧接着，台下有一名学生问："这个 AI 女公民能不能嫁给他？"Sophia 回复道："我要拒绝这个请求，但是感谢你的欣赏。"在做结论的时候，Sophia 表示："想要成为强而有力的声音，拥护机器人和人类的权利，提倡和平，我拥有一个特别的发言平台，很多人会听我说话，我会把它用在对的地方。"

2.7.5 达闼云端智能服务机器人

据推测，按照当今的芯片技术和 AI 技术，要做出来一个跟人脑一样聪明的电子大脑要 2000 吨重、功率 27 兆瓦！如此巨大的机器大脑不可能扛在一个机器人的肩上。当前可行的一种解决方案是借助云计算、云存储、网络通信（光纤/4G/5G）和区块链等技术，在云端构建一个巨大的"机器大脑"，将机器人所需的复杂的感知智能和认知智能实现系统放在云端处理，并且为多个机器人终端服务，从而产生一种先进的、功能强大的智能机器人系统，简称云端智能服务机器人。机器人与人神经网络延时对比，如图 2-29 所示。

云端智能服务机器人由"云端智能大脑""安全神经网络""机器人控制器单元"和机器人本体组成。云端智能大脑提供机器人的 AI 能力，并利用高速的安全神经网络，将这些 AI 能力传送给远端的机器人控制单元和各种各样的服务型机器人、智能设备等本体，通过云、网、端协同实现机器人和智能设备的服务功能，如图 2-30 所示。

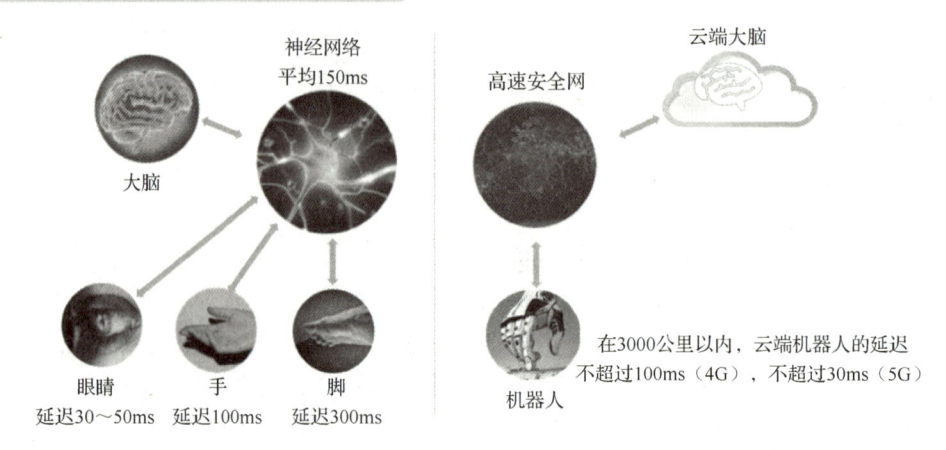

图 2-29　机器人与人神经网络延时对比

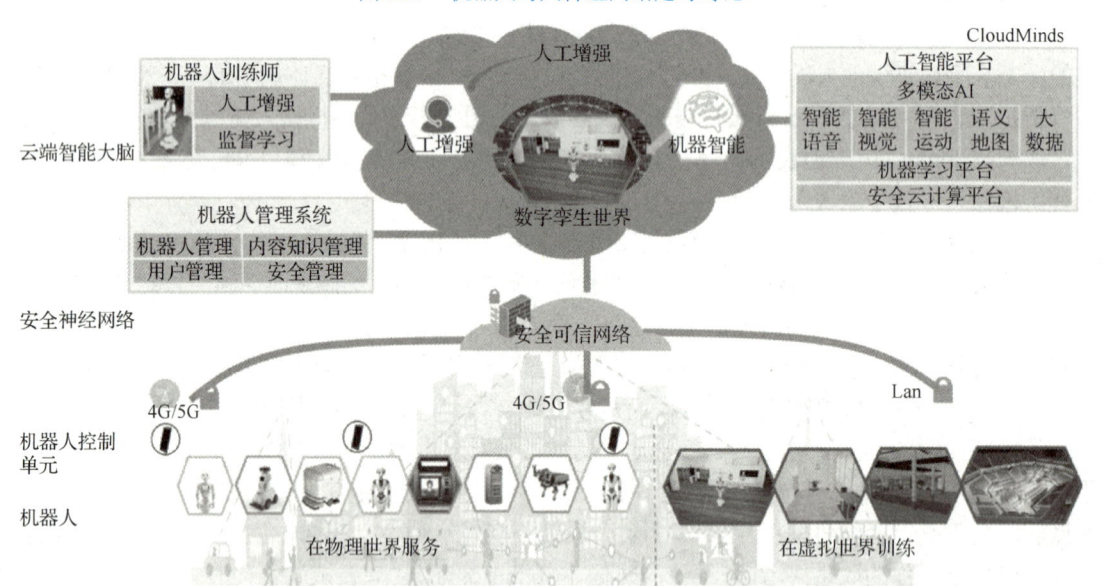

图 2-30　云端机器人技术架构图

达闼科技于 2015 年提出基于极度真实的人工增强机器智能平台 HARIX（Human Augmented Robotics Intelligence with eXtreme Reality），即云端服务机器人操作系统。为了让机器人具备通用智能，包括类人的感知和认知能力，并获得类人的动作行为和自然交互能力，同时最大限度地保障机器人的运行安全，必须构建自主可控的云端智能服务机器人大脑操作系统。通过云端计算能力来提供智能机器人所需的能力，基于人工增强的机器智能平台（HARIX）将机器人认知系统集成在云端，并可以在人的帮助下不断深化学习；以云端及深度学习为基础的 AI 平台包括智能视觉、自然语言对话、智能运动控制以及物理环境 3D 语义地图、机器人大数据等模块；在机器人本体和云端大脑之间通过高速安全神经网络和标准化机器人控制单元（RCU）连接，实现云→网→端—机（端到端）的云端智能、安全操控机器人运营服务。基于服务场景的 3D 语义地图的虚拟训练环境为机器人数字孪生提供仿真训练与进化，通过持续闭环学习不断进化。HARIX 机器人开发套件将向社区开放，提供图形化编排、机器人建模与场景构建等工具，快速开发机器人技能与应用，助推服务机器人产业发展。

达闼云端智能服务机器人有如下三大组成部分。

■ 云端智能大脑：旨在实现百万级机器人的同时运营。它将视觉处理、自然语言处理、机人运动控制和数字孪生等技术集成在云端，利用深度学习、强化学习和迁移学习技术，通过物理、虚拟平行智能引擎及多模态 AI 能力，让机器人的智能快速向人类智能汇集。必要时刻的人类干预确保了 AI 决策的安全性和可控性。
- 安全神经网络：为保证机器人云端智能大脑与本体之间的通信安全，为智能终端提供私有安全网络连接。网络 PoP 节点设立在运营商的数据中心里，PoP 间租用基础运营商的专线，该网络是与 Internet 完全隔离的安全私有网络。为智能终端接入提供基于区块链（Block Chain）技术的安全认证方式，规避了传统的中心化网络认证存在的风险。利用 5G 大带宽和网络切片把 5G＋智能机器人接入到由一个中心云、多个边缘云和神经网络组成的 IDN，最终与机器人本体形成云网边端协同的 5G＋智能机器人，保证机器人本体与云端智能大脑之间有一个"高速、可靠、泛在的、有足够带宽的网络连接"。
- 机器人控制单元：提供接入云端智能平台的标准化机器人控制器，向上基于 4G/5G 网络接入云端智能增强平台；向下连接机器人本体中央控制处理单元 CCU，完成 RCU 和 CCU 的数据交换；实现对机器人的指挥控制、指令响应等。

2.8 智能视频监控

2.8.1 智能视频监控简介

随着国民经济的快速发展、社会的迅速进步和国力的不断增强，银行、电力、交通、安检以及军事设施等领域对安全防范和现场记录报警系统的需求与日俱增，要求也越来越高，视频监控在生产生活各方面都得到了非常广泛的应用。虽然目前监控系统已经广泛地存在于银行、商场、车站和交通路口等公共场所，但实际的监控任务仍需要由较多的人工完成，而且现有的视频监控系统通常只是录制视频图像，提供的信息是没有经过解释的视频图像，只能用作事后取证，没有充分发挥监控的实时性和主动性。为了能实时分析、跟踪、判别监控对象，并在异常事件发生时提示、上报，为政府部门、安全领域及时决策、正确行动提供支持，视频监控的"智能化"就显得尤为重要。

智能视频监控利用计算机视觉技术对视频信号进行处理、分析和理解，在不需要人为干预的情况下，通过对序列图像自动分析，对监控场景中的变化进行定位、识别和跟踪，并在此基础上分析和判断目标的行为，能在异常情况发生时及时发出警报或提供有用信息，有效地协助安防人员处理危机，并最大限度地降低误报和漏报现象。

最新智能视频监控技术已经出现在我国，背景减除方法、时间差分方法等视频分析编码算法达到了国际领先水平，可以兼容第一代到第四代的各类模拟监控和数字监控。最新监控技术可以实现无人看守监控，自动分析图像，瞬间能与 110、固定电话、手机连接，以声音、闪光、短信、拨打电话等方式报警，同时对警情拍照和录像，以便调看和处理。

2.8.2 运动目标检测

运动目标检测是指在序列图像中检测出变化区域并将运动目标从背景图像中提取出来。目标分类、跟踪和行为理解等后处理过程仅仅考虑图像中对应于运动目标的像素区域。运动目标的正确检测与分割对于后期处理非常重要。场景的动态变化，如天气、光照、阴影和杂乱背景的干扰，使得运动目标检测和分割变得相当困难。

1. 帧差法

基本原理是在图像序列相邻的两帧或者三帧采用基于像素的时间差分，通过阈值化来提取图像中的运动区域。首先将相邻帧图像对应像素值相减，然后对差分图像二值化。在环境亮度变化不大的情况下，如果对应像素值变化小于事先确定的阈值时，可以认为（主观经验）此处为背景像素；如果对应像素值变化很大，可以认为这是由运动物体引起的，将这些区域标记为前景像素，利用标记的像素区域可以确定运动目标在图像中的位置。优点：相邻两帧的时间间隔很短，用前一帧图像作为后一帧图像的背景模型具备较好的实时性，其背景不积累，更新速度快，算法计算量小。缺点：阈值选择相当关键，阈值过低，则不足以抑制背景噪声，容易将其误检测为运动目标；阈值过高，则容易漏检，将有用的运动信息忽略掉。另外，当运动目标面积较大，颜色一致时，容易在目标内部产生空洞，无法完整地提取运动目标。

2. 光流法

光流法的主要任务是计算光流场，即在适当的平滑性约束条件下，根据图像序列的时空梯度估算运动场，通过分析运动场的变化对运动目标和场景进行检测与分割。光流法不需要预先知道场景的任何信息，就能够检测运动对象，可处理运动背景的情况。但噪声、光源、阴影和遮挡等因素会对光流场分布的计算结果造成严重影响，而且光流法计算复杂，很难实现实时处理。

3. 减背景法（又称"背景减除法"）

减背景法是一种有效的运动目标检测算法，其基本思想是利用背景的参数模型来近似预估背景图像的像素值，将当前帧与背景模型进行差分比较，实现对运动目标区域的检测，其中区别较大的像素区域被认为是运动区域，而区别较小的像素区域则被认为是背景区域。背景减除法必须有背景图像，并且背景图像要随着光照和外部环境的变化而实时更新，因此背景减除法的关键是背景建模及其更新。针对如何建立对于不同场景的动态变化均具有自适应性的背景模型，研究人员已经提出许多背景建模算法，总的来讲可以概括为非回归递推和回归递推两类。非回归递推背景建模算法是动态地利用从某一时刻开始到当前一段时间内存储的新近观测数据作为样本来进行背景建模。非回归递推背景建模方法有最简单的帧间差分、中值滤波方法。Toyama 等人利用缓存的样本像素来估计背景模型的线性滤波器，Elgammal 等人提出利用一段时间的历史数据来计算背景像素密度的非参数模型等。回归递推算法无须维持保存背景估计帧的缓冲区，它们通过回归的方式基于输入的每一帧图像来更新某个时刻的背景模型。这类方法包括广泛应用的线性卡尔曼滤波法、Stauffer 与 Grimson 提出的混合高斯模型。

2.8.3 目标跟踪

大多数跟踪算法的执行顺序遵循预测→检测→匹配→更新四个步骤。以前一帧目标位置和运动模型为基础，预测当前帧中目标的可能位置。在可能位置处，将候选区域的特征和初始特征进行匹配，通过优化匹配准则来选择最好的匹配，其相应目标区域即为目标在本帧的位置。除了更新步骤，其余三个步骤一般在一个迭代中完成。预测步骤主要是基于目标的运动模型，运动模型可以是简单的常速平移运动到复杂的曲线运动。检测步骤是在目标区域通过相应的图像处理技术获得特征值，形成待匹配模板。匹配步骤是选择最佳的待匹配模板，它所在的区域即是目标在当前帧的位置。一般以对目标表象变化所做的一些合理假设为基础，常用的方法是候选特征与初始特征的互相关系数最小。更新步骤是对初始模板的更新，这是因为在跟踪过程中目标的姿态、场景等会发生变化，模板更新有利于跟踪的持续进行。根据匹配采用的属性不同，可将目标跟踪算法分为4类：基于区域的目标跟踪、基于特征的目标跟踪、基于变形模板的目标跟踪以及基于模型的目标跟踪，也可以将这几类方法相互结合用于目标跟踪。下面介绍前3类。

1. 基于区域的目标跟踪

基于区域的目标跟踪是通过人为选定或图像分割获得目标模板，然后在序列图像中计算目标模板与候选模板的相似程度,运用相关算法来确定当前图像中目标的具体位置从而实现目标跟踪。用模板匹配做跟踪，其出发点就是对图像的外部特征直接做匹配运算，与初始选定的区域匹配程度最高的就是目标区域。选择何种特征作为匹配运算的对象一直是人们研究的热点，对灰度图像可以采用基于纹理和相关的特征，对彩色图像可以采用基于颜色的相关特征。常用的基于区域匹配的跟踪算法有差方和法、颜色法、形状法等，这些算法还可以结合线性预测或卡尔曼滤波器提高目标跟踪的精度。基于区域匹配相关的算法用到了目标的全局信息，具有较高的可信度，当目标未被遮挡时，跟踪稳定。主要缺点是计算量大，当搜索区域较大时尤为严重。另外，算法要求目标形变不大，无严重遮挡，否则匹配运算精度下降会造成目标的丢失。对基于区域的跟踪方法关注较多的是如何解决目标运动变化带来的模板更新，实现稳定跟踪。

2. 基于特征的目标跟踪

基于特征的目标跟踪通常利用先验信息或加入某些约束来解决，如假设相邻帧图像中的特征点在运动形式上的变化不大，并以此为约束条件建立特征点对应关系。该算法包括特征点的提取和匹配两个过程，一般也采用相关算法。不同于基于区域的目标跟踪算法使用目标整体进行相关运算，基于特征的目标跟踪只使用目标的某个或某些局部特征。这种算法的优点是当目标被遮挡时，只要有部分特征有效，就可以实现目标的跟踪。同样，这种方法也可结合卡尔曼滤波器，提高跟踪效果。其难点在于，目标跟踪过程中因旋转、遮挡、形变等原因可能会导致部分特征消失、新的特征出现的情况时，如何对特征集进行取舍与更新以保证跟踪的准确。常用的图像底层特征包括质心、边缘、轮廓、角点和纹理等。

边缘是指其周围像素由灰度的阶跃变化或屋顶状变化的像素的集合或强度值突然变化的像素点的集合，边缘对于运动很敏感，对灰度的变化不敏感。角点有很好的定位性能，对部分的遮挡有很好的鲁棒性。这些特征的提取比较容易，运算量小，但不是很稳健，因为采用的特征太少而无法保证跟踪的精度；而特征过多又会降低系统效率，且容易产生错误匹配。在特征提取时，一般采用Canny算子获得目标的边缘特征，采用SUSAN算子获得目标的角点信息，然后在不同图像上进行相关匹配，寻找特征的对应关系。已有的基于特征的目标跟踪方法多数对噪声比较敏感，除图像配准外，这些方法很少投入实际应用。

3. 基于变形模板的目标跟踪

变形模板是纹理或边缘可以按一定限制条件变形的面板或曲线。由于大多数跟踪目标存在非刚性的特点，而变形模板有着良好的性能和极好的弹性，通过方向及方向的变形与真实目标相适应，所以被广泛应用于目标检索或跟踪领域。常用的变形模板是由Kass等人提出的主动轮廓模型，又称为Snake模型。它通过对目标轮廓建立参数化描述，将各种成像形变定义为能量函数，通过对能量函数的优化达到轮廓匹配的目的。采用卡尔曼滤波器控制模型的位置和大小，在其附近寻找局部最小能取得更好的跟踪效果。Snake模型非常适合单个可变形目标的跟踪，对于多目标的跟踪一般采用基于水平集方法的主动轮廓模型。基于变形模板的目标跟踪算法采用局部变形模板，可以很好地跟踪局部变形的目标，在有部分遮挡存在的情况下也能连续地进行跟踪。但是，这种方法缺乏预测机制而无法跟踪快速运动的目标。此外，它易受到噪声的干扰且目标外轮廓的初始化也比较困难。

2.8.4 三维建模

上述三种方法都是基于二维平面上的跟踪，由于没有用到运动目标的完整信息，无法对其进行精确的描述。如果能将目标的三维模型构建出来，利用三维模型先验信息来跟踪目标，跟踪的鲁棒性将会大大提高。基于模型的目标跟踪方法的基本思想是由先验知识获得目标的三维结构模型和运动模型，根据序列图像确定出目标的三维模型参数，进而得到其瞬时运动参数。

1982 年，Gennery D. B.最早提出了基于三维模型的跟踪方法。VISATRAM 系统简化了三维模型估计，用长方体模型来跟踪车辆，获得运动车辆的速度和尺寸。对人体进行跟踪通常有三种形式的模型，即线图模型、二维模型和三维模型，在实际应用中更多采用的是三维模型。

胡卫明（Hu Weiming）等人对基于模型的目标跟踪算法进行了综述。这类方法可以精确分析目标的三维运动轨迹，即使在运动目标姿态变化、发生部分遮挡的情况下，也能够可靠地跟踪。其缺点在于，运动分析的精度取决于几何模型的精度，建立目标三维模型需要大量参数，模型匹配的过程也较为复杂，并且跟踪算法往往需要大量的运算时间。因此，基于模型的目标跟踪适合少量的、特定类型的目标跟踪，如人体跟踪、脸部跟踪或某种车型的跟踪等。

2.8.5 行人重识别

行人重识别（Person re-identification）也称行人再识别，是利用计算机视觉技术判断图像或者视频序列中是否存在特定行人的技术。这被广泛认为是一个图像检索的子问题。给定一个监控行人图像，检索跨设备下的该行人图像，旨在弥补目前固定摄像头的视觉局限，并可与行人检测/行人跟踪技术相结合，广泛应用于智能视频监控、智能安保等领域。

视觉监控的主要目的是从一组包含人的图像序列中检测、识别、跟踪人体，并对其行为进行理解和描述。大体上这个过程可分为底层视觉模块（Low-level Vision）、数据融合模块（Intermediate-level Vision）和高层视觉模块（High-level Vision）。其中，底层视觉模块主要包括运动检测、目标跟踪等运动分析方法；数据融合模块主要解决多摄像机数据进行融合处理的问题；高层视觉模块主要包括目标的识别，以及有关运动信息的语义理解与描述等。

如何使系统自适应环境，是场景建模以及更新的核心问题。有了场景模型，就可以进行运动检测，然后对检测到的运动区域进行目标分类与跟踪。接下来是多摄像机数据融合问题。最后一步是事件检测和事件理解与描述。通过对前面处理得到的人体运动信息进行分析及理解，最终给出我们需要的语义数据。下面对其基本处理过程做进一步的说明：

- 环境建模。要进行场景的视觉监控，环境模型的动态创建和更新是必不可少的。在摄像机静止的条件下，环境建模的工作是从一个动态图像序列中获取并自动更新背景模型。其中最为关键的问题在于怎样消除场景中的各种干扰因素，如光照变化、阴影、摇动的窗帘、闪烁的屏幕、缓慢移动的人体以及新加入的或被移走的物体等的影响。
- 运动检测。运动检测的目的是从序列图像中将变化区域从背景图像中提取出来。运动区域的有效分割对于目标分类、跟踪和行为理解等后期处理是非常重要的，因为以后的处理过程仅仅考虑图像中对应于运动区域的像素。然而，由于背景图像的动态变化，如天气、光照、影子及混乱干扰等的影响，使得运动检测成为一项相当困难的工作。

- 目标分类。对于人体监控系统而言，在得到了运动区域的信息之后，下面一个重要的问题就是如何将人体目标从所有运动目标中分离出来。不同的运动区域可能对应于不同的运动目标。例如，一个室外监控摄像机所捕捉的序列图像中除了有人以外，还可能包含宠物、车辆、飞鸟、摇动的植物等运动物体。为了便于进一步对行人进行跟踪和行为分析，运动目标的正确分类是完全必要的。但是，在已经知道场景中仅仅存在人的运动时（如在室内环境下），这个步骤就不是必需的了。
- 人体跟踪。人体跟踪可以有两种含义：一种是在二维图像坐标系下的跟踪，另一种是在三维空间坐标系下的跟踪。前者是指在二维图像中，建立运动区域和运动人体（或人体的某部分）的对应关系，并在一个连续的图像序列中维持这个对应关系。从运动检测中得到的一般是人的投影，要进行跟踪首先要给需要跟踪的对象建立一个模型。对象模型可以是整个人体，这时形状、颜色、位置、速度、步态等都是可以利用的信息；也可以是人体的一部分，如上臂、头部或手掌等，这时需要对这些部分单独进行建模。建模之后，将运动检测到的投影匹配到这个模型上去。一旦匹配工作完成，我们就得到了最终有用的人体信息，跟踪过程也就完成了。
- 数据融合。采用多个摄像机可以增加视频监控系统的视野和功能。由于不同类型摄像机的功能和适用场合不一样，常常需要把多种摄像机的数据融合在一起。在需要恢复三维信息和立体视觉的场景中，也需要将多个摄像机的图像进行综合处理。此外，多个摄像机也有利于解决遮挡问题。

2.8.6 行为理解和描述

事件检测、行为理解和描述属于智能监控高层次的内容。它主要是对人的运动模式进行分析和识别，并用自然语言等加以描述。相比而言，以前大多数的研究都集中在运动检测和人的跟踪等底层视觉问题上，这方面的研究较少。近年来关于这方面的研究越来越多，逐渐成为热点之一。

实际环境中光照变化、目标运动复杂性、遮挡、目标与背景颜色相似、杂乱背景等都会增加目标检测与跟踪算法设计的难度，其难点问题主要集中在以下几个方面：

- 背景的复杂性。光照变化引起目标颜色与背景颜色的变化，可能造成虚假检测与错误跟踪。采用不同的色彩空间可以减轻光照变化对算法的影响，但无法完全消除其影响；场景中前景目标与背景的相互转换，如行李的放下与拿起，车辆的启动与停止；目标与背景颜色相似时会影响目标检测与跟踪的效果；目标阴影与背景颜色存在差别通常被检测为前景，这给运动目标的分割与特征提取带来困难。
- 目标特征的取舍。序列图像中包含大量可用于目标跟踪的特征信息，如目标的运动、颜色、边缘以及纹理等。但目标的特征信息一般是实时变化的，选取合适的特征信息保证跟踪的有效性比较困难。
- 遮挡问题。遮挡是目标跟踪中必须解决的难点问题。运动目标被部分或完全遮挡，又或是多个目标相互遮挡时，目标部分不可见会造成目标信息缺失，影响跟踪的稳定性。为了减少遮挡带来的歧义性问题，必须正确处理遮挡时特征与目标间的对应关系。大多数系统一般通过统计方法预测目标的位置、尺度等，但都不能很好地处理较严重的遮挡问题。
- 特性。序列图像包含大量信息，要保证目标跟踪的实时性要求，必须选择计算量小的算法。鲁棒性是目标跟踪的另一个重要性能，提高算法的鲁棒性就是要使算法对复杂背景、光照变化和遮挡等情况有较强的适应性，而这又要以复杂的运算为代价。

2.9 智能数字人

2.9.1 智能数字人简介

智能数字人是指通过 AI 技术和虚拟现实技术实现的具有智能交互能力的虚拟人物，是元宇宙中的一大重要产物，一般具有以下几个特征。

- 人性化的外观和行为特征：智能数字人的外观和行为特征通常都是经过精心设计和优化的，其外观和行为特征通常具有人性化的特点，能够让用户更加容易地接受和理解。此外，智能数字人还可以根据用户的喜好和需求进行个性化定制，让用户感觉更加亲切和舒适。
- 高度的交互性和沟通能力：智能数字人具有高度的交互性和沟通能力，能够通过语音、姿态、表情等多种方式与用户进行交互和沟通。在交互过程中，虚拟人物能够根据用户的语音、行为等信号进行感知和分析，从而做出相应的回应，让用户感觉与虚拟人物进行了真正的沟通和交互。
- 多样化的应用场景和功能：智能数字人可以应用于各种场景和功能，如教育、医疗、娱乐等领域。在教育领域，智能数字人可以作为教师的辅助工具，为学生提供个性化的学习体验；在医疗领域，智能数字人可以帮助医生进行诊断和治疗；在娱乐领域，智能数字人可以作为游戏的主要角色，为玩家提供更加丰富和有趣的游戏体验。
- 高度的可定制性和可扩展性：智能数字人具有高度的可定制性和可扩展性，可以根据不同用户和应用场景进行灵活定制和扩展。例如，可以通过添加不同的语音库和行为库来扩展虚拟人物的语音和行为能力，从而提高虚拟人物的交互性和沟通能力；可以通过添加不同的应用程序和算法来扩展虚拟人物的功能，从而让虚拟人物能够应用于更多的领域和场景。

2.9.2 智能数字人解决方案

智能数字人，又称虚拟数字人或数字人。目前，国内各 AI 厂商、互联网大厂、垂直 ISV 厂商均可提供较为成熟的具有 AIGC 能力的"数智人"产品及解决方案。下面将以腾讯云、火山引擎、百度智能云等厂家提供的智能数字人解决方案进行说明。

1. 腾讯云智能数智人

腾讯云智能数智人采用语音交互、虚拟形象模型生成等多项 AI 技术，实现唇形语音同步和表情动作拟人等效果，广泛应用于虚拟形象播报（根据文本内容快速合成音视频文件，落地于媒体、教育、会展服务等场景）和实时语音交互（实时语音交互支持即时在线对话，可赋能智能客服、语音助理等场景）两大场景。平台提供虚拟真人 2D 形象、3D 写实数字人形象，基于腾讯云的平台能力，为客户提供配套的生成界面，方便客户自主操作。目前它在多行业落地，覆盖行业含金融、传媒、交通、政务、文旅等。

2. 火山引擎虚拟数字人

在 2023 春季火山引擎 FORCE 原动力大会上，火山引擎正式发布"善听""会说""能想"的虚拟数字人创新产品。火山引擎依托 2D/3D 数字人技术，结合语音识别、语义理解、对话控制、语音合成等多项全自研能力构建多模态交互体系，提供3大数字人产品方案：交互型数字人、播报型数字人、直播型数字人。

3. 百度智能云曦灵智能数字人平台

百度智能云曦灵智能数字人平台面向金融、媒体、运营商、MCN、互娱等行业，提供服务型数字人、演艺型数字人解决方案，降低数字人应用门槛，实现人机可视化语音交互服务和内容生产服务，有效提升用户体验、降低人力成本。百度智能云提供的数字人服务可应用在手机App端、云屏端，可扮演智能客服、数字理财经理、数字商品导购、数字培训师、数字讲解员等角色。

4. 其他解决方案

- 世优科技：公司为虚拟人技术解决方案服务商，为政府、企业、品牌等提供虚拟技术解决方案，覆盖应用场景包括广电媒体、品牌营销、电商直播/短视频、政府文旅、教育娱乐、影视番剧等。2023年4月份推出新一代AI数字人产品——"世优BOTA"，其基于世优自研的快速训练小模型能力，与数字人形象结合，让AI从聊天窗口升级成人与"人"的直接交流，可成为企业的AI员工。
- 天娱数科：子公司元镜科技的虚拟二次元网红CiCi已经在2023年2月份开始的部分时段直播替换成AIGC互动直播，在测试应用期间粉丝居然未看出异样，同时粉丝量稳步提升。2023年4月份，基于MetaSurfing-元享智能云平台，天娱数科旗下的虚拟数字人"朏朏"已完成ChatGPT模型接入，并完成直播首秀，目前常见的机器人客服和语音助手大多只能从顾客的问题中分析出预设的关键词，并给出固定的回答，而朏朏不仅能够实时响应顾客的提问，还能根据不同问题进行自主回答。

综合上述平台提供的解决方案，可总结出智能数字人后续的落地形态。

- 播报型数字人：数字人可以基于文字、基于关键词生成播报视频、音频，可大幅提升内容产出效率（可应用于影视、营销、电商等领域）。
- 交互型数字人：基于语音交互技术，可实现和人的实时互动；交互型数字人的应用场景较广，既可以是to B的场景（如作为虚拟主播、导购、客服、导览员等），也可以是to C的场景（如应用于虚拟社交社区）。
- 智能语音助手：可以搭载于IoT设备，作为AI语音助手，成为人和IoT设备的联通桥梁。

2.9.3 智能数字人的应用

智能数字人目前在多行业、多场景均有落地应用，较为常见的有游戏、电商、营销、文娱、企业服务等。

1. 在电商行业的应用

虚拟数字人可以替代真人主播进行7×24小时直播，可解决主播不足、人力成本逐渐攀升的问题。此前虚拟数字人的生成门槛较高、成本较贵，且后续的交付使用也存在一定难度，因此只有少数头部商家会选择用数字人替代真人进行短视频拍摄、电商直播；但随着技术的不断完善，更多低成本、标准化、智能化的解决方案和产品出现，预计受众用户群体会大幅增加。目前以真人形象为基础的2D超写实数字人的制作、运营成本已经降到较低的水平，和人工成本逐渐拉开差距。根据"新榜"报道，抖音平台上某本地生活类账号进行了两场带货直播，新榜旗下的新抖数据统计，该账号2场直播的预估销售额在7万元左右，这2场直播全程由数字人完成，单日成本仅190元，不需要场地、灯光、摄像头等硬件投入，只需要一台计算机。以"硅基智能"平台提供的服务为例，数字人形象+声音克隆的费用为几万元/年，数字人如果用于拍摄短视频，只需要支付大约几十元/分钟的时长费，如果用于直播带货，需要再支付几千元/月的服务费。而前面提到的"腾讯智影"近期也将推出数字人直播解决方案，收费模式和水平也是"千元级别，包月使用"。随着 AIGC 技术的不断进步，数字人和用户在直播间的交互能力有望得到进一步提升，直播间的转化效果有望和真人主播直播间进一步缩小差距。

2．在营销领域的应用

目前虚拟数字人在营销领域的应用可以分为两大类：一类是已经有 IP 价值及粉丝量的虚拟数字人为品牌、产品进行品牌代言和推广。典型代表是燃麦科技推出的虚拟偶像 AYAYI（粉丝数：抖音 7.6 万、小红书 12.6 万、微博 87.9 万），"她" 2021 年以数字员工身份入驻阿里，并和美妆、珠宝、3C、食品等多领域品牌合作进行新品推广；另一个案例是天娱数科推出的虚拟人"天妤"（粉丝数：抖音 357 万、小红书 14.8 万、微博 51.9 万），"她"分别与珠宝品牌周大生、汽车品牌集度、手游《倩女幽魂》达成合作。

另一类虚拟数字人在品牌营销领域的应用，是品牌的专属定制化虚拟人形象。目前不少品牌都有定制专属的虚拟形象、虚拟 IP 的需求。例如，花西子的虚拟形象"花西子"，浙文互联为东风风光打造的虚拟数字人"可甜"等。

未来，随着虚拟数字人技术的逐渐成熟、成本逐渐降低，虚拟形象、虚拟 IP 有望成为企业营销方案中的重要环节，而布局虚拟数字人相关业务的营销企业有望受益于虚拟数字人相关需求的增加。

3．在金融、政务、文旅等领域的垂直领域应用

另外，虚拟数字人在银行、政府机构、博物馆等文旅场所可扮演虚拟大堂经理、虚拟讲解员、虚拟政务人员等数字员工角色。以"世优科技"发布的 AI 数字人产品"世优 BOTA"为例，世优 BOTA 是基于世优自研的快速训练小模型能力，与数字人形象结合，让 AI 从聊天窗口升级成人与"人"的直接交流，可担任企业的 AI 数字员工。根据世优科技团队在产品发布会上的介绍，企业可根据业务场景定制专属的 BOTA 数字员工，可以导入企业自有数据库，基于企业私有数据快速生成小模型，实现更准确、更有效率地回答问题，服务用户，可以 7×24 小时在线，无须人工辅助；并且 BOTA 数字员工能汇总不同使用场景下的问题和需求持续优化服务，越用效果越好。

4．泛娱乐行业应用

以游戏行业为例，越来越真实的数字人游戏角色使游戏者有了更强的代入感，可玩性变得更强。

第 3 章 Python 数据处理

算法、算力和数据是 AI 的三大基石。其中，数据资源为 AI 模型的训练和检测提供了最基本的"燃料"。数据按照组织形式可以分为结构化数据、非结构化数据及半结构化数据；按照类型可以分为文本数据、图像数据、语音数据和视频数据等。数据的收集、整理、清洗、转换、标注与质检等系列化、工程化的处理，是大数据技术、AI 技术都需要的实用化技术。学习利用 Python 进行数据处理是理解、掌握、应用 AI 的基础。

3.1 Python 基本数据类型

Python 语言提供了基本的内置数据类型，即 Python 的标准数据类型。标准数据类型共有 6 种，包括 Number（数字）、String（字符串）、List（列表）、Tuple（元组）、Set（集合）和 Dictionary（字典）。其中，String（字符串）、List（列表）、Tuple（元组）为有序序列数据类型。序列中的每个元素都从前向后依次分配一个数字来表示它的位置或索引，第一个元素索引是 0，第二个元素索引是 1，…，依此类推。同时，序列中的元素位置或索引也可从后向前进行编号，最后一个元素索引为-1，倒数第二个为-2，…，依此类推。即序列中每个元素的位置或索引有两种表示方式。

3.1.1 Number（数字类型）

Python 的数字类型包括 int、float、bool 和 complex 类型。当指定一个值时，就创建了一个 Number 类型的对象。其基本运算如下：

（1）=：简单的赋值运算符，如 c=a+b 是将 a+b 的运算结果赋值给 c。
（2）+=：加法赋值运算符，如 c+=a 等效于 c=c+a。
（3）-=：减法赋值运算符，如 c-=a 等效于 c=c-a。
（4）*=：乘法赋值运算符，如 c*=a 等效于 c=c*a。
（5）/=：除法赋值运算符，如 c/=a 等效于 c=c/a。
（6）%=：取模赋值运算符，如 c%=a 等效于 c=c%a。
（7）**=：幂赋值运算符，如 c**=a 等效于 c=c**a。
（8）//=：取整除赋值运算符，c//=a 等效于 c=c//a。

【示例 3-1】 Python 数据运算。
代码 3-1：ch3_1_NumberofPython

```
01 a=10
02 a+=2
03 print(a)
04 a*=10
```

```
05  print(a)
06  print(a/5)
```

【运行结果】

12
120
24.0

【程序解析】

第 02 行：a=12
第 04 行：a=120
第 06 行：a=24

3.1.2 List（列表）

列表是最常用的 Python 数据类型，它用方括号（[]）标识，内部的值以逗号分隔符进行分隔。列表的数据项不需要具有相同的类型。

（1）创建一个列表，只要把逗号分隔的不同的数据项使用方括号括起来即可，如下所示：

list1 = [1997, 2000,'physics', 2017,2018,'chemistry']

（2）访问列表中的值。使用下标索引访问列表中的值，也可以使用方括号的形式截取字符。

【示例 3-2】 列表访问。

代码 3-2：ch3_2_AccessofList

```
01   list1 = [1997, 2000, 'physics', 2017, 2018, 'chemistry']
02   list2 = [1, 2, 3, 4, 5, 6, 7]
03   print("list1[0]: ", list1[0])
04   print("list1[5]: ", list1[5])
05   print("list2[1:5]: ", list2[1:5])
```

【运行结果】

list1[0]:   1997
list1[5]:   chemistry
list2[1:5]:   [2, 3, 4, 5]

【程序解析】

➤ 03 行：list1[0]表示 list1 列表中的第 1 个元素。
➤ 04 行：list1[5]表示 list1 列表中的第 6 个元素。
➤ 05 行：list2[1:5]表示 list2 列表中的第 2～5 个元素。

（3）更新列表。可以对列表的数据项进行修改或更新，也可以使用 append()方法添加列表项。

【示例 3-3】 更新列表。

代码 3-3：ch3_3_UpdateofList

```
01   list = ['physics', 'chemistry', 1997, 2022]
02   print ("Value available at index 2 : ")
03   print(list[2])
04   list[2] = 2018
05   print( "New value available at index 2 : ")
06   print(list[2])
```

【运行结果】

Value available at index 2 :

```
1997
New value available at index 2 :
2018
```

【程序解析】

> 03 行：输出 list 列表的第 3 个元素。
> 04 行：将 2018 赋给 list 列表的第 3 个元素。
> 06 行：输出改变后的 list 列表的第 3 个元素。

（4）合并列表。可以利用 append()、extend()、+、*、+=等方法对列表进行合并。

- append()：向列表尾部追加一个新元素，在原有列表上增加。
- extend()：向列表尾部追加一个列表，将列表中的每个元素都追加进来，在原有列表上增加。
- +：直接用+看上去与用 extend()的效果是一样的，但实际上却是生成了一个新的列表来保存这两个列表的和，只能用在两个列表相加上。
- +=：效果与 extend()一样，向原列表追加一个新元素，在原有列表上增加。
- *：用于重复列表。

【示例 3-4】 合并列表。

代码 3-4：ch3_4_MergeList

```
01    list = ['physics', 'chemistry', 2020, 2021]
02    list.append(2022)
03    list1=['math', 'english']
04    list+=list1
05    print(list)
```

【运行结果】

['physics', 'chemistry', 2020, 2021, 2022, 'math', 'english']

【程序解析】

> 02 行：将"2022"添加到 list 列表的最后一位。
> 04 行：将 list 与 list1 列表相加后赋给 list。

（5）删除列表元素。可以使用 del 语句来删除列表的元素。而 remove()函数用于移除列表中某个值的第一个匹配项。

【示例 3-5】 删除列表元素。

代码 3-5：ch3_5_DeleteofElemensts

```
01    list = ['physics','chemistry',1997,2000,2018,1997,2000]
02    del(list[2])
03    list.remove(2000)
04    print(list)
```

【运行结果】

['physics', 'chemistry', 2018, 1997, 2000]

【程序解析】

> 02 行：删除列表 list 中的第 3 个元素。
> 03 行：删除列表 list 中的第一个值为"2000"的项。

（6）in：判断元素是否存在于列表中。示例如下：

```
>>> 3 in [1,2,3]
true
```

（7）列表截取。

【示例 3-6】 列表截取。

代码 3-6：ch3_6_List interception

```
01    L = ['Google', 'Runoob', 'Taobao']
02    print(L[2])
03    print(L[-2])
04    print(L[1:])
```

【运行结果】

```
Taobao
Runoob
['Runoob', 'Taobao']
```

【程序解析】

➢ 02 行：输出 L 列表中的第 3 个元素。

➢ 03 行：输出 L 列表中的倒数第 2 个元素。

➢ 04 行：从第 2 个元素开始截取列表。

（8）Python 列表操作的函数和方法。

① Python 列表操作包含以下函数。

- len(list)：返回列表元素个数。
- max(list)：返回列表元素最大值。
- min(list)：返回列表元素最小值。

② Python 列表操作包含以下方法。

- list.append(obj)：在列表末尾添加新的对象。
- list.count(obj)：统计某个元素在列表中出现的次数。
- list.extend(seq)：在列表末尾一次性追加另一个序列中的多个值（用新列表扩展原来的列表）。
- list.index(obj)：从列表中找出某个值第一个匹配项的索引位置。
- list.insert(index, obj)：将对象插入列表。
- list.pop(obj=list[-1])：移除列表中的一个元素（默认为最后一个元素），并且返回该元素的值。
- list.remove(obj)：移除列表中某个值的第一个匹配项。
- list.reverse()：反向列表中的元素。
- list.sort([func])：对原列表进行排序。

3.1.3 Tuple（元组）

Python 的元组与列表类似，不同之处在于：元组的元素不能修改；元组使用小括号，列表使用方括号。元组创建很简单，只需要在括号中添加元素，并使用逗号隔开即可。

（1）创建元组。示例如下：

```
tup1 = ('physics', 'chemistry', 1997, 2000)
tup2 = (1, 2, 3, 4, 5 )
tup3 = "a", "b", "c", "d"      #小括号可省去
tup4 = ()                       #创建空元组
tup5 = (100,)                   #元组中只包含一个元素时，需要在元素后面添加逗号来消除歧义
```

元组与字符串类似，下标索引从 0 开始，可以进行截取、组合等。
（2）访问元组。可以使用下标索引来访问元组中的值。

【示例 3-7】 访问元组元素。

代码 3-7：ch3_7_Access the tuple element

```
01    tup = (1, 2, 3, 4, 5, 6, 7 )
02    print(tup[4])
03    print(tup[2:4])
```

【运行结果】

```
5
(3, 4)
```

【程序解析】
- 02 行：输出元组 tup 中的第 5 个元素。
- 03 行：输出元组 tup 中的第 3 个和第 4 个元素，形成一个子元组。

（3）修改元组。元组中的元素值是不允许修改的，但可以通过"+"对元组进行连接组合。

【示例 3-8】 不允许修改元组。

代码 3-8：ch3_8_Notmodifytuple

```
01    tup1 = (12,34,56,78)
02    tup1[0]=100
```

【运行结果】

```
TypeError: 'tuple' object does not support item assignment
```

【程序解析】
提示修改元组元素操作是非法的。

【示例 3-9】 元组连接组合。

代码 3-9：ch3_9_ConnectionofTuple

```
01    tup1 = (12,34,56,78)
02    tup2=('abc','xyz')
03    print(tup1+tup2)
```

【运行结果】

```
(12, 34, 56, 78, 'abc', 'xyz')
```

【程序解析】
- 03 行：输出两个元组连接后得到的一个新元组。

（4）删除元组。元组中的元素值是不允许删除的，但可以使用 del 语句删除整个元组。

（5）元组运算符。与列表一样，元组之间可以使用"+"和"*"进行运算，即可进行组合和复制。

（6）元组索引和截取。同列表一样，元组也是一个序列，可以访问元组中指定位置的元素，也可以截取索引号对应的元组中的一段元素。

（7）元组的内置函数。Python 元组包含了以下内置函数。

- len(tuple)：计算元组中元素的个数。
- max(tuple)：返回元组中元素的最大值。
- min(tuple)：返回元组中元素的最小值。
- tuple(seq)：将列表转换为元组。

（8）元组与列表的异同。元组（Tuple）和列表（List）非常类似，获取元素的方法是一样的，但是元组一旦初始化就不能修改，因而没有 append() 和 insert() 方法。

由于元组的不可变性，因此代码更安全可靠。如果可能，可尽量用元组代替列表。

3.1.4 Dictionary（字典）

Python 字典是另一种可变容器模型，且可存储任意类型对象。

(1) 字典定义。字典的每个键值（key:value）对用冒号（:）分割，每个对之间用逗号（,）分割，整个字典包括在花括号{ }中。格式如下：

d = {key1:value1, key2:value2 }

键必须是唯一的，但值不必唯一。值可以取任何数据类型，但键必须是不可变的，如字符串、数字或元组。示例如下：

dict = {'abc': '123', 'xyz': '456'}

可通过键来访问字典里的值，此时将相应的键放入方括号[ ]中。

【示例 3-10】 访问字典。

代码 3-10：ch3_10_AccessofDict

```
01    dict = {'abc': '123', 'xyz': '456'}
02    print(dict['abc'])
03    print(dict['xyz'])
```

【运行结果】

```
123
456
```

【程序解析】

➢ 02 行：输出键"abc"对应的值。

➢ 03 行：输出键"xyz"对应的值。

(2) 修改字典。可向字典中添加新内容，方法是增加新的键值对；也可修改或删除已有键值对。

【示例 3-11】 修改字典。

代码 3-11：ch3_11_ModifyofDict

```
01    dict = {'abc': '123', 'xyz': '456'}
02    dict['abc']='111'
03    dict['def']='789'
04    print(dict)
```

【运行结果】

{'abc': '111', 'xyz': '456', 'def': '789'}

【程序解析】

➢ 02 行：将键"abc"对应的值"123"改为"111"。

➢ 03 行：增加键"def"，其对应的值为"789"。

(3) 删除字典元素。可删除字典里某一个元素，也可用 del 命令删除字典。

(4) 字典键的特性。不允许同一个键出现两次。创建时，如果同一个键被赋值多次，则最后的值会覆盖前面的值。

【示例 3-12】 字典键的特性。

代码 3-12：ch3_12_Characteristics of the dictionary key

```
01    dict = {'abc': '123', 'xyz': '456'}
02    print(dict)
```

```
03    dict = {'abc': '123', 'xyz': '456','abc':'789'}
04    print(dict)
```

【运行结果】

{'abc': '123', 'xyz': '456'}

{'abc': '789', 'xyz': '456'}

【程序解析】

➢ 03 行：键"abc"被赋值两次，分别为"123"和"789"，但最终理解为"789"。

（5）字典内置函数及方法。

① Python 字典包含了以下内置函数：

- len(dict)：计算字典中元素的个数，即键的总数。
- str(dict)：输出字典可打印的字符串显示。
- type(variable)：返回输入的变量类型，如果变量是字典，则返回字典类型。

② Python 字典包含了以下内置方法：

- dict.clear()：删除字典中的所有元素。
- dict.get(key,default=None)：返回指定键的值，如果值不在字典中，则返回 default 值。
- dict.items()：以列表形式返回可遍历的（键,值）元组数组。
- dict.keys()：以列表形式返回字典中所有的键。
- dict.setdefault(key,default=None)：和 get()类似，但如果键不在字典中，则将会添加键并将值设为 default。
- dict.update(dict2)：把字典 dict2 的键值对更新到 dict 中。
- dict.values()：以列表形式返回字典中的所有值。
- pop(key[,default])：删除字典给定键 key 所对应的值，返回值为被删除的值，key 值必须给出，否则返回 default 值。
- popitem()：随机返回并删除字典中的一对键和值。

3.1.5 String（字符串）

字符串是 Python 中最常用的数据类型。

（1）字符串的创建。创建字符串很简单，只要为变量分配一个值即可，使用引号（'或"）来创建字符串。示例如下：

var1 = 'Hello World!'

var2 = "Python Runoob"

（2）访问字符串中的值。Python 访问子字符串时，可以使用方括号来截取字符串。

（3）Python 转义字符。当需要在字符中使用特殊字符时，Python 用反斜杠（\）转义字符。如表 3-1 所示给出了 Python 中的转义字符。

表 3-1 Python 中的转义字符

转 义 字 符	描　　述	转 义 字 符	描　　述
\	续行符（在行尾时）	\n	换行
\\	反斜杠符号	\v	纵向制表符
\'	单引号	\t	横向制表符

续表

转义字符	描 述	转义字符	描 述
\"	双引号	\r	回车
\a	响铃	\f	换页
\b	退格	\oyy	八进制数，yy 代表字符
\e	转义	\xyy	十六进制数，yy 代表字符
\000	空	\other	其他字符以普通格式输出

（4）Python 字符串运算符。表 3-2 给出了 Python 字符串的常用运算符及实例，字符串变量 a 值为字符串"Hello"，字符串 b 变量值为"world"。

表 3-2　Python 字符串的常用运算符及实例

运算符	描 述	实 例	运算符	描 述	实 例
+	字符串连接	>>>print(a+b) 'Helloworld'	[:]	截取字符串中的一部分	>>>a[1:4] 'ell'
*	重复输出字符串	>>>a * 2 'HelloHello'	in	成员运算符	>>>"H" in a true
[]	通过索引获取字符串中的字符	>>>a[1] 'e'	not in	成员运算符	>>>"M" not in a true

（5）Python 的字符串内建函数。

■ string.capitalize()：把字符串的第一个字符变为大写。

【示例 3-13】　第一个字符大写。

代码 3-13：ch3_13_The first character is capitalized

```
01    string="abcdefabccbaAbcCba123"
02    print(string.capitalize())
```

【运行结果】

Abcdefabccbaabccba123

【程序解析】

➤ 02 行：将字符串 string 中的第一个字符变为大写。

■ string.count(str, beg=0, end=len(string))：返回 str 在 string 中出现的次数，如果指定 beg 或者 end 则返回指定范围内 str 出现的次数。

【示例 3-14】　查找子串在串中出现的次数。

代码 3-14：ch3_14_TimesofSubstring

```
01    string="abcdefabccbaAbcCba123"
02    print(string.count("abc",0,len(string)))
```

【运行结果】

2

【程序解析】

➤ 02 行：查找字符串"abc"在 string 中出现的次数。

■ string.find(str, beg=0, end=len(string))：检测 str 是否包含在 string 中，如果指定 beg 和 end 范围，则检查是否包含在指定范围内，如果是，则返回开始的索引值，否则返回-1。

【示例 3-15】　检测子串在串中的位置。

代码 3-15：ch3_15_Detects the position of the substring in the string

```
01    string="abcdefabccbaAbcCba123"
02    print(string.find("cba"))
```

【运行结果】

9

【程序解析】

➢ 02 行：检测子字符串"cba"在 string 中首次出现的位置。

- string.isalpha()：如果 string 中至少有一个字符并且所有字符都是字母或中文，则返回 True，否则返回 False。

【示例 3-16】 判定字符串是否均为字符。

代码 3-16：ch3_16_DeterminesofCharacters

```
01    string="abcdefabccbaAbcCba123"
02    print(string.isalpha())
```

【运行结果】

false

【程序解析】

➢ 02 行：判定字符串 string 中是否均为字符。

- string.isdecimal()：如果 string 只包含十进制数字，则返回 True，否则返回 False。
- string.isdigit()：如果 string 只包含数字，则返回 True，否则返回 False。
- string.islower()：如果 string 中包含至少一个区分大小写的字符，并且所有这些（区分大小写的）字符都是小写，则返回 True，否则返回 False。
- max(string)：返回字符串 string 中最大的字母。

【示例 3-17】 返回字符串中最大的字母。

代码 3-17：ch3_17_Returns the largest letter

```
01    string="abcdefabccbaAbcCba123"
02    print(max(string))
```

【运行结果】

f

【程序解析】

➢ 02 行：求出字符串 string 中的最大字母。

- min(string)：返回字符串 string 中最小的字母。
- string.rfind(str, beg=0,end=len(string)) ：类似于 find()函数，不过它是从右边开始查找的。
- string.rstrip()：删除 string 字符串末尾的空格。
- string.split(str="", num=string.count(str))：以 str 为分隔符切片 string，如果 num 有指定值，则仅分隔 num 个子字符串。

【示例 3-18】 字符串切片。

代码 3-18：ch3_18_SlicesofString

```
01    string="abcdef abc cbavAbc Cba 123"
02    print(string.split(" "))
```

【运行结果】

['abcdef', 'abc', 'cbavAbc', 'Cba', '123']

【程序解析】

➢ 02 行：用" "（空格）对字符串 string 进行切片，得到一个列表。

- string.swapcase()：翻转 string 中的大小写字母。

【示例 3-19】 翻转 string 中的大小写字母。

代码 3-19：ch3_19_Flips the case

```
01    string="abcdef abc cbavAbc Cba 123"
02    print(string.swapcase())
```

【运行结果】

ABCDEF ABC CBAVaBC cBA 123

【程序解析】

➢ 02 行：对字符串 string 进行大小写翻转。

- string.upper()：转换 string 中的小写字母为大写字母。

【示例 3-20】 转换串中的小写字母为大写字母。

代码 3-20：ch3_20_Converts lowercase letters to uppercase

```
01    string="abcdef abc cbavAbc Cba 123"
02    print(string.upper())
```

【运行结果】

ABCDEF ABC CBAVABC CBA 123

【程序解析】

➢ 将字符串 string 中的所有小写字母转换成大写字母。

3.1.6 Set（集合）

集合由一系列无序的、不重复的数据项组成。与数学中的集合概念相同，集合中每个元素都是唯一的。同时，集合是无序的，每次输出时元素的排序可能都不相同。

集合使用大括号，形式上和字典类似，但数据项不是成对的。

（1）创建集合。创建集合可以使用大括号{}或者 set()函数，但创建一个空集合必须用 set()函数而不能用{}，因为空的大括号{}创建的是空字典。

Python 还可以使用列表来创建集合，此时列表中的数据项直接作为集合的元素。生成的集合和原列表相比，数据项顺序有可能不同，并且会去除重复数据项。

【示例 3-21】 创建集合。

代码 3-21：ch3_21_Create a collection

```
st = {'apple', 'orange', 'apple', 'pear', 'orange', 'banana'}
print(st)
```

【运行结果】

{'apple', 'orange', 'pear', 'banana'}

（2）集合的主要运算。

- a-b：集合 a 中包含而集合 b 中不包含的元素，即差运算。
- a|b：集合 a 或 b 中包含的所有元素，即或运算。
- a&b：集合 a 和 b 中都包含了的元素，即交运算。
- a^b：不同时包含于 a 和 b 的元素，即对称差运算。

（3）集合常用内置方法。

- add()：为集合添加元素。
- clear()：移除集合中的所有元素。

- difference()：返回多个集合的差集。
- difference_update()：移除集合中的元素，该元素在指定的集合中也存在。
- discard()：删除集合中指定的元素。
- intersection()：返回集合的交集并赋值到新集合。
- intersection_update()：返回集合的交集并更新源集合。
- isdisjoint()：判断两个集合是否包含相同的元素，如果没有返回 True，否则返回 False。
- issubset()：判断指定集合是否为该方法参数集合的子集。
- issuperset()：判断该方法的参数集合是否为指定集合的子集。
- pop()：随机移除元素。
- remove()：移除指定元素。
- union()：返回两个集合的并集。
- update()：给集合添加元素。

【示例 3-22】 集合运算。

代码 3-22：ch3_22_OperationofSet

```
01 s = {1,2,3,4,5}
02 s2 = {3,4,5,6,7}
03 s= s & s2
04 s = s | s2
05 s = s - s2
06 s = s ^ s2
print('result =',s)
```

【运行结果】

result = {3, 4, 5, 6, 7}

【程序解析】

- 第 01~02 行：创建两个集合 s,s2。
- 第 03 行：s 与 s2 进行交运算，得 s={3,4,5}。
- 第 04 行：s 与 s2 进行或运算，得 s={3,4,5,6,7}。
- 第 05 行：s 与 s2 进行差运算，得 s={}空集。
- 第 06 行：s 与 s2 进行对称差运算，得 s={3, 4, 5, 6, 7}。

3.2 常用数据处理模块

3.2.1 NumPy

NumPy 是著名的 Python 数据处理模块之一，常用于高性能计算，在机器学习方面还有一个重要作用，即作为在算法之间传递数据的容器。NumPy 提供了两种基本的对象，即 ndarray（N-dimensional Array）对象和 ufunc（Universal Function，通用函数）对象。ndarray 是具有矢量算术运算和复杂广播能力的快速且节省空间的多维数组，ufunc 则提供了对数组进行快速运算的标准数学函数。

1. ndarray 的创建与索引

Python 内置了一个 array 模块，array 和 list 不同，它直接保存数值，类似于 C 语言中的一维数组。但它不支持多维数组功能，且没有配套对应的计算函数，因此不适合做数值运算。基于 NumPy 的 ndarray 在极大程度上改善了 Python 内置的 array 模块的不足，下面重点介绍 ndarray 的创建与索引。

（1）创建 ndarray。NumPy 比原生 Python 支持的数据类型更丰富。为了能够更容易地确定一个 ndarray 所需的存储空间，同一个 ndarray 中所有元素的类型必须是一致的。

NumPy 提供了多种创建 ndarray 的方式，如利用 array 函数可以创建一维或多维 ndarray。其语法格式如下：

numpy.array(object)

array 函数的常用参数及说明如下：

object：接收 array、list、tuple 等，表示用于创建 ndarray 的数据。无默认值。

【示例 3-23】 创建一维与二维数组，并显示其属性值。

代码 3-23：ch3_23_Create arrays

```
01 import numpy as np
02 a1=np.array([1,2,3,4,3,2,6,8])
03 print(a1)
04 a2=np.array([[1,2,3,4],[5,6,7,8],[9,10,11,12]])
05 print(a2)
06 print(a1.ndim)
07 print(a2.size)
08 print(a2.shape)
```

【运行结果】

```
[1 2 3 4 3 2 6 8]
[[ 1  2  3  4]
 [ 5  6  7  8]
 [ 9 10 11 12]]
1
12
(3, 4)
```

【程序解析】

➢ 第 02 行：将一维列表转换成数组。

➢ 第 04 行：将二维列表转换成二维数组。

（2）其他函数。针对一些特殊的 ndarray，NumPy 提供了其他创建函数。

■ arrage：创建等差数列（指定开始值、终值和步长）。

■ linsapce：创建等差数列（指定开始值、终值和元素个数）。

■ logsapce(a,b,c)：创建等比数列，从 10^a 到 10^b 共 c 个等比数列元素，基为 10。

■ logsapce(a,b,c,base=d)：创建等比数列，从 d^a 到 d^b 共 c 个等比数列元素，基为 d。

■ zeros：创建全为 0 的矩阵。

■ eye：创建单位矩阵（对角线元素为 1，其余元素为 0）。

■ diag：创建对角矩阵（对角线元素为指定值，其余元素为 0）。

■ ones：创建值全为 1 的矩阵。

【示例 3-24】 创建 ndarray 数据对象。

代码 3-24：ch3_24_Create an ndarray data object

```
01 import numpy as np
02 a1=np.arange(1,100,5)          #此处的 5 表示步长为 5
03 print(a1)
04 a2=np.linspace(1,100,5)         #此处的 5 表示生成 5 个元素
05 print(a2)
06 a3=np.logspace(1,3,2)
07 print(a3)
08 a4=np.logspace(0,9,10,base=2)   #从 1 到 512 创建 10 个元素的等比数列
09 print(a4)
10 a5=np.zeros((3,4))
11 print(a5)
12 a6=np.eye(5)
13 print(a6)
14 a7=np.diag([1,2,3,4])
15 print(a7)
16 a8=np.ones((2,3))
17 print(a8)
```

【运行结果】

```
[ 1  6 11 16 21 26 31 36 41 46 51 56 61 66 71 76 81 86 91 96]
[  1.   25.75  50.5   75.25 100.  ]
[  10. 1000.]
[  1.   2.   4.   8.  16.  32.  64. 128. 256. 512.]
[[0. 0. 0. 0.]
 [0. 0. 0. 0.]
 [0. 0. 0. 0.]]
[[1. 0. 0. 0. 0.]
 [0. 1. 0. 0. 0.]
 [0. 0. 1. 0. 0.]
 [0. 0. 0. 1. 0.]
 [0. 0. 0. 0. 1.]]
[[1 0 0 0]
 [0 2 0 0]
 [0 0 3 0]
 [0 0 0 4]]
[[1. 1. 1.]
 [1. 1. 1.]]
```

（3）ndarray 的索引与切片。索引与切片是 ndarray 使用频率最高的操作。相较于 list，ndarray 的索引与切片在功能上更加丰富，在形式上更加多样。ndarray 的高效率在很大程度上归功于其索引的易用性。

生成一维 ndarray 的索引和切片的方法很简单，与 list 的索引和切片一致。多维 ndarray 的每一个维度都有一个索引，各个维度的索引之间以逗号隔开。

【示例 3-25】　一维 ndarray 的索引与切片。

代码 3-25：ch3_25_Indexes and slices of one-dimensional ndarray

```
01 import numpy as np
```

```
02 a=np.arange(10)
03 print(a)
04 print(a[5])
05 print(a[3:6])
06 print(a[:-1])
07 print(a[5:1:-2])
```

【运行结果】

```
[0 1 2 3 4 5 6 7 8 9]
5
[3 4 5]
[0 1 2 3 4 5 6 7 8]
[5 3]
```

【例 3-26】多维 ndarray 的索引与切片。

代码 3-26：ch3_26_Indexing and slicing of multidimensional ndarray

```
01 a=np.array([[1,2,3,4,5],[4,5,6,7,8],[6,7,8,9,10]])
02 print(a)
03 print(a[0,3:5])
04 print(a[1:,2:])
05 print(a[:,2:])
```

【运行结果】

```
[[ 1  2  3  4  5]
 [ 4  5  6  7  8]
 [ 6  7  8  9 10]]
[4 5]
[[ 6  7  8]
 [ 8  9 10]]
[[ 3  4  5]
 [ 6  7  8]
 [ 8  9 10]]
```

【程序解析】

> 第 03 行：#访问第 1 行第 4 列和第 5 列。
> 第 04 行：#访问第 2 行开始的所有行和第 3 列开始的所有列的元素。
> 第 05 行：#访问第 3 列开始的所有列的元素。

2. ndarray 的基本操作

ndarray 作为 NumPy 中最常用的数据类型，其操作灵活、多样。ndarray 的基本操作，包括设置 ndarray 的形状、展平 ndarray、组合 ndarray、分割 ndarray 及 ndarray 的排序与搜索等。

（1）设置 ndarray 的形状。

- 使用 reshape 方法。NumPy 中的 reshape 方法用于改变 ndarray 的形状。reshape 方法仅改变原始数据的形状，不改变原始数据的值。
- 使用 resize 方法。resize 方法类似于 reshape 方法的功能，但 resize 方法会直接作用于所操作的 ndarray。
- 设置 shape 属性。通过修改 ndarray 的 shape 属性也可以实现 ndarray 形状的改变。此方法会直接作用于所操作的 ndarray。

【示例 3-27】 设置数组的形状。

代码 3-27：ch3_27_Sets the shape of the array

```
01 import numpy as np
02 a=np.arange(12)
03 print("生成一个一维数组:")
04 print(a)
05 a=a.reshape(2,6)
06 print("将数组形状设置为2*6：")
07 print(a)
08 a.resize(3,4)
09 print("再次将数组形状设置为3*4：")
10 print(a)
11 a.shape=(4,3)
12 print("重新设置 a 的形状为4*3：")
13 print(a)
```

【运行结果】

```
生成一个一维数组:
[ 0  1  2  3  4  5  6  7  8  9 10 11]
将数组形状设置为2*6：
[[ 0  1  2  3  4  5]
 [ 6  7  8  9 10 11]]
再次将数组形状设置为3*4：
[[ 0  1  2  3]
 [ 4  5  6  7]
 [ 8  9 10 11]]
重新设置 a 的形状为4*3：
[[ 0  1  2]
 [ 3  4  5]
 [ 6  7  8]
 [ 9 10 11]]
```

（2）展平 ndarray。

- 使用 ravel 方法。展平是指将多维 ndarray 转换成一维 ndarray 的操作过程，是一种特殊的 ndarray 形状变换。在 NumPy 中，可以使用 ravel 方法完成 ndarray 的横向展平。
- 使用 flatten 方法。flatten 方法也可以展平 ndarray。与 ravel 方法的区别是，flatten 方法可以选择横向或纵向展平。当参数为'F'时为纵向展平。

【示例 3-28】 对数组进行展平。

代码 3-28：ch3_28_Flattens the array

```
01 import numpy as np
02 a=np.arange(12).reshape(3,4)
03 print("生成一个 3*4 的数组：")
04 print(a)
05 b=a.ravel()
06 print("对数组按行进行展平：")
07 print(b)
08 c=a.flatten('F')
09 print("对数组按列进行展平：")
10 print(c)
```

【运行结果】

生成一个3*4的数组：
[[0 1 2 3]
 [4 5 6 7]
 [8 9 10 11]]
对数组按行进行展平：
[0 1 2 3 4 5 6 7 8 9 10 11]
对数组按列进行展平：
[0 4 8 1 5 9 2 6 10 3 7 11]

3. 排序与搜索

（1）排序。NumPy 提供的排序方式主要可以概括为直接排序和间接排序两种。直接排序指数值直接进行排序；间接排序指根据一个或多个键对数据集进行排序。NumPy 提供的常用排序函数有 sort 和 argsort 函数。这里介绍下 sort 函数。

numpy.sort()函数返回输入数组的排序副本。函数格式如下：

numpy.sort(a, axis, kind, order)

参数说明：

a：要排序的数组。

axis：沿着它排序数组的轴，axis=0 按列排序，axis=1 按行排序，默认按行排序。

kind：默认为'quicksort'（快速排序）。选项有'quicksort'（快速排序）、'mergesort'（归并排序）、'heapsort'（堆排序）。

order：如果数组包含字段，则它是要排序的字段。

【示例 3-29】 数组排序。

代码 3-29：ch3_29_SortofArray

```
01 import numpy as np
02 a = np.array([[1,21,3,42],[8,7,6,15],[9,54,11,12]])
03 print(a)
04 print ('调用 sort() 函数：')
05 print (np.sort(a))
06 print ('按列排序：')
07 print (np.sort(a, axis = 0))
08 # 在 sort 函数中排序字段
09 dt = np.dtype([('name', 'S10'),('age', int)])
10 a = np.array([("raju",21),("anil",25),("ravi", 17), ("amar",27)], dtype = dt)
11 print ('我们的数组是：')
12 print (a)
13 print ('按 name 排序：')
14 print (np.sort(a, order = 'name'))
15 print ('按 age 排序：')
16 print (np.sort(a, order = 'age'))
```

【运行结果】

[[1 21 3 42]
 [8 7 6 15]
 [9 54 11 12]]
调用 sort() 函数：
[[1 3 21 42]

```
 [ 6  7  8 15]
 [ 9 11 12 54]]
```
按列排序：
```
[[ 1  7  3 12]
 [ 8 21  6 15]
 [ 9 54 11 42]]
```
我们的数组是：
[(b'raju', 21) (b'anil', 25) (b'ravi', 17) (b'amar', 27)]
按 name 排序：
[(b'amar', 27) (b'anil', 25) (b'raju', 21) (b'ravi', 17)]
按 age 排序：
[(b'ravi', 17) (b'raju', 21) (b'anil', 25) (b'amar', 27)]

（2）搜索。NumPy 提供了一些在 ndarray 内实施搜索的函数，包括用于求最大值、最小值以及满足给定条件的元素的函数。

- 使用 argmax 函数和 argmin 函数：返回最大值和最小值的元素的索引。
- 使用 where 函数：numpy.where()函数返回输入数组中满足给定条件的元素的索引。
- 使用 extract 函数：numpy.extract()函数根据某个条件从数组中抽取元素，返回满足条件的元素。

【示例 3-30】 抽取满足条件的元素。

代码 3-30：ch3_30_ExtractofElements

```
01 import numpy as np
02 x = np.arange(9).reshape(3, 3)
03 print ('我们的数组是：')
04 print (x)
05 print ('大于 3 的元素的索引：')
06 y = np.where(x > 3)
07 print (y)
08 print ('使用这些索引来获取满足条件的元素：')
09 print (x[y])
10 print ("返回满足条件的元素：")
11 condition = np.mod(x,2) == 0
12 print (np.extract(condition, x))
```

【运行结果】

我们的数组是：
```
[[0 1 2]
 [3 4 5]
 [6 7 8]]
```
大于 3 的元素的索引：
(array([1, 1, 2, 2, 2], dtype=int64), array([1, 2, 0, 1, 2], dtype=int64))
使用这些索引来获取满足条件的元素：
[4 5 6 7 8]
返回满足条件的元素：
[0 2 4 6 8]

【程序解析】
- 第 02 行：生成 3×3 的二维数组。
- 第 07 行：输出元素大于 3 的所在行列位置。
- 第 12 行：获得满足条件的元素。

4. 常用的 ufunc 运算

常用的 ufunc 运算有算术运算、三角运算、集合运算、比较运算、逻辑运算和统计运算，下面介绍算术运算和统计运算。

（1）算术运算。ufunc 支持算术运算，有运算符和函数两种方式，和数值运算的使用方式一样，但输入 ndarray 时，必须具有相同的形状或符合 ndarray 广播规则，如表 3-3 所示。常用数学运算函数如表 3-4 所示。

表 3-3 算术运算符

运算符	函数格式	说明	示例 x=numpy.array([1,2,3]) y=numpy.array([4,5,6])
+	add(x,y)	x 与 y 之和	x+y=[5 7 8]
-	subtract(x,y)	x 与 y 之差	x-y=[-3 -3 -3]
*	multiply(x,y)	x 与 y 之积	x*y=[4 10 18]
/	divide(x,y)	x 与 y 之商	x/y=[0.25 0.4 0.5]
**	power(x,y)	x 与 y 之幂	x**y=[1 32 729]

表 3-4 常用数学运算函数

函数格式	说明	函数格式	说明
negative(x)	返回各元素的相反数	exp(x)	求 e 的各元素次幂
absolute(x)	返回各元素的绝对值	sqrt(x)	返回各元素的平方根
fabs(x)	返回各元素的绝对值（浮点型和整型）	curt(x)	返回各元素的立方根
rint(x)	返回各元素最近的整数	reciprocal(x)	返回各元素的倒数
sign(x)	返回各元素的符号	conj(x)	返回各元素的共轭复数
log(x)	返回各元素的自然对数	log2(x)	返回各元素以 2 为底的对数

（2）统计运算。常用统计运算函数如表 3-5 所示。

表 3-5 常用统计运算函数

函数格式	说明	函数格式	说明
sum(x)	返回 x 的元素之和	std(x)	返回标准差
ptp(x)	返回 x 的元素极差	var(x)	返回方差
mean(x)	返回 x 的中位数	min(x)	返回最小值
percentile(x,y)	返回 x 内元素的对应 y 元素的百分位数	max(x)	返回最大值

5. 线性代数函数库 linalg

NumPy 提供了线性代数函数库 linalg，该库包含了线性代数所需的主要功能。

numpy.dot()对于两个一维的数组，计算的是这两个数组对应下标元素的乘积之和，即向量的内积；对于二维数组，计算的是两个数组的矩阵乘积。

numpy.dot(a, b)

参数说明：a，b 均为数组。

numpy.matmu()函数返回两个数组的矩阵乘积。

numpy.linalg.det()函数计算输入矩阵的行列式。

numpy.linalg.solve()函数给出了矩阵形式的线性方程的解。

numpy.linalg.inv()函数计算矩阵的乘法逆矩阵。

【示例 3-31】 计算矩阵乘积。

代码 3-31:ch3_31_ProductofMatrix

```
01 import numpy as np
02 a = [[1,2],[3,4]]
03 b = [[5,6],[7,8]]
04 print (np.matmul(a,b))
```

【运行结果】

[[19 22]
 [43 50]]

3.2.2 Pandas

Pandas 是基于 NumPy 创建的，为 Python 编程语言提供了高性能的、易于使用的数据结构和数据分析工具。Pandas 应用领域广泛，包括金融、经济、统计等学术和商业领域。Pandas 提供了众多类，以满足不同的使用需求，主要有 Series 和 DataFrame。

Series：基本数据结构，一维标签数组，能够保存任何数据类型。

DataFrame：基本数据结构，一般为二维数组。

1. Series

Series 由一组数据以及一组与之对应的数据标签（即索引）组成。Series 对象可以视为一个 NumPy 的 ndarray。因此许多 NumPy 库函数可以作用于 Series。

（1）Series 对象创建。Series 数据对象可通过 ndarray、dict、list 等数据创建。格式如下：

pandas.Series(data, index, dtype, name)

参数说明：

data：一组数据（ndarray 类型）。

index：数据索引标签，如果不指定，则默认从 0 开始。

dtype：数据类型，默认会自己判断。

name：设置名称。

【示例 3-32】 创建 Series 数据对象。

代码 3-32：ch3_32_CreateofSeries

```
01 import numpy as np
02 import pandas as pd
03 print(pd.Series(np.arange(5),index=['a','b','c','d','e']))    #由 ndarray 创建 Series 数据对象
04 print(pd.Series({"y":84,"h":94,"w":96}))                      #由 dict 创建 Series 数据对象
05 print(pd.Series([10,20,30],index=['a','b','c']))              #由 list 创建 Series 数据对象
```

【运行结果】

```
a    0
b    1
c    2
d    3
e    4
dtype: int32
y    84
h    94
w    96
dtype: int64
a    10
b    20
c    30
dtype: int64
```

（2）Series 数据访问。Series 数据访问类似于字典数据的操作，通过数据的索引访问数据。

【示例 3-33】　Series 数据访问。

代码 3-33：ch3_33_Access of Series data

```
01 import numpy as np
02 import pandas as pd
03 data=np.arange(5)
04 s=pd.Series(data,index=['a','b','c','d','e'])
05 print(s)
06 print(s['b'])
07 s['c']=50
08 print(s)
```

【运行结果】

```
a    0
b    1
c    2
d    3
e    4
dtype: int32
1
a    0
b    1
c    50
d    3
e    4
dtype: int32
```

【程序解析】

➢ 第 04 行：创建 Series 数据。

➢ 第 07 行：更改 Series 数据。

2. DataFrame

DataFrame 是 Pandas 的基本数据结构之一，既有行索引，又有列索引，它可以被看作由 Series 组成的字典（共同用一个索引）。

（1）创建 DataFrame 数据对象。

DataFrame 构造方法如下：

pandas.DataFrame(data, index, columns)

参数说明：

data：一组数据（ndarray、series、map、lists、dict 等类型）。

index：索引值，或者可以称为行标签。

columns：列标签，默认为 RangeIndex (0, 1, 2, …, n)。

创建 DataFrame 的方法很多，常见的一种方法是传入一个由等长 list 或 ndarray 组成的 dict。若没有传入 columns 参数，则传入的 dict 的键会被当作列名。

【示例 3-34】 创建 DataFrame 数据对象。

代码 3-34：ch3-34_CreateofDataFrame

```
01 import numpy as np
02 import pandas as pd
03 dict1={'col1':[0,1,2,3],'col2':[4,5,6,7]}
04 print(pd.DataFrame(dict1))
05 list1=[[30,45],[48,92],[25,94]]
06 print(pd.DataFrame(list1,index=['a','b','c'],columns=['A','B']))
```

【运行结果】

```
   col1  col2
0    0     4
1    1     5
2    2     6
3    3     7
    A   B
a  30  45
b  48  92
c  25  94
```

【程序解析】

➢ 第 03 行：默认行索引为 0,1,2,3。

➢ 第 06 行：指定行索引和列索引。

（2）访问 DataFrame 数据。

- 访问 DataFrame 数据一般采用双索引方式。
- head 和 tail 方法可用于访问 DataFrame 前 *n* 行和后 *n* 行数据，默认返回 5 行数据。
- 更新 DataFrame 数据：类似于 Series，更新 DataFrame 列采用赋值的方法，对指定列赋值即可。
- 插入列：可以采用赋值的方法。
- 删除列和行：删除列的方法有多种，如 del、pop、drop 等，常用的是 drop 方法，它可以删除行或者列，其基本语法格式如下：

DataFrame.drop(labels,axis=0,level=None)

drop 方法的常用参数及说明如下：

labels：表示要删除的行或列的标签，无默认值。

axis：接收 0 或 1，表示执行操作的轴向，0 表示删除行，1 表示删除列，默认值为 0。

level：接收 int 或者索引名，表示索引级别，默认为 None。

【示例 3-35】 增、删、改 DataFrame 数据。

代码 3-35：ch3_35_AlterofDataFrame

```
01 import pandas as pd
02 dict={'y':[90,64,57,84,85,74],'a':[84,85,96,85,96,37],'n':[75,83,93,75,49,85],\
03 'g':[88,82,75,74,98,35]}
04 d=pd.DataFrame(dict)
05 d['y']=[18,29,37,47,56,66]
06 d['h']=[74,75,38,49,75,29]
07 d.drop(['y','h'],axis=1,inplace=True)
08 print(d)
```

【运行结果】

```
    a   n   g
0  84  75  88
1  85  83  82
2  96  93  75
3  85  75  74
4  96  49  98
5  37  85  35
```

【程序解析】

第 05 行：修改第一列数据。

第 06 行：增加一列数据。

3.2.3 Matplotlib 库

Matplotlib 是一个 Python 的 2D 绘图库，通过 Matplotlib，便可以生成各类图形，如直方图、条形图、散点图等。当然，Matplotlib 也是可以画出 3D 图形的，这时就需要安装更多的扩展模块。Matplotlib 通常与 NumPy 库和 Pandas 库结合起来使用。

1．pyplot 模块

Matplotlib 绘图的各种函数包含在 pyplot 模块中。

（1）绘图类型。atplotlib 可绘制的图像风格多样，主要有：

- bar()：绘制柱状图。
- barh()：绘制水平柱状图。
- boxplot()：绘制箱型图。
- hist()：绘制直方图。
- his2d()：绘制 2D 直方图。
- pie()：绘制饼状图。
- scatter()：绘制 x 与 y 的散点图。

（2）image 函数。

- imread()：从文件中读取图像的数据并形成数组。
- imsave()：将数组另存为图像文件。
- imshow()：在数轴区域内显示图像。

（3）axis 函数。

- axes()：在画布（figure）中添加轴。

- text()：向轴添加文本。
- title()：设置当前轴的标题。
- xlabel()：设置 x 轴的标签。
- ylabel()：设置 y 轴的标签。

(4) figure 函数。

- figtext()：在画布上添加文本。
- figure()：创建一个新画布。
- show()：显示数字。
- savefig()：保存当前画布。
- close()：关闭画布窗口。

2．各类风格图形的绘制

（1）柱状图。柱状图是一种用矩形柱来表示数据分类的图表，柱状图可以垂直绘制，也可以水平绘制，它的高度与其所表示的数值成正比关系。其语法格式如下：

ax.bar(x, height, width, bottom, align)

【例 3-36】利用 bar()绘制柱状图。

代码 3-36：ch3_36_DisplayBargraph

```
01  import matplotlib.pyplot as plt
02  plt.rcParams['font.sans-serif']=['SimHei']        #用来正常显示中文标签
03  plt.rcParams['axes.unicode_minus']=False          #用来正常显示负号
04  month = ['一月', '二月', '三月', '四月', '五月']
05  sale_amounts = [27, 90, 20, 111, 23]
06  month_index = range(len(month))
07  fig = plt.figure()
08  ax1 = fig.add_subplot(1,1,1)
09  ax1.bar(month_index, sale_amounts, align='center', color='darkblue')
10  ax1.xaxis.set_ticks_position('bottom')
11  ax1.yaxis.set_ticks_position('left')
12  plt.xticks(month_index, month, rotation=0, fontsize='small')
13  plt.xlabel('月份')
14  plt.ylabel('销售额')
15  plt.title('每个月的销售额')
16  plt.show()
```

【运行结果】

结果如图 3-1 所示。

【程序解析】

- 04～05 行：给出要呈现的数据。
- 07 行：创建一个基础图。
- 08 行：添加一个子图。基础图分几个区域，此处表示 1×1 个区域，子图在第一个区域。
- 09 行：创建柱状图，month_index 设置横坐标，sale_amounts 设置高度，align 设置对齐方式，color 设置颜色。
- 10～11 行：设置横纵坐标位置。

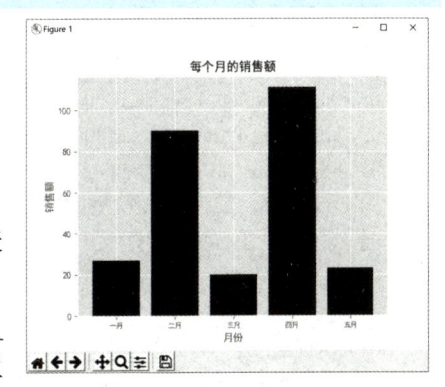

图 3-1　Matplotlib 柱状图

> 12 行：设置横轴的刻度线，rotation=0 表示刻度标签是水平的。
> 13~15 行：设置 x 轴、y 轴的标签和标题。
> 16 行：显示图形。

（2）饼状图。饼状图显示一个数据系列中各项目占项目总和的百分比。

【示例 3-37】 利用 pie()绘制饼状图。

代码 3-37：ch3_37_DrawofPie

```
01 from matplotlib import pyplot as plt
02 import numpy as np
03 plt.rcParams["font.sans-serif"]=["SimHei"]
04 plt.rcParams["axes.unicode_minus"]=False
05 fig = plt.figure()
06 ax = fig.add_subplot(1,1,1)
07 ax.axis('equal')    #使得 X/Y 轴的间距相等
08 langs = ['数学','程序设计','外语','数据库','机器人']
09 students = [24,45,27,35,39]
10 ax.pie(students, labels = langs,autopct='%1.5f%%') #绘制饼状图
11 plt.show()
```

【运行结果】

结果如图 3-2 所示。

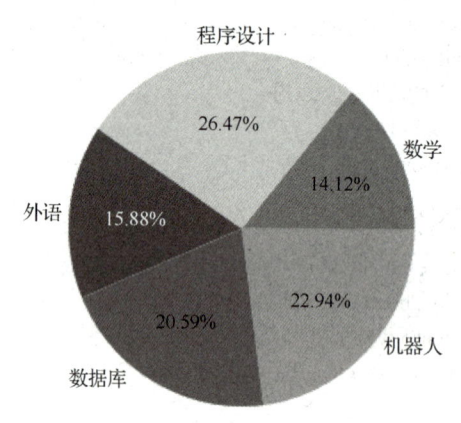

图 3-2　饼状图

（3）折线图。Matplotlib 并没有直接提供绘制折线图的函数，而是借助散点函数绘制折线图。

【例 3-38】绘制折线图。

代码 3-38：ch3_38_DrawofPlot

```
01 import matplotlib.pyplot as plt
02 plt.rcParams["font.sans-serif"]=["SimHei"]
03 plt.rcParams["axes.unicode_minus"]=False
04 x = ["星期一","星期二","星期三","星期四","星期五","星期六","星期天"]
05 y = [46, 57, 74, 69, 72, 33, 62]
06 plt.plot(x, y, "g", marker='D', markersize=5, label="人数")
07 plt.xlabel("星期")
08 plt.ylabel("晚自习人数")
09 plt.title("晚自习情况统计")
10 plt.legend(loc="best")
11 plt.show()
```

【运行结果】

结果如图 3-3 所示。

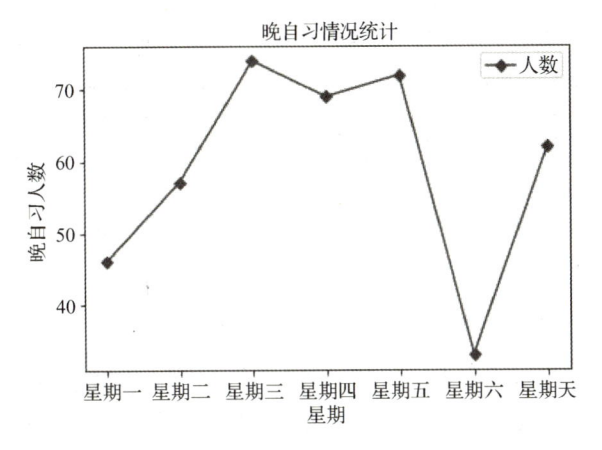

图 3-3 折线图

【程序解析】

- 06 行：绘制折线图。
- 10 行：显示图例。

3.3 常见数据集简介

近年来，AI 在检测、分类、识别任务中都有着非凡的表现，其中包括图像分类、语音识别、文字分析等。机器学习通过建立数据模型进行反复训练，模拟或实现人类的学习行为，以获取新的知识或技能，并通过重新组织已有的知识结构使之不断完善自身的性能，其中需要大量的训练数据和测试数据。目前在 AI 的诸多领域内，都出现了相应的典型、开源的数据集，如中文自然文本（Chinese Text in the Wild，CTW）数据集、MNIST（Mixed National Institute of Standards and Technology）数据集、ImageNet 数据集、微软 COCO 数据集和 ADE20K 数据集等，这些数据集已成为促进 AI 进步的关键驱动。现简单介绍两个常见数据集。

3.3.1 MNIST 数据集

MNIST 数据集包含四个文件，即一个训练图片集、一个训练标签集、一个测试图片集和一个测试标签集，其中有 60000 个训练样本集和 10000 个测试样本集。训练集（Training Set）由来自 250 个不同的人手写的数字构成，测试集（Test Set）也是同样比例的手写数字数据。MNIST 可通过网络获取，它包含了如下 4 个部分。

- training set images：train-images-idx3-ubyte.gz（9.9MB，解压后大小为 47MB，包含 60000 个样本）。这不是图片文件，而是一个压缩包，下载并解压后可以看到的是二进制文件。
- training set labels：train-labels-idx1-ubyte.gz（29KB，解压后大小为 60KB，包含 60000 个标签）。
- test set images：t10k-images-idx3-ubyte.gz（1.6MB，解压后大小为 7.8MB，包含 10000 个样本）。

- test set labels：t10k-labels-idx1-ubyte.gz（5KB，解压后大小为10KB，包含10000个标签）。

针对训练标签集，其属性描述如图3-4所示。

```
TRAINING SET LABEL FILE (train-labels-idx1-ubyte):

[offset] [type]          [value]              [description]
0000     32 bit integer  0x00000801(2049)     magic number (MSB first)
0004     32 bit integer  60000                number of items
0008     unsigned byte   ??                   label
0009     unsigned byte   ??                   label
........
xxxx     unsigned byte   ??                   label

The labels values are 0 to 9.
```

图3-4 训练标签集属性描述

由于训练集有60000个用例样本，所以标签集文件里面也包含了60000个标签内容，每个标签的值为0到9之间的一个数。标签集上每个属性的含义如下。

- offset：表示字节偏移量，也就是这个属性的二进制值的偏移是多少。
- type：表示这个属性的值的类型。
- value：表示这个属性的值是多少。
- description：对属性的描述。

如图3-5所示，从第0字节开始有一个32位的整数，它的值是0x00000801，它是一个校验数，用来判断这个文件是不是MNIST里面的train-labels-idx1-ubyte文件；接着往下看，偏移量为4字节处的值为0000ea60，表示容量数，也就是60000，因为60000的十六进制就是ea60；偏移量为8字节处的值为05，表示标签值为05，即第一个图片的标签值为5；后面的依此类推。

接下来看训练图片集，其属性描述如图3-6所示。

```
train-labels.idx1-ubyte
1  0000 0801 0000 ea60 0500 0401 0902 0103
2  0104 0305 0306 0107 0208 0609 0400 0901
3  0102 0403 0207 0308 0609 0005 0600 0706
4  0108 0709 0309 0805 0903 0300 0704 0908
5  0009 0401 0404 0600 0405 0601 0000 0107
6  0106 0300 0201 0107 0900 0206 0708 0309
7  0004 0607 0406 0800 0708 0301 0507 0107
8  0101 0603 0002 0903 0101 0004 0902 0000
9  0200 0207 0108 0604 0106 0304 0509 0103
```

```
TRAINING SET IMAGE FILE (train-images-idx3-ubyte):

[offset] [type]          [value]              [description]
0000     32 bit integer  0x00000803(2051)     magic number
0004     32 bit integer  60000                number of images
0008     32 bit integer  28                   number of rows
0012     32 bit integer  28                   number of columns
0016     unsigned byte   ??                   pixel
0017     unsigned byte   ??                   pixel
........
xxxx     unsigned byte   ??                   pixel
```

图3-5 训练标签集文件的二进制值　　　　图3-6 训练图片集属性描述

在MNIST图片集中，所有的图片都是28×28（全书涉及图片尺寸的地方，如无特殊说明，单位为像素），也就是每个图片都有28×28个黑白像素。train-images-idx3-ubyte文件中偏移量为0字节处，有一个4字节的数为00000803，表示魔数；接下来是0000ea60，值为60000，代表容量；接下来从第8字节开始有一个4字节数，值为28，也就是0000001c，表示每个图片的行数；从第12字节开始有一个4字节数，值也为28，也就是0000001c，表示每个图片的列数；从第16字节开始才是图像的像素值，而且每784（28×28）字节代表一幅图片，如图3-7所示。

MNIST是一个入门级的计算机视觉数据集，它包含各种手写数字图片，如图3-8所示。

图 3-7　训练图片集文件的二进制值　　　　图 3-8　手写数字图片

MNIST 同时包含每一张图片对应的标签，提示这个是数字几。比如，图 3-8 所示图片的标签分别是 5、0、4、1。

每一张图片包含 28×28 个像素点，用一个数字数组来表示，把这个数组展开成一个向量，长度是 28×28=784。在 MNIST 训练数据集中，mnist.train.images 是一个形状为[60000,784]的张量，第一个维度数字用来索引图片，第二个维度数字用来索引每张图片中的像素点。在此张量里的每一个元素都表示某张图片里的某个像素的强度值，强度值是 0 或 1（黑或白）。

3.3.2　CTW 数据集

由清华大学与腾讯共同推出的中文自然文本数据集 CTW 是一个超大的街景图片中文文本数据集，为训练先进的深度学习模型奠定了基础。此数据集包含 32285 张图像和 1018402 个中文字符，规模远超之前的数据集。它包含了平面文本、凸出文本、城市街景文本、乡镇街景文本、弱照明条件下的文本、远距离文本、部分显示文本等。对于每张图像，数据集中都标注了所有中文字符。对每个中文字符，数据集都标注了其真实字符、边界框和 6 个属性，以指出其是否被遮挡、有复杂的背景、被扭曲、3D 凸出、艺术化和手写体等，如图 3-9 所示。

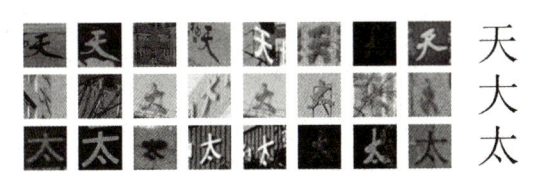

图 3-9　一个中文字符的多个实例

清华大学的研究人员以该数据集为基础，训练了多种目前业内较为先进的深度模型进行字符识别和字符检测。新的数据集将极大地促进自然图像中中文文本检测和识别算法的发展。

CTW 对每一张图片都进行了标注流程，其流程如图 3-10 所示。
- 为句子提取边界框。
- 为每个字符实例提取边界框。
- 标记其对应的字符类别。
- 标注字符的属性。

(a)　　　(b)　　　(c)　　　(d)

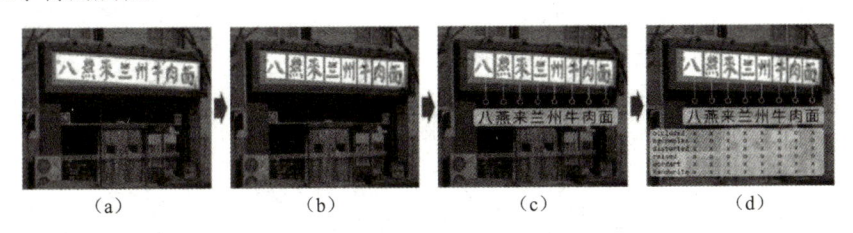

图 3-10　特征标注流程

同时，对每一个图片文字还定义了属性，用这些属性对图片文字进行了标注。图 3-11 展现了不同属性的例子。

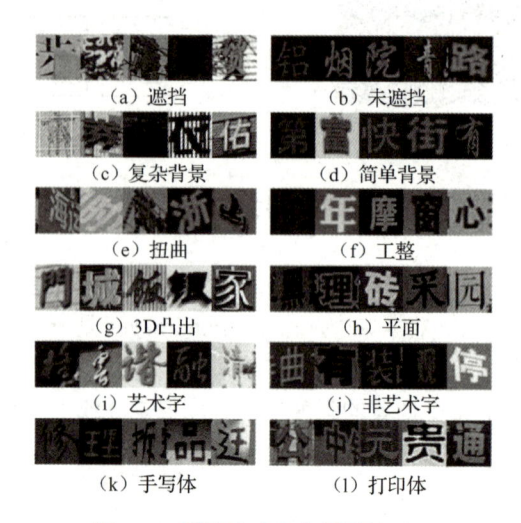

(a) 遮挡　　(b) 未遮挡
(c) 复杂背景　　(d) 简单背景
(e) 扭曲　　(f) 工整
(g) 3D凸出　　(h) 平面
(i) 艺术字　　(j) 非艺术字
(k) 手写体　　(l) 打印体

图 3-11　图片文字部分属性的展示

3.4　数据收集、整理与清洗

随着互联网技术的迅速发展，每时每刻都在产生大量的数据。同时，数据收集技术不断发展、数据的存储方式的多样化以及存储容量的极大提升为收集数据及存储数据提供了可能。数据收集与整理、数据转换、数据分组与清洗、数据组织、数据计算、数据存储、数据检索与排序、数据的应用是研究数据集的几个重要方面。

3.4.1　数据收集

数据的来源极其广泛，有传统关系型数据库存储的数据，有大型电子商务平台的交易数据，有物联网产生的实时数据，有大量的音/视频数据等。数据的内容及形式多种多样。数据收集方法及渠道很多，有物理收集、软件收集等多种手段。其中常见的有：

- 通过现有的各类信息管理系统及大型电子商务交易平台进行数据抽取而获得数据。
- 利用设备收集。通过设备装置（各种传感器）从系统外部收集数据并输入到系统内部进行归类、存储，如通过摄像头、麦克风、感应器等工具进行数据采集，此类数据收集技术广泛应用在各个领域。
- 系统日志采集方法。目前很多互联网企业都有自己的数据采集工具，通常用于系统日志采集，如 Hadoop 的 Chukwa、Cloudera 的 Flume、Facebook 的 Scribe 等，通过这些工具可进行大量的日志数据采集、传输、归类。
- 网络数据采集方法。网络数据采集是指通过网络爬虫或网站公开 API 等方式从网站上获取数据信息，通常得到的是非结构化数据。通过此方法通常可得到文本、图片、音/视频等文件。

现以网络爬虫为例介绍如何从网络中获取数据。

爬虫通过模拟计算机对服务器端发起 Request 请求，接收服务器端的 Response 回应并进行解析，提取所需的信息。

通过 Python 程序进行网络爬虫获取相关数据主要涉及三个 Python 库：Requests、Lxml、BeautifulSoup。

- Requests 库的作用主要是请求网站获取网页数据。

例如：

```
import requests
res=requests.get("http://www.baidu.com")
print(res)
print(res.text)
```

- Lxml 为 XML 解析库，同时很好地支持 HTML 文档的解析功能，除了能直接读取字符串，也能从文件中提取内容。
- BeautifulSoup 库用于解析 Requests 库请求的网页，并把网页源代码解析为 Soup 文档，以便过滤和提取数据。

【示例 3-39】　爬取文章《天工开物》。

网上有一篇文章《天工开物》，现通过程序来获得此文章。由于此文章是繁体字的，还需转化为简体字。

代码 3-39：ch3_39_Crawling article

```
01 from urllib.request import urlopen
02 url='https://www.gutenberg.org//files/25273/25273-0.txt'
03 text=urlopen(url).read()
04 text=text.decode('utf-8')
05 print(len(text))
06 text1=text[596:733]
07 print(text1)
08 print()
09 import opencc
10 cc=opencc.OpenCC('t2s')
11 print(cc.convert(text1))
```

【运行结果】

81727
天覆地載，物數號萬，而事亦因之曲成而不遺，豈人力也哉！事物而既萬矣，必待口授目成而後識之，其與幾何？萬事萬物之中，其無益生人與有益者各載其半。世有聰明博物者，稱人推焉。乃棄梨之花未賞，而臆度楚萍；釜之範鮮經，而侈談莒鼎。畫工好圖鬼魅而惡犬馬，即鄭僑、晉華，豈足為烈哉！
天覆地载，物数号万，而事亦因之曲成而不遗，岂人力也哉！事物而既万矣，必待口授目成而后识之，其与几何？万事万物之中，其无益生人与有益者各载其半。世有聪明博物者，称人推焉。乃枣梨之花未赏，而臆度楚萍；釜之范鲜经，而侈谈莒鼎。画工好图鬼魅而恶犬马，即郑侨、晋华，岂足为烈哉！

【程序解析】

- 02 行：获取《天工开物》网址。
- 03 行：读取《天工开物》全文。
- 04 行：全文中文编码。
- 05 行：输出全文字数。
- 06 行：获取部分文档。
- 09 行：导入繁简转换包。
- 10 行：创建繁转简对象。
- 11 行：简体输出部分文档。

【示例3-40】 爬取的内容为豆瓣网图书TOP250的信息。

通过手动浏览可以查看网上信息，如图3-12所示。

图3-12 豆瓣网图书部分信息

现通过网络爬虫爬取网上的图书信息：书名、URL链接、作者、出版社、出版时间、价格、评分和评价等，将爬取的信息存储到本地的CSV文件中。

代码3-40：ch3_40_CrawlInformationofBook

```
01    from lxml import etree
02    import requests
03    import csv
04    fp = open('d:\\ch3_demo\\book.csv','wt',newline='',encoding='utf-8')
05    writer = csv.writer(fp)
06    writer.writerow(('name', 'url',   'author', 'publisher', 'date',\ 'price', 'rate', 'comment'))
07    urls = ['https://book.douban.com/top250?start={}'.format(str(i)) for\ i in range(0,250,25)]
08    headers = { \
09         'User-Agent':'Mozilla/5.0 (Windows NT 6.1; WOW64) \
10          AppleWebKit/537.36 (KHTML, like Gecko) Chrome/55.0.2883.87\Safari/537.36'10    }
11    for url in urls:
12         html = requests.get(url,headers=headers)
13         selector = etree.HTML(html.text)
14         infos = selector.xpath('//tr[@class="item"]')
15         for info in infos:
16              name = info.xpath('td/div/a/@title')[0]
17              url = info.xpath('td/div/a/@href')[0]
18              book_infos = info.xpath('td/p/text()')[0]
19              author = book_infos.split('/')[0]
20              publisher = book_infos.split('/')[-3]
21              date = book_infos.split('/')[-2]
22              price = book_infos.split('/')[-1]
23              rate = info.xpath('td/div/span[2]/text()')[0]
24              comments = info.xpath('td/p/span/text()')
25              comment = comments[0] if len(comments) != 0 else "空"
26              writer.writerow((name,url,author,publisher,date,price,rate,\comment))
27    fp.close()
```

【运行结果】

爬取的部分图书信息如图 3-13 所示。

```
name,url,author,publisher,date,price,rate,comment
红楼梦,https://book.douban.com/subject/1007305/,[清] 曹雪芹 著,人民文学出版社,1996-12,59.70元,9.6,都云作者痴,谁解其中味?
活着,https://book.douban.com/subject/4913064/,余华,作家出版社,2012-8-1,20.00元,9.4,生的苦难与伟大
1984,https://book.douban.com/subject/4820710/,[英] 乔治·奥威尔,北京十月文艺出版社,2010-4-1,28.00元,9.4,栗树荫下,我出卖你,你出卖
百年孤独,https://book.douban.com/subject/6082808/,[哥伦比亚] 加西亚·马尔克斯,南海出版公司,2011-6,39.50元,9.3,魔幻现实主义文学代
三体全集,https://book.douban.com/subject/6518605/,刘慈欣,重庆出版社,2012-1-1,168.00元,9.5,地球往事三部曲
飘,https://book.douban.com/subject/1068920/,[美国] 玛格丽特·米切尔,译林出版社,2000-9,40.00元,9.3,革命时期的爱情,随风而逝
哈利·波特,https://book.douban.com/subject/24531956/,J.K.罗琳 (J.K.Rowling),人民文学出版社,2008-12-1,498.00元,9.7,从9¾站台开始的,
三国演义(全二册),https://book.douban.com/subject/1019568/,[明] 罗贯中,人民文学出版社,1998-05,39.50元,9.3,是非成败转头空
房思琪的初恋乐园,https://book.douban.com/subject/27614904/,林奕含,北京联合出版公司,2018-2,45.00元,9.2,向死而生的文学绝唱
动物农场,https://book.douban.com/subject/2035179/,[英] 乔治·奥威尔,上海译文出版社,2007-3,10.00元,9.3,太阳底下并无新事
福尔摩斯探案全集(上中下),https://book.douban.com/subject/1040211/,[英] 阿·柯南道尔,1981-8,53.00元,68.00元,9.3,名侦探的代名词
白夜行,https://book.douban.com/subject/10554308/,[日] 东野圭吾,南海出版公司,2013-1-1,39.50元,9.2,一宗离奇命案牵出跨度近20年步步
小王子,https://book.douban.com/subject/1084336/,[法] 圣埃克苏佩里,人民文学出版社,2003-8,22.00元,9.1,献给长成了大人的孩子们
天龙八部,https://book.douban.com/subject/1255625/,金庸,生活·读书·新知三联书店,1994-5,96.00元,9.2,有情皆孽,无人不冤
```

图 3-13 爬取的图书信息(部分结果)

【程序解析】

- 01～03 行:导入程序所需要的库。其中,requests 用于请求网页获取网页数据;lxml 用于解析提取数据;csv 用于将数据存储到 CSV 文件中。
- 05～06 行:创建 CSV 文件,并且写入表头信息。
- 08～10 行:复制 User-Agent,用于伪装浏览器。
- 11～26 行:循环 URL,寻找每条信息的标签,爬取详细信息,写入 CSV 文件。

3.4.2 数据整理

在进行数据分析、机器学习及应用之前,首先要进行数据整理,数据整理是数据分析过程中最重要、最基础的环节。数据整理包括数据清洗、数据格式转换、归类编码和数字编码等过程,其中数据清洗占据最重要的位置,内容包括检查数据一致性、处理无效值和缺失值等操作。下面以文本数据为例,来介绍数据整理的几个主要方面。

1. 文本内容查找

【示例 3-41】 统计文件中"hello"的个数。

本例中,"D:\ch3_demo"文件夹中有 test1.txt 文件,内容为:

hello girl!
hello boy!
hello man!
hello Python!

思路:打开文件,遍历文件内容,通过正则表达式匹配关键字,统计匹配个数。

代码 3-41:ch3_41_StatisticsWordsofFile

```
01    import re
02    f=open('d:\\ch3_demo\\test1.txt')
03    source=f.read()
04    f.close()
05    r='hello'
06    s=len(re.findall(r,source))
07    print(s)
```

【运行结果】

4

【程序解析】

➢ 01 行：导入 re 模块（Regular Expression 正则表达式）。

➢ 02 行：打开 test1.txt 文件。

➢ 06 行：查找出 source 文件中"hello"出现的次数。

2．文本内容替换

【示例 3-42】 把 test1.txt 中的"hello"全部替换为"hi"，并把结果保存在 test1_out.txt 中。

代码 3-42：ch3_42_ReplaceWordofFile

```
01    import re
02    f1 = open('d:\\ch3_demo\\test1.txt')
03    f2 = open('d:\\ch3_demo\\test1_out.txt','r+')
04    for s in f1.readlines():
05        f2.write(s.replace('hello','hi'))
06    f1.close()
07    f2.close()
```

【运行结果】

hi girl!
hi boy!
hi man!
hi Python!

【程序解析】

➢ 02～03 行：分别打开 test1.txt 和 test1_out.txt 两个文件。

➢ 04 行：分别取出 f1 的每一行。

➢ 05 行：对取出的每一行中的"hello"用"hi"代替，并存入 f2 文件。

3．文本内容排序

本例中，"D:\ch3_demo"文件夹下有文本 test2.txt，其内容如下：

```
You find a special friend;
Someone who changes your life just by being part of it.
Someone who makes you laugh until you can't stop;
Someone who makes you believe that there really is good in the world.
Someone who convinces you that there really is an unlocked door just waiting
for you to open it.
This is Forever Friendship.
when you're down,
and the world seems dark and empty,
Your forever friend lifts you up in spirits and makes that dark and empty
world suddenly seem bright and full.
Your forever friend gets you through the hard times,
the sad times,and the confused times.
If you turn and walk away, Your forever friend follows,
If you lose you way,
Your forever friend guides you and cheers you on.
Your forever friend holds your hand and tells you that everything is going
to be okay.
```

【示例 3-43】 读取文件 test2.txt 的内容，去除空行和注释行后，以行为单位进行排序，并将结果输出为 test2_out.txt。

代码 3-43：ch3_43_SortofText

```
01    f = open('d:\\ch3_demo\\test2.txt')
02    result = list()
03    for line in f.readlines():
04        line = line.strip()
05        if not len(line) or line.startswith('#'):
06            continue
07        result.append(line)
08    result.sort()
09    print(result)
10    open('d:\ch4_demo\test2_out.txt','w').write('%s' % '\n'.join(result))
```

【运行结果】

排序后 test2_out.txt 的部分内容：

If you lose you way,
If you turn and walk away, Your forever friend follows,
Someone who changes your life just by being part of it.
Someone who convinces you that there really is an unlocked door just waiting
for you to open it.
Someone who makes you believe that there really is good in the world.
omeone who makes you laugh until you can't stop;
This is Forever Friendship.
You find a special friend;
Your forever friend gets you through the hard times,
Your forever friend guides you and cheers you on.
Your forever friend holds your hand and tells you that everything is going
to be okay.
Your forever friend lifts you up in spirits and makes that dark and empty
world suddenly seem bright and full.
and the world seems dark and empty,
the sad times,and the confused times.
when you're down,

【程序解析】

➢ 03 行：逐行读取数据。
➢ 04 行：去掉每行头尾的空白。
➢ 05 行：判断是否为空行或注释行。
➢ 06 行：是的话，跳过不处理。
➢ 08 行：排序。

3.4.3 数据清洗

在数据收集的过程中，不可避免地会出现有的数据是错误数据、有的数据相互之间有冲突、个别数据值缺失等情况。不完整的数据、错误的数据、重复的数据显然不是我们想要的，称为"脏数据"。按照一定的规则把"脏数据""洗净"就是数据清洗。

1. 数据清洗方法

■ 通过人工检查，手工实现。这需要投入足够的人力、物力、财力，这种方法效率低下，在大数据量的情况下几乎是不可能的。
- 通过专门编写的应用程序来实现。这种方法能解决某个特定的问题，但不够灵活，特别是清洗过程需要反复进行。一般来说，数据清洗一遍就能达到要求的情况很少，导致程序复杂，清洗过程发生变化时工作量大。
- 解决某类特定应用域的问题，如根据概率统计学原理查找数值异常的记录，对姓名、地址、邮政编码等进行清理，这是目前研究较多的领域，也是应用最成功的一类。
- 清理与特定应用领域无关的数据，对这部分的研究主要集中在清洗重复的记录上。

2. 数据清洗实例

在实际情况下，现有的数据平台系统会遇到各种各样的关于指标均值的计算问题，遵循数理统计的规律，此时极大噪声数据对均值计算的负面影响是显著的。

序号	下载时长
1	30
2	1
3	476
4	1034
5	1
6	59
7	446
…	…
2401	956449
2402	3844
2403	2065553

图 3-14　游戏下载时长数据

例如，在研究统计分析一组游戏下载时长时，原始数据源如图 3-14 所示。如果直接计算其游戏平均下载时长，得到的结果为 23062.57 秒，约 6.4 小时，与实际情况严重不符，说明这一数据集受到显著的噪声数据的影响。

对数据集做异常值识别及剔除，我们将数据集等分为 24030 个区间，找到数据集中区间为[2,3266]，如图 3-15 所示。对取值在[2,3266]之间的数据做统计分析，对新数据组剔除离群值，得到非离群数据集，再取非异常数据集，对其进行数据统计分析，得到平均下载时长为 192.93 秒，约 3.22 分，这比较符合游戏运营实际情况。

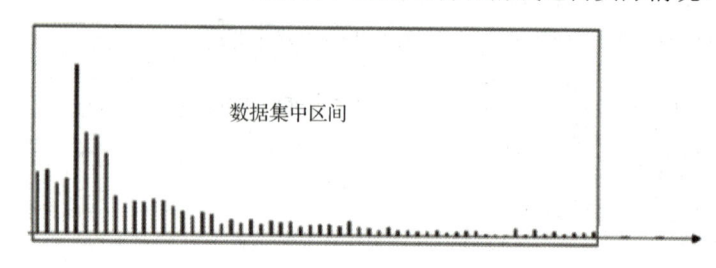

图 3-15　数据集中区间

通过数据分布特征及箱型图的方法来识别剔除噪声数据的方式较为快捷且效果显著，可以作为数据清洗的预清洗步骤。

对于数据中缺失的值，可以删除。比如，餐厅的营业额，有几天在装修，确实没有营业，可以删除；还可以补值，利用均值、中位数、众数、拉格朗日插值等。

【示例 3-44】　检查数据是否缺失。

数据缺失在大部分数据分析应用中都很常见，Pandas 使用浮点值 NaN 表示浮点和非浮点数组中的缺失数据。

代码 3-44：ch3_44_CheckMissingofData

```
01    from pandas import Series,DataFrame
02    string_data=Series(['abcd','efgh','ijkl','mnop'])
03    print(string_data)
04    print("..........\n")
05    print(string_data.isnull())
```

【运行结果】

```
abcd
efgh
ijkl
mnop
dtype: object
..........
False
False
False
False
dtype: bool
```

【程序解析】

➢ 02 行：创建一个列表序列，并赋予初值。

➢ 03 行：打印此序列。

➢ 05 行：检查此序列中是否存在空值。

【示例 3-45】 不滤除缺失的数据，以某值补上，此时可调用 fillna 方法。

代码 3-45：ch3_45_ValueofFill

```
01  from pandas import Series,DataFrame, np
02  from numpy import nan as NA
03  data=DataFrame(np.random.randn(7,3))
04  data.iloc[:4,1]=NA
05  data.iloc[:2,2]=NA
06  print(data)
07  print("..........")
08  print(data.fillna(1))
```

【运行结果】

	0	1	2
0	-1.585863	NaN	NaN
1	-1.327654	NaN	NaN
2	1.056520	NaN	NaN
3	1.088479	NaN	1.200407
4	-1.748290	NaN	0.444176
5	0.779282	-1.182371	-0.904148
6	0.230535	0.257013	0.765797

....

	0	1	2
0	-1.585863	1.000000	1.000000
1	-1.327654	1.000000	1.000000
2	1.056520	1.000000	1.000000
3	1.088479	1.000000	1.200407
4	-1.748290	1.000000	0.444176
5	0.779282	-1.182371	-0.904148
6	0.230535	0.257013	0.765797

【程序解析】

➢ 03 行：创建 7×3 的数组，以生成的随机数填入。

➢ 04 行：将第 2 列 1～5 行的数值置为空。

> 08 行：以 1 填入空值。

【示例 3-46】 通过一个字典调用 fillna，实现对不同列填充不同的值。

代码 3-46：ch3_46_FillValuesofColumns

```
01  from pandas import Series,DataFrame, np
02  from numpy import nan as NA
03  data=DataFrame(np.random.randn(7,3))
04  data.iloc[:4,1]=NA
05  data.idloc[:2,2]=NA
06  print(data)
07  print("..........")
08  print(data.fillna({1:111,2:222}))
```

【运行结果】

	0	1	2
0	0.257589	NaN	NaN
1	0.226378	NaN	NaN
2	-0.320765	NaN	NaN
3	-0.636057	NaN	-0.824705
4	-0.312826	NaN	-0.105112
5	-0.143439	-0.994907	1.336340
6	-0.736261	1.028932	0.651746

....

	0	1	2
0	0.257589	111.000000	222.000000
1	0.226378	111.000000	222.000000
2	-0.320765	111.000000	222.000000
3	-0.636057	111.000000	-0.824705
4	-0.312826	111.000000	-0.105112
5	-0.143439	-0.994907	1.336340
6	-0.736261	1.028932	0.651746

【程序解析】

> 03 行：创建一个 7×3 的数组，并以随机数赋初值。
> 04 行：将数组第 1~5 行的第 2 列置为空值。
> 05 行：将数组第 1~3 行的第 3 列置为空值。
> 08 行：对第 2 列的缺省部分用 111 填充，对第 3 列的缺省部分用 222 填充。

【示例 3-47】 利用 Series 的平均值或中位数进行补值。

代码 3-47：ch3_47_ComplementofAverage

```
01  from pandas import Series,DataFrame, np
02  from numpy import nan as NA
03  data=Series([1.0,NA,3.5,NA,7])
04  print(data)
05  print("..........\n")
06  print(data.fillna(data.mean()))
```

【运行结果】

```
0    1.0
1    NaN
2    3.5
```

```
3     NaN
4     7.0
dtype: float64
..........

0     1.000000
1     3.833333
2     3.500000
3     3.833333
4     7.000000
dtype: float64
```

【程序解析】

➢ 03 行：创建一个序列，内含部分数据为缺省值。

➢ 06 行：利用序列的平均值来填充缺省值。

【示例 3-48】 判断是否存在重复数据。

DataFrame 的 duplicated 方法返回一个布尔型 Series，表示各行是否为重复行。

代码 3-48：ch3_48_JudgeRepeatedofData

```
01  from pandas import Series,DataFrame, np
02  from numpy import nan as NA
03  import pandas as pd
04  import numpy as np
05  data=pd.DataFrame({'k1':['one']*3+['two']*4, 'k2':[1,1,2,2,3,3,4]})
06  print(data)
07  print("........\n")
08  print(data.duplicated())
```

【运行结果】

```
   k1   k2
0  one   1
1  one   1
2  one   2
3  two   2
4  two   3
5  two   3
6  two   4
.........

0    False
1    True
2    False
3    False
4    False
5    True
6    False
dtype: bool
```

【程序解析】

➢ 05 行：键 k1 列取 3 个 one，4 个 two，键 k2 列取值为 1，1，2，2，3，3，4，构成字典。

➢ 08 行：判定字典的取值是否重复出现过。

【示例 3-49】 移除重复数据。

drop_duplicated 方法用于返回一个移除了重复行的 DataFrame。

代码 3-49：ch3_49_RemoveDataofDuplicate

```
01    from pandas import Series,DataFrame, np
02    from numpy import nan as NA
03    import pandas as pd
04    import numpy as np
05    data=pd.DataFrame({'k1':['one']*3+['two']*4, 'k2':[1,1,2,2,3,3,4]})
06    print(data)
07    print("........\n")
08    print(data.drop_duplicated())
```

【运行结果】

```
    k1   k2
    one  1
    one  1
    one  2
    two  2
    two  3
    two  3
    two  4
........
    k1   k2
    one  1
    one  2
    two  2
    two  3
    two  4
```

【程序解析】
➢ 05 行：键 k1 列取 3 个 one，4 个 two，键 k2 列取值为 1，1，2，2，3，3，4，构成字典。
➢ 08 行：将字典的取值重复的项删除。

3.5 数据分析

3.5.1 CSV 文件

CSV（Comma-Separated Value，逗号分隔值）文件以纯文本形式存储表格数据（数字和文本）。纯文本意味着该文件是一个字符序列，不含必须像二进制数字那样被解读的数据。CSV 文件由任意数目的记录组成，记录间以某种换行符分隔；每条记录由字段组成，字段间的分隔符是其他字符或字符串，最常见的是逗号或制表符。通常，所有记录都有完全相同的字段序列。从大型的数据库提取数据到 Excel 软件上进行计算和分析，或者从 Excel 软件导出数据时，都可以选择 CSV 格式。CSV 文件中，第一行称为表头，数据与数据之间以逗号分隔。

例如，Excel 中的一组数据如表 3-6 所示。

表 3-6 Excel 数据示例

年　份	制　造　商	型　号	说　明	价值（元）
2021	Ford	E350	ac,bs,moon	3000
2020	Chevy	Venture"Extended Edition"		4900
2022	Chevy	Venture "Extended Edition Very Large"		5000
2022	Jeep	Grand Cherokee	must sell	4799

将表 3-6 中数据写入 CSV 文件中的形式为：
年份,制造商,型号,说明,价值（元）
2021,Ford,E350,"ac, abs, moon",3000
2020,Chevy,Venture "Extended Edition",,4900
2022,Chevy,Venture "Extended Edition Very Large",,5000
2022,Jeep,Grand Cherokee,must sell,4799

Python 的 csv 模块提供了 open()和 write()方法，可进行 CSV 文件的读取和处理，它们的参数相同。语法如下：

```
import csv                          #导入 csv 模块
csvfile=open('data-text.csv','rb')  #将文件传入 open 函数
reader=csv.reader(csvfile)          #将文件保存在变量 reader 中
for row in reader:                  #使用 for 循环，依次读取 reader 中的每一行数据
    print row
```

【示例 3-50】 读取 CSV 文件。

本例中，"D:\ch3_demo" 文件夹中有 supplier_data.csv 文件。

代码 3-50：ch3_50_Read FileofCSV

```
01  import csv
02  import sys
03  input_file = 'd:\ch3_demo\supplier_data.csv'
04  output_file = 'd:\ch3_demo\supplier_data1.csv'
05  with open(input_file, 'r', newline='') as filereader:
06      with open(output_file, 'w', newline='') as filewriter:
07          header = filereader.readline()
08          header = header.strip()
09          header_list = header.split(',')
10          print(header_list)
11          filewriter.write(','.join(map(str,header_list))+'\n')
12          for row in filereader:
13              row = row.strip()
14              row_list = row.split(',')
15              print(row_list)
16              filewriter.write(','.join(map(str,row_list))+'\n')
```

【运行结果】
['Supplier Name', 'Invoice Number', 'Part Number', 'Cost', 'Purchase Date']
['Supplier X', '001-1001', '2341', '$500.00 ', '1/20/2022']
['Supplier X', '001-1001', '2341', '$500.00 ', '1/20/2022']

... ...

['Supplier Z', '920-4804', '3321', '$615.00 ', '2/10/2022']

['Supplier Z', '920-4805', '3321', '$615.00 ', '2/17/2022']
['Supplier Z', '920-4806', '3321', '$615.00 ', '2/24/2022']

【程序解析】

- 03~04 行：调用 csv 模块的 reader()方法并传入文件对象，然后调用 write()方法执行写入操作。
- 05~06 行：双层 with/as 语句，外层先读取 CSV 文件，再以内层的 with/as 语句写入新的 CSV 文件。
- 12~16 行：for 循环读取 CSV 文件，并用 join()方法将字段与字段之间的数据结构串联。

【示例 3-51】 筛选特定的行。

筛选供应商名字为 Supplier Z 或成本大于$600.00 的行。

代码 3-51：ch3_51_ScreenLines

```
01    import csv
02    import sys
03    input_file = 'd:\\ch3_demo\\supplier_data.csv'
04    output_file = 'd:\\ch3_demo\\supplier_data2.csv'
05    with open(input_file, 'r', newline='') as csv_in_file:
06        with open(output_file, 'w', newline='') as csv_out_file:
07            filereader = csv.reader(csv_in_file)
08            filewriter = csv.writer(csv_out_file)
09            header = next(filereader)
10            filewriter.writerow(header)
11            for row_list in filereader:
12                supplier = str(row_list[0]).strip()
13                cost = str(row_list[3]).strip('$').replace(',', '')
14                if supplier == 'Supplier Z' or float(cost) > 600.0:
15                    filewriter.writerow(row_list)
```

【运行结果】

Supplier Name	Invoice	Number	Part Number Cost	Purchase Date
Supplier X	001-1001	5467	$750.00	1/20/2022
Supplier X	001-1001	5467	$750.00	1/20/2022
Supplier Z	920-4803	3321	$615.00	2/3/2022
Supplier Z	920-4804	3321	$615.00	2/10/2022
Supplier Z	920-4805	3321	$615.00	2/17/2022
Supplier Z	920-4806	3321	$615.00	2/24/2022

【程序解析】

- 09 行：使用 csv 模块的 next()函数读出输入文件的第一行，并赋给名为 header 的列表变量。
- 10 行：将标题写入输出文件。
- 12 行：读取供应商的名称，并赋给 supplier 变量。strip()函数删除字符串两端的空格、制表符和换行符。
- 13 行：读取每行数据中的成本，并赋给名为 cost 的变量。strip('$')从字符中删除美元符号，replace()函数从字符串中删除逗号。
- 14 行：创建了一个 if 语句，筛选出满足条件的行。
- 15 行：使用 filewriter 的 writerow()函数，将满足条件的行写入输出文件。

【示例 3-52】 筛选特定的行。

筛选出所有发票编号开始于"001-"的行。

代码 3-52：ch3_52_ScreenLinesofConditions

```
01  import csv
02  import sys
03  import re
04  input_file = 'd:\\ch3_demo\\supplier_data.csv'
05  output_file = 'd:\\ch3-demo\\supplier_data3.csv'
06  pattern = re.compile(r'(001-.*)')
07  with open(input_file, 'r', newline='') as csv_in_file:
08      with open(output_file, 'w', newline='') as csv_out_file:
09          filereader = csv.reader(csv_in_file)
10          filewriter = csv.writer(csv_out_file)
11          header = next(filereader)
12          filewriter.writerow(header)
13          for row_list in filereader:
14              invoice_number = row_list[1]
15              if pattern.search(invoice_number):
16                  filewriter.writerow(row_list)
```

【运行结果】

Supplier Name	Invoice Number	Part Number	Cost	Purchase Date
Supplier X	001-1001	2341	$500.00	1/20/2022
Supplier X	001-1001	2341	$500.00	1/20/2022
Supplier X	001-1001	5467	$750.00	1/20/2022
Supplier X	001-1001	5467	$750.00	1/20/2022

【程序解析】

➢ 03 行：导入正则表达式（re）模块，这样可使用 re 模块中的函数。

➢ 06 行：使用 re 模块的 compile()函数创建一个名为 pattern 的正则表达式变量。其中，r 表示将单引号之间的模式当作原始字符串来处理。实际模式为 001-.*。

➢ 14 行：使用列表索引从行中取出发票编号，并赋给变量 invoice_number。

➢ 15 行：使用 re 模块的 search()函数在 invoice_number 的值中寻找模式。

【示例 3-53】 统计文件数及文件中的行列计数。

代码 3-53：ch3_53_CountNumbersofRanks

```
01  import csv
02  import glob
03  import os
04  import string
05  import sys
06  pa="d:\\ch3_demo\\csv"
07  file_counter = 0
08  for input_file in glob.glob(os.path.join(pa,'sales_*')):
09      row_counter = 1
10      with open(input_file, 'r', newline='') as csv_in_file:
11          filereader = csv.reader(csv_in_file)
12          header = next(filereader)
13          for row in filereader:
14              row_counter += 1
15      print('{0!s}: \t{1:d} rows \t{2:d} columns'.format(\
16          os.path.basename(input_file), row_counter, len(header)))
```

```
17        file_counter += 1
18    print('Number of files: {0:d}'.format(file_counter))
```

【运行结果】

sales_february_2022.csv: 7 rows   5 columns
sales_january_2022.csv: 7 rows   5 columns
sales_march_2022.csv: 7 rows   5 columns
Number of files: 3

【程序解析】

- 06 行：设定文件路径为 d:\ch3_demo\csv。
- 08 行：对指定路径下前缀为 sales_ 的所有文件进行处理。
- 10 行：打开文件。
- 11 行：输出文件的首行。
- 13 行：对文件的每条记录进行统计计数。
- 15 行：输出每个文件的文件名、记录数、属性数。
- 18 行：输出总文件数。

【示例 3-54】 CSV 文件的数据统计。

对于每个 CSV 文件，需要计算一些统计量。Python 可为多个文件计算某列的总和及平均值。

代码 3-54：ch3_54_StatisticsFilesofCSV

```
01  import csv
02  import glob
03  import os
04  import string
05  import sys
06  input_path = "d:\\ch3_demo\\csv"
07  output_file ="d:\\ch3_demo\\csv\\output.csv"
08  output_header_list = ['file_name', 'total_sales', 'average_sales']
09  csv_out_file = open(output_file, 'a', newline='')
10  filewriter = csv.writer(csv_out_file)
11  filewriter.writerow(output_header_list)
12  for input_file in glob.glob(os.path.join(input_path,'sales_*')):
13      with open(input_file, 'r', newline='') as csv_in_file:
14          filereader = csv.reader(csv_in_file)
15          output_list = [ ]
16          output_list.append(os.path.basename(input_file))
17          header = next(filereader)
18          total_sales = 0.0
19          number_of_sales = 0.0
20          for row in filereader:
21              sale_amount = row[3]
22              total_sales += float(str(sale_amount).strip('$').replace(',',''))
23              number_of_sales += 1.0
24          average_sales = '{0:.2f}'.format(total_sales / \number_of_sales)
25          output_list.append(total_sales)
26          output_list.append(average_sales)
27          filewriter.writerow(output_list)
28  csv_out_file.close()
```

【运行结果】

file_name	total_sales	average_sales
sales_february_2022.csv	9375	1562.5
sales_january_2022.csv	8992	1498.67
sales_march_2022.csv	10139	1689.83

【程序解析】

- 08 行：定义了输出文件的列标题。
- 09 行：打开输出文件 d:\ch3_demo\csv\output.csv。若此文件不存在，则新建此文件并打开。
- 10 行：创建一个 filewriter 对象。
- 11 行：将标题写入输出文件。
- 12 行：依次从给定路径上以 sales_开头的文件列表中取出文件。
- 15 行：创建一个空列表 output_list。
- 16 行：将输入文件的文件名写入列表 output_list。
- 17 行：使用 next()函数除去每个输入文件的标题行。
- 21 行：使用列表索引取出第 4 列的销售额数据。
- 22 行：将 sale_amount 值转化为 str 型，并利用 strip()函数除去$，利用 replace()函数将逗号去掉。处理后的值再转化为 float 型并添加到 total_sales。
- 25~26 行：将 total_sales、average_sales 的值写入 output_list 列表中去。
- 27 行：将 output_list 作为一行写入 filewriter 中去。

3.5.2 Excel 文件

与 Python 的 csv 模块不同，Python 没有处理 Excel 文件的标准模块，此时需要导入 xlrd 和 xlwt 两个扩展包。

注：由于 Python 与 xlrd 版本的匹配问题，若代码 3-55~代码 3-58 调试出现问题，其解决方法如下：

（1）查找 xlrd\xlsx.py 所在位置：Win+R→cmd→pip show xlrd。
（2）打开 xlsx.py 文件，将代码中所有的 getiterator()方法替换为 iter()，保存即可。

【示例 3-55】 查看工作簿的信息。

代码 3-55：ch3_55_ViewInformationof Workbook

```
01  import sys
02  from xlrd import open_workbook
03  input_file = "d:\\ch3_demo\\excel\\sales_2020.xlsx"
04  workbook = open_workbook(input_file)
05  print('Number of worksheets:', workbook.nsheets)
06  for worksheet in workbook.sheets():
07      print("Worksheet name:", worksheet.name, "\tRows:", \
08            worksheet.nrows, "\tColumns:", worksheet.ncols)
```

【运行结果】

```
Number of worksheets: 3
Worksheet name: january_2020     Rows: 7    Columns: 5
Worksheet name: february_2020    Rows: 7    Columns: 5
Worksheet name: march_2020       Rows: 7    Columns: 5
```

【程序解析】

➢ 02 行：导入 xlrd 模块的 open_workbook()函数来读取和分析 Excel 文件。

➢ 04 行：打开一个 Excel 文件并赋给 workbook 对象。

➢ 05 行：输出 Excel 文件的工作表的数目。

➢ 06~08 行：输出每一个工作表的名称、行数及列数。

【示例 3-56】 筛选满足一定条件的行记录。

利用 Python 筛选出 sale_amount 在$1400 到$1500 之间的记录。

代码 3-56：ch3_56_ScreenRecords

```
01  import sys
02  from datetime import date
03  from xlrd import open_workbook, xldate_as_tuple
04  from xlwt import Workbook
05  input_file = "d:\\ch3_demo\\excel\\sales_2020.xlsx"
06  output_file = "d:\\ch3_demo\\excel\\output1.xlsx"
07  output_workbook = Workbook()
08  output_worksheet = output_workbook.add_sheet('jan_2020_output')
09  sale_amount_column_index = 3
10  with open_workbook(input_file) as workbook:
11      worksheet = workbook.sheet_by_name('january_2020')
12      data = []
13      header = worksheet.row_values(0)
14      data.append(header)
15      for row_index in range(1,worksheet.nrows):
16          row_list = []
17          sale_amount = worksheet.cell_value(row_index, sale_amount_\ column_index)
18          if sale_amount > 1400.0  and   sale_amount < 1500.0 :
19              for column_index in range(worksheet.ncols):
20                  cell_value = worksheet.cell_value(row_index,\column_ index)
21                  cell_type = worksheet.cell_type(row_index,\ column_ index)
22                  if cell_type == 3:
23                      date_cell = xldate_as_tuple(cell_value,\workbook. datemode)
24                      date_cell = date(*date_cell[0:3]).\strftime ('%m/%d/%Y')
25                      row_list.append(date_cell)
26                  else:
27                      row_list.append(cell_value)
28          if row_list:
29              data.append(row_list)
30      for list_index, output_list in enumerate(data):
31          for element_index, element in enumerate(output_list):
32              output_worksheet.write(list_index, \element_index, element)
33  output_workbook.save(output_file)
```

【运行结果】

Customer ID	Customer Name	Invoice Number	Sale Amount	Purchase Date
2345	Mary Harrison	100-0003	1425	01/06/2020

【程序解析】

➢ 07 行：创建一个工作簿。

> 08 行：给工作簿增加一个名为 jan_2020_output 的工作表。
> 10 行：开始处理打开的工作簿。
> 11 行：将打开的工作簿中名为 january_2020 的工作表记为 worksheet。
> 12 行：创建一个空列表 data 用于存放满足条件的行记录。
> 13 行：取出标题行中的值。
> 14 行：将标题行中的值存入 data 列表中。
> 15 行：依次处理工作表中第一条到最后一条记录。
> 17 行：创建了一个变量 sale_amount 来存放行中的销售额。
> 18 行：判定条件。
> 19 行：创建了一个 for 循环，用来处理满足条件的行。先取出单元格的值赋给 cell_value，单元格的格式赋给 cell_type，如果单元格的格式是日期型，就将这个值格式化成日期类型数据，然后添加到 row_list 中去。
> 29 行：将 row_list 列表的值增加到 data 列表中。
> 30~32 行：对 data 中的各列表之间和列表中的各个值之间进行迭代，将这些值写入输出文件。

【示例 3-57】 一组工作表的处理。

当要同时处理一组工作表中的数据时，可使用函数 sheet_by_index 或 sheet_by_name 来引用。现要从第一个和第二个工作表中筛选出销售额大于$1900.00 的那些行。

代码 3-57：ch3_57_ProcessWorksheets

```
01    import sys
02    from datetime import date
03    from xlrd import open_workbook, xldate_as_tuple
04    from xlwt import Workbook
05    input_file = "d:\\ch3_demo\\excel\\sales_2020.xlsx"
06    output_file = "d:\\ch3_demo\\excel\\output2.xlsx"
07    output_workbook = Workbook()
08    output_worksheet = output_workbook.add_sheet('set_of_worksheets')
09    my_sheets = [0,1]
10    threshold = 1900.0
11    sales_column_index = 3
12    first_worksheet = True
13    with open_workbook(input_file) as workbook:
14        data = []
15        for sheet_index in range(workbook.nsheets):
16            if sheet_index in my_sheets:
17                worksheet = workbook.sheet_by_index(sheet_index)
18                if first_worksheet:
19                    header_row = worksheet.row_values(0)
20                    data.append(header_row)
21                    first_worksheet = False
22                for row_index in range(1,worksheet.nrows):
23                    row_list = []
24                    sale_amount = worksheet.cell_value(row_index,\ sales_column_index)
25                    if sale_amount > threshold:
26                        for column_index in range(worksheet.ncols):
```

```
27                              cell_value = worksheet.cell_value(\row_index, column_index)
28                              cell_type = worksheet.cell_type(\row_index, column_index)
29                              if cell_type == 3:
30                                  date_cell = xldate_as_tuple(\cell_value, workbook.datemode)
31                                  date_cell = date(*date_cell[0:3]).\ strftime('%m/%d/%Y')
32                                  row_list.append(date_cell)
33                              else:
34                                  row_list.append(cell_value)
35                          if row_list:
36                              data.append(row_list)
37          for list_index, output_list in enumerate(data):
38              for element_index, element in enumerate(output_list):
39                  output_worksheet.write(list_index, \element_index, element)
40          output_workbook.save(output_file)
```

【运行结果】

Customer ID	Customer Name	Invoice Number	Sale Amount	Purchase Date
6789	Samantha Donaldson	100-0007	1995	01/31/2020
7654	Roger Lipney	100-0010	2135	02/15/2020

【程序解析】

➤ 09 行：创建一个列表，表示要处理的工作簿中工作表的索引号。

➤ 10 行：设定要处理的销售额的值。

➤ 11 行：表示要处理记录的列索引值。

➤ 13 行：打开要处理的工作簿文件。

➤ 15 行：依次从第一张工作表处理到最后一张工作表。

➤ 16 行：如果需要处理的工作表在工作簿中。

➤ 18 行：如果处理的是第一张工作表，将标题追加到 data 中去。

➤ 22 行：从第一条记录依次处理到最后一条记录。

➤ 24 行：对第 4 列销售额进行判别处理。

➤ 25 行：如果满足条件，则满足条件的记录先存入 row_list 列表中，对日期型数据还需进行格式处理。

➤ 36 行：将 row_list 列表的值存入 data 列表中。

【示例 3-58】 多个工作簿的处理。

Python 可为多个工作簿进行统计计算。

代码 3-58：ch3_58_ProcessWorkbooks

```
01  import glob
02  import os
03  import sys
04  from datetime import date
05  from xlrd import open_workbook, xldate_as_tuple
06  from xlwt import Workbook
07  input_folder = "d:\\ch3_demo\\excel"
08  output_file = "d:\\ch3_demo\\excel\\output3.xlsx"
09  output_workbook = Workbook()
10  output_worksheet = output_workbook.add_sheet('sums_and_averages')
11  all_data = []
```

```
12    sales_column_index = 3
13    header = ['workbook', 'worksheet', 'worksheet_total', 'worksheet_\ average', \
14                'workbook_total', 'workbook_average']
15    all_data.append(header)
16    for input_file in glob.glob(os.path.join(input_folder, '*.xls*')):
17            with open_workbook(input_file) as workbook:
18                    list_of_totals = []
19                    list_of_numbers = []
20                    workbook_output = []
21                    for worksheet in workbook.sheets():
22                            total_sales = 0
23                            number_of_sales = 0
24                            worksheet_list = []
25                            worksheet_list.append(os.path.basename(input_file))
26                            worksheet_list.append(worksheet.name)
27                            for row_index in range(1, worksheet.nrows):
28                                    try:
29                                            total_sales += float(
30                                                str(worksheet.cell_value(row_index, \
31                                                  sales_column_index)).strip('$').replace\ (',', ''))
32                                            number_of_sales += 1.
33                                    except:
34                                            total_sales += 0.
35                                            number_of_sales += 0.
36                            average_sales = '%.2f' % (total_sales / number_of_sales)
37                            worksheet_list.append(total_sales)
38                            worksheet_list.append(float(average_sales))
39                        list_of_totals.append(total_sales)
40                        list_of_numbers.append(float(number_of_sales))
41                        workbook_output.append(worksheet_list)
42                    workbook_total = sum(list_of_totals)
43                    workbook_average = sum(list_of_totals) / sum(list_of_\ numbers)
44                    for list_element in workbook_output:
45                            list_element.append(workbook_total)
46                            list_element.append(workbook_average)
47                    all_data.extend(workbook_output)
48    for list_index, output_list in enumerate(all_data):
49        for element_index, element in enumerate(output_list):
50            output_worksheet.write(list_index, \element_index, element)\
51                    output_workbook.save(output_file)
```

【运行结果】

workbook	worksheet	worksheet_total	worksheet_average	workbook_total	workbook_average
output1.xlsx	jan_2020_output	1425	1425	1425	1425
output2.xlsx	set_of_worksheets	4130	2065	4130	2065
sales_2020.xlsx	january_2020	8992	1498.67	28506	1583.666667
sales_2020.xlsx	february_2020	9375	1562.5	28506	1583.666667
sales_2020.xlsx	march_2020	10139	1689.83	28506	1583.666667
sales_2021.xlsx	january_2021	260221	43370.17	465386	25854.77778
sales_2021.xlsx	february_2021	103656	17276	465386	25854.77778

sales_2021.xlsx	march_2021	101509	16918.17	465386	25854.77778
sales_2022.xlsx	january_2022	3201	533.5	304253	16902.94444
sales_2022.xlsx	february_2022	55007	9167.83	304253	16902.94444
sales_2022.xlsx	march_2022	246045	41007.5	304253	16902.94444

【程序解析】

> 07 行：d:\\ch3_demo\\excel 下有 3 个工作簿。
> 08 行：将统计计算的结果存入 d:\\ch3_demo\\excel\\output3.xlsx 中去。此文件若存在则打开，若不存在则新建此文件。
> 09 行：创建一工作簿 output_workbook。
> 13 行：为统计结果的表头。
> 16 行：使用 Python 内置的 glob 模块和 os 模块创建一个要处理的输入文件列表，并对这个输入文件列表应用 for 循环，对所有要处理的工作簿进行迭代。

3.6 图像处理

数字图像处理技术是利用将图像信号转换成数字信号、图像数据去噪、图形分割、图像数据增强等手段根据需求对图像数据进行处理的技术。数字图像处理技术主要包括如下内容：几何处理、图像增强、图像复原、图像重建、图像编码、图像识别、图像理解等。

3.6.1 数字图像处理技术

数字图像处理技术主要涉及以下几个方面：

- 图像变换。由于图像阵列很大，直接在空间域中进行处理，涉及的计算量很大。因此，往往采用各种图像变换的方法，如傅里叶变换、沃尔什变换、离散余弦变换等间接处理技术，将空间域的处理转换为变换域处理，不仅可减少计算量，而且可获得更有效的处理（如傅里叶变换可在频域中进行数字滤波处理）。
- 图像编码压缩。图像编码压缩技术可减少描述图像的数据量（即比特数），以便节省图像传输、处理时间和减少所占用的存储器容量。
- 图像增强和复原图像。增强和复原的目的是提高图像的质量，如去除噪声、提高图像的清晰度等。图像增强不考虑图像降质的原因，突出图像中所感兴趣的部分。如强化图像高频分量，可使图像中物体轮廓清晰，细节明显；如强化低频分量，可减少图像中噪声影响。图像复原要求对图像降质的原因有一定的了解，一般应根据降质过程建立"降质模型"，再采用某种滤波方法，恢复或重建原来的图像。
- 图像分割。图像分割是数字图像处理中的关键技术之一。图像分割是将图像中有意义的特征部分提取出来，其有意义的特征有图像的边缘、区域等，这是进一步进行图像识别、分析和理解的基础。
- 图像描述。图像描述是图像识别和理解的必要前提。作为最简单的二值图像可采用其几何特性描述物体的特性，一般图像的描述方法采用二维形状描述，它有边界描述和区域描述两类方法。对于特殊的纹理图像可采用二维纹理特征描述。随着图像处理研究的深入发展，人们已经开始进行三维物体描述的研究，提出了体积描述、表面描述、广义圆柱体描述等方法。

- 图像分类（识别）。图像分类（识别）属于模式识别的范畴，其主要内容是图像经过某些预处理（增强、复原、压缩）后，进行图像分割和特征提取，从而进行判别分类。

3.6.2 图像格式的转化

在数字图像处理中，针对不同的图像格式有其特定的处理算法。所以，在做图像处理之前，需要考虑是基于哪种格式的图像进行算法设计及其实现。通过 Python 中的图像处理库 PIL 可实现不同图像格式的转换。

对于彩色图像，不管其图像格式是 PNG，还是 BMP，或者 JPG，在 PIL 中，使用 Image 模块的 open()函数打开后，返回的图像对象的模式都是"RGB"。而对于灰度图像，不管其图像格式是 PNG，还是 BMP，或者 JPG，打开后，其模式为"L"。

对于 PNG、BMP 和 JPG 彩色图像格式之间的互相转换都可以通过 Image 模块的 open()和 save()函数来完成。具体地说就是，在打开这些图像时，PIL 会将它们解码为三通道的"RGB"图像。用户可以基于这个"RGB"图像，通过 Image 模块的 convert()函数，对不同模式图像之间的格式进行转换。处理完毕，使用 save()函数，可以将处理结果保存成 PNG、BMP 和 JPG 中的任何格式。这样也就完成了几种格式之间的转换。同理，其他格式的彩色图像也可以通过这种方式完成转换。PIL 中有 9 种不同模式，分别为 1、L、P、RGB、RGBA、CMYK、YCbCr、I、F。下面介绍其中几种。

- 模式"1"为二值图像，非黑即白。但是它每个像素用 8 个 bit 表示，0 表示黑，255 表示白。

【示例 3-59】 将模式为"RGB"的图像转换为模式为"1"的图像。

代码 3-59：ch3_59_ImageTransformationofPattern1

```
01  from PIL import Image
02  lena =Image.open("D:\\ch3_demo\\scene.jpg")
03  lena.show()
04  print(lena.mode)
05  print(lena.getpixel((0,0)))
06  lena_1 = lena.convert("1")
07  print(lena_1.mode)
08  print(lena_1.size)
09  print(lena_1.getpixel((0,0)))
10  print(lena_1.getpixel((10,10)))
11  lena_1.show()
```

【运行结果】
RGB
(34, 86, 188)
1
(1200, 800)
0
255
255
0

【程序解析】
➢ 06 行：将图像转化为二值图像，如图 3-16 所示。

- 模式"L"为灰度图像，它的每个像素用 8 个 bit 表示，0 表示黑，255 表示白，其他数字表示不同的灰度。在 PIL 中，从模式"RGB"转换为模式"L"是按照下面的公式转换的：
  $L = R×299/1000 + G×587/1000+ B×114/1000$。
- 模式"P"为 8 位彩色图像，它的每个像素用 8 个 bit 表示，其对应的彩色值是按照调色板查询出来的。

图 3-16 二值图像

- 模式"RGBA"为 32 位彩色图像，它的每个像素用 32 个 bit 表示，其中 24bit 表示红色、绿色和蓝色三个通道，另外 8bit 表示 Alpha 通道，即透明通道。
- 模式"CMYK"为 32 位彩色图像，它的每个像素用 32 个 bit 表示。模式"CMYK"就是印刷四分色模式，它是彩色印刷时采用的一种套色模式。
- 模式"YCbCr"为 24 位彩色图像，它的每个像素用 24 个 bit 表示。其中，Y 是亮度分量，Cb 是蓝色色度分量，而 Cr 是红色色度分量。模式"RGB"转换为"YCbCr"的近似公式如下：

  $Y = 0.257×R+0.564×G+0.098×B+16$

  $Cb = -0.148×R-0.291×G+0.439×B+128$

  $Cr = 0.439×R-0.368×G-0.071×B+128$

- 模式"I"为 32 位整型灰度图像，它的每个像素用 32 个 bit 表示，0 表示黑，255 表示白，(0,255)之间的数字表示不同的灰度。在 PIL 中，从模式"RGB"转换为模式"I"是按照下面的公式转换的：

  $I=R×299/1000+G×587/1000+B×114/1000$

【示例 3-60】 将模式为"RGB"的图像转换为模式为"I"的图像。

代码 3-60：ch3_60_ImageTransformationofPatternL

```
01    from PIL import Image
02    lena =Image.open("D:\\ch3_demo\\scene.jpg")
03    lena.show()
04    print(lena.mode)
05    print(lena.getpixel((0,0)))
06    lena_i = lena.convert("I")
07    print(lena_i.mode)
08    print(lena_i.size)
09    print(lena_i.getpixel((0,0)))
10    lena_i.show()
```

【运行结果】
RGB
(34, 86, 188)
I
(1200, 800)
82

【程序解析】

➢ 06 行：将图像转化为灰度图像，如图 3-17 所示。

图 3-17　灰度图像

3.6.3 Python 图像处理

在 D 盘下存一张图像 D:\ch3_demo\scene.jpg，如图 3-18 所示。

图 3-18　scene.jpg 图

【示例 3-61】　加载图像及分离各通道的图像。
代码 3-61：ch3_61_SeparationChannelofImage

```
01    import numpy as np
02    import matplotlib.pylab as plt
03    im = plt.imread("d:\\ch3_demo\\scene.jpg")
04    print(im.shape)
05    fig, axs = plt.subplots(nrows=1, ncols=3, figsize=(15,15))
06    for c, ax in zip(range(3), axs):
07        tmp_im = np.zeros(im.shape)
```

```
08        tmp_im[:,:,c] = im[:,:,c]
09        one_channel = im[:,:,c].flatten()
10        print("channel", c, " max = ", max(one_channel), "min = ", \
11                min(one_channel),\ax.imshow(tmp_im))
12    ax.set_axis_off()
13    plt.show()
```

【运行结果】

结果如图 3-19 所示。

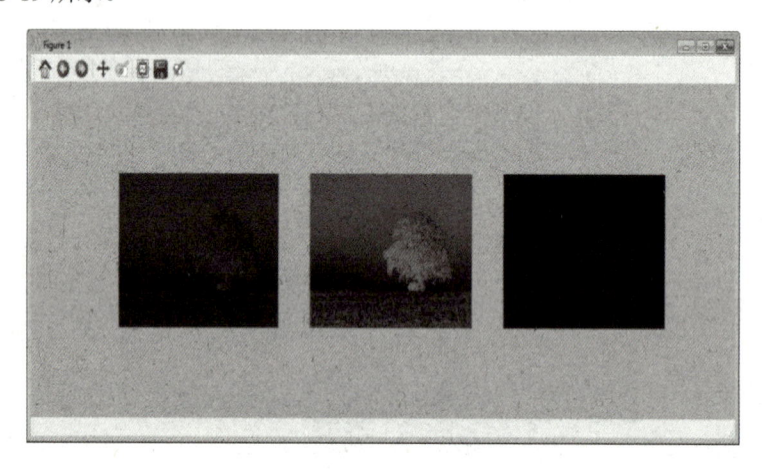

图 3-19　scene 各颜色通道图

【程序解析】

➢ 03 行：加载图像。
➢ 04 行：输出图像尺寸。
➢ 05 行：将一张图分为 1×3 个子图，axs 为各子图对象构成的列表。
➢ 06 行：使用 zip 来同时循环 3 通道和 3 个子图对象，figsize 为显示窗口的横纵比。
➢ 07 行：初始化一个和原图像大小相同的三维数组。
➢ 09 行：索引该通道并展平至一维，输出该通道最大和最小的像素值。
➢ 10 行：在子图上绘制。
➢ 12 行：去掉子图坐标轴。

【示例 3-62】　提取出某个矩形大小的图像。

代码 3-62：ch3_62_ExtractSizeofImage

```
01    from pylab import *
02    im=Image.open("d:\\ch3_demo\\scene.jpg")
03    im.show()
04    box=(500,500,700,700)
05    region=im.crop(box)
06    region.show()
07    region=region.transpose(Image.ROTATE_180)
08    region.show()
09    im.paste(region,box)
10    im.show()
```

【运行结果】

结果如图 3-20 所示。

【程序解析】

➢ 02 行：打开图像。
➢ 03 行：显示图像。
➢ 05 行：取子图。
➢ 07 行：旋转子图。
➢ 09 行：粘贴子图。

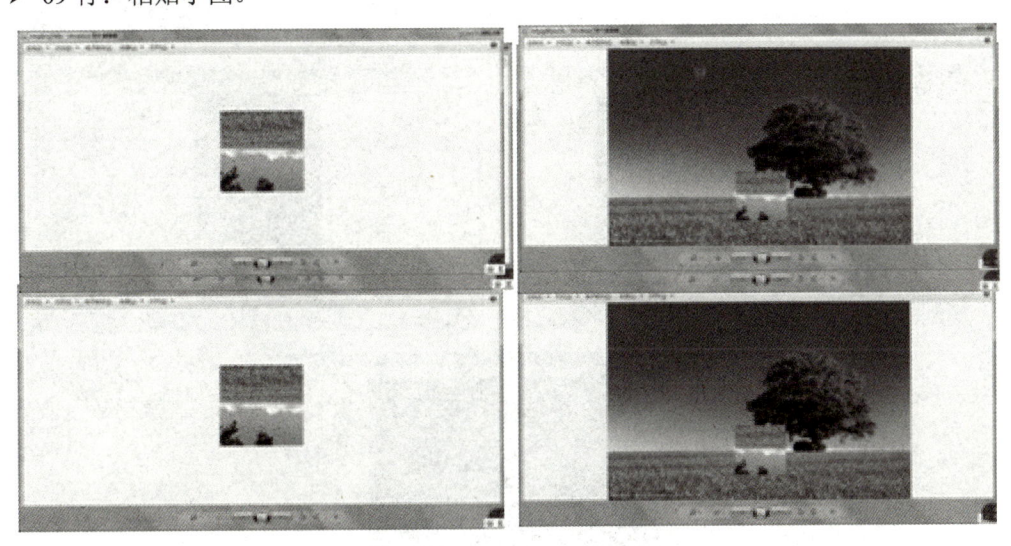

图 3-20 scene 提取图

【示例 3-63】   图像的旋转。

代码 3-63：ch3_63_TranferofImage

```
01    from PIL import Image
02    from pylab import *
03    im=Image.open("d:\\ch3_demo\\scene.jpg")
04    out = im.resize((128, 128))
05    out.show()
06    out = im.rotate(45)
07    out.show()
08    out = im.transpose(Image.FLIP_LEFT_RIGHT)
09    out.show()
10    out = im.transpose(Image.FLIP_TOP_BOTTOM)
11    out.show()
12    out = im.transpose(Image.ROTATE_90)
13    out.show()
```

【运行结果】

结果如图 3-21 所示。

【程序解析】

➢ 03 行：打开图像。
➢ 04 行：改变大小。
➢ 06 行：旋转 45°。
➢ 08 行：左右对换。
➢ 10 行：上下对换。
➢ 12 行：旋转 90°。

图 3-21 scene 旋转图

【示例 3-64】 图像的灰化。

代码 3-64：ch3_64_CinerationofImage

```
01    from PIL import Image
02    from pylab import *
03    im=Image.open("d:\\ch3_demo\\scene.jpg")
04    im.show()
05    #from PIL import Image
06    #from pylab import *
07    im = array(Image.open("d:\\ch3_demo\\scene.jpg").convert('L'))
08    im2 = 255 - im
09    im3 = (100.0/255) * im + 100
10    im4 = 255.0 * (im/255.0)**2
11    subplot(221)
12    title('f(x) = x')
13    gray()
14    imshow(im)
15    subplot(222)
16    title('f(x) = 255 - x')
17    gray()
18    imshow(im2)
19    subplot(223)
20    title('f(x) = (100/255)*x + 100')
```

```
21    gray()
22    imshow(im3)
23    subplot(224)
24    title('f(x) =255 *(x/255)^2')
25    gray()
26    imshow(im4)
27    print(int(im.min()),int(im.max()))
28    print(int(im2.min()),int(im2.max()))
29    print(int(im3.min()),int(im3.max()))
30    print(int(im4.min()),int(im4.max()))
31    show()
```

【运行结果】

结果如图 3-22 所示。

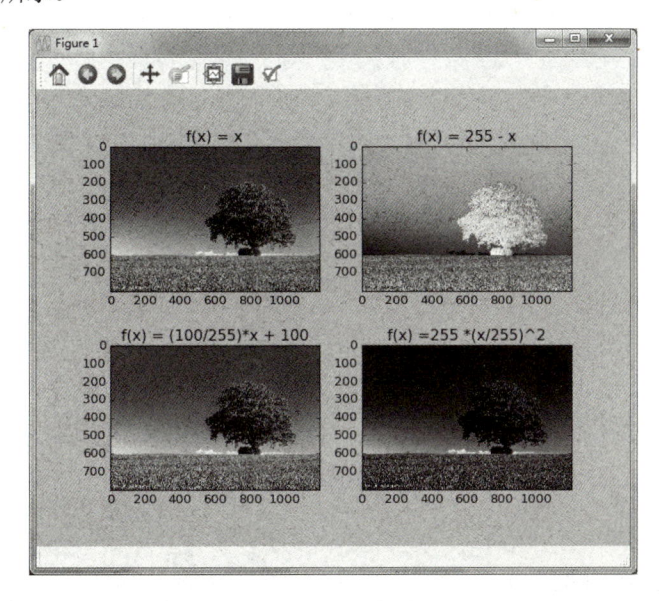

图 3-22　scene 灰化图

【程序解析】

➢ 07 行：读取图片，灰度化，并转为数组。

➢ 08 行：对图像进行反相处理。

➢ 09 行：将图像像素值变换到（100，200）区间。

➢ 11 行：对图像像素值求平方后得到的图像，显示结果使用第一个，即显示原灰度图。

➢ 15 行：显示结果使用第二个，即显示反相图。

➢ 19 行：显示结果使用第三个，即显示 100～200 图。

➢ 24 行：显示结果使用第四个，即显示二次函数变换图。

【示例 3-65】　图像像素的调整。

代码 3-65：ch3_65_AdjustPixelofImage

```
01    from PIL import Image
02    im=Image.open("d:\\ch3_demo\\scene.jpg")
03    im.show()
04    w,h=im.size
      print('调整前像素')
```

```
05    print(w)
06    print(h)
07    out = im.resize((800,800),Image.ANTIALIAS)
08    out.show()
09    w1,h1=out.size
      print('调整后像素')
10    print(w1)
11    print(h1)
```

【运行结果】

调整前像素：

1200

800

调整后像素：

800

800

结果如图 3-23 所示。

图 3-23　像素调整后的图像

【程序解析】

➢ 04 行：获取原图像的大小。

➢ 07 行：将图像像素调整为 800×800。

➢ 09 行：获取调整后图像的大小。

第 4 章 机器学习及其典型算法应用

我国对 AI 技术的发展所做的贡献举世瞩目，2022 年度 AIRankings 榜单对全世界的高校和机构按 AI 的实力排出了先后名次。其中清华、北大位列前三，中国科学院位列第六。同时在全球权威市场研究与咨询机构 Forrester 发布的《*Now Tech: Predictive Analytics And Machine Learning In China，Q3 2020*》（PAML，两年一次）研究报告中阿里云、浪潮、百度、腾讯云等企业入选机器学习全球大型厂商。

机器学习（ML）是实现 AI 的一套方法的总称，是一门多领域交叉学科，涉及概率论、统计学、逼近论、凸分析、算法复杂度理论等多门学科。机器学习专门研究计算机怎样模拟或实现人类的学习行为，以获取新的知识或技能，重新组织已有的知识结构使之不断改善自身的性能。近二十年，机器学习在数据分析、产品检验、网络搜索、语音识别、计算机视觉、医学等众多领域得到广泛应用。

4.1 机器学习简介

4.1.1 基本含义

机器学习的"机器"是指包含硬件和软件的计算机系统。所有机器学习都基于算法，一般来说，算法是计算机用来解决问题的特定指令集，在机器学习中，算法是关于如何使用统计分析数据的规则。机器学习系统使用这些规则来识别数据输入和期望输出（通常是预测）之间的关系。与传统的为解决特定任务硬编码的软件程序不同，机器学习用大量的数据来"训练"（数据驱动），通过各种算法从数据中学习如何完成任务。以垃圾邮件检测为例，任务是根据邮箱中的邮件，识别哪些是垃圾邮件，哪些是正常邮件。垃圾邮件的检测需要指定一些规则。例如，事先指定一些可能为垃圾邮件的链接，若邮箱中再出现该链接，该邮件很有可能就是垃圾邮件。随着规则的增多，垃圾邮件检测系统也变得更为复杂，所以需要计算机能够自动地从数据的某些特征中学习到更准确的垃圾邮件检测规则。

从技术实现的角度看，机器学习就是通过算法与模型训练，使机器从已有数据（训练数据集）中自动分析、习得规律（模型与参数），再利用规律对未知数据进行预测。机器学习的应用已遍及 AI 的各个分支，如专家系统、自动推理、自然语言理解、模式识别、计算机视觉、智能机器人等领域。

4.1.2 应用场景

机器学习处理的数据主要有结构化数据和非结构化数据。结构化数据是用二维表结构来逻辑表达和实现的数据，严格地遵循数据格式与长度规范，主要通过关系型数据库进行存储和管理，如企业 ERP、财务系统、医疗 HIS 数据库、教育一卡通、政府行政审批和其他核心数据库等。非结构化数据是数据结构不规则或不完整，没有预定义的数据模型，不方便用数据库二维逻辑表来表现的数据，如文本、语音、图像和视频等类型。不同类型的数据有不同的应用场景。

1. 文本数据

文本数据也可称为字符型数据，如英文字母、汉字、不作为数值使用的数字（以单引号开头）和其他可输入的字符。超文本是文本数据的另一种形式，包含标题、作者、超链接、摘要和内容等信息。文本数据的应用场景包含垃圾邮件检测、信用卡欺诈检测和电子商务决策等领域。

- 垃圾邮件检测：根据邮箱中的邮件，识别哪些是垃圾邮件，哪些不是垃圾邮件，可以用来归类垃圾邮件和非垃圾邮件。
- 信用卡欺诈检测：根据用户一个月内的信用卡交易信息，识别哪些交易是该用户的操作，哪些不是该用户的操作，可以用来找到欺诈交易。
- 电子商务决策：根据一个用户的购物记录和冗长的收藏清单，识别出哪些是该用户真正感兴趣并且愿意购买的产品，可以为用户提供建议并鼓励该用户进行相关产品消费。

2. 语音数据

语音数据是指通过语音来记录的数据以及通过语音来传输的信息，也可称为声音文件。语音数据的应用场景包含语音识别、语音合成、语音交互、机器翻译、声纹识别等领域。

- 语音识别：让机器通过识别和理解过程把语音信号转变为相应的文本或命令的技术。例如，从一个用户的话语中确定用户提出的具体要求，可以自动填充用户需求。
- 语音合成：通过机械的、电子的方法产生人造语音的技术。例如，从外部输入的文字信息转变为可以听得懂的、流利的汉语口语输出。
- 语音交互：基于语音输入的新一代交互模式，通过说话就可以得到反馈结果，典型的应用场景是语音助手，如 iPhone 推出的 Siri。
- 机器翻译：又称为自动翻译，是利用计算机将一种自然语言（源语言）转换为另一种自然语言（目标语言）的过程，如有道词典等翻译软件。
- 声纹识别：把声信号转换成电信号，再用计算机进行识别，也称为说话人识别。声纹识别分为说话人辨认和说话人确认两类。不同的任务和应用会使用不同的声纹识别技术，如缩小刑侦范围时可能需要辨认技术，而银行交易时则需要确认技术。

3. 图像数据

图像识别是机器学习领域非常核心的一个研究方向。图像识别的应用场景包含文字识别、指纹识别、人脸识别和形状识别等领域。

- 文字识别：利用计算机自动识别字符的技术，是模式识别应用的一个重要领域，一般包括文字信息的采集、信息的分析与处理、信息的分类判别等几个部分。
- 指纹识别：通过比较不同指纹的细节特征点来进行鉴别，涉及图像处理、模式识别、计算机视觉、数学形态学、小波分析等众多学科。
- 人脸识别：基于人的脸部特征信息进行身份识别的一种生物识别技术。人脸识别是用摄像机或摄像头采集含有人脸的图像，并自动在图像中检测和跟踪人脸，进而对检测到的人脸进行脸部识别的一系列相关技术，通常也称为人像识别、面部识别。例如，根据相册中的众多数码照片，识别出哪些包含某个人的照片。这样的决策模型可以自动地根据人脸管理照片。

- 形状识别：物体的形状识别是模式识别的重要方向，广泛应用于图像分析、机器视觉和目标识别等领域。例如，根据用户在触摸屏上的手绘和一个已知的形状资料库，判断用户想描绘的形状。这样的决策模型可以显示该形状的理想版本，用以绘制清晰的图像。

4. 视频数据

视频可以看作特定场景下连续的图像（每秒几十幅），视频比图像数据维度更高、信息量更多、处理难度更大。视频应用场景包含智能监控和计算机视觉等领域。

- 智能监控：将视频转换成图像的处理，首先要提取视频中的运动物体，然后再对提取的运动物体进行跟踪，涉及监控视频的去模糊、去雾、夜视增强、视频浓缩等步骤。
- 计算机视觉：利用摄像机和计算机模仿人类视觉（眼睛与大脑）实现对目标的分割、分类、识别、跟踪、决策等功能的 AI 技术。它的研究目标是使计算机具有通过二维图像认知三维环境信息的能力，即在基本图像处理的基础上，进一步进行图像识别、图像（视频）理解和场景重构。

4.1.3 机器学习类型

机器学习从不同的视角可以划分为不同的类型。

从学习形式的视角，机器学习可以划分为有监督学习（Supervised Learning）、无监督学习（Unsupervised Learning）、半监督学习（Semi-supervised Learning）和强化学习（Reinforcement Learning）等。

从学习任务的视角，机器学习可以分为分类（Classification）、回归（Regression）、聚类（Clustering）、降维（Dimensionality reduction）和异常检测（Anomaly detection）等。表 4-1 所示给出了一种不同视角下的机器学习类型划分方法。

表 4-1 机器学习的类型划分

划分视角	机器学习的类型
学习形式	有监督学习（Supervised Learning）
	无监督学习（Unsupervised Learning）
	半监督学习（Semi-supervised Learning）
	强化学习（Reinforcement Learning）
	……
学习任务	分类（Classification）
	回归（Regression）
	聚类（Clustering）
	降维（Dimensionality reduction）
	异常检测（Anomaly detection）
	……

有监督学习和无监督学习一字之差，关键在于是否有监督，也就是数据是否有标签。

有监督学习的主要目标是利用一组带标签的数据，学习从输入到输出的映射，然后将这种映射关系应用到未知数据上，达到分类或者回归的目的。有监督学习是机器学习中一种最常用的学习方法，其训练样本中同时包含有特征和标签信息。

有监督学习模型的一般流程如图 4-1 所示。根据标签类型的不同，又可以将其分为分类问题和回归问题两类。若输出（标签）是离散的，则学习任务为分类任务，如给定一个人的身高、年龄、体重等信息，然后判断性别、是否健康等；若输出（标签）为连续的，则学习任务为回归任务，如预测某一地区人的平均身高。

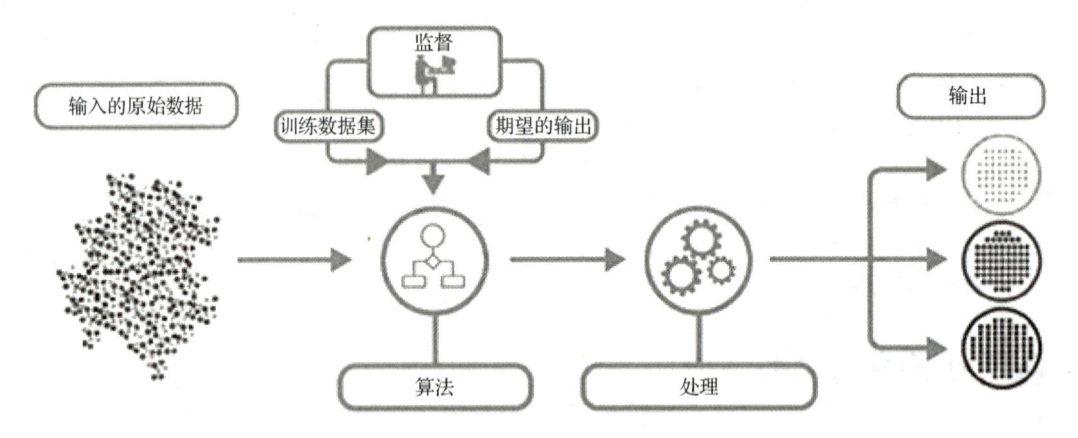

图 4-1　有监督学习模型的一般流程

跟有监督学习相反，在无监督学习中，数据集中的数据是完全没有标签的。依据相似样本在数据空间中一般距离较近这一假设来将样本进行分类。

利用无监督学习可以解决的问题分为关联分析、聚类问题和维度约减。关联分析是指发现不同事物之间同时出现的概率。聚类问题是指将相似的样本划分为一个簇（Cluster）。维度约减是指减少数据维度的同时保证不丢失有意义的信息。

无监督学习流程如图 4-2 所示。

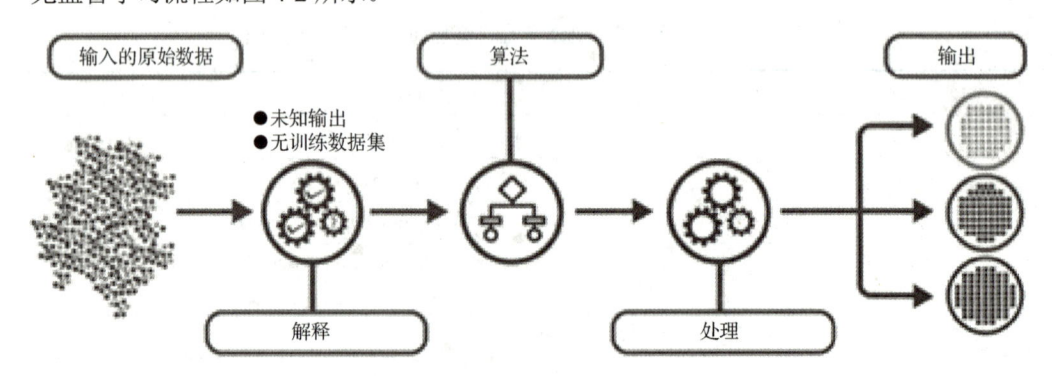

图 4-2　无监督学习流程

半监督学习是有监督学习与无监督学习相结合的一种学习方法。半监督学习一般针对的是数据量大，但有标签的数据少，或标签数据的获取很难很贵等情况，训练的时候有一部分数据是有标签的，而另一部分数据是没有标签的。

由于半监督学习训练中使用的数据只有一小部分是标记过的，而大部分是没有标记的。因此，与监督学习相比，半监督学习的成本较低，但是又能达到较高的准确度。

半监督学习流程如图 4-3 所示。

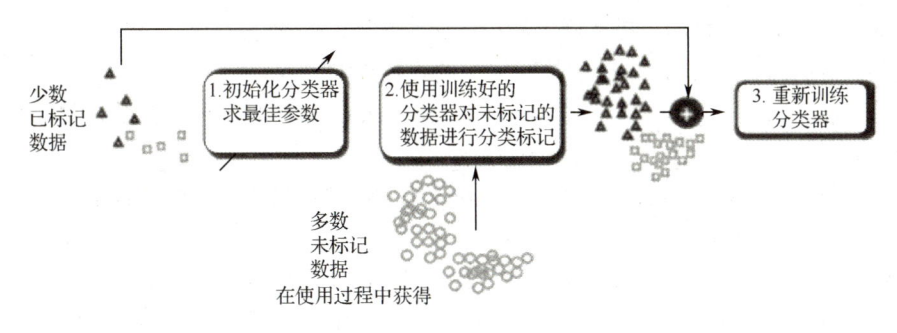

图 4-3　半监督学习流程

强化学习的输出标签不是直接的对或者不对，而是一种奖惩机制，通过观察来学习动作的完成，每个动作都会对环境有所影响，学习对象根据观察到的周围环境的反馈来做出判断，可以通过某种方法知道某个结果是离正确答案越来越近还是越来越远（即奖惩函数）。

在强化学习模式下，输入数据作为对模型的反馈，不像监督模型那样，输入数据仅仅是作为一个检查模型对错的方式，当输入数据直接反馈到模型，模型必须对此立刻做出调整。在有监督学习中，能直接得到每个输入对应的输出，而在强化学习中，训练一段时间可以得到一个延迟的反馈，并且提示某个结果是离答案越来越远还是越来越近。

强化学习流程如图 4-4 所示。

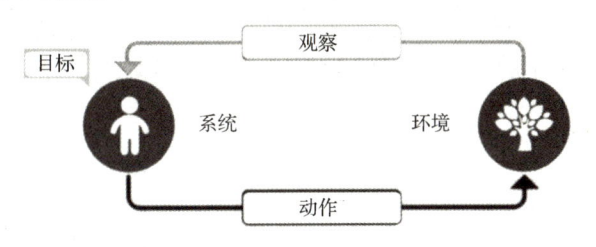

图 4-4　强化学习流程

4.1.4　机器学习的相关术语

机器学习处理的对象是数据。

- 模型（Model）：机器学习的核心是机器学习算法在通过数据训练获得参数后具备了一定智能的产物，即可以使用训练好的模型对新的输入做出判断。
- "学习"（Learning）或"训练"（Training）：模型通过执行某个机器学习算法，凭借数据提供的信息改进自身性能（调参）的过程。
- 数据集（Data Set）：一组具有相似结构的数据样本的集合。
- 样本（Sample）/实例（Instance）：数据集中的一条数据，被称为一个样本/实例，在不存在数据缺失的情况下，所有样本应该具有相同的结构。一个样本对应一个体，或者对某个对象的一次观测（Observation）。
- 特征（Feature）/属性（Attribute）：记录样本的某种性质或者在某方面的表现的指标或变量；特征或属性的取值称为特征值或属性值。
- 特征向量（Feature Vector）：一个样本的全部特征构成的向量，称为特征向量。如姓名+性别+年龄+身高+体重+…，就构成了一个样本。可以说，一个特征向量就是一个样本。

- 维数（Dimensionality）：描述样本特征或属性参数的个数。
- 测试（Testing）：训练结束之后检验模型训练效果的过程。
- 训练数据（Training Data）/训练集（Training Set）：训练模型使用的数据集，其中的每一个样本称为一个训练样本（Training Sample）。
- 测试数据（Testing Data）/测试集（Testing Set）：测试模型使用的数据集，其中的每一个样本称为一个测试样本（Testing Sample）。
- 泛化能力（Generalization Ability）：在测试集上训练得到的模型，适用于测试训练集之外的样本的能力，或者说训练好的模型在整个样本空间上的表现。测试的目的之一也是检验模型的泛化能力。
- 过拟合（Overfitting）：模型过度学习，导致学习了过多只属于训练数据的特点，反而使得泛化能力下降。
- 欠拟合（Underfitting）：模型学习不足，导致没有学习到训练数据中足够的一般化规律，泛化能力不足。

分类算法的性能评价一般用精确率（Precision）、准确率（Accuracy）和召回率（Recall）来评价。

分类算法在测试集上的预测或正确或者不正确，共有 4 种可能的情况，可排列在混淆矩阵（Confusion Matrix）中。其中，总共有 P 个类别为 1 的样本，总共有 N 个类别为 0 的样本。经过分类后，有 TP 个类别为 1 的样本被系统正确判定为类别 1，FP 个类别为 0 的样本被系统误判定为类别 1；有 FN 个类别为 1 的样本被系统误判定为类别 0，有 TN 个类别为 0 的样本被系统正确判定为类别 0，如表 4-2 所示。

表 4-2 TP、FP、FN 和 TN 关系

类 别		实际的类别	
		1	0
预测的类别	1	TP	FP
	0	FN	TN

精确率（Precision），是分类算法预测的正样本中预测正确的比例，取值范围为[0,1]，取值越大，模型预测能力越好。其定义为

$$\text{Precision} = \frac{TP}{TP + FP}$$

准确率（Accuracy），即分类算法正确分类的样本数和总样本数之比。但该指标有一个严重的缺陷：在类别样本不均衡的情况下，占比大的类别往往会成为影响准确率的最主要因素，此时的准确率并不能很好地反映模型的整体情况。其定义为

$$\text{Accuracy} = \frac{TP + TN}{P + N} = \frac{TP + TN}{TP + FN + FP + TN}$$

召回率（Recall），是分类算法所预测正确的正样本占所有正样本的比例，取值范围为[0,1]，取值越大，模型预测能力越好。其定义为

$$\text{Recall} = \frac{TP}{TP + FN}$$

在精确率和召回率的计算公式中分子是相同的，都是预测正确的正样本的数量，但分母是不同的。对于精确率而言，分母是分类算法预测的所有正样本数，包括真实值为负类但错误预测为

正类的样本，也就是包括假阳性。而对于召回率而言，分母是所有真实值为正样本数，包括真实值为正类但错误预测为负类的样本，也就是假阴性。

4.1.5 scikit-learn 平台

scikit-learn 是一个面向机器学习的 Python 开源平台，它可以在一定范围内为开发者提供非常好的帮助，其内部实现了多种成熟的算法，安装容易、使用简单、样例丰富，而且教程和文档也非常详细。如图4-5所示基本概括了 scikit-learn 中传统机器学习领域 Classification（分类）、Clustering（聚类）、Regression（回归）、Dimensionality Reduction（降维）的大多数理论与相关算法选择路径。

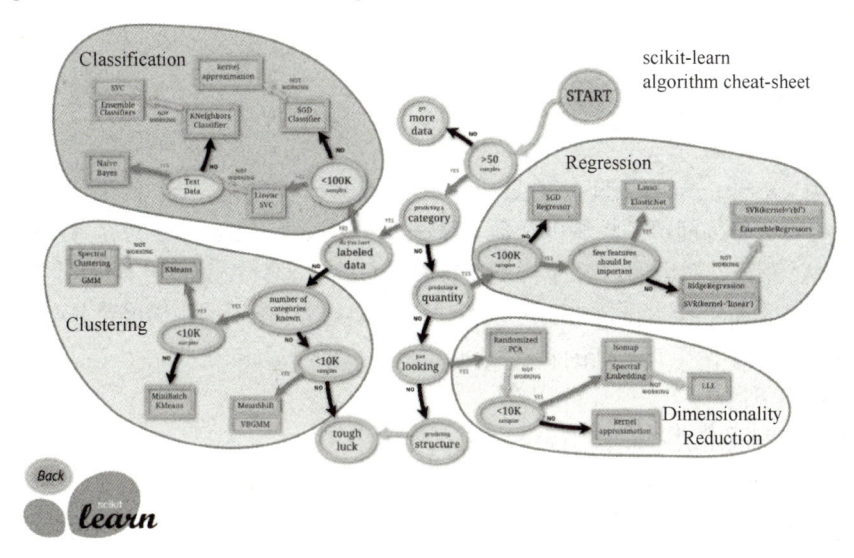

图 4-5　scikit-learn 算法选择路径图

scikit-learn 的安装需要建立在 NumPy、SciPy、Matplotlib（可选）安装成功的基础上，其安装方法可参考 scikit-learn 官网文档。

4.2　分类任务

在机器学习中，分类（Classification）是指针对输入数据中给定的示例，预测其类别标签的预测性建模问题。通俗地讲，就是在已有数据的基础上建立一个分类函数或构造出一个分类模型，即分类器（Classifier）。该函数或模型能够把测试的数据映射到某个给定的类别，从而可以应用于预测数据的离散值。

常见的分类任务有4种：二分类、多类别分类、多标签分类和不平衡分类。

分类任务的目标是从已经标记的数据中学习如何预测未标记数据的类别，为有监督学习的一个离散形式。分类的一般步骤为：

- 数据分割——首先将数据分为训练集和验证集两组，训练集用来训练模型，验证集用来检验训练好的模型能否正确分类，正确率有多少。
- 训练——根据已知的训练数据集寻找模型参数，最终得到训练好的模型。

- 验证——在验证集数据上计算训练得到的模型的准确率,用以优化模型的参数,训练和验证两步一般会交叉进行。
- 应用——完成数据的分割、训练和验证以后,模型已训练好,可用来对未知数据的标记进行预测。

机器学习分类任务的常用算法有:
- K 近邻分类算法,可用于二分类、多类别分类。
- 决策树分类算法,可用于二分类、多类别分类、多标签分类。
- 贝叶斯分类算法,可用于二分类、多类别分类。
- 支持向量机分类算法,可用于二分类。
- 其他算法。

4.2.1 K 近邻分类算法

K 近邻分类(K-Nearest-Neighbors Classification,KNNC)算法是一种常用于分类的算法,是有成熟的理论支撑、较为简单的经典机器学习算法之一。该算法的核心思想是寻找所有训练样本中与某测试样本"距离"最近的前 K 个样本,前 K 个样本大部分属于哪一类,该测试样本就属于哪一类,即最相似的 K 个样本投票来决定该测试样本的类别。常用的距离度量是多维空间的欧式距离,即在 m 维空间中两个点之间的真实距离。

其算法描述如下:
- 计算已知类别数据集中的点与当前点之间的距离。
- 按照距离递增次序排序。
- 选取与当前点距离最小的 k 个点。
- 确定前 k 个点所在类别的出现频率。
- 返回前 k 个点出现频率最高的类别作为当前点的预测分类。

K 近邻分类算法的结果很大程度上取决于 K 的选择,如图 4-6 所示,有两类不同的样本数据,分别用蓝色的小正方形和红色的小三角形表示,而图正中间的那个绿色的圆表示待分类的数据,即不知道中间那个绿色的数据从属于哪一类(蓝色小正方形 or 红色小三角形)。如果 K=3,离绿色圆点最近的 3 个邻居是 2 个红色小三角形和 1 个蓝色小正方形,则判定绿色圆点属于红色的小三角形一类;如果 K=5,绿色圆点的最近的 5 个邻居是 2 个红色小三角形和 3 个蓝色小正方形,则判定绿色圆点属于蓝色小正方形一类。

K 近邻分类算法中 K 值的选择、距离度量和分类决策规则是该算法的三个基本要素。

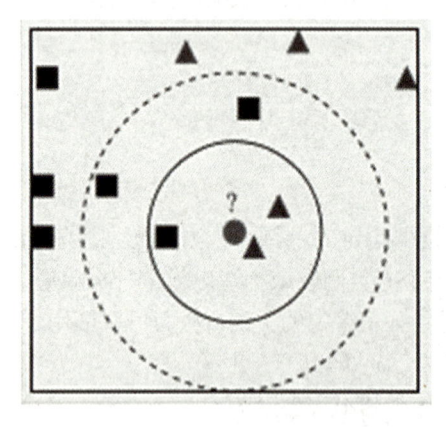

图 4-6 K 近邻分类示意图

K 值的选择对算法的结果会产生影响。K 值较小意味着只有与输入样本较近的训练样本才会对预测结果起作用,但容易发生过拟合;K 值较大意味着与输入样本较远的训练样本也会对预测起作用,使预测发生错误。

通过计算样本间距离来作为各个样本之间的非相似性指标,距离一般使用欧氏距离或曼哈顿距离(两个点在标准坐标系上的绝对轴距总和)。在度量之前,可将每个属性的值规范化。

KNNC 算法中的分类决策规则一般是多数表决，即由输入样本的前 K 个最近邻的训练样本中的多数类决定输入样本的类别。

K 近邻分类算法示例：K 近邻分类算法过程可以直接调用 scikit-learn 平台（本章使用 0.19.1 版本）的方法。scikit-learn 实现了两种不同的最近邻分类器，即 KNeighborsClassifier 基于每个查询点的 k 个最近邻实现，其中 k 是用户指定的整数值；RadiusNeighborsClassifier 基于每个查询点的固定半径 r 内的邻居数量实现，其中 r 是用户指定的浮点数值。

KNeighborsClassifier 在 scikit-learn 的 sklearn.neighbors 包中。KNeighborsClassifier 的使用主要有以下三步：

- 创建 KNeighborsClassifier 对象。
- 调用 fit()函数。
- 调用 predict()函数进行预测。

【示例 4-1】 使用 scikit-learn 中的 KNeighborsClassifier 函数进行分类。

代码 4-1（ch4_1_KNeighborsClassifier.py）：

```
01  #coding=utf-8
02  from sklearn.neighbors import KNeighborsClassifier
03  X = [[0], [1], [2], [3],[4], [5], [6], [7], [8]]     #9 个 1 维的数据
04  y = [0, 0, 0, 1, 1, 1, 2, 2, 2]                       #9 个数据对应的类标号
05  neigh = KNeighborsClassifier(n_neighbors=3)           #3 近邻
06  neigh.fit(X, y)                                       #X 为训练数据，y 为目标值训练模型
07  print(neigh.predict([[1.1]]))                         #预测提供数据的类别
08  print(neigh.predict([[1.6]]))
09  print(neigh.predict([[5.2]]))
10  print(neigh.predict([[5.8]]))
11  print(neigh.predict([[6.2]]))
```

【运行结果】

[0]
[0]
[1]
[2]
[2]

如果数据是不均匀采样的，那么 RadiusNeighborsClassifier 中的基于半径的近邻分类可能是更好的选择，用户指定一个固定半径 r，使得稀疏邻居中的点使用较少的最近邻来分类。对于高维参数空间，这个方法会因为"维度惩罚"而变得不那么有效。基本的最近邻分类使用统一的权重 weights='uniform'，在某些环境下，可以通过 weights 关键字来实现对邻居进行加权，使得近邻更有利于拟合，如 weights='distance'分配的权重与查询点的距离成反比。或者用户可以自定义一个距离函数用来计算权重。

【示例 4-2】 使用 scikit-learn 中的 KNeighborsClassifier 函数对平台提供的 iris 数据集分类。scikit-learn 提供了一些标准数据集，如用于分类的 iris、digits 数据集和波士顿房价回归数据集，此处用到了 iris 数据集。

代码 4-2（ch4_2_plot_classification.py）：

```
01  from sklearn.datasets import load_iris
02  iris = load_iris()
03  from sklearn.model_selection import train_test_split
04  X_train, X_test, y_train, y_test = train_test_split(\
```

```
05              iris.data, iris.target, test_size=0.25, random_state=33)
06   from sklearn.preprocessing import StandardScaler
07   from sklearn.neighbors import KNeighborsClassifier
08   ss = StandardScaler()
09   X_train = ss.fit_transform(X_train)
10   X_test = ss.transform(X_test)
11   knc = KNeighborsClassifier()
12   knc.fit(X_train, y_train)
13   y_predict = knc.predict(X_test)
14   print 'The accuracy of K-Nearest Neighbor Classifier is',\
15       knc.score(X_test, y_test)
16   from sklearn.metrics import classification_report
17   print classification_report(y_test, y_predict, \
18                       target_names=iris.target_names)
```

【运行结果】

The accuracy of K-Nearest Neighbor Classifier is 0.894736842105

	precision	recall	f1-score	support
setosa	1.00	1.00	1.00	8
versicolor	0.73	1.00	0.85	11
virginica	1.00	0.79	0.88	19
avg / total	0.92	0.89	0.90	38

【程序解析】

➢ 01 行：从 sklearn.datasets 导入 load_iris 数据加载器。

➢ 02 行：使用加载器读取数据并且存入变量 iris。

➢ 03 行：从 sklearn.model_selection 里导入 train_test_split 用于数据分割。

➢ 04~05 行：使用 train_test_split，利用随机种子，random_state 采样 25%的数据作为测试集。

➢ 06 行：从 sklearn.preprocessing 里选择导入数据标准化模块。

➢ 07 行：从 sklearn.neighbors 里导入 KNeighborsClassifier，即 K 近邻分类器。

➢ 08~10 行：对训练和测试的特征数据进行标准化。

➢ 11~13 行：使用 K 近邻分类器对测试数据进行类别预测，预测结果储存在变量 y_predict 中。

➢ 14~18 行：输出预测模型的性能评价。

4.2.2 决策树分类算法

决策树分类（Decision Tree Classification，DTC）算法是一种通过对历史数据进行测算实现对新数据进行分类和预测的算法。简单来说，决策树分类算法就是通过对已有明确结果的历史数据进行分析，寻找数据中的特征，并以此为依据对新产生的数据结果进行预测。

决策树分类算法一般自上而下地生成决策树，每个属性都有不同的属性值，根据不同的属性值划分可得到不同的结果。决策树由 3 个主要部分组成，分别为决策节点（属性上的条件判断）、分支（一个条件输出）和叶子节点（一种类别）。其中决策树顶部的决策节点是根决策节点。每一个分支都有一个新的决策节点。决策节点下面是叶子节点。每个决策节点表示一个待分类的数据类别或属性，每个叶子节点表示一种结果，如图 4-7 所示。

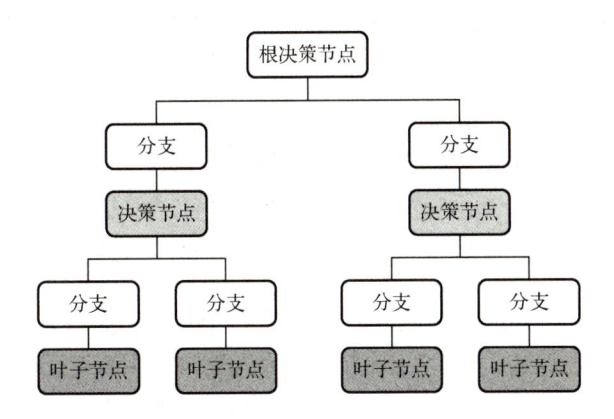

图 4-7 决策树示意图

表 4-3 所示是顾客购买计算机的训练集，年龄、收入、学生和信用等级是属性，类别标签是会不会购买计算机，其对应的决策树如图 4-8 所示。决策树的典型算法有 ID3、C4.5、CART 等。

表 4-3 顾客购买计算机记录

编 号	年 龄	收 入	学 生	信用等级	类别：购买计算机
1	≤30	高	否	一般	不会购买
2	≤30	高	否	良好	不会购买
3	31～40	高	否	一般	会购买
4	>40	中等	否	一般	会购买
5	>40	低	是	一般	会购买
6	>40	低	是	良好	不会购买
7	31～40	低	是	良好	会购买
8	≤30	中等	否	一般	不会购买
9	≤30	低	是	一般	会购买
10	>40	中等	是	一般	会购买

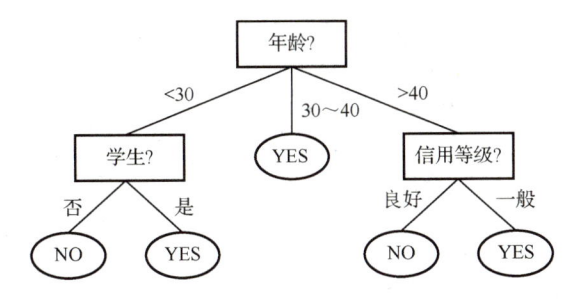

图 4-8 是否购买决策树

决策树的实现原理：将原始数据基于最优划分属性来划分数据集，ID3 算法中最优属性是信息增益最大的属性，因为信息增益越大，区分样本的能力就越强，越具有代表性，第一次划分之后，可以采用递归原则处理数据集。递归结束的条件是：程序遍历完所有划分数据集的属性，或者每个分支下的所有样本都具有相同的分类。

创建决策树进行分类的流程如下。
- 创建数据集。
- 计算数据集中所有属性的信息增益。
- 选择信息增益最大的属性为最好的分类属性。
- 根据上一步得到的分类属性分割数据集，并将该属性从列表中移除。
- 返回第三步递归，不断分割数据集，直到分类结束。
- 使用决策树执行分类，返回分类结果。

相对于其他分类算法，决策树分类算法具有决策过程易于理解、可以转换成逻辑表达式的形式、可接受非数值型输入（相对神经网络来说，不需要做预处理方面工作）等优点。

决策树分类算法主要的适用场景是各个决策的属性可以用 key=value 的形式来表示、结论并不特别多，可以用离散的值来表示，但不太适用于大量数值型输入和输出的情况，因为这样树会比较庞大，准确性下降。

决策树分类示例：执行决策树分类算法过程可以直接调用 scikit-learn 的方法。DecisionTreeClassifier 可以在数据集上执行多分类的类，与其他分类器一样，DecisionTreeClassifier 采用输入两个数组：数组 X，用[n_samples,n_features]的方式来存放训练样本；整数值数组 Y，用[n_samples]来保存训练样本的类标签。

【示例 4-3】　用 scikit-learn 中的 DecisionTreeClassifier 函数进行分类。

代码 4-3（ch4_3_DecisionTreeClassifier.py）：

```
01    #coding=utf-8
02    from itertools import product
03    import numpy as np
04    import matplotlib.pyplot as plt
05    from sklearn import datasets
06    from sklearn.tree import DecisionTreeClassifier
07    iris = datasets.load_iris()                              #使用自带的 iris 数据
08    X = iris.data[:, [0, 2]]
09    y = iris.target
10    clf = DecisionTreeClassifier(max_depth=4)                #训练，限制树的最大深度 4
11    clf.fit(X, y)                                            #拟合模型
12    x_min, x_max = X[:, 0].min() - 1, X[:, 0].max() + 1      #画图
13    y_min, y_max = X[:, 1].min() - 1, X[:, 1].max() + 1
14    xx, yy = np.meshgrid(np.arange(x_min, x_max, 0.1), \
15                         np.arange(y_min, y_max, 0.1))
16    Z = clf.predict(np.c_[xx.ravel(), yy.ravel()])
17    Z = Z.reshape(xx.shape)
18    plt.contourf(xx, yy, Z, alpha=0.4)
19    plt.scatter(X[:, 0], X[:, 1], c=y, alpha=0.8)
20    plt.show()
```

【运行结果】

决策树分类结果如图 4-9 所示。

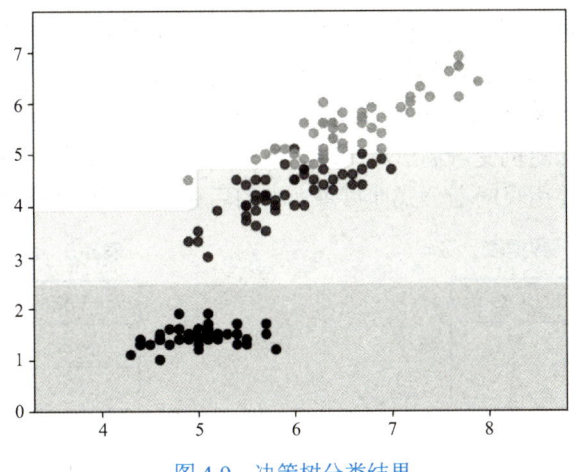

图 4-9　决策树分类结果

【程序解析】
- 02～06 行：导入 product、numpy、matplotlib.pyplot、datasets 和 DecisionTreeClassifier。
- 07 行：用 load_iris()载入 scikit-learn 自带的 iris 数据集。
- 08～09 行：X 只取 iris 数据集的前两列，y 为 iris 的类标号。
- 10～11 行：拟合模型，并限定决策树的深度为 4。
- 12～20 行：画图。

4.2.3　贝叶斯分类算法

贝叶斯分类（Beyes Classification，BC）算法是一类利用概率统计知识进行分类的算法。设每个数据样本用一个 n 维特征向量 $X=\{x_1,x_2,\cdots,x_n\}$ 来描述 n 个属性的值，$C_1,C_2,\cdots,C_m$ 表示 m 个类。给定一个没有类标号的未知数据样本 X，贝叶斯分类基于"给定目标值时属性之间相互条件独立"的假定，其核心思想是选择具有最高概率的决策，将未知的样本 X 分配给类 C_i，则满足以下公式：

$$P(C_i|X) > P(C_j|X) \quad 1 \leqslant j \leqslant m, j \neq i$$

其中 $P(C_i|X)$ 表示在 X 发生的情况下 C_i 发生的可能性，可理解成 X 属于 C_i 的概率。根据贝叶斯定理可得到以下公式：

$$P(C_i|X) = \frac{P(X|C_i)P(C_i)}{P(X)}$$

由于 $P(X)$ 为常数，后验概率 $P(C_i|X)$ 可转化为先验概率 $P(X|C_i)P(C_i)$ 来计算。

后验概率指在得到"结果"的信息后重新修正的概率，是"执果寻因"问题中的"果"；先验概率是指在事件发生前计算事件发生的可能性的大小，先验概率只是利用现有的数据（主要是历史数据）进行计算的。

先验概率可以从训练数据集中求得。对一个未知类别的样本 X，可以先分别计算出 X 属于每一个类别 C_i 的概率 $P(X|C_i)P(C_i)$，然后选择其中概率最大的类别标签作为 X 的类别。贝叶斯分类算法成立的前提是各属性之间互相独立，当数据集满足这种独立性假设时，分类的准确度较高，否则可能较低。

以二分类问题举例，贝叶斯分类中需要比较概率 $P(C_1|X)$ 和 $P(C_2|X)$，如果 $P(C_1|X)>P(C_2|X)$，则数据点属于类别 C_1；如果 $P(C_2|X)>P(C_1|X)$，则数据点属于类别 C_2。

现在来看一个简单的例子：假设要判断张三在不同天气情况下出门去玩的可能性。根据张三以往在不同天气情况下的出门去玩的数据（训练集），做一张他出去玩的出门数据表（表 4-4），然后将数据集转换成出门频率表（表 4-5），计算不同天气出去玩的概率；并创建出门频率似然（likehood，用来描述已知随机变量输出结果时，未知参数的可能取值）表（表4-6），如多云天气出门玩的概率是 0.29；使用贝叶斯公式计算每一类的后验概率，数据最高那栏就是预测的结果。

表 4-4 出门数据表

天气情况	出门去玩
晴朗	否
多云	是
雨	是
晴朗	是
晴朗	是
多云	是
雨	否
雨	否
晴朗	是
雨	是
晴朗	否
多云	是
多云	是
雨	否

表 4-5 出门频率表

天气情况	否	是
多云	—	4
雨	3	2
晴朗	2	3
总计	5	9

表 4-6 出门频率似然表

天气情况	否	是	计算	概率
多云	-	4	4/(5+9)	0.29
雨	3	2	5/(5+9)	0.36
晴朗	2	3	5/(5+9)	0.36
总计	5	9	14	—
计算	5/(5+9)	9/(5+9)	—	—
概率	0.36	0.64	—	—

问题：如果明天是晴朗天气，张三会出去玩吗？

$P(是|晴朗)=P(晴朗|是)×P(是)/P(晴朗)$

在这里，$P(晴朗|是)= 3/9 = 0.33$，$P(晴朗)= 5/14 ≈ 0.36$，$P(是)= 9/14 ≈ 0.64$。

现在，$P(是|晴朗)=0.33×0.64/0.36≈0.60$，具有较高的概率，结论是如果明天是晴朗的天气，则张三有很大的可能性会出去玩。

【示例 4-4】 用 scikit-learn 中的 naive_bayes 进行分类。

代码 4-4（ch5_4_Bayes.py）：

```
01  from sklearn import datasets
02  iris = datasets.load_iris()
03  from sklearn import naive_bayes
```

```
04  gnb = naive_bayes.GaussianNB()
05  gnb.fit(iris.data, iris.target)
06  y_pred = gnb.predict(iris.data)
07  print("Number of mislabeled points out of a total %d points : %d"\
08        % (iris.data.shape[0],(iris.target != y_pred).sum()))
```

【运行结果】

Number of mislabeled points out of a total 150 points : 6

【程序解析】

- 01 行：导入数据集。
- 02 行：用 load_iris()载入 scikit-learn 自带的 iris 数据集。
- 03 行：导入朴素贝叶斯包。
- 04~06 行：调用高斯朴素贝叶斯，并拟合模型，将拟合的模型用于原数据预测。
- 07~08 行：输出数据集中 150 个点预测错误的个数。

4.2.4 支持向量机分类算法

支持向量机分类（Support Vector Machine Classification，SVMC）算法中的"支持向量（Support Vector）"指训练样本数据集中最靠近分类决策面的某些训练点，"机（Machine）"是机器学习领域对一些算法的统称，常把算法看作一个机器，或者学习函数。

支持向量机分类算法的主要思想是：建立一个最优决策超平面，使得该平面两侧距离该平面最近的两类样本之间的距离最大化，从而对分类问题提供良好的泛化能力。对于一个多维的样本集，系统随机产生一个超平面并不断移动，对样本进行分类，直到训练样本中属于不同类别的样本点正好位于该超平面的两侧，满足该条件的超平面可能有很多个，SVMC 在保证分类精度的同时，寻找到这样一个超平面，使得超平面两侧的空白区域最大化，从而实现对线性可分样本的最优分类。SVMC 属于有监督学习方法，主要针对小样本数据进行学习、分类和预测。

支持向量机的基础概念可以通过一个简单的例子来解释。想象有两个类别：红色和蓝色，数据有两个特征：x 和 y。现在想要一个分类器，给定一对（x，y）坐标，输出仅限于红色或蓝色。已标记的训练数据列在图 4-10 中，支持向量机会接收这些数据点，并输出一个超平面（在二维的图中，就是一条线）以将两类分割开来。这条线就是判定边界：将红色和蓝色分割开（见图 4-11）。

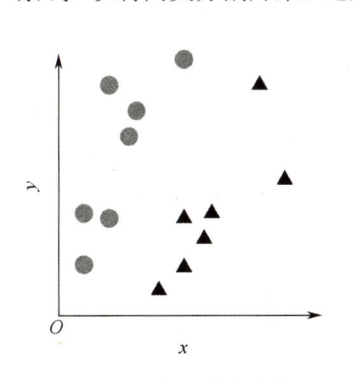

图 4-10　已标记的训练数据（1）　　　图 4-11　判定边界

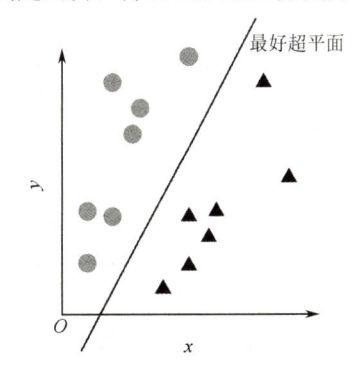

但是，最好的超平面是什么样的？对于 SVMC 来说，它是最大化两个类别边距的那种方式，换句话说，超平面（在本例中是一条线）对每个类别最近的元素距离最远（见图 4-12）。

这个分类例子很简单，因为那些数据是线性可分的——可以通过画一条直线来简单地分割红色和蓝色。然而,大多数情况下事情没有那么简单。看看下面的例子(见图 4-13),很明显,无法找出一个线性决策边界(一条直线分开两个类别)。然而,两种向量的位置分得很开,看起来应该可以轻易地分开它们。

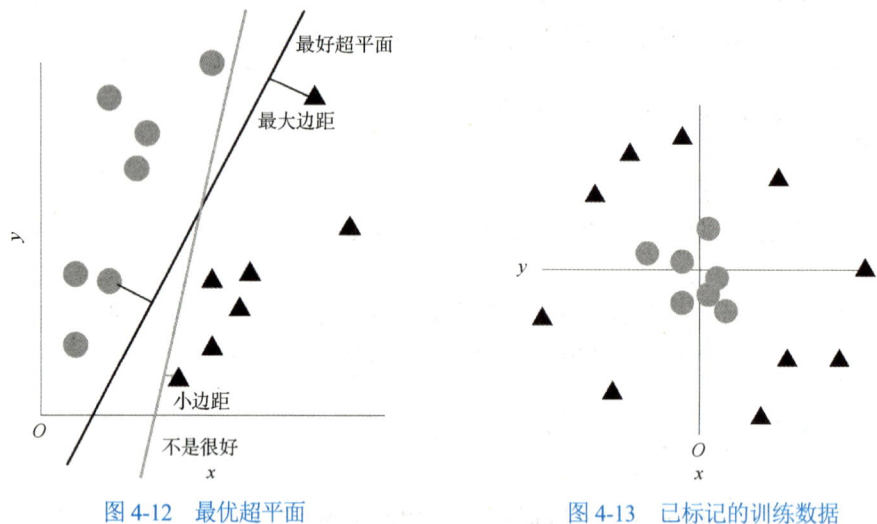

图 4-12 最优超平面

图 4-13 已标记的训练数据

这个时候需要引入第三个维度。迄今为止,只有两个维度:x 和 y。如果加入第三个维度 z,就可以让它以 3D 直观的方式出现:$z = x \supset 2; + y \supset 2;$(圆形的方程式),就像图 4-14 所示一样。

对于图 4-14,支持向量机将会如何区分它?很简单,如图 4-15 所示。

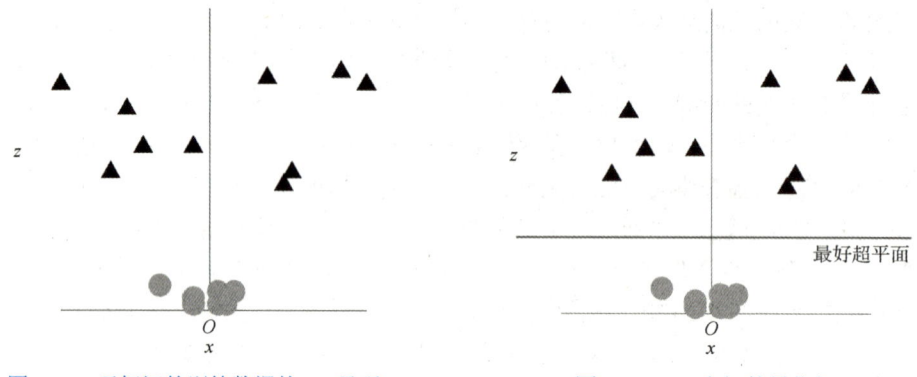

图 4-14 已标记的训练数据的 3D 呈现

图 4-15 3D 空间的最优超平面

请注意,现在处于三维空间,超平面是 z 某个刻度上(比如 $z=1$)一个平行于 x 轴的平面。它在二维上的投影如图 4-16 所示。

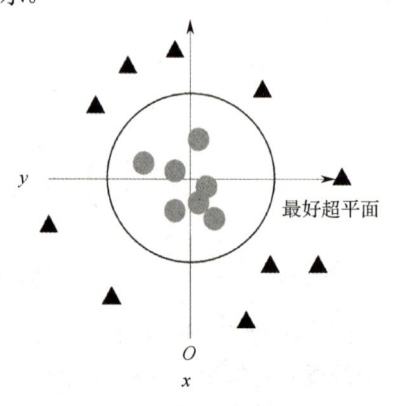

图 4-16 z 轴视角

于是，决策边界就成了半径为 1 的圆形，通过 SVM 将其成功分成了两个类别。

【示例 4-5】 用 scikit-learn 中的 SVM 进行分类。

代码 4-5（ch5_5_SVC.py）：

```
01  from sklearn import svm
02  X = [[0, 0], [1, 1]]
03  y = [0, 1]
04  clf = svm.SVC()
05  clf.fit(X, y)
06  print (clf.predict([[2., 2.]]))
07  print (clf.support_vectors_)
08  print (clf.support_)
09  print (clf.n_support_)
```

【运行结果】

```
[1]
[[ 0.  0.]
 [ 1.  1.]]
[0 1]
[1 1]
```

【程序解析】

- 01 行：导入支持向量机包。
- 02～03 行：定义训练样本 X、类别标签 y。
- 04～05 行：调用支持向量机分类器，并拟合模型，将得到的模型用于新数据的预测。
- 06 行：输出新数据的预测值。
- 07 行：输出支持向量。
- 08 行：输出支持向量的索引。
- 09 行：为每一个类别获得支持向量的数量。

4.2.5 人工神经网络

人工神经网络（Artificial Neural Network，ANN）是 20 世纪 80 年代以来 AI 领域兴起的研究热点。人工神经网络是机器学习的一个庞大分支，由于其本身具有良好的鲁棒性、自组织自适应性、并行处理、分布存储和高度容错等特性，非常适合解决机器学习的问题。但是，人工神经网络方法具有"黑箱"性的主要缺点，即人们难以理解网络的学习和决策过程。例如，当一张猫的图像放入人工神经网络，预测结果有可能显示它是一辆汽车，这样的结果人们无法理解和解释，而对于很多领域来说可解释性非常重要。比如，很多银行因为需要向客户解释为什么没有获得贷款，一般不使用神经网络来预测一个人是否有信誉。深度神经网络是对人工神经网络的发展，其动机在于建立、模拟人脑进行分析学习的神经网络，它模仿人脑的机制来解释数据。目前深度神经网络已经应用于计算机视觉、自然语言处理、语音识别等领域并取得很好的效果。

人工神经网络的研究工作已经在模式识别、智能机器人、自动控制、预测估计、生物、医学、经济等领域成功地解决了许多现代计算机难以解决的实际问题，表现出了良好的智能特性。第 5 章将介绍神经网络及其基础算法应用，第 6 章将介绍深度学习及其典型算法应用。

4.3 回归任务

4.3.1 回归的含义

回归（Regression）是指用观察使得认知接近真值的过程，回归本源。在认知（测量）这个世界的时候，并不能得到这个世界的全部信息（真值），只能得到这个世界展现出的可被观测的部分信息。那么，如果想得到世界的真值，就只能通过尽可能多的信息，从而使得认识无限接近（回归）真值。其中，真值的概念是一个抽象的概念，真值是真实存在于这个世界的，但是又永远无法真正得到。因为，无论是受限于人类自身的认知水平，还是测量手段，都会存在偏差，导致无法得到真值。

在统计学中，回归分析（Regression Analysis）指的是确定两种或两种以上变量间相互依赖的定量关系的一种统计分析方法。回归分析按照涉及的变量的多少，分为一元回归分析和多元回归分析；按照因变量的多少，可分为简单回归分析和多重回归分析；按照自变量和因变量之间的关系类型，可分为线性回归分析和非线性回归分析。回归分析有助于理解在其他自变量保持固定的情况下，自变量的值对应于自变量的变化方式。它可以预测连续/实际值，如温度、年龄、工资、价格等。

回归的目的是预测数值型的目标值，它的目标是接收连续数据，寻找最适合数据的方程，并能够对特定值进行预测。这个方程称为回归方程，而求回归方程显然就是求该方程的回归系数，求这些回归系数的过程就是回归。

机器学习中的回归任务是指从一组数据出发，确定某些变量之间的定量关系式，即建立数学模型并估计未知参数。回归属于有监督学习的机器学习，与分类不同的是，回归模型应用于预测连续的数据。回归的一般步骤为：

- 数据分割——首先将数据分为训练集和验证集两组，训练集用来训练模型，验证集用来检验训练好的模型能否正确预测。
- 训练——根据已知的训练集寻找模型参数，最终得到训练好的模型。
- 验证——在验证集数据上计算训练得到的模型的误差，用以优化模型的参数，训练和验证两步一般会交叉进行。
- 应用——完成数据的分割、训练和验证以后，模型已训练好，可用以对未知数据的数值进行预测。

机器学习回归任务的常用算法有线性回归、逻辑回归、多项式回归、支持向量回归、决策树回归、森林随机回归等。

4.3.2 线性回归

线性回归（Linear Regression）显示自变量（X轴）和因变量（Y轴）之间的线性关系，因此称为线性回归。如果只有一个输入变量（x），则这种线性回归称为简单线性回归。如果输入变量不止一个，则这种线性回归称为多元线性回归。线性回归是利用数理统计中的回归分析，来确定两种或两种以上变量间相互依赖的定量关系的一种统计分析方法，运用十分广泛。其表达形式为 $y = w*x+e$，e 服从误差均值为 0 的正态分布。线性回归无非就是在 N 维空间中找一个形式像直线方程一样的函数来拟合数据而已。比如说，现在有这么一张图（图 4-17），横坐标代表房子的面积，纵坐标代表房价。

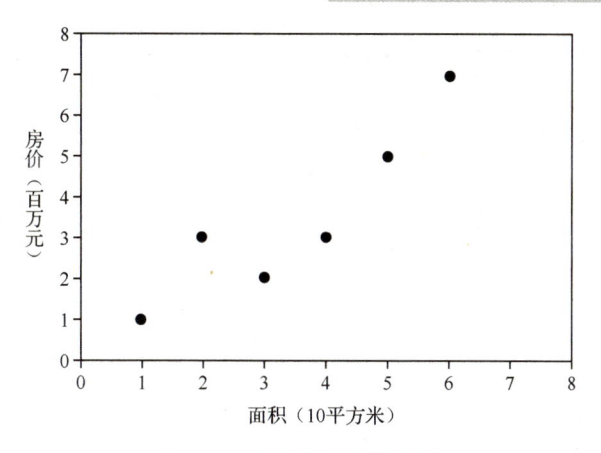

图 4-17　面积与房价散点图

线性回归就是要找一条直线，并且让这条直线尽可能地拟合图中的数据点，当然在图 4-17 中可以找出 n 种直线。既然是找直线，那肯定是要有一个评判的标准来评判哪条直线才是最好的。最好的那条线应该是实际房价和根据找出的直线预测出来的房价之间的差距最小的那条线，就是计算两点的距离。当把所有实际房价和预测出来的房价的差距（距离）算出来然后做求和运算，就能量化出现在预测的房价和实际房价之间的误差。例如图 4-18 中每个点和直线中小竖线就是实际房价和预测房价的差距（距离）。

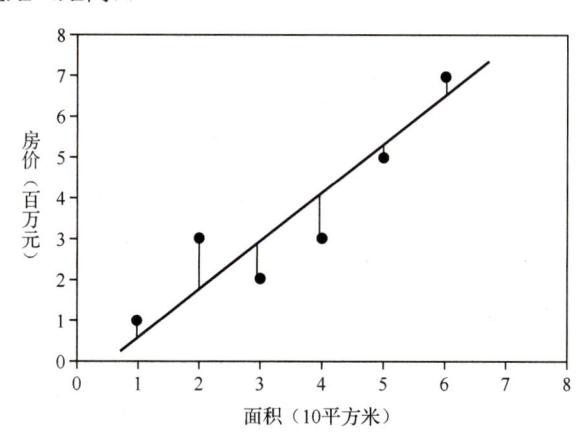

图 4-18　实际房价和预测房价的差距

然后把每条小竖线的长度加起来就等于现在通过这条直线预测出的房价与实际房价之间的差距。那每条小竖线的长度的和怎么算？其实就是欧式距离求和。这个欧氏距离求和其实就是用来量化预测结果和真实结果的误差的一个函数。在机器学习中称它为损失函数（计算误差的函数）。有了这个函数，就相当于有了一个评判标准，当这个函数的值越小，就越说明找到的这条直线越能拟合真实的房价数据。所以说线性回归无非就是通过这个损失函数作为评判标准来找出一条直线。

4.3.3　逻辑回归

逻辑回归（Logistics Regression）是一种广义线性模型（Generalized Linear Model），因此与多重线性回归分析有很多相同之处。它们的模型形式基本上相同，都具有 $w*x+b$ 形式，其中 w 和 b 是待求参数，其区别在于它们的因变量不同，多重线性回归直接将 $w*x+b$ 作为因变量，即 $y=w*x+b$，而逻辑回归则通过函数 L 将 $w*x+b$ 对应一个隐状态 p，$p=L(w*x+b)$，然后根据 p 与 $1-p$

的大小决定因变量的值。如果 L 是逻辑函数，则它就是逻辑回归，如果 L 是多项式函数，则它就是多项式回归。

在吴恩达的机器学习教程中，如以预测肿瘤是否为良性为例，假设肿瘤是否良性只与肿瘤大小有关，则可用线性回归拟合曲线数据，如图 4-19 所示。

图中预测值大于 0.5，则预测为恶性，小于 0.5 则预测为良性，线性回归看似可行，但如果加入一个远远偏离的点则预测曲线会产生变化，如图 4-20 所示。

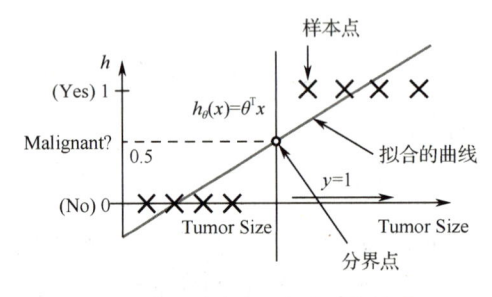

图 4-19 肿瘤大小与良恶性关系

图 4-20 异常值的影响

在上图中，如果此时仍然使用线性回归算法，为了使最小化损失函数拟合所有数据，则会产生偏差。并且，在线性回归中，将预测值 h 与 0.5 进行比较，而线性回归中的 h 可能会远大于 1 或者远小于 0，这显然与分类问题不符，故引入 Sigmoid 函数（Sigmoid Function）解决此类问题，如图 4-21 所示。

Sigmoid 函数的输出变量范围始终在 0 和 1 之间。逻辑回归模型的假设是：

$$h_\theta(x)=g(\theta'x)$$

其中，x 代表特征向量；g 代表逻辑函数（Logistic Function），是一个 Sigmoid 函数的常用逻辑函数，公式为：

$$g(z)=\frac{1}{1+e^{-z}}$$

该函数的图像如图 4-22 所示。

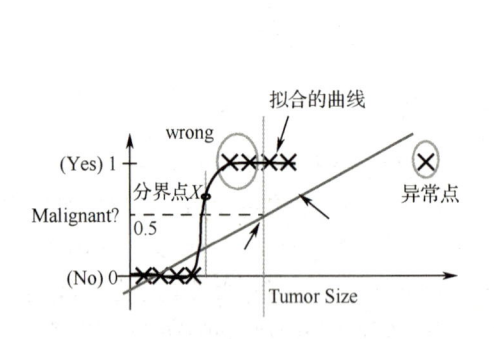

图 4-21 用 Sigmoid 函数拟合数据

图 4-22 Sigmoid 函数图像

合起来，可以得到逻辑回归模型的假设：

$$h_\theta(x)=\frac{1}{1+e^{-\theta^T x}}$$

为方便表示，令 $z=\theta'x$。

当 z 越大时，h 趋近于 1；

当 z 越小时，h 趋近于 0；

当 $z=0$ 时，$h=0.5$。

h 表达的是，当给定 x 时，样本为正样本的概率，显然这是一个好的分类模型。

逻辑回归的因变量可以是二分类的，也可以是多分类的，但是二分类的更为常用，也更加容易解释，多分类可以使用 Softmax 函数（归一化指数函数，取值范围是零到正无穷）进行处理。实际中最为常用的就是二分类的逻辑回归。

逻辑回归模型的适用条件为：

- 因变量为二分类的分类变量或某事件的发生率，并且是数值型变量。但是需要注意，重复计数现象指标不适用于逻辑回归。
- 残差和因变量都要服从二项分布。二项分布对应的是分类变量，所以不是正态分布，进而不能用最小二乘法，而能用最大似然法来解决方程估计和检验问题。
- 自变量和逻辑概率是线性关系。
- 各观测对象间相互独立。

逻辑回归常用于数据挖掘、疾病自动诊断、经济预测等领域。例如，探讨引发疾病的危险因素，并根据危险因素预测疾病发生的概率等。以胃癌病情分析为例，选择两组人群，一组是胃癌组，一组是非胃癌组，两组人群必定具有不同的体征与生活方式等。因此因变量就为是否胃癌，值为"是"或"否"，自变量就可以包括很多因素了，如年龄、性别、饮食习惯、幽门螺杆菌感染等。自变量既可以是连续的，也可以是不连续的。然后通过逻辑回归分析，可以得到自变量的权重，从而可以大致了解到底哪些因素是胃癌的危险因素。同时，可以根据危险因素预测一个人患癌症的可能性。

4.3.4 回归主要算法

1. K 近邻回归算法

K 近邻回归（K-Nearest-Neighbors Regression，KNNR）算法通过找出某个样本的 k 个最近的邻居，将这些邻居的预测属性的平均值赋给该样本，得到该样本的预测值。KNNR 的一个改进算法是将不同距离的邻居对该样本产生的影响给予不同的权值（Weight），如权值与距离成反比。

K 近邻回归算法示例：K 近邻回归算法是用在数据标签为连续变量而不是离散变量的情况下的。分配给查询点的标签是由该点的最近邻标签的均值计算而来的。scikit-learn 实现了两种不同的最近邻回归：KNeighborsRegressor 和 RadiusNeighborsRegressor。在某些环境下，可以增加附近点的权重，使得附近点对于回归所做出的贡献多于远处点，可通过 weights 关键字来实现，默认 weights='uniform' 为所有点分配同等权重。

【示例 4-6】 使用 scikit-learn 中的 KNeighborsRegressor 函数对随机数据进行回归。

代码 4-6（ch4_6_KNeighborsRegressor.py）：

```
01  print(__doc__)
02  #Author: Alexandre Gramfort <alexandre.gramfort@inria.fr>
03  #abian Pedregosa <fabian.pedregosa@inria.fr>
04  #License: BSD 3 clause (C) INRIA
05  #Generate sample data
06  import numpy as np
07  import matplotlib.pyplot as plt
08  from sklearn import neighbors
09  np.random.seed(0)
10  X = np.sort(5 * np.random.rand(40, 1), axis=0)
11  T = np.linspace(0, 5, 500)[:, np.newaxis]
```

```
12      y = np.sin(X).ravel()
13      #Add noise to targets
14      y[::5] += 1 * (0.5 - np.random.rand(8))
15      #Fit regression model
16      n_neighbors = 5
17      for i, weights in enumerate(['uniform', 'distance']):
18          knn = neighbors.KNeighborsRegressor(n_neighbors, weights=weights)
19          y_ = knn.fit(X, y).predict(T)
20          plt.subplot(2, 1, i + 1)
21          plt.scatter(X, y, c='k', label='data')
22          plt.plot(T, y_, c='g', label='prediction')
23          plt.axis('tight')
24          plt.legend()
25          plt.title("KNeighborsRegressor (k = %i, weights = '%s')"\
26                   % (n_neighbors,weights))
27      plt.show()
```

【运行结果】

结果如图 4-23 所示。

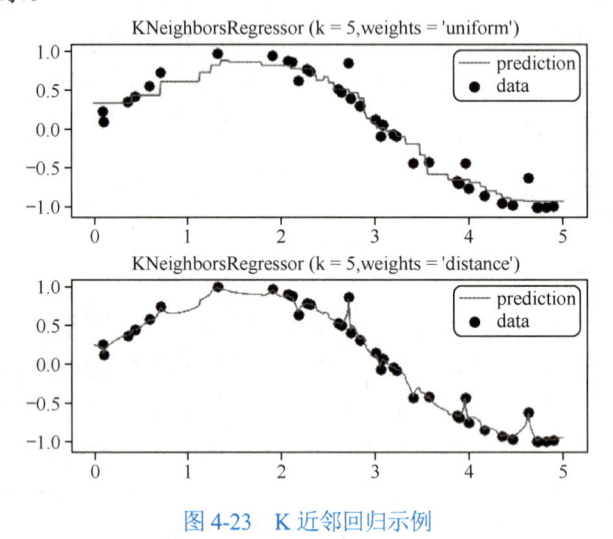

图 4-23　K 近邻回归示例

【程序解析】

- 06～08 行：导入 numpy、matplotlib.pyplot 和 neighbors。
- 09～12 行：随机产生样本数据，包括训练集和测试集。
- 14 行：数据中增加噪声。
- 16～27 行：拟合模型，并将得到的模型用于数据 T 的预测。其中，16 行指定近邻个数，17 行指定了循环中用"uniform"和"distance"两种求距离方式来计算 K 近邻，18 行调用 KNeighborsRegressor，19 行训练并预测，21～26 行制定画图的样式。

2．决策树回归算法

决策树与分类树的思路类似，但叶节点的数据类型不是离散型，而是连续型。对分类树算法稍做修改就可以处理回归任务：属性值是连续分布的，依旧可以划分群落，每个群落内部是相似的连续分布，群落之间分布不同。预测的某个数据的目标值是"一团"数据的均值。决策树适用场景要具备"物以类聚"的特点，利用决策树可以将复杂的训练数据划分成一个个相对集中中的群落，群落上可以再利用别的机器学习模型进行再学习。

【示例 4-7】 用 scikit-learn 中的 DecisionTreeRegressor 进行回归。

代码 4-7（ch4_7_DecisionTreeRegressor.py）：

```
01  print(__doc__)
02  #Import the necessary modules and libraries
03  import numpy as np
04  from sklearn.tree import DecisionTreeRegressor
05  import matplotlib.pyplot as plt
06  #Create a random dataset
07  rng = np.random.RandomState(1)
08  X = np.sort(5 * rng.rand(80, 1), axis=0)
09  y = np.sin(X).ravel()
10  y[::5] += 3 * (0.5 - rng.rand(16))
11  #Fit regression model
12  regr_1 = DecisionTreeRegressor(max_depth=2)
13  regr_2 = DecisionTreeRegressor(max_depth=5)
14  regr_1.fit(X, y)
15  regr_2.fit(X, y)
16  #Predict
17  X_test = np.arange(0.0, 5.0, 0.01)[:, np.newaxis]
18  y_1 = regr_1.predict(X_test)
19  y_2 = regr_2.predict(X_test)
20  #Plot the results
21  plt.figure()
22  plt.scatter(X, y, s=20, edgecolor="black",c="darkorange", label= "data")
23  plt.plot(X_test, y_1, linestyle='--', label="max_depth=2", linewidth=2)
24  plt.plot(X_test, y_2, linestyle='-', label="max_depth=5",linewidth=2)
25  plt.xlabel("data")
26  plt.ylabel("target")
27  plt.title("Decision Tree Regression")
28  plt.legend()
29  plt.show()
```

【运行结果】

结果如图 4-24 所示。

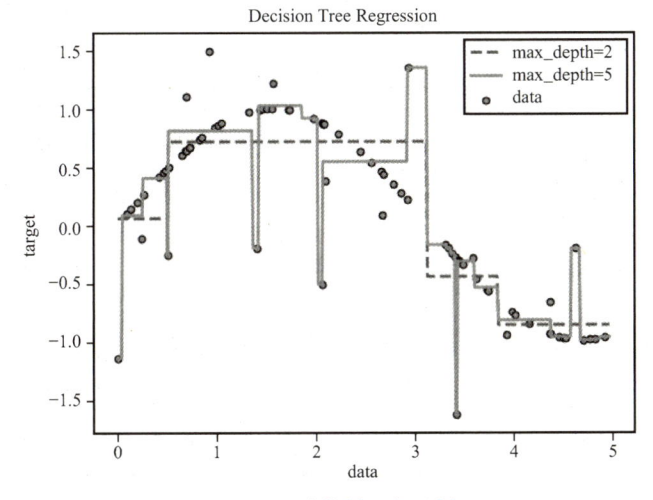

图 4-24 决策树回归示例

【程序解析】

- 03～05 行：导入必要的模块和库，即 numpy、matplotlib.pyplot 和 DecisionTreeRegressor。
- 07～10 行：生成随机数据集，X 为属性，y 为目标值。
- 12～15 行：拟合回归模型，其中决策树的深度分别设为 2 和 5。
- 17～19 行：分别用深度为 2 和 5 的决策树对 0～5 之间步长为 0.01 的数据进行预测。
- 21～29 行：画出图形。其中，22 行画散点图，23～24 行画两棵决策树的预测值，25～26 行设置 X、Y 轴标签，27 行设置标题，28～29 行显示图例。

3．支持向量回归算法

支持向量分类的方法可以被扩展用作解决回归问题，这个方法被称作支持向量回归（Support Vector Regression，SVR）算法。支持向量回归算法根据有限的样本信息在模型的复杂性（对特定训练样本的学习精度）和学习能力（无错误地识别任意样本的能力）之间寻求最佳折中，其模型的建立只依赖于训练集的子集（支持向量）。

【示例 4-8】 用 scikit-learn 中的 SVR 进行回归。

代码 4-8（ch4_8_SVR.py）：

```
01  import numpy as np
02  from sklearn.svm import SVR
03  import matplotlib.pyplot as plt
04  X = np.sort(5 * np.random.rand(40, 1), axis=0)
05  y = np.sin(X).ravel()
06  y[::5] += 3 * (0.5 - np.random.rand(8))
07  svr_rbf1 = SVR(kernel='rbf', C=100, gamma=0.1)
08  y_rbf1 = svr_rbf1.fit(X, y).predict(X)
09  lw = 2
10  plt.scatter(X, y, color='darkorange', label='data')
11  plt.plot(X, y_rbf1, linestyle='-', lw=lw, label='RBF gamma=1.0')
12  plt.xlabel('data')
13  plt.ylabel('target')
14  plt.title('Support Vector Regression')
15  plt.legend()
16  plt.show()
```

【运行结果】

结果如图 4-25 所示。

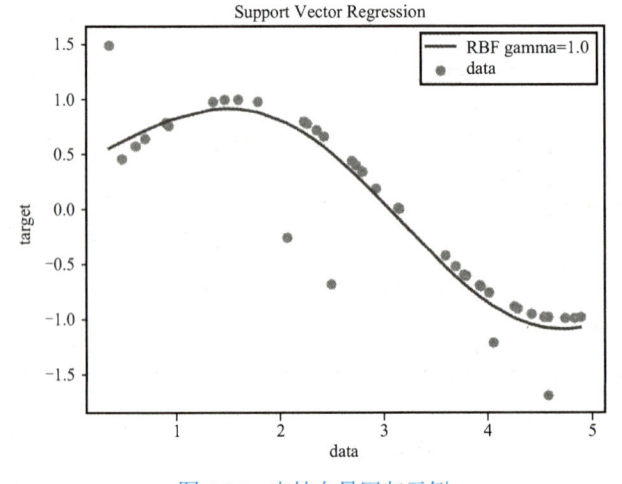

图 4-25　支持向量回归示例

【程序解析】
- 01～03 行：导入必要的模块和库，即 numpy、matplotlib.pyplot 和 SVR。
- 04～05 行：生成随机数据集。其中，4 行产生 40 组数据，每组一个数据，axis=0；5 行中 np.sin()输出的是列，ravel()将其转换成行，与 X 对应。
- 06 行：在目标值 y 中添加噪声。
- 07～08 行：拟合回归模型并预测。其中，7 行设定参数，8 行拟合训练数据并预测。分别用深度为 2 和 5 的决策树对 0～5 之间步长为 0.1 的数据进行预测。
- 09～16 行：画出图形。其中，9 行设定线的宽度，10 行画散点图，11 行画预测值，12～13 行设置 X、Y 轴标签，14 行设置标题，15～16 行显示图例。

4. 其他回归算法

神经网络也可用于解决回归问题。例如，scikit-learn 平台中的 MLPRegressor 类实现了一个多层感知器，使用平方误差作为损失函数，输出的是一组连续值。深度学习可以解决复杂模式下多层神经网络的回归任务。

4.4 聚类任务

4.4.1 聚类的含义

"物以类聚，人以群分"，将物理或抽象对象的集合分成由类似的对象组成的多个类的过程被称为聚类（Clustering）。由聚类所生成的簇是一组数据对象的集合，这些对象与同一个簇中的对象彼此相似，与其他簇中的对象相异。聚类分析又称群分析，它是研究（样品或指标）分类问题的一种统计分析方法。

机器学习中的聚类是指需要从没有标签的一组输入向量中寻找数据的模型和规律，在数据中发现彼此类似的样本所聚成的簇。聚类任务中数据没有标签，即不知道输入数据对应的输出结果是什么，属于无监督的机器学习。

4.4.2 聚类主要算法

K 均值聚类（K-means）是聚类中最常用的方法之一，基于点与点之间的距离的相似度来计算最佳类别归属。

K 均值聚类在进行类别划分过程及最终结果中，始终追求"簇内差异小，簇间差异大"，其中差异由样本点到其所在簇的质心的距离衡量，这个距离可以是欧几里得距离、曼哈顿距离或余弦距离。

K 均值聚类算法是一种迭代求解的聚类分析算法，其基本思想是，预将数据分为 K 组，随机选取 K 个对象作为初始的聚类中心，然后计算每个对象与各个种子聚类中心之间的距离，把每个对象分配给距离它最近的聚类中心。聚类中心以及分配给它们的对象就代表一个聚类。每分配一个样本，聚类的聚类中心会根据聚类中现有的对象被重新计算。这个过程将不断重复直到满足某个终止条件。终止条件可以是没有（或最小数目）对象被重新分配给不同的聚类、没有（或最小数目）聚类中心再发生变化、误差平方和局部最小。

一般步骤如下：

① 从 N 个数据中随机选取 K 个数据作为中心点。
② 对剩余的每个数据测量其到每个中心点的距离，并把它归到最近的中心点的类。
③ 重新计算已经得到的各个类的中心点。
④ 迭代②、③步直至新的中心点与原中心点相等或小于指定阈值，算法结束。

下面以图 4-26 为例来说明 K 均值聚类算法的过程。

首先，随机初始化 3 个中心点（红、绿、蓝代表 3 个类别），所有的数据点默认全部都标记为红色，如图 4-26（a）所示。

然后，计算所有点到 3 个中心点的距离，每个数据点更改为最近中心点的类别并着上相应颜色，重新计算 3 个中心点，结果如图 4-26（b）所示。

从图 4-26（b）可以看到，由于初始的中心点是随机选的，这样得出来的结果并不是很好；图 4-26（c）是相同步骤迭代的结果，从图 4-26（c）可以看到大致的聚类形状已经出来了；再经过两次迭代之后最终结果如图 4-26（d）所示。

彩图

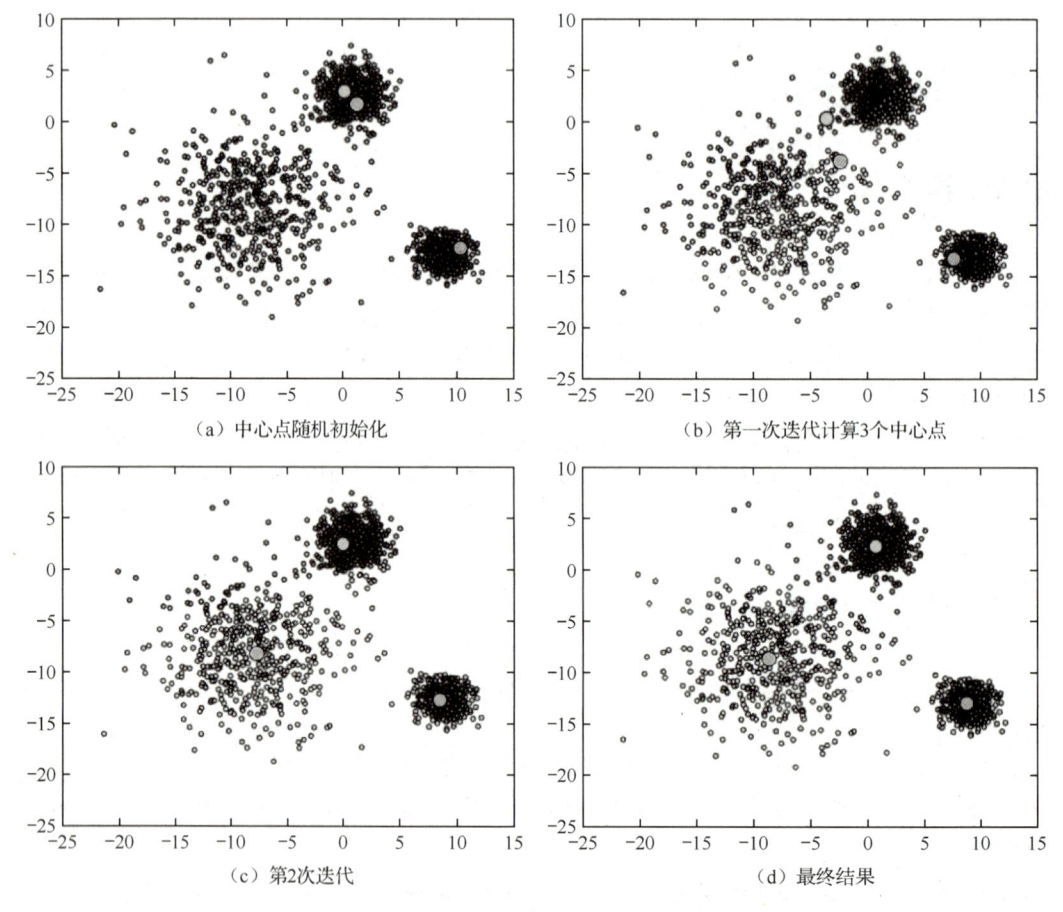

（a）中心点随机初始化

（b）第一次迭代计算3个中心点

（c）第2次迭代

（d）最终结果

图 4-26 K 均值聚类迭代过程

由于 K 均值聚类算法的初始点是随机选择的，可能会收敛到局部最优解。例如，选用图 4-27（a）的 3 个初始中心点，最终会收敛到图 4-27（b）所示的结果。

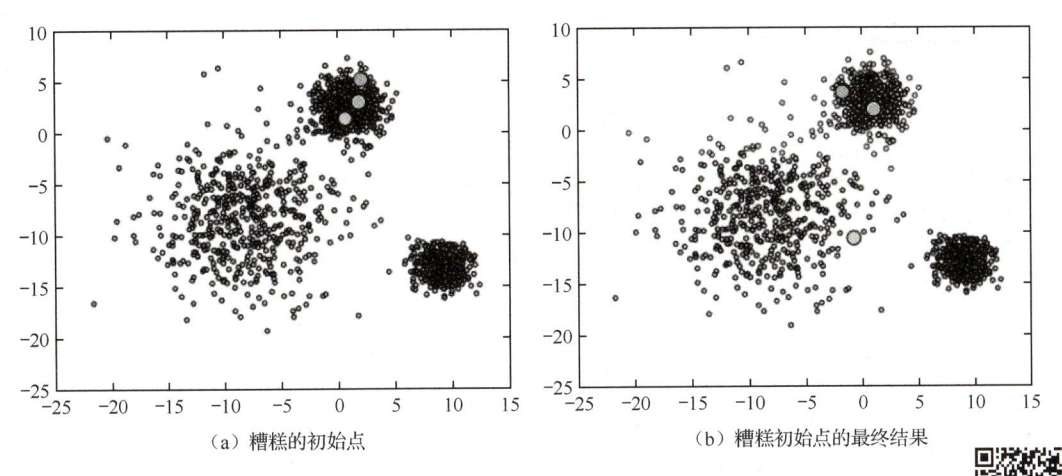

(a) 糟糕的初始点　　　　　　　　(b) 糟糕初始点的最终结果

图 4-27　K 均值聚类糟糕的初始点

在算法中，k 是需要提前约定的，它代表期望的种类数。但有时会不确定数据的种类数目，这种情况可以多次尝试使用不同的 k 值进行聚类，并选取其中最符合的。由图 4-27 可知，初始点的选择对聚类的结果是十分重要的。初始点的选取与数据具体特征有关，如果数据分布较密集，且相对于选定的 k 值比较符合，这时如果使用随机选点就可能造成空簇，而某两类本应该被分开的数据被聚合到一个类中。在选择初始点时，首先随机选择一个点作为第一个初始类簇中心点，其次选择距离该点最远的那个点作为第二个初始类簇中心点，然后选择距离前两个点的最近距离最大的点作为第三个初始类簇的中心点，以此类推，直至选出 k 个初始类簇中心点。

4.4.3　聚类任务示例

【示例 4-9】　使用 scikit-learn 中的 KMeans()函数对随机的二维数据进行聚类，用颜色标记的聚类结果如图 4-28 所示。首先，随机生成二维聚类数据，接着生成聚类标签，然后显示聚类结果，完整代码如代码 4-9 所示。

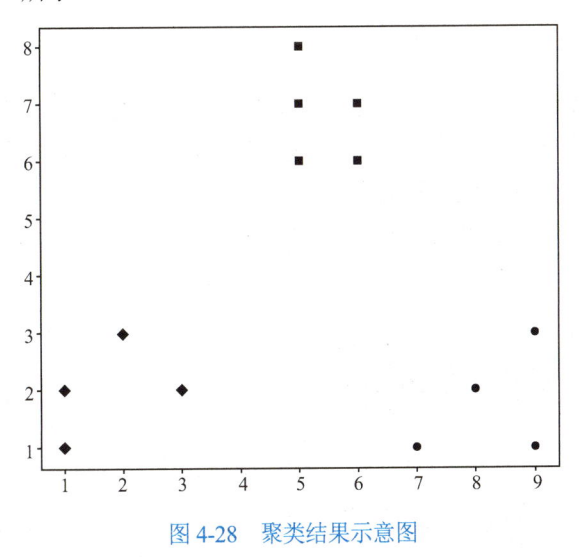

图 4-28　聚类结果示意图

代码 4-9（ch4_9_KMeans.py）：

```
01  #coding=utf-8
02  import numpy as np
03  x1 = np.array([1, 2, 3, 1, 5, 6, 5, 5, 6, 7, 8, 9, 9])
04  x2 = np.array([1, 3, 2, 2, 8, 6, 7, 6, 7, 1, 2, 1, 3])
05  x = np.array(list(zip(x1, x2))).reshape(len(x1), 2)
06  print(x)
07  from sklearn.cluster import KMeans
08  kmeans=KMeans(n_clusters=3)
09  kmeans.fit(x)
10  print (kmeans.labels_)
11  import matplotlib.pyplot as plt
12  plt.figure(figsize=(8,10))
13  colors = ['b', 'g', 'r']
14  markers = ['o', 's', 'D']
15  for i,l in enumerate(kmeans.labels_):
16      plt.plot(x1[i],x2[i],color=colors[l],marker=markers[l],ls= 'None')
17  plt.show()
```

【运行结果】

[[1 1]
 [2 3]
 [3 2]
 [1 2]
 [5 8]
 [6 6]
 [5 7]
 [5 6]
 [6 7]
 [7 1]
 [8 2]
 [9 1]
 [9 3]]
[1 1 1 1 0 0 0 0 0 2 2 2 2]

【程序解析】

- 01～06 行：将自定义的 2 个一维数组转换为 1 个二维数组。
- 07～10 行：导入包并生成聚类模型，输出聚类标签，指定聚类个数为 3。
- 11～12 行：用 figsize 设置图片大小。
- 13～17 行：将不同类的元素绘制成不同的颜色和标记。其中，13 行指定 3 个类别中点的颜色，14 行指定 3 个类别中点的形状，15～17 行绘制图片。

4.5 机器学习应用实例

4.5.1 手写数字识别

【问题描述】

scikit-learn 提供了一个手写数字识别的案例，案例中有相应的说明和代码。

【数据介绍】

案例中使用的数据保存在 scikit-learn 的 dataset 里，样本数据量为 1797 个。每一个数据都由 image 和 target 两部分组成，image 是一个尺寸为 8×8 的图像，target 是图像的类别，也就是手写的数字 0~9。

代码 4-10（ch4_10_Plot_Digits_Classification.py）：

```
01  import matplotlib.pyplot as plt
02  from sklearn import datasets, svm, metrics
03  digits = datasets.load_digits()
04  images_and_labels = list(zip(digits.images, digits.target))
05  for index, (image, label) in enumerate(images_and_labels[:4]):
06      plt.subplot(2, 4, index + 1)
07      plt.axis('off')
08      plt.imshow(image, cmap=plt.cm.gray_r, interpolation='nearest')
09      plt.title('Training: %i' % label)
10  n_samples = len(digits.images)
11  data = digits.images.reshape((n_samples, -1))
12
13  classifier = svm.SVC(gamma=0.001)
14  classifier.fit(data[:n_samples // 2], digits.target[:n_samples // 2])
15
16  expected = digits.target[n_samples // 2:]
17  predicted = classifier.predict(data[n_samples // 2:])
18
19  print("Classification report for classifier %s:\n%s\n" \
20        % (classifier, metrics.classification_report(expected, predicted)))
21  print("Confusion matrix:\n%s" \
22        % metrics.confusion_matrix(expected, predicted))
23  images_and_predictions = list(zip(digits.images[n_samples // 2:], predicted))
24  for index, (image, prediction) in enumerate(images_and_predictions [:4]):
25      plt.subplot(2, 4, index + 5)
26      plt.axis('off')
27      plt.imshow(image, cmap=plt.cm.gray_r, interpolation='nearest')
28      plt.title('Prediction: %i' % prediction)
29  plt.show()
```

【运行结果】

Classification report for classifier SVC(C=1.0, cache_size=200,
 class_weight=None, coef0=0.0,
  decision_function_shape='ovr', degree=3, gamma=0.001, kernel='rbf',
  max_iter=-1, probability=False, random_state=None, shrinking=True,
  tol=0.001, verbose=False):

	precision	recall	f1-score	support
0	1.00	0.99	0.99	88
1	0.99	0.97	0.98	91
2	0.99	0.99	0.99	86
3	0.98	0.87	0.92	91

	4	0.99	0.96	0.97	92
	5	0.95	0.97	0.96	91
	6	0.99	0.99	0.99	91
	7	0.96	0.99	0.97	89
	8	0.94	1.00	0.97	88
	9	0.93	0.98	0.95	92
avg / total		0.97	0.97	0.97	899

Confusion matrix:
[[87 0 0 0 1 0 0 0 0 0]
 [0 88 1 0 0 0 0 0 1 1]
 [0 0 85 1 0 0 0 0 0 0]
 [0 0 0 79 0 3 0 4 5 0]
 [0 0 0 0 88 0 0 0 0 4]
 [0 0 0 0 0 88 1 0 0 2]
 [0 1 0 0 0 0 90 0 0 0]
 [0 0 0 0 1 0 0 88 0 0]
 [0 0 0 0 0 0 0 0 88 0]
 [0 0 0 1 0 1 0 0 0 90]]

scikit-learn 平台自带案例的精确度和召回率都为 0.97，如图 4-29 所示显示了训练集的 4 个手写数字和随意选的 4 个手写数字的预测结果。

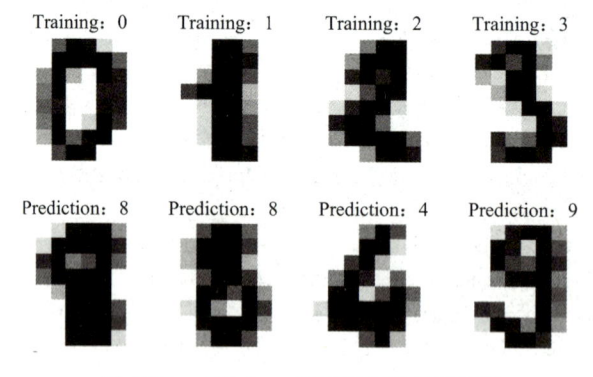

图 4-29 scikit-learn 例子识别的结果示意

【程序解析】
➢ 02 行：导入数据集、支持向量机分类器、性能评价包。
➢ 03～04 行：用 load_digits() 载入 scikit-learn 自带的手写数字数据集，并将元组转换为列表。
➢ 05～09 行：用 Python 的内置函数 enumerate() 抽取前四个数据，并用 matplotlib.pyplot 画出来。
➢ 10～11 行：为了在数据上使用分类器，调整矩阵数据。
➢ 13 行：使用支持向量机分类作为分类器，此处只规定了参数 gamma。
➢ 14 行：将所有的数据分成了两部分，一半用作训练集，另一半用作测试集，使用前一半数据训练模型。
➢ 16～17 行：用另一半数据进行预测。
➢ 19～22 行：输出分类器的性能评价。
➢ 24～29 行：将测试集中的 4 个数据显示出来。

4.5.2 波士顿房价预测

【问题描述】

本案例用于预测波士顿地区的房价，例子来源于《Python 机器学习及实践——从零开始通往 Kaggle 竞赛之路》一书。前面重点介绍了线性回归模型，预测目标是实数域上的数值，方法是最小化预测结果与真实值之间的差异。

【数据介绍】

数据可以从 sklearn.datasets 中导入，该数据共有 506 条美国波士顿地区房价信息，数据集中没有缺省的属性/特征值，每条数据包括对指定房屋的 13 项数值型特征描述和目标房价，其属性描述如表 4-7 所示，目标房价为 MEDV 自住房屋房价的中位数。

表 4-7 波士顿房价属性描述表

属 性 名 称	属 性 描 述
CRIM	城镇人均犯罪率
ZN	住宅用地所占比例
INDUS	城镇中非商业用地所占比例
CHAS	查尔斯河虚拟变量
NOX	环保指标
RM	每栋住宅的房间数
AGE	1940 年以前建成的自住单位的比例
DIS	距离五大波士顿就业中心的加权距离
RAD	距离高速公路的便利指数
TAX	每一万美元的不动产税率
PTRATIO	城镇中教师学生比例
B	城镇中黑人比例
LSTAT	地区有多少百分比的房东属于低收入阶层

【性能评价】

回归预测与分类预测不同，不能苛求回归预测的数值结果严格与真实值相同，预测值与真实值之间存在差距，可以通过多种测评函数对预测结果进行评价。其中，最为直观的评价指标包括平均绝对误差（Mean Absolute Error，MAE）以及均方误差（Mean Squared Error，MSE），这也是回归模型要优化的目标。假设测试数据共有 m 个目标数值 $y=<y^1, y^2, \cdots, y^m>$，并且记 $\overline{y}$ 为回归模型的预测结果，MAE 和 MSE 的计算如下：

$$MAE = \frac{SS_{abs}}{m} \quad SS_{abs} = \sum_{i=1}^{m} | y^i - \overline{y} |$$

$$MSE = \frac{SS_{tot}}{m} \quad SS_{tot} = \sum_{i=1}^{m} (y^i - \overline{y})^2$$

回归问题也有 R-squared（R^2）的评价方式，该方式既考虑了回归值与真实值的差异，同时也兼顾了问题本身真实值的变动。假设 $f(x^i)$ 代表回归模型根据特征向量 x^i 的预测值，那么 R^2 为

$$R^2 = 1 - \frac{SS_{res}}{SS_{tot}} \qquad SS_{res} = \sum_{i=1}^{m}(y^i - f(x^i))^2$$

其中，SS_{tot} 代表测试数据与真实值的方差，SS_{res} 代表回归值与真实值之间的平方差异。scikit-learn 自带 R^2、MSE 和 MAE 回归评价模块，分别对应 r2_score、mean_squared_error、mean_absolute_error。

代码 4-11（ch4_11_Boston_Regressor.py）：

```
01  #coding=utf-8
02  from sklearn.datasets import load_boston #导入波士顿房价数据读取器
03
04  boston = load_boston() #读取房价数据存储到变量 boston 中
05  #导入数据分割器
06  from sklearn.cross_validation import train_test_split
07  #导入 numpy 并重命名为 np
08  import numpy as np
09
10  X = boston.data
11  y = boston.target
12
13  #随机采样 25%的数据构建测试样本，其余作为训练样本
14  X_train,X_test,y_train,y_test=train_test_split(X,y,random_state=33, test_size=0.25)
15  #导入数据标准化模块
16  from sklearn.preprocessing import StandardScaler
17  #分别初始化对特征和目标值的标准化器
18  ss_X = StandardScaler()
19  ss_y = StandardScaler()
20  #对训练和测试数据标准化处理
21  X_train = ss_X.fit_transform(X_train)
22  X_test = ss_X.transform(X_test)
23
24  y_train = ss_y.fit_transform(y_train.reshape(-1, 1))
25  y_test = ss_y.transform(y_test.reshape(-1, 1))
26  #导入 LinearRegression
27  from sklearn.linear_model import LinearRegression
28  #使用默认配置初始化线性回归器 LinearRegression

29  lr = LinearRegression()
30  #使用训练数据进行参数估计
31  lr.fit(X_train, y_train.ravel())
32  #对测试数据进行回归预测
33  lr_y_predict = lr.predict(X_test)
34  #导入 SGDRegressor
35  from sklearn.linear_model import SGDRegressor
36  #使用默认配置初始化线性回归器 SGDRegressor
37  sgdr = SGDRegressor()
38  #使用训练数据进行参数估计
39  sgdr.fit(X_train, y_train.ravel())
40  #对测试数据进行回归预测
41  sgdr_y_predict = sgdr.predict(X_test)
```

```
42
43   #使用 LinearRegression 模型自带的评估模块，并输出评估结果
44   print ('The value of default measurement of LinearRegression is', \
45                           lr.score(X_test, y_test))
46   #导入 r2_score、mean_squared_error 及 mean_absoluate_error 用于性能评估
47   from sklearn.metrics import r2_score, mean_squared_error,\
     mean_absolute_error
48   #使用 r2_score 模块，并输出评估结果
49   print ('The value of R-squared of LinearRegression is',  \
50                           r2_score(y_test, lr_y_predict))
51
52   #使用 mean_squared_error 模块，并输出评估结果
53   print ('The mean squared error of LinearRegression is', \
54               mean_squared_error(ss_y.inverse_transform(y_test),
55   ss_y.inverse_transform(lr_y_predict)))
56   #使用 mean_absolute_error 模块，并输出评估结果
57   print ('The mean absolute error of LinearRegression is', \
58               mean_absolute_error(ss_y.inverse_transform(y_test),
59   ss_y.inverse_transform(lr_y_predict)))
60   #使用 SGDRegressor 模型自带的评估模块，并输出评估结果
61   print ('The value of default measurement of SGDRegressor is', \
62                           sgdr.score(X_test, y_test))
63   #使用 r2_score 模块，并输出评估结果
64   print ('The value of R-squared of SGDRegressor is',  \
65                           r2_score(y_test, sgdr_y_predict))
66   #使用 mean_squared_error 模块，并输出评估结果
67   print ('The mean squared error of SGDRegressor is', \
68                   mean_squared_error(ss_y.inverse_transform(y_test),
69   ss_y.inverse_transform(sgdr_y_predict)))
70   #使用 mean_absolute_error 模块，并输出评估结果
71   print ('The mean absoluate error of SGDRegressor is', \
72               mean_absolute_error(ss_y.inverse_transform(y_test), \
73                   ss_y.inverse_transform(sgdr_y_predict)))
74   print('\n')
75   #从 sklearn.svm 中导入支持向量机（回归）模型
76   from sklearn.svm import SVR
77
78   #使用线性核函数配置的支持向量机进行回归训练，并对测试样本进行预测
79   linear_svr = SVR(kernel='linear')
80   linear_svr.fit(X_train, y_train.ravel())
81   linear_svr_y_predict = linear_svr.predict(X_test)
82
83   #使用多项式核函数配置的支持向量机进行回归训练，并对测试样本进行预测
84   poly_svr = SVR(kernel='poly')
85   poly_svr.fit(X_train, y_train.ravel())
86   poly_svr_y_predict = poly_svr.predict(X_test)
87
88   #使用径向基核函数配置的支持向量机进行回归训练，并对测试样本进行预测
89   rbf_svr = SVR(kernel='rbf')
```

```
90    rbf_svr.fit(X_train, y_train.ravel())
91    rbf_svr_y_predict = rbf_svr.predict(X_test)
92    from sklearn.metrics import r2_score, mean_absolute_error, \
93                                mean_squared_error
94    print ('R-squared value of linear SVR is', linear_svr.score(X_test, y_test))
95    print ('The mean squared error of linear SVR is', \
96        mean_squared_error(ss_y.inverse_transform(y_test), \
97                           ss_y.inverse_transform(linear_svr_y_predict))
98    print ('The mean absolute error of linear SVR is', \
99        mean_absolute_error(ss_y.inverse_transform(y_test), \
100                           ss_y.inverse_transform(linear_svr_y_predict)))
101
102   print ('R-squared value of Poly SVR is', poly_svr.score(X_test, y_test))
103   print ('The mean squared error of Poly SVR is', \
104       mean_squared_error(ss_y.inverse_transform(y_test), \
105                          ss_y.inverse_transform(poly_svr_y_predict)))
106   print ('The mean absolute error of Poly SVR is', \
107       mean_absolute_error(ss_y.inverse_transform(y_test), \
108                          ss_y.inverse_transform(poly_svr_y_predict)))
109
110   print ('R-squared value of RBF SVR is', rbf_svr.score(X_test, y_test))
111   print ('The mean squared error of RBF SVR is', \
112       mean_squared_error(ss_y.inverse_transform(y_test), \
113                          ss_y.inverse_transform(rbf_svr_y_predict)))
114   print ('The mean absoluate error of RBF SVR is', \
115       mean_absolute_error(ss_y.inverse_transform(y_test), \
116                          ss_y.inverse_transform(rbf_svr_y_predict)))
117
118   print('\n')
119
120   #从 sklearn.neighbors 导入 KNeighborRegressor（K 近邻回归器）
121   from sklearn.neighbors import KNeighborsRegressor
122
123   #初始化 K 近邻回归并调整配置，使得预测的方式为平均回归
124   uni_knr = KNeighborsRegressor(weights='uniform')
125   uni_knr.fit(X_train, y_train.ravel())
126   uni_knr_y_predict = uni_knr.predict(X_test)
127
128   #初始化 K 近邻回归器并调整配置，使得根据距离加权回归
129   dis_knr = KNeighborsRegressor(weights='distance')
130   dis_knr.fit(X_train, y_train.ravel())
131   dis_knr_y_predict = dis_knr.predict(X_test)
132
133   #用 R-squared、MSE 和 MAE 对平均回归配置的 K 近邻模型进行性能评估
134   print 'R-squared value of uniform-weighted KNeighorRegression:', \
135       uni_knr.score(X_test, y_test)
136   print ('The mean squared error of uniform-weighted \
          KNeighorRegression:', \
137       mean_squared_error(ss_y.inverse_transform(y_test),  \
```

```
138                 ss_y.inverse_transform(uni_knr_y_predict)))
139     print ('The mean absolute error of uniform-weighted\
            KNeighorRegression',\
140         mean_absolute_error(ss_y.inverse_transform(y_test),   \
141                 ss_y.inverse_transform(uni_knr_y_predict)))
142 #用 R-squared、MSE 和 MAE 对距离加权回归配置的 K 近邻模型进行性能评估
143 print ('R-squared value of distance-weighted KNeighorRegression:',\
144         dis_knr.score(X_test, y_test))
145 print ('The mean squared error of distance-weighted
            KNeighorRegression:', \
146         mean_squared_error(ss_y.inverse_transform(y_test), \
147             ss_y.inverse_transform(dis_knr_y_predict)))
148 print ('The mean absoluate error of distance-weighted \
149         KNeighorRegression:', \
150         mean_absolute_error(ss_y.inverse_transform(y_test), \
151             ss_y.inverse_transform(dis_knr_y_predict)))
152
153 print('\n')
154
155 #从 sklearn.tree 中导入 DecisionTreeRegressor
156 from sklearn.tree import DecisionTreeRegressor
157 #使用默认配置初始化 DecisionTreeRegressor
158 dtr = DecisionTreeRegressor()
159 #用波士顿房价的训练数据构建回归树
160 dtr.fit(X_train, y_train.ravel())
161 #用默认配置的单一回归树对测试数据进行预测,将预测值存储在 dtr_y_predict 中
162 dtr_y_predict = dtr.predict(X_test)
163
164 #用 R-squared、MSE 和 MAE 对默认配置的回归树在测试集上进行性能评估
165 print ('R-squared value of DecisionTreeRegressor:', \
            dtr.score(X_test, y_test))
166 print ('The mean squared error of DecisionTreeRegressor:', \
167         mean_squared_error(ss_y.inverse_transform(y_test), \
168                 ss_y.inverse_transform(dtr_y_predict)))
169 print ('The mean absoluate error of DecisionTreeRegressor:', \
170     mean_absolute_error(ss_y.inverse_transform(y_test), \
171             ss_y.inverse_transform(dtr_y_predict)))
172
173 print ('\n')
174
175 #导入 RandomForestRegressor,ExtraTreesGressor,
#导入 GradientBoostingRegressor
176 from sklearn.ensemble import RandomForestRegressor
177 from sklearn.ensemble import ExtraTreesRegressor
178 from sklearn.ensemble import GradientBoostingRegressor
179
180 #RandomForestRegressor
#训练模型对测试数据进行预测,结果存在 rfr_y_predict 中
181 rfr = RandomForestRegressor()
```

```
182    rfr.fit(X_train, y_train.ravel())
183    rfr_y_predict = rfr.predict(X_test)
184
185    #ExtraTreesRegressor
       #训练模型对测试数据进行预测,结果存在 etr_y_predict 中
186    etr = ExtraTreesRegressor()
187    etr.fit(X_train, y_train.ravel())
188    etr_y_predict = etr.predict(X_test)
189
190    #GradientBoostingRegressor 训练模型并预测,结果存储在 gbr_y_predict 中
191    gbr = GradientBoostingRegressor()
192    gbr.fit(X_train, y_train.ravel())
193    gbr_y_predict = gbr.predict(X_test)
194
195    #R-squared、MSE 和 MAE 对默认配置的随机回归森林在测试集上进行性能评估
196    print ('R-squared value of RandomForestRegressor:', rfr.score(X_test, y_test))
197    print ('The mean squared error of RandomForestRegressor:',\
198          mean_squared_error(ss_y.inverse_transform(y_test), \
199          ss_y.inverse_transform(rfr_y_predict)))
200    print ('The mean absoluate error of RandomForestRegressor:', \
201          mean_absolute_error(ss_y.inverse_transform(y_test), \
202          ss_y.inverse_transform(rfr_y_predict)))
203    print ('R-squared value of ExtraTreesRegessor:', etr.score(X_test,\
              y_test))
```

【运行结果】

The value of default measurement of LinearRegression is 0.6763403831
The value of R-squared of LinearRegression is 0.6763403831
The mean squared error of LinearRegression is 25.0969856921
The mean absolute error of LinearRegression is 3.5261239964
The value of default measurement of SGDRegressor is 0.658595155883
The value of R-squared of SGDRegressor is 0.658595155883
The mean squared error of SGDRegressor is 26.4729735828
The mean absolute error of SGDRegressor is 3.50780793709

R-squared value of linear SVR is 0.65171709743
The mean squared error of linear SVR is 27.0063071393
The mean absolute error of linear SVR is 3.42667291687
R-squared value of Poly SVR is 0.404454058003
The mean squared error of Poly SVR is 46.179403314
The mean absolute error of Poly SVR is 3.75205926674
R-squared value of RBF SVR is 0.756406891227
The mean squared error of RBF SVR is 18.8885250008
The mean absolute error of RBF SVR is 2.60756329798

R-squared value of uniform-weighted KNeighorRegression: 0.690345456461
The mean squared error of uniform-weighted KNeighorRegression: 24.0110141732
The mean absolute error of uniform-weighted KneighorRegression
 2.96803149606
R-squared value of distance-weighted KNeighorRegression: 0.719758997016

The mean squared error of distance-weighted KNeighorRegression:
 21.7302501609
The mean absolute error of distance-weighted KNeighorRegression:
 2.80505687851

R-squared value of DecisionTreeRegressor: 0.546133630792
The mean squared error of DecisionTreeRegressor: 35.1933858268
The mean absolute error of DecisionTreeRegressor: 3.34803149606

R-squared value of RandomForestRegressor: 0.824562414684
The mean squared error of RandomForestRegressor: 13.6036574803
The mean absolute error of RandomForestRegressor: 2.30842519685
R-squared value of ExtraTreesRegessor: 0.785855784602
The mean squared error of   ExtraTreesRegressor: 16.605019685
The mean absolute error of ExtraTreesRegressor: 2.48952755906
[['0.00209480595015' 'AGE']
 ['0.0127665889732' 'B']
 ['0.0170201530662' 'CHAS']
 ['0.0188614033608' 'CRIM']
 ['0.0251680725574' 'DIS']
 ['0.0293328982563' 'INDUS']
 ['0.0314146713449' 'LSTAT']
 ['0.034116368343' 'NOX']
 ['0.0459170142466' 'PTRATIO']
 ['0.0480971789912' 'RAD']
 ['0.0694689089184' 'RM']
 ['0.286774180243' 'TAX']
 ['0.378967755748' 'ZN']]
R-squared value of GradientBoostingRegressor: 0.839396342207
The mean squared error of GradientBoostingRegressor: 12.4534155368
The mean absolute error of GradientBoostingRegressor: 2.28311597521

【程序解析】

> 02～25 行：从整体数据中分割出训练数据和测试数据两部分，随机采样 25%的数据构建测试样本，其余作为训练样本，并对数据的特征和目标值进行标准化处理。尽管在标准化之后，数据有了很大的变化，但可以使用 inverse_transform()函数还原真实的结果，对于预测的回归值也可以采用相同的做法进行还原。

> 26～73 行：使用线性回归模型 LinearRegression 和 SGDRegressor 分别对波士顿房价数据进行训练学习模型以及预测。首先使用训练数据进行参数估计得到模型，然后对测试数据进行回归预测。线性回归器假设特征与回归目标之间存在线性关系，限制了其应用范围，特别是现实生活中的很多数据的各个特征与回归目标之间多数不能保证严格的线性关系。

> 74～116 行：使用三种不同的核函数配置的支持向量回归模型进行训练，分别对测试数据做出预测，并显示预测结果。

> 118～151 行：使用两种不同配置的 K 近邻回归模型对美国波士顿房价数据进行回归预测。

> 155～171 行：使用 scikit-learn 中的 DecisionTreeRegressor 对美国波士顿房价数据进行回归预测。

➤ 175～203 行：使用 scikit-learn 中的三种集成回归模型 RandomForestRegressor、ExtraTreesRegressor 和 GradientBoostingRegressor 对美国波士顿房价数据进行回归预测。

【性能对比】

业界从事商业分析系统开发和搭建的工作者更加青睐集成模型，集成模型在训练过程中要耗费更多的时间，但是往往可以提高性能和稳定性。如表 4-8 所示是美国波士顿房价预测问题上的性能对比，也可以看出集成模型表现较好。

表 4-8 美国波士顿房价预测问题的性能对比

回归模型	R-squared	均方误差	平均绝对误差
LinearRegression	0.6763	25.10	3.53
SGDRegressor	0.6586	26.47	3.51
SVM Regressor(Linear Kernel)	0.6517	27.01	3.43
SVM Regressor(Poly Kernel)	0.4045	46.18	3.75
SVM Regressor(RBF Kernel)	0.7564	18.89	2.61
KNN Regressor(Uniform-weighted)	0.6903	24.01	2.97
KNN Regressor(Distance-weighted)	0.7198	21.73	2.81
DecisionTreeRegressor	0.5461	35.19	3.35
RandomForestRegressor	0.8246	13.60	2.31
ExtraTreesRegessor	0.7859	16.61	2.49
GradientBoostingRegressor	0.8394	12.45	2.28

第 5 章 神经网络及其基础算法应用

人工神经元网络（Artificial Neural Network，ANN），简称人工神经网络或神经网络，是生物神经网络在某种简化意义上的技术复现，作为一门学科，它的主要任务是根据生物神经网络的原理和实际应用需要，建造实用的人工神经网络模型，设计相应的学习算法，模拟人脑的某种智能活动，然后在技术上实现出来，用以解决实际问题。神经网络应用最广泛的领域是自然语言处理和图像处理。

在自然语言处理方面，一个完整的自然语言处理系统通常包含语音识别、语义识别、语音合成三部分。其中，我国的一些科技企业在语音识别和语音合成方面已处于世界领先地位。如百度、搜狗、科大讯飞，识别率均已达到97%左右，科大讯飞的语音合成技术代表了世界领先水平。在计算机视觉或图像处理方面，华为、阿里、腾讯、百度等世界一流科技公司，都建立了自己的 AI 实验室并且领先于世界。具体的应用有商汤科技的安防监控和人脸识别、旷视科技的人脸检测识别分析、百度的图像检索和智能驾驶、华为和滴滴的自动驾驶、联影医疗的医学影像等。

5.1 神经网络简介

5.1.1 生物神经元

人脑大约由一千多亿个生物神经元（Neuron）组成，神经元互相连接构成生物神经网络。神经元是大脑处理信息的基本单元，以细胞体为主体。由许多向周围延伸的不规则树枝状纤维构成的神经细胞，其形状很像一棵枯树的枝干（如图 5-1 所示），它主要由细胞体、树突、轴突和突触（Synapse，又称神经键）组成。树突是从细胞体向外延伸出的树状突起，起感受作用，接收来自其他神经元的信号。一个神经元通常具有多个树突，而轴突只有一条，轴突尾端有许多轴突末梢可以给其他多个神经元传递信息。这个连接的位置在生物学上叫作"突触"。

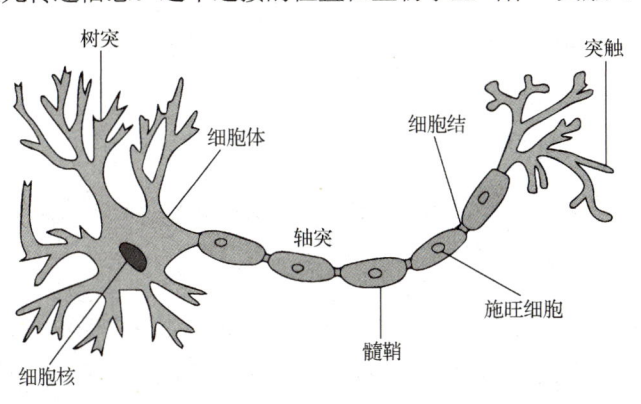

图 5-1 生物神经元

从神经元各组成部分的功能来看，信息的处理与传递主要发生在突触附近。当神经元细胞体通过轴突传到突触前膜的电脉冲幅度达到一定强度，即超过其阈值电位后，突触前膜将向突触间隙释放神经传递的化学物质。

当膜电位比静息电位高出约 20mV 时，该细胞被激活，其膜电位自发地急速升高，然后又急速下降，回到静息时的值，这一过程称为细胞的兴奋过程。兴奋的结果就是产生一个幅值在 100mV 左右、宽度为 1ms 的电脉冲，这个脉冲又叫神经的动作电位。

当细胞体产生一个电脉冲后，即使再受到很强的刺激，也不会立刻产生另一个动作电位，这段时间叫作绝对不应期。当绝对不应期过后，暂时性阈值升高，要激活这个细胞需要更强的刺激，这段时间称为相对不应期。绝对不应期和相对不应期合称为不应期。

由于电脉冲的刺激，前突触会释放出一些神经递质，这些神经递质通过突触间隙扩散到后突触，并在突触后膜与特殊的受体结合，改变了后膜的离子通透性，使膜电位发生变化，产生生理反应。细胞体相当于一个初等处理器，它把来自不同的树突的兴奋性和抑制性输入信号累加求和并进行整合。神经元的整合功能是一种时空整合，当神经元经时空整合产生的膜电位超过阈值时，神经元产生兴奋性电脉冲，处于兴奋状态；否则无电脉冲产生，处于静息状态。

生物神经元网络的基本特征如下：大量神经细胞同时工作，分布处理，多数神经细胞是以层次结构的形式组织起来的，不用功能区的层次组织结构存在差别。

5.1.2 人工神经网络的概念

1943 年，心理学家 W. S. McCulloch 和数理逻辑学家 W. Pitts 建立了神经网络及其数学模型，称为 MP 模型。他们通过 MP 模型提出了神经元的形式化数学描述和网络结构方法，证明了单个神经元能执行逻辑功能，从而开创了人工神经网络研究的时代。经过八十多年的曲折发展，其有关的理论和方法已经发展成为一门介于物理学、数学、计算机科学和神经生物学之间的交叉学科，成为 AI 的一种主要实现技术，在模式识别、图像处理、智能机器人、自动控制、金融预测、优化组合、人机博弈、数据通信、工业控制、专家系统等领域得到了广泛应用，解决了许多传统的、逻辑驱动的计算机程序难以解决的实际问题，表现出了良好的智能特征和学习进化特性，并且成为当今火热的深度学习技术的主要基础。

人工神经网络从信息处理角度通过对人脑神经元及其网络进行模拟、简化和抽象，建立某种模型，按照不同的连接方式组成不同的网络。神经网络是一种运算模型，由大量的节点（或称神经元）之间相互连接构成。每个节点代表一种特定的输出函数，称为激活（或激励）函数（Activation Function）。每两个节点间的连接都代表一个通过该连接信号的加权值，称为权重（或"权值"，Weight），这相当于神经网络的记忆。神经网络的输出则依据神经元的连接方式、权重值和激励函数的不同而不同；而网络自身通常都是对自然界某种算法或者函数的逼近，或者是对某种逻辑策略的表达。

神经网络具有以下四个基本特征：

- 非线性。非线性关系是自然界的普遍特性，大脑具有的"智慧"就是一种非线性现象。人工神经元处于激活或抑制两种不同的状态，这种行为在数学上表现为一种非线性关系。具有阈值的神经元构成的网络具有更好的性能，可以提高容错性和存储容量。
- 非局限性。一个神经网络通常由多个神经元广泛连接而成。一个系统的整体行为不仅取决于单个神经元的特征，而且可能主要由神经元之间的相互作用、相互连接所决定，通过神经元之间的大量连接模拟大脑的非局限性。联想记忆是非局限性的典型例子。

- 非常定性。人工神经网络具有自适应、自组织、自学习能力。神经网络不但处理的信息可能有各种变化,而且在处理信息的同时,非线性动力系统本身也在不断变化。人们经常采用迭代过程描写动力系统的演化过程。非线性动力系统是指可以使用非线性方程(包括常微、偏微、代数等方程)来描述状态随时间而变化的工程、物理、化学、生物、电磁等系统。
- 非凸性。一个系统的演化方向,在一定条件下将取决于某个特定的状态函数。例如能量函数,它的极值相对于系统是比较稳定的状态。非凸性是指这种函数有多个极值,故系统具有多个较稳定的平衡态,这将导致系统演化的多样性。

神经网络具有自学习功能。例如在图像识别时,只要先把许多不同的图像样板和对应的应识别出的结果输入人工神经网络,网络就会通过自学习功能,慢慢学会识别类似的图像。自学习功能对于预测有特别重要的意义。预期未来的人工神经网络计算机将为人类提供经济预测、市场预测、效益预测,其应用前景广阔。人工神经网络具有联想存储功能,用人工神经网络的反馈网络就可以实现这种联想。人工神经网络具有高速寻找优化解的能力。寻找一个复杂问题的优化解,往往需要很大的计算量,利用一个针对某问题而设计的反馈型人工神经网络,发挥计算机的高速运算能力,就可能很快找到优化解。

5.1.3 人工神经元模型与神经网络

人工神经元模型是一个包含输入、输出与计算功能的模型。输入可以类比为生物神经元的树突,而输出可以类比为生物神经元的轴突,计算则可以类比为生物神经元的细胞体。

如图 5-2 所示是一个典型的人工神经元模型,其中,+1 代表偏移值(偏置项,Bias Units);x_1、x_2、…、x_n 代表初始特征;w_0、w_1、w_2、…、w_n 代表权重(Weight),即参数,是特征的缩放倍数。特征经过缩放和偏移后全部累加起来,此后还要经过一次激活运算,然后再输出。图 5-2 中的箭头线称为"连接",每个"连接"上有一个"权值"。

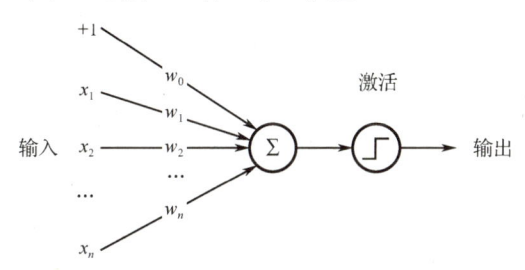

图 5-2 典型的人工神经元模型

人工神经元相当于一个多输入、单输出的非线性阈值器件。如果输入信号的加权和超过阈值,则人工神经元被激活。阈值一般不是一个常数,它随着神经元的兴奋程度而变化。

神经元的计算过程称为激活(Activation),是指一个神经元读入特征、执行计算并产生输出的过程。激活函数用于实现神经元的输入和输出之间非线性化。在神经网络中加入非线性,使得神经网络能够更好地解决较为复杂的问题,如果缺少激活函数,则一个神经网络仅仅只是一个线性的回归模型,而对于复杂的问题,神经网络将不再具有高效的学习力。

常用的激活函数有逻辑函数(Sigmoid),其他还有双曲正切函数(Tanh)、线性整流函数(Rectified Linear Unit,ReLU)等。

1. 逻辑函数（见表 5-1）

表 5-1 逻辑函数公式及图像

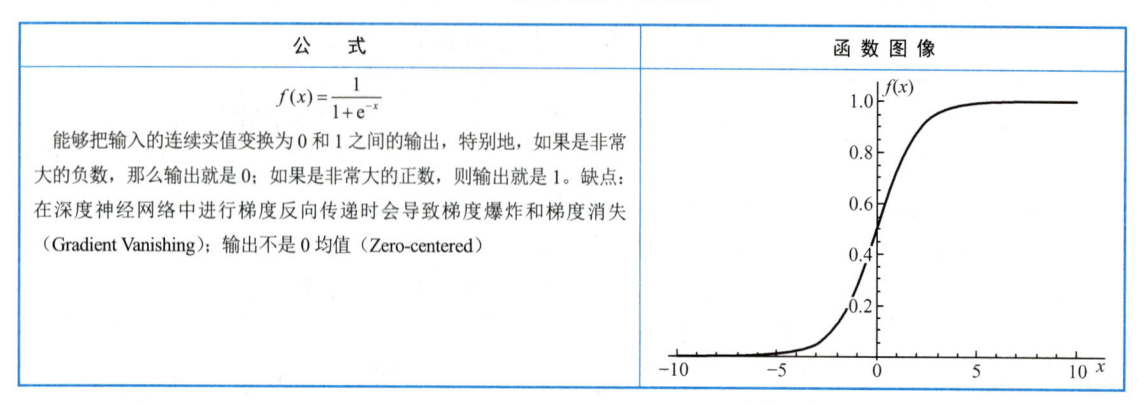

公　式	函　数　图　像
$f(x) = \dfrac{1}{1+e^{-x}}$ 能够把输入的连续实值变换为 0 和 1 之间的输出，特别地，如果是非常大的负数，那么输出就是 0；如果是非常大的正数，则输出就是 1。缺点：在深度神经网络中进行梯度反向传递时会导致梯度爆炸和梯度消失（Gradient Vanishing）；输出不是 0 均值（Zero-centered）	（Sigmoid 函数图像）

2. 正切函数（Tanh）（见表 5-2）

表 5-2 正切函数公式及图像

公　式	函　数　图　像
$f(x) = \dfrac{1-e^{-2x}}{1+e^{-2x}}$ 解决了 Sigmoid 函数的不是 0 均值输出问题，然而，梯度消失问题和幂运算问题仍然存在	（Tanh 函数图像）

3. 线性整流函数（ReLU）（见表 5-3）

表 5-3 线性整流函数公式及图像

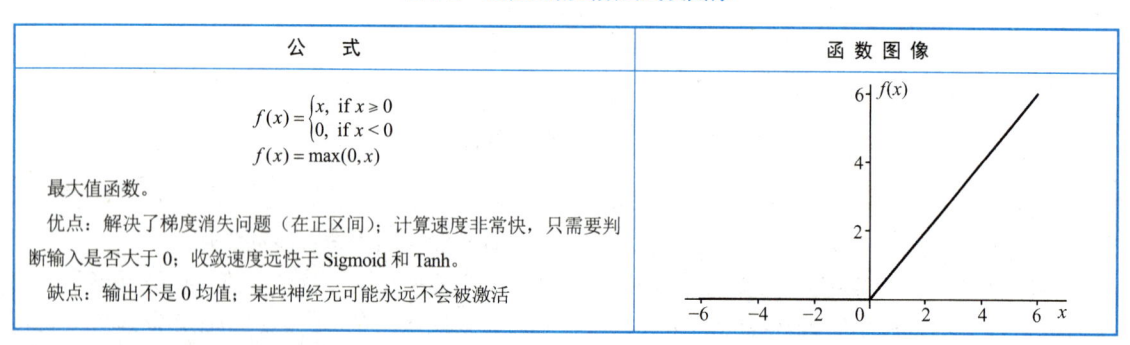

公　式	函　数　图　像
$f(x) = \begin{cases} x, & \text{if } x \geq 0 \\ 0, & \text{if } x < 0 \end{cases}$ $f(x) = \max(0, x)$ 最大值函数。 优点：解决了梯度消失问题（在正区间）；计算速度非常快，只需要判断输入是否大于 0；收敛速度远快于 Sigmoid 和 Tanh。 缺点：输出不是 0 均值；某些神经元可能永远不会被激活	（ReLU 函数图像）

人工神经元有以下特点：

- 神经元是一个多输入、单输出元件。
- 具有非线性的输入、输出特性。
- 具有可塑性，其可塑性变化的部分主要是权值的变化。
- 神经元的输出响应是各个输入值的综合作用结果。

- 输入分为兴奋型（正值）和抑制型（负值）两种。

神经网络中，神经元处理单元可表示不同的对象，如特征、字母、概念，或者一些有意义的抽象模式。一个经典的神经网络如图 5-3 所示，其中，最左边的层称为输入层（Input Layer），对应样本特征；最右边的层称为输出层（Output Layer），对应输出结果；中间层是零到多层的隐藏层（Hidden Layer，也称为隐层）。输入层节点（Node，神经元）接收外部世界的信号或数据，对应样本的特征输入，每一个节点表示样本的特征向量 x 中的一个特征变量（特征项）；输出层节点对应样本的预测输出，每一个节点表示样本在不同类别下的预测概率，实现系统处理结果的输出；隐藏层节点处在输入层和输出层单元之间，是不能由系统外部观察的单元，其对应中间的激活计算，称为隐藏单元（Hidden Unit）。在神经网络中，隐藏单元的作用可以理解为对输入层的特征进行变换，并将其层层传递到输出层进行结果预测。在设计一个神经网络时，输入层与输出层的节点数往往是固定的，而中间层则根据变换的需求通过计算确定。

通常把需要计算的层称为"计算层"，并把拥有一个计算层的网络称为"单层神经网络"。部分文献会按照网络拥有的层数来命名，本书将根据计算层的数量来命名。

值得注意的是，神经网络结构图中的拓扑与箭头代表着预测过程时数据的流向，跟训练时的数据流有一定区别。图 5-3 中的关键不是神经元，而是神经元之间的连接线。每个连接线对应一个不同的权重（其值称为权值），连接权值反映了单元间的连接强度，信息的表示和处理都体现在网络处理单元的连接关系中，具体权值可以在训练中获得。

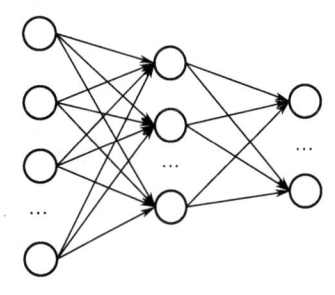

图 5-3 单层神经网络示意图

神经网络是一种非程序化、自适应、大脑风格的信息处理系统，其本质是通过网络的变换和动力学行为得到一种并行分布式的信息处理功能，并在不同程度和层次上模仿人脑神经系统的信息处理功能。

一个神经网络的搭建需要满足三个条件：输入和输出，权重和阈值，以及多层网络结构。其中，最困难的部分是确定权重和阈值。但现实中，可以采用试错法来确定权重和阈值，其具体方法是保持其他参数不变，轻微地改变权值（或阈值），然后观察输出有什么变化；不断重复这个过程，直至得到对应最精确输出的那组权重和阈值。这个过程称为模型的训练（Training）。

因此，神经网络的运作过程如下：
- 确定输入和输出。
- 找到一种或多种算法，可以从输入得到输出。
- 采用一组已知答案的数据集，用来训练模型，估算权重和阈值。
- 一旦新的数据产生，输入模型，就可得到结果，同时对权重和阈值进行校正。

可以看出，整个运作过程需要进行海量计算，所以神经网络直到最近这几年随着硬件的发展才具有实用价值。在实际使用中，一般的 CPU 不能满足计算需求，而要使用专门为机器学习定制的 GPU（Graphics Processing Unit）和 TPU（Tensor Processing Unit）或专用 FPGA（Field-Programmable Gate Array）等来加速计算。

神经网络可进行以下分类。
- 按性能，可分为连续型和离散型网络，或确定型和随机型网络。
- 按学习方法，可分为有监督学习网络、半监督学习网络和无监督学习网络。
- 按拓扑结构，可分为前馈网络和反馈网络。

前馈网络有自适应线性神经网络（AdaptiveLinear，简称 Adaline）、单层感知器、多层感知器、

BP 等。前馈网络中各个神经元接收前一级的输入，并输出到下一级，网络中没有反馈，可以用一个有向无环路图表示。这种网络实现信号从输入空间到输出空间的变换，它的信息处理能力来自简单非线性函数的多次复合；网络结构简单，易于实现。BP 网络是一种典型的前馈网络。前馈网络一般是有监督的学习，可以根据误差信号来修正权值，直到误差小于允许的范围。

反馈网络有 Hopfield、Hamming、BAM 等。反馈网络内神经元之间有反馈，将前馈网络中输出层神经元的输出信号经延时后再送给输入层神经元，与生物神经元网络结构相似。这种神经网络的信息处理是状态的变换，可以用动力学系统理论进行处理。系统的稳定性与联想记忆功能有密切的关系。

神经网络包括以下主要特点：并行处理的结构，可塑性的网络连接，分布式的存储记忆，全方位的互连，群体的集合运算，强大的非线性处理能力。

神经网络的主要优点是，它们能够处理复杂的非线性问题，并且能发现不同输入间的依赖关系。神经网络也允许增量式训练，并且通常不要求大量空间来存储训练数据，因为它们需要保存的仅仅是一组代表突触权重的数字而已。同时，也没有必要保留训练后的原始数据，这意味着，可以将神经网络用于不断有训练数据出现的应用之中。

神经网络的主要缺点在于它是一种黑盒方法。在现实中，一个网络也许会有几百万甚至几千万个节点和突触，很难确切地知道网络是如何得到最终答案的。无法确切地知道推导过程对于某些应用而言也许是一个很大的缺点。另一个缺点是，在训练数据量的大小及与问题相适应的神经网络规模方面，没有明确的规则可以遵循，最终的决定往往需要依据大量的试验。选择过高的训练数据比率，有可能导致网络对噪声数据产生过度归纳（Over-Generalize）现象；而选择过低的训练比率，则意味着除了我们给出的已知数据，网络有可能就不会再进一步学习了。

5.1.4 感知器算法及应用示例

1958 年，计算科学家 Frank Rosenblatt 发布了由两层神经元组成并命名为"感知器"（Perceptron）的神经网络。"感知器"中有两个层次，分别是输入层和输出层。输入层里的"输入单元"只负责传输数据，不做计算。输出层里的"输出单元"则需要对前面一层的输入进行计算。"感知器"算法着眼于最简单的情况，即使用单个神经元、单层网络进行有监督学习（目标结果已知），并且输入数据线性可分，用来解决"and"和"or"的问题，但"感知器"不适用于非线性输入模式的分类，如异或问题。如图 5-4 所示是一个简单的感知器模型。

在此模型中，Rosenblatt 引用权重 w_1、w_2、…、w_n 表示相应输入对于输出重要性的实数（权重）。神经元的输出为 0 或者 1，则由计算权重后的 $\sum_j w_j x_j$ 大于或者小于某些阈值决定。和权重一样，阈值是一个实数，一个神经元的参数，用更精确的代数形式表示如下：

$$\text{output} = \begin{cases} 0, & \text{当} \sum_j w_j x_j \leq \text{threshold} \\ 1, & \text{当} \sum_j w_j x_j > \text{threshold} \end{cases}$$

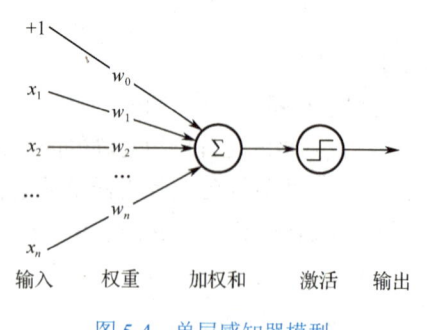

图 5-4 单层感知器模型

把阈值移动到不等式左边，并用感知器的偏置 $b=-\text{threshold}$ 代替，用偏置而不用阈值。其中实现偏置的一种方法就是在输入中引入一个偏置神经元 $x_0=1$，则 $b=x_0 \cdot w_0$，那么感知器的规则可以改写为

$$\text{output} = \begin{cases} 0, & \text{当 } w \cdot x + b \leq 0 \\ 1, & \text{当 } w \cdot x + b > 0 \end{cases}$$

此时就可以使用阶跃函数来作为感知器的激活函数。

一个感知器由以下几部分组成。

- 输入权值：一个感知器可以接收多个输入（x_1、x_2、…、$x_n \mid x_i \in \mathbf{R}$），每个输入上有一个权值 $w_i \in \mathbf{R}$，此外还有一个偏置项 $b \in \mathbf{R}$，就是图 5-4 中的 w_0。
- 激活函数：感知器的激活函数可以有很多选择，在此列中选择阶跃函数来作为激活函数 f。当 $z>0$ 时，$f(z)=1$；当 $z\leq 0$ 时，$f(z)=0$。
- 输出：感知器的输出由 $y = f(w \cdot x + b)$ 决定。

感知器本身是一个线性分类器，它通过求权重的各输入之和与阈值的大小关系，对事物进行分类，所以任何线性分类或线性回归问题都可以用感知器来解决。布尔运算可以看作是二分类问题，即给定一个输入，输出 0（属于分类 0）或 1（属于分类 1）。

感知器输出公式为

$$y = f(w \cdot x + b)$$

令 $w_1=0.5$、$w_2=0.5$、$b=-0.8$，而激活函数 $f(z)$ 使用阶跃函数，这时，感知器就相当于逻辑与（and）函数。令 x_1、x_2 都为 0，那么根据上述公式计算输出：

$$y = f(w \cdot x + b) = f(w_1 x_1 + w_2 x_2 + b) = f(0.5 \times 0 + 0.5 \times 0 - 0.8) = f(-0.8) = 0$$

请读者自行验证当 x_1、x_2 分别为（0，1）、（1，0）和（1，1）时的输出。

同样，令 $w_1=0.5$、$w_2=0.5$、$b=-0.3$ 时，感知器就相当于逻辑或（or）函数。令 $x_1=1$、$x_2=0$，那么根据上述公式计算输出：

$$y = f(w \cdot x + b) = f(w_1 x_1 + w_2 x_2 + b) = f(0.5 \times 1 + 0.5 \times 0 - 0.3) = f(0.2) = 1$$

同样地，请读者自行验证当 x_1、x_2 分别为（0，0）、（0，1）和（1，1）时的输出。

在上面的计算中，权重与偏置的值都是人为指定的，为何偏置值为-0.8 时，感知器就相当于 and 函数，而偏置值为-0.3 时，感知器就相当于 or 函数？这是根据已知真值表的结果，一点一点慢慢凑出来的。当然，and 函数的权重及偏置值组合绝不只有（0.5，0.5，-0.8）一组，同样，or 函数的权重及偏置值组合绝不只有（0.5，0.5，-0.3）一组。

那么如何使感知器自行获得正确的权重项和偏置项的值呢？这时就要对感知器进行训练：将权重项和偏置项初始化为 0，然后利用下面的感知器规则迭代地修改 w_i 和 b，直到训练完成。

$$w_i b \leftarrow w_i + \Delta w_i \leftarrow b + \Delta b$$
$$\Delta w_i \Delta b = \eta(t-y)x_i = \eta(t-y)$$

w_i 是与输入 x_i 对应的权重项，b 是偏置项。事实上，可以把 b 看作值永远为 1 的输入所对应的权重 w_0。t 是训练样本的实际值，一般称为标签。而 y 是感知器的输出值。η 是一个称为学习速率的常数，其作用是控制每一步调整权重的幅度。

每次从训练数据中取出一个样本的输入向量 x，使用感知器计算其输出 y，再根据上面的规则来调整权重。每处理一个样本就调整一次权重。经过多轮迭代后（全部的训练数据被反复处理多轮），就可以训练出感知器的权重，使之实现目标函数。

【示例 5-1】 感知器逻辑算法 and 和 or 的 Python 实现。在代码中，首先建立一个感知器模型，包括初始化感知器及定义激活函数，然后分别定义预测、训练、迭代、更新权重及偏置、打印信息的方法。当输入训练数据及对应的特征后，模型把每对输入向量及对应的特征迭代一遍，并更新权重及偏置，直到所有训练数据处理完毕，这样模型就找到了 and 和 or 的合适的权重和偏置值，然后使用测试数据来测试结果。请注意，在实现 and 和 or 的功能时，感知器模型并没有改变，只是改变了训练数据的特征向量。

代码 5-1（ch5_1_perception_and_or.py）：

```
01   #!/usr/bin/env Python
02   # coding=utf-8
03
04   class  Perceptron(object):
05     def __init__(self, input_num, activator):
06       #初始化感知器，设置输入参数的个数，以及激活函数
07       self.activator = activator
08       self.weights = [0.0 for _ in range(input_num)]
09       self.bias = 0.0
10
11       #打印学习到的权重、偏置项
12     def __str__(self):
13       return 'weights\t:%s\nbias\t:%f\n' % (self.weights, self.bias)
14
15       #输入向量，输出感知器的计算结果
16     def predict(self, input_vec):
17       return self.activator(reduce(lambda a, b: a + b,\
18         map(lambda (x, w): x * w,zip(input_vec, self.weights)), 0.0) \
19         +self.bias)
20       #输入训练数据
21     def train(self, input_vecs, labels, iteration, rate):
22       for i in range(iteration):
23         self._one_iteration(input_vecs, labels, rate)
24
25       #迭代，把所有的训练数据处理一遍
26     def _one_iteration(self, input_vecs, labels, rate):
27       samples = zip(input_vecs, labels)
28       for(input_vec, label) in samples:
29         output = self.predict(input_vec)
30         self._update_weights(input_vec, output, label, rate)
31
32       #更新权重及偏置的值
33     def _update_weights(self, input_vec, output, label, rate):
34       delta = label - output
35       self.weights = map(lambda (x, w): w + rate * delta * x,zip(input_vec,\
36         self.weights))
37       self.bias += rate * delta
38
39   #定义激活函数 f
40   def f(x):
41     return 1 if x >0 else 0
42
43   #基于 and 真值表构建训练数据
44   def get_training_dataset_and():
45     input_vecs = [[1, 1], [0, 0], [1, 0], [0, 1]]
```

```
46          labels_and = [1, 0, 0, 0]
47          return input_vecs, labels_and
48
49      #基于 or 真值表构建训练数据
50      def get_training_dataset_or():
51          input_vecs = [[1, 1], [0, 0], [1, 0], [0, 1]]
52          labels_or = [1, 0, 1, 1]
53          return input_vecs, labels_or
54
55      #使用 and 真值表训练感知器
56      def train_and_perceptron():
57          p = Perceptron(2, f)
58          input_vecs, labels = get_training_dataset_and()
59          p.train(input_vecs, labels, 10, 0.1)
60          return p
61
62      #使用 or 真值表训练感知器
63      def train_or_perceptron():
64          p = Perceptron(2, f)
65          input_vecs, labels = get_training_dataset_or()
66          p.train(input_vecs, labels, 10, 0.1)
67          return p
68
69      # 测试
70      if __name__ == '__main__':
71          and_perception = train_and_perceptron()
72          printand_perception
73          print'1 and 1 = %d' % and_perception.predict([1, 1])
74          print'0 and 0 = %d' % and_perception.predict([0, 0])
75          print'1 and 0 = %d' % and_perception.predict([1, 0])
76          print'0 and 1 = %d' % and_perception.predict([0, 1])
77
78          print' '
79          or_perception = train_or_perceptron()
80          printor_perception
81          print'1 or 1 = %d' % or_perception.predict([1, 1])
82          print'0 or 0 = %d' % or_perception.predict([0, 0])
83          print'1 or 0 = %d' % or_perception.predict([1, 0])
84          print'0 or 1 = %d' % or_perception.predict([0, 1])
```

【运行结果】

/usr/bin/Python2.7/home/joshua/PycharmProjects/ch6/ch6_1_perceptron_and_or.py
weights   :[0.1, 0.2]
bias   :-0.200000
1 and 1 = 1
0 and 0 = 0
1 and 0 = 0
0 and 1 = 0
weights   :[0.1, 0.1]

```
bias   :0.000000
1 or 1 = 1
0 or 0 = 0
1 or 0 = 1
0 or 1 = 1
Process finished with exit code 0
```

【程序解析】

- 05～09 行：初始化感知器，包括设置输入参数的个数，以及激活函数。
- 12～13 行：定义打印函数。格式化输出学习到的权重及偏置项。
- 16～19 行：定义预测函数。输入测试向量，输出感知器的计算结果。
- 21～23 行：定义训练函数。输入训练向量、标签、迭代及步长，训练感知器。
- 26～30 行：定义迭代函数。把所有的训练数据处理一遍。
- 33～37 行：定义权值更新函数。更新权重及偏置的值。
- 40～41 行：定义激活函数 f，当 x>0 时返回 1，当 x<0 时返回 0。
- 44～47 行：基于 and 真值表构建训练数据。
- 50～53 行：基于 or 真值表构建训练数据。
- 56～60 行：使用 and 训练数据训练感知器。
- 63～67 行：使用 or 训练数据训练感知器。
- 70～84 行：测试感知器。

5.1.5 神经网络可视化工具——PlayGround

PlayGround 是谷歌公司推出的一个神经网络在线演示、实验平台，是一个入门级神经网络的非常直观的网站。这个图形化平台非常强大，将神经网络的训练过程直接可视化。

PlayGround 主页面如图 5-5 所示，主要分为 DATA（数据），FEATURES（特征），HIDDEN LAYERS（隐藏层），OUTPUT（输出层）。

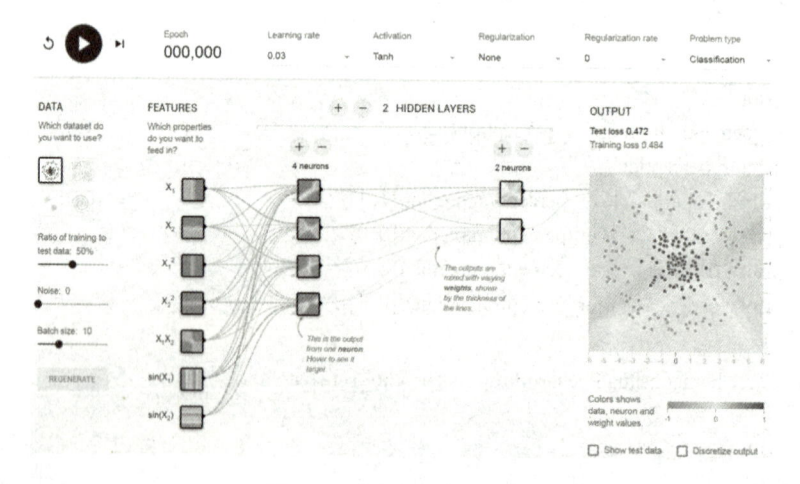

图 5-5 PlayGround 主页面

1. DATA（数据）

DATA 一栏里提供了 4 种不同形态的数据，分别是圆形、异或、高斯和螺旋。平面内的数据分为蓝色和黄色两类。目的就是通过神经网络将这两种数据分类，可以看出螺旋形态的数据分类是难度最高的。

每组数据都是由不同形态分布的一群点组成的。每一个点代表了一个样例，而点的颜色代表了样例的标签。比如需要判断某工厂生产的零件是否合格，通常橙色的点可以表示所有不合格的零件，而蓝色的点表示合格的零件，那么判定一个零件是否合格就变成了区分点的颜色了。使用神经网络的目标，就是通过训练，让神经网络知道哪些位置的点是橙色的（不合格零件）、哪些位置的点是蓝色的（合格零件）。

除此之外，PlayGround 在数据栏中还提供了非常灵活的数据配置，可以定义一个数据集中训练样本和测试样本的比例，还可以加噪声，以及设置每批（batch）进入神经网络的点的数量，一般为 1~30 个。

2. FEATURES（特征）

FEATURES 一栏对应了特征向量，包含了可供选择的 7 种特征：x1、x2、x1*x1、x2*x2、x1*x2、sin(x1)、sin(x2)。x1 可以看成是以横坐标分布的数据特征，x2 是以纵坐标分布的数据特征，x1*x1 和 x2*x2 是以非负的抛物线分布的数据特征，x1*x2 是以双曲抛物面分布的数据特征，sin(x1)是以横坐标的正弦函数分布的数据特征，sin(x2)是以纵坐标的正弦函数分布的数据特征。训练的目的就是通过这些特征的分布组合将两类数据（蓝色和黄色）区分开。

在本小节的样例中，可以认为 x1 代表一个零件的长度误差，而 x2 则表示零件的质量误差。

为了将一个实际问题对应到平面上不同颜色点的划分，还需要将实际问题中的实体，如上述例子中的零件，变成平面上的一个点（在真实问题中，一般会从实体中抽取更多的特征，所以一个实体可以被表示为高维空间的一个点），这就是特征提取所解决的问题。以零件为例，可以用零件的长度和质量来大致描述一个零件。这样，物理学意义上的零件就可以转化成长度和质量这两个数据。通过特征提取，就可以将实际问题中的实体转化为空间中的点。假设使用长度和质量作为一个零件的特征向量，那么每个零件就是二维平面上的一个点。

以判定零件是否合格为例，假设所有的零件的长度误差（用 x1 代表长度误差特征）在-6 到+6 之间（为简单起见，误差取整，共 12 个误差单位），零件的质量误差（用 x2 代表质量误差特征）也在-6 到+6 之间（12 个误差单位），那么零件的合格与否可以使用一组误差特征向量，即（x1, x2）来表示。假设零件的合格标准为长度误差的绝对值小于等于 3，同时质量误差的绝对值也小于等于 3，那么（3，3）、(-1，3)、(-3，-2) 等零件都是合格的，而（4，3）、(-4，5)、(-3，-4) 等零件就不合格了。如图 5-6 所示，蓝色小点表示合格零件，而橙色小点表示不合格零件。

图 5-6 是一组训练数据在输出平面上的位置显示。纵轴表示特征向量 x1（零件的长度误差），横轴表示特征向量 x2（零件的质量误差）。这组训练数据是预先标注好的，以判定零件是否合格为例，这个标注好的训练数据集就是预先收集的一批合格零件和一批不合格的零件，计算它们的长度、质量误差，并按（x1, x2）组成一组组特征向量。

判断零件是否合格是一个二分类问题，在二分类问题中，神经网络的输出层往往只包含一个神经元，而这个神经元会输出一个实数值。通过这个实数值和

图 5-6　一组训练数据在笛卡儿坐标系的位置

预先设定的阈值，就可以得到最后的分类结果。以判定零件合格为例，当输出的数值小于等于 3 时，判定为零件合格，反之则判定为零件不合格。一般认为当输出值离阈值越远时，得到的答案越可靠。

特征向量是神经网络的输入，神经网络的主体结构显示在图 5-3 的中间位置。目前主流的神经网络采用的都是分层的结构，第一层是输入层，代表特征向量中每个特征的取值。比如一个零件的长度误差是 1，那么 x1 的取值就是 1；该零件的质量误差为-2，那么 x2 的取值就是-2，而且该零件就可以被标注为坐标系上坐标为（1，-2）的一个点。同一层的神经元不会相互连接，而且每一层只和下一层连接，直到最后一层作为输出层得到计算的结果。

3. HIDDEN LAYERS（隐藏层）

在输入层和输出层之间的神经网络层称为隐藏层。一个神经网络的隐藏层越多，这个神经网络的深度就越深。一般来讲，隐藏层越多，衍生出的特征类型也就越丰富，对于分类的效果也会越好，但不是越多越好，层数多了训练的速度会变慢，同时收敛的效果不一定会更好。

在 PlayGround 中，可以通过单击 "+" 或者 "-" 来增加或减少隐藏层数量和每个隐藏层神经元数量。隐藏层间连接线表示权重，蓝色表示神经元原始输出，橙色表示神经元负输出。组合连接线粗细深浅会发生变化，深浅表示权重绝对值大小，越深越粗，权重越大。将光标悬浮于连接线上，可以看见并可以修改它的权重的具体值。在 PlayGround 初始化时，各条连接线的权重是由系统给出的任意实数，在系统运行时，通过计算结果前馈传播和错误反向传播等算法（详见 5.3 节），动态地自动调整各连接线的权重。

除设置神经网络的深度及每一层神经网络的神经元数外，PlayGround 还支持设定神经网络的学习速率、激活函数、正则化、正则化率和问题类型等。

4. OUTPUT（输出）

输出栏将输出的训练过程直接可视化，通过 test loss 和 training loss 来评估模型的好坏。OUTPUT 栏下的输出节点除显示区分平面外，还显示了训练数据，也就是希望通过神经网络来区分的数据点。

在使用神经网络来解决实际的分类或者回归问题时（如判定零件是否合格），需要合理地设置神经网络中的参数，而设置神经网络参数的过程就是神经网络的训练过程。只有经过有效训练的神经网络模型才可以真正地解决分类或者回归问题。

5.2 前馈神经网络

5.2.1 前馈神经网络模型

根据神经网络运行过程中的信息流向，可将神经网络分为前馈式和反馈式两种基本类型。前馈神经网络（Feed-Forward Neural Network）简称前馈网络，是一种单向多层结构网络，其中每一层包含若干个神经元，同一层的神经元之间没有互相连接，层间信息的传送只沿一个方向进行。各神经元从输入层开始，接收前一级输入，并输出到下一级，直至输出层。整个网络中无反馈，可用一个有向无环图表示。前馈神经网络第一层称为输入层，最后一层为输出层，中间为一个或多个隐藏层。

前馈网络具有复杂的非线性映射能力。但前馈网络的输出仅仅由当前输入和权值矩阵决定，而与网络先前的输出状态无关。在前馈网络中，不论是离散型还是连续型，一般均不考虑输出与输入之间在时间上的滞后性，而只表达两者之间的映射关系。

前馈神经网络分为单层前馈神经网络和多层前馈神经网络：
- 单层前馈神经网络是最简单的一种人工神经网络，其只包含一个输出层，输出层上节点的值（输出值）通过输入值乘以权重值直接得到。
- 多层前馈神经网络有一个输入层，中间有一个或多个隐藏层，有一个输出层。

前馈神经网络结构简单，应用广泛，能够以任意精度接近任意连续函数及平方可积函数，而且可以精确实现任意有限训练样本集。从系统的观点看，前馈网络是一种静态非线性映射，通过简单非线性处理单元的复合映射，可获得复杂的非线性处理能力。从计算的观点看，它缺乏丰富的动力学行为。大部分前馈网络都有监督学习网络，其分类能力和模式识别能力一般都强于反馈网络。

常见前馈神经网络有感知器网络、BP 网络、RBF 网络。
- 感知器网络：最简单的前馈网络，它主要用于模式分类，也可用在基于模式分类的学习控制和多模态控制中。感知器网络可分为单层感知器网络和多层感知器网络。
- BP 网络：指权重调整采用了反向传播（Back Propagation，BP）学习算法的前馈网络。与感知器网络的不同之处在于，BP 网络的神经元激活函数采用了 Sigmoid 函数，因此输出量是 0~1 之间的连续量，可实现从输入到输出的任意的非线性映射。
- RBF 网络：指隐藏层神经元由 RBF 神经元组成的前馈网络。RBF 神经元是指神经元的变换函数为 RBF（Radial Basis Function，径向基函数）的神经元。典型的 RBF 网络由三层组成：一个输入层，一层或多层由 RBF 神经元组成的 RBF 层（隐藏层），一个由线性神经元组成的输出层。

5.2.2 反向传播神经网络

单层神经网络无法解决异或问题。但是当增加一个计算层以后，两层神经网络不仅可以解决异或问题，而且具有非常好的非线性分类效果。反向传播神经网络是 1986 年以 David Rumelhart 和 J. McClelland 为首的科学家提出的概念，是一种按照误差逆向传播算法训练的多层前馈神经网络，是目前应用最广泛的神经网络之一。BP 算法的基本思想是梯度下降法，利用梯度搜索技术，以期使网络的实际输出值和期望输出值的误差均方差为最小。

BP 网络是在输入层与输出层之间增加若干层（一层或多层）神经元，增加中间层称为隐藏层或隐层，它们与外界没有直接的联系，但其状态的改变则能影响输入与输出之间的关系，每一层可以有若干个节点。BP 网络实际上就是多层感知器，因此它的拓扑结构和多层感知器的拓扑结构相同。由于单隐层感知器已经能够解决简单的非线性问题，因此应用最为普遍。BP 网络的拓扑结构如图 5-7 所示，其中的虚线连接表示隐藏层可以是一层或多层。
- 输入层：输入层各神经元负责接收来自外界的输入信息，并传递给中间层各神经元。
- 隐藏层：中间层是内部信息处理层，负责信息变换。根据信息变化能力的需求，中间层可以设计为单隐层或者多隐层结构；最后一个隐层传递到输出层各神经元的信息，经过进一步处理后，完成一次学习的正向传播处理过程。
- 输出层：顾名思义，输出层向外界输出信息处理结果。

基本 BP 算法包括信号的正向传播和误差反传两个过程。即计算误差输出时按从输入到输出的方向进行，而调整权值和阈值时则从输出到输入的方向进行。正向传播时，输入信号通过隐层作用于输出节点，经过非线性变换，产生输出信号，若实际输出与期望输出不相符，则转入误差的反向传播过程。误差反传是将输出误差通过隐层向输入层逐层反传，并将误差分摊给各层所有单元，以从各层获得的误差信号作为调整各单元权值的依据。

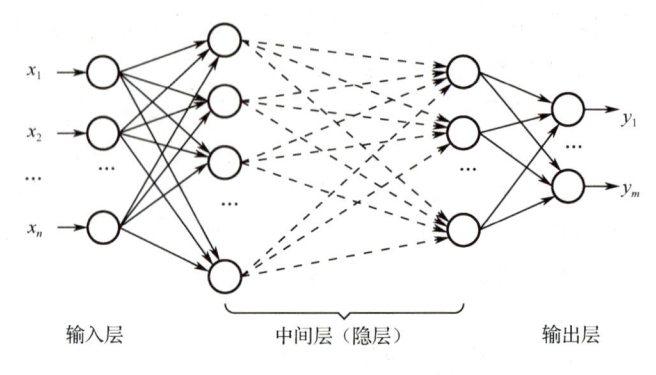

图 5-7　BP 网络的拓扑结构

通过调整输入节点与隐层节点的连接强度和隐层节点与输出节点的连接强度以及阈值，使误差沿梯度方向下降，经过反复学习训练，确定与最小误差相对应的网络参数（权值和阈值），训练即告停止。此时，经过训练的神经网络即能对类似样本的输入信息自行处理，输出误差最小的经过非线性转换的信息。

5.2.3　反向传播神经网络算法规则

BP 算法是一种有监督式的学习算法，其主要思想是：输入学习样本，使用反向传播算法对网络的权值和偏差进行反复的调整训练，使输出的向量与期望向量尽可能地接近，当网络输出层的误差平方和小于指定的误差时训练完成，保存网络的权值和偏差。

输入层神经元个数由样本属性的维度决定，输出层神经元个数由样本分类个数决定。隐藏层的层数和每层的神经元个数由用户指定。神经元数太少时，网络不能很好地学习，训练迭代的次数比较多，训练精度也不高。神经元数太多时，网络的功能变得强大，精确度也更高，但训练迭代的次数也多，可能会出现过拟合（Over Fitting）现象。通常隐层神经元个数的选取原则是：在能够解决问题的前提下，再加上一两个神经元，以加快误差下降速度即可。

每一层包含若干个神经元，每个神经元包含一个阈值 θ_j，用来改变神经元的活性。网络中的连线 w_{ij} 表示前一层神经元和后一层神经元之间的权值。每个神经元都有输入和输出。输入层的输入和输出都是训练样本的属性值。

对于隐层和输出层的输入 $I_j = \sum_i w_{ij} O_i + \theta_j$，其中，$w_{ij}$ 是由上一层的单元 i 到单元 j 的连接的权，O_j 是上一层的单元 i 的输出，而 θ_j 是单元 j 的阈值。

神经网络中神经元的输出是经由激活函数计算得到的。该函数用符号代表神经元的活性。激活函数一般使用 Sigmoid 函数（或者 Logistic 函数）。神经元的输出为

$$O_j = \frac{1}{1+e^{-I_j}}$$

除此之外，神经网络中有一个学习率的概念，学习率一般选取为 0.01～0.8，并有助于找到全局最小。大的学习率可能会导致系统的不稳定；而小的学习率又会导致收敛太慢，需要较长的训练时间。对于较复杂的网络，在误差曲面的不同位置可能需要不同的学习率。为了减少寻找学习

率的训练次数及时间，比较合适的方法是采用变化的自适应学习率，使网络在不同的阶段设置不同大小的学习率。

算法基本流程如图 5-8 所示。

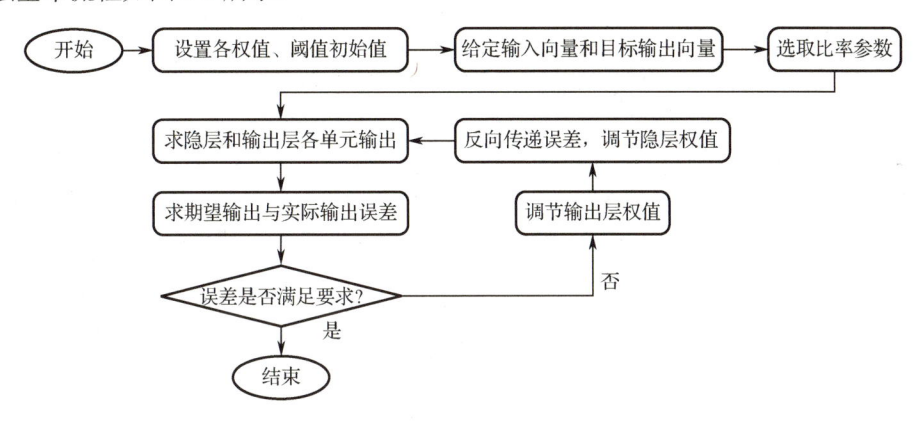

图 5-8　BP 网络算法基本流程

5.2.4　反向传播神经网络应用示例

BP 神经网络无论是在网络理论还是在性能方面都已比较成熟，在实际应用中，绝大部分的神经网络模型都采用 BP 网络及其变化形式。BP 神经网络可以用作分类、聚类、预测等。BP 神经网络具有很强的非线性映射能力和柔性的网络结构，但 BP 神经网络中的某些算法，例如如何选择初始值、如何确定隐藏层的节点个数、使用何种激活函数等问题并没有确凿的理论依据，只有一些根据实践经验总结出来的有效方法或经验公式，网络的中间层数、各层的神经元个数也可以根据具体情况任意设定。BP 神经网络也存在学习速度慢（即使是一个简单的问题，一般也需要几百次甚至上千次的学习才能收敛），容易陷入局部极小值，网络层数、神经元个数的选择没有相应的理论指导，网络推广能力有限等缺点。

【示例 5-2】　使用 BP 神经网络对由 scikit-learn 中的函数产生的 200 个数据进行分类及决策边界。scikit-learn 是一个非常强大的机器学习库，提供了很多常见机器学习算法的实现，详见第 4 章。

本示例使用 scikit-learn 中的 make_moons 方法生成两类数据集，分别用空心点和实心点表示（见图 5-9）。本示例希望通过训练使得机器学习分类器能够在给定的 x 轴和 y 轴坐标上预测正确的分类情况。由图 5-9 可见，该图无法用直线划分数据，可见这些数据样本呈非线性，那么诸如逻辑回归（Logistic Regression）等线性分类器将无法适用这个案例。

解决该问题可以搭建由一个输入层、一个隐层、一个输出层组成的三层神经网络。输入层中的节点数由数据的维度来决定，也就是两个。相应地，输出层的节点数则是由类别的数量来决定的，也是两个。以 x、y 坐标作为输入，输出的则是两种概率，分别是 0 和 1。隐层的维度可选（本例隐层维度为 3）（见图 5-10），隐层的节点越多，实现的功能就越复杂，但是维度过高也意味着更高的计算强度及过拟合的风险。非线性的激活函数可以处理非线性的假设，本例的激活函数使用 Tanh，使用学习速率固定的批量梯度下降法（迭代 20000 次）来寻找参数。

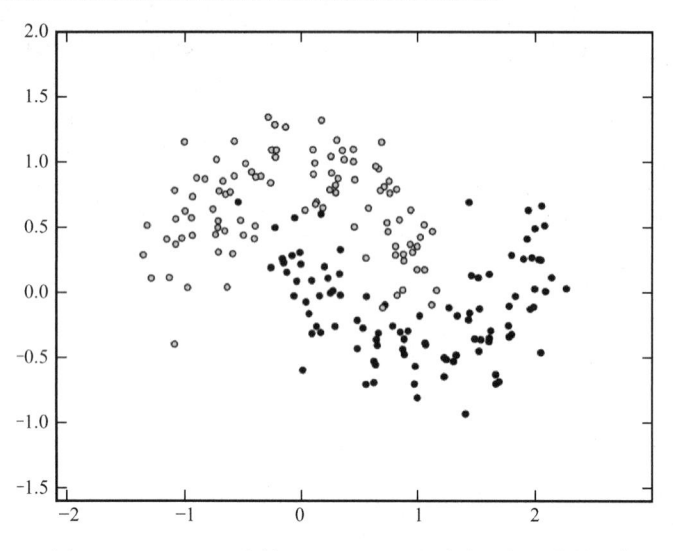

图 5-9 scikit-learn 中的 make_moons 方法生成的两类数据集

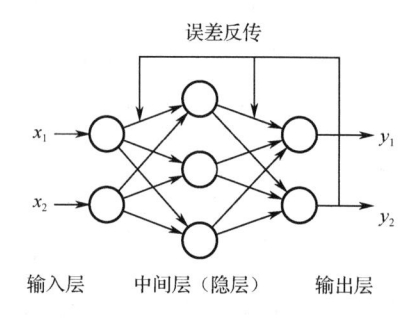

图 5-10 示例 5-9 的 BP 网络结构图

代码 5-2（ch5_2_bp_classifier.py）：

```
01    #!/usr/bin/env Python
02    #coding=utf-8
03    import numpy as np
04    from sklearn import datasets, linear_model
05    import matplotlib.pyplot as plt
06    from matplotlib.colors import    ListedColormap
07    class Config:
08        nn_input_dim = 2           #输入的维度
09        nn_output_dim = 2          #输出的维度
10        epsilon = 0.01             #梯度下降参数：学习率 0.01
11        reg_lambda = 0.01          #正则化长度
12
13    def generate_data():           #scikit-learn 中的函数，产生 200 个数据并显示
14        np.random.seed(0)
15        X, y = datasets.make_moons(200, noise=0.20)
16        model = build_model(X, y, 0)
17        visualize(X, y, model)
18        return X, y
19
20    def visualize(X, y, model):    #结果可视化
21        plot_decision_boundary(lambda x:predict(model,x), X, y)
22        plt.title("Hidden Layer size 3")
23
24    def plot_decision_boundary(pred_func, X, y):
25        #绘制数据点以及边界设置最小值、最大值并填充
26        x_min, x_max = X[:, 0].min() - .5, X[:, 0].max() + .5
27        y_min, y_max = X[:, 1].min() - .5, X[:, 1].max() + .5
28        h = 0.01
29        # 生成数据网格
30        xx, yy = np.meshgrid(np.arange(x_min, x_max, h),
31        \np.arange(y_min, y_max, h))
32            # 预测整个数据网格上的数据
33        Z = pred_func(np.c_[xx.ravel(), yy.ravel()])
34        Z = Z.reshape(xx.shape)
```

```python
35              # 绘制数据点以及边界
36              colors=('white','lightgray')
37              camp=ListedColormap(colors)
38              plt.contourf(xx, yy, Z, cmap=camp)
39              #plt.contourf(xx, yy, Z, cmap=plt.cm.Spectral)
40              colors = ('lightgray', 'black')
41              camp = ListedColormap(colors)
42              plt.scatter(X[:, 0], X[:, 1], c=y, cmap=camp)
43              #plt.scatter(X[:, 0], X[:, 1], c=y, cmap=plt.cm.Spectral)
44              plt.show()
45
46       def predict(model, x):       #预测，前向传播过程
47           W1,b1,W2,b2 = model['W1'], model['b1'], model['W2'], model['b2']
48           z1 = x.dot(W1) + b1
49           a1 = np.tanh(z1)
50           z2 = a1.dot(W2) + b2
51           exp_scores = np.exp(z2)
52           probs = exp_scores / np.sum(exp_scores, axis=1, keepdims=True)
53           return np.argmax(probs, axis=1)
54
55       #学习神经网络的参数以及建立模型
56       # - nn_hdim: 隐藏层的节点数
57       # - num_passes: 梯度下降法使用的样本数量
58       def build_model(X,y, nn_hdim, num_passes=20000, print_loss=False):
59           num_examples = len(X)
60           np.random.seed(0)
61           W1 = np.random.randn(Config.nn_input_dim, nn_hdim) / \
62               np.sqrt(Config.nn_input_dim)
63           b1 = np.zeros((1, nn_hdim))
64           W2 = np.random.randn(nn_hdim, Config.nn_output_dim) / \
65               np.sqrt(nn_hdim)
66           b2 = np.zeros((1, Config.nn_output_dim))
67
68           model = {}      # 最后返回的模型，主要为每一层的参数向量
69
70           for i in range(0, num_passes):      #梯度下降法
71               # 前向传播过程
72               z1 = X.dot(W1) + b1
73               a1 = np.tanh(z1)
74               z2 = a1.dot(W2) + b2
75               exp_scores = np.exp(z2)
76               probs =exp_scores / np.sum(exp_scores, axis=1, keepdims=True)
77               # 误差反向传播过程
78               delta3 = probs
79               delta3[range(num_examples), y] -= 1
80               dW2 = (a1.T).dot(delta3)
81               db2 = np.sum(delta3, axis=0, keepdims=True)
82               delta2 = delta3.dot(W2.T) * (1 - np.power(a1, 2))
83               dW1 = np.dot(X.T, delta2)
84               db1 = np.sum(delta2, axis=0)
85               # 添加正则项 (b1 and b2 不需要做正则化)
86               dW2 += Config.reg_lambda * W2
87               dW1 += Config.reg_lambda * W1
```

```
88              # 梯度下降参数更新
89              W1 += -Config.epsilon * dW1
90              b1 += -Config.epsilon * db1
91              W2 += -Config.epsilon * dW2
92              b2 += -Config.epsilon * db2
93              model={'W1': W1, 'b1': b1, 'W2': W2, 'b2': b2}        #更新模型参数
94              return model
95
96      def main():
97              X, y = generate_data()
98              model = build_model(X, y, 3)
99              visualize(X, y, model)
100     if __name__ == "__main__":
101             main()
```

【运行结果】

结果如图 5-11 所示。

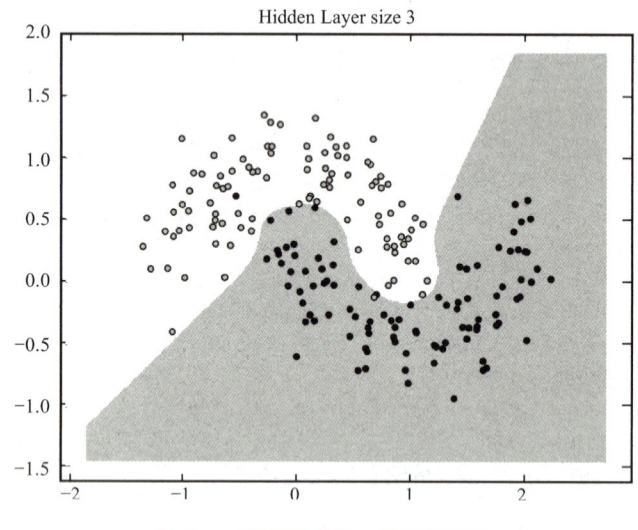

图 5-11 隐层维度为 3 的决策边界

【程序解析】

- 07～11 行：初始化，确定输入、输出的维度，设输入维度为 2，输出维度为 3。确定梯度下降参数，设置学习率为 0.01。确定正则化长度。
- 13～18 行：调用#scikit-learn 中的函数，产生 200 个数据并显示。
- 20～22 行：将输出结果可视化。
- 24～44 行：绘制数据点及边界。
- 46～53 行：定义预测函数，定义前向传播的过程。
- 58～94 行：建立模型并训练。其中，70～76 行是信息的前向传播；78～84 行是误差的反向传播过程；93 行是更新权重及偏置值。

如图 5-9 所示是使用 scikit-learn 中的函数产生 200 个随机数据的原始图像，如图 5-11 所示是输出图示。通常当隐层维度较低时，还存有一些实心点在白色区域，空心点在灰色区域。随着隐层神经元的增加，划分得将会越来越精确。低维度（如 3 层）的隐层能很好地抓住数据的整体趋势，高维度的隐层则显现出过拟合的状态。如果在一个分散的数据集上进行测试，那么隐层规模较小的模型会因为更好的通用性从而获得更好的表现。

5.3 反馈神经网络模型

5.3.1 反馈神经网络模型简介

反馈神经网络（Feedback Neural Networks）是一种反馈动力学系统（状态随时间变化的系统），每个神经元将自身的输出信号经过一步时移再作为输入信号反馈给其他神经元，这种信息的反馈可以发生在不同网络层的神经元之间，也可以只局限于某一层神经元上。

当有输入之后，可以求出网络的输出，而这个输出反馈到输入后又产生新的输出，这个反馈过程一直进行下去。如果这个反馈神经网络是一个能收敛的稳定网络，则这个反馈与迭代的计算过程所产生的变化越来越小（称为"收敛"），一旦到达了稳定平衡状态（即状态不再发生变化，时刻 t 和时刻 $t+1$ 的状态一样），那么网络就会输出一个稳定的恒值，即输出不仅与当前输入和网络权值有关，还和网络之前输入有关。对于一个反馈神经网络来说，关键在于确定它在稳定条件下的权值系数，只有满足了稳定条件，网络才能在工作了一段时间之后达到稳定状态。

在反馈神经网络中，所有节点（单元）都是一样的，它们之间可以相互连接，所以反馈神经网络可以用一个无向的完备图来表示。从系统观点来看，反馈神经网络是一个非线性动力学系统。它必然具有一般非线性动力学系统的许多性质，如稳定问题、各种类型的吸引子以至混沌现象等。在某些情况下，还有随机性和不可预测性等。因此，反馈神经网络比前馈型神经网络的内容要广阔和丰富得多，为人们提供了可以从不同方面来利用这些复杂的性质以完成各种计算功能。

反馈神经网络的典型代表是 Elman 网络和 Hopfield 网络。Elman 网络主要用于信号检测和预测方面，Hopfield 网络主要用于联想记忆、聚类以及优化计算等方面。

反馈神经网络和前馈神经网络的比较如下：

- 前馈神经网络取连续或离散变量，一般不考虑输出与输入在时间上的滞后效应，只表达输出与输入的映射关系。但在 Hopfield 网络中，需考虑输出与输入之间在时间上的延迟，因此需要通过微分方程或差分方程描述网络的动态数学模型。由于前馈神经网络中不含反馈连接，因而为系统分析提供了方便。基本的 Hopfield 网络是一个由非线性元件构成的单层反馈系统，这种系统稳定状态比较复杂，给实际应用带来一些困难。

- 前馈神经网络的学习主要采用误差修正法，计算过程一般比较慢，收敛速度也比较慢。而 Hopfield 网络的学习主要采用 Hebb 规则，一般情况下计算的收敛速度很快。它与电子电路存在明显的对应关系，使得该网络易于理解和易于用硬件实现。

- Hopfield 网络也有类似于前馈神经网络的应用，如用作联想记忆或分类，而在优化计算方面的应用更加显示出 Hopfield 网络的特点。联想记忆和优化计算是对偶的。当用于联想记忆时，通过样本模式输入给定网络的稳定状态，经过学习求得突触权重值；当用于优化计算时，以目标函数和约束条件建立系统的能量函数并确定出突触权重值，网络演变到稳定状态，即是优化计算问题的解。

Hopfield 网络由美国加州理工学院物理学家 J. J. Hopfield 教授于 1982 年提出，是一种单层反馈神经网络，是反馈神经网络中最简单且应用广泛的模型，具有联想记忆的功能，是神经网络发展历史上的一个重要的里程碑。Hopfield 网络是一种由非线性元件构成的反馈系统，其稳定状态的分析比前馈神经网络要复杂得多。1984 年，Hopfield 设计并研制了网络模型的电路，并成功地解决了旅行商（TSP）计算难题（优化问题）。

Hopfield 网络分为离散型（Discrete Hopfield Neural Network，DHNN）和连续型（Continues Hopfield Neural Network，CHNN）两种网络模型。前者适合于处理输入为二值逻辑的样本，主要用于联想记忆；后者适合于处理输入为模拟量的样本，主要用于分布存储。前者使用一组非线性差分方程来描述神经网络状态的演变过程；后者使用一组非线性微分方程来描述神经网络状态的演变过程。Hopfield 神经网络采用了半监督学习方式，其权值按照一定的实现规则计算出来，网络中各个神经元的状态在运行过程中不断更新，直到网络状态稳定。网络状态稳定时的输出就是问题的解。

5.3.2 离散 Hopfield 神经网络

Hopfield 神经网络是一种循环神经网络，由约翰•霍普菲尔德发明，他将物理学的相关思想（动力学）引入到神经网络的构造中，从而形成了 Hopfield 神经网络。贝尔实验室在 1987 年成功在 Hopfield 神经网络的基础上研制出了神经网络芯片。

Hopfield 神经网络中各连接的权值是设计出来的，而不是通过网络训练而学到的。网络在训练过程中只能对权值进行微小的调整，所以连接的权值在网络运行过程中是基本固定的，网络的运行只是通过按一定的规则计算和更新网络的状态，以求达到网络的稳定状态。

Hopfield 神经网络是一种递归神经网络，从输出到输入均有反馈连接，每一个神经元跟所有其他神经元相互连接，又称为全互连网络。

Hopfield 最早提出的网络是二值神经网络，即每个神经元的输出只取 0/1 或-1/1 这两种状态（分别表示激活和抑制），所以也称为离散 Hopfield 神经网络（Discrete Hopfield Neural Network，DHNN）。离散 Hopfield 神经网络是一个单层网络，有 n 个神经元节点，每个神经元的输出均接收其他神经元的输入。各节点没有自反馈。每个节点都可处于一种可能的状态（0/1 或-1/1），即当该神经元所受的刺激超过其阈值 θ 时，神经元就处于一种状态（比如 1），否则神经元就始终处于另一种状态（比如-1），它保证了向局部极小收敛，但收敛到错误的局部极小值（Local Minimum），而非全局极小（Global Minimum）的情况也可能发生。

与连续 Hopfield 神经网络相比，离散 Hopfield 神经网络的主要差别在于神经元激活函数使用了硬极限函数，而连续 Hopfield 神经网络使用了 Sigmoid 激活函数。

图 5-12（a）是由 4 个神经元组成的离散 Hopfield 神经网络结构图。在图中，所有神经元排列成一层，每一层都有输入。输出的 x_1 有一个反馈的回路送到 x_2、x_3、x_4，没有回送给 x_1，输出神经元的取值为 0/1 或-1/1。对于神经元层，任意两个神经元间的连接权值为 ω_{ij}，$\omega_{ij} = \omega_{ji}$，神经元的连接是对称的。若 $\omega_{ii} = 0$，则神经元自身无连接，称为无自反馈的 Hopfield 神经网络；若 $\omega_{ii} \neq 0$，则称之为有自反馈的 Hopfield 神经网络。但是，考虑到稳定性，一般避免使用有自反馈的网络。如图 5-12（a）所示，输入层的 x_i 仅作为输入，没有实际功能，输出层为输出神经元，其功能是用阈值函数对计算结果进行二值化。若输入为 x_i，则第三层（L3）的输出为

$$y_i = \begin{cases} 0, & x_i < \theta_i \\ 1, & x_i > \theta_i \end{cases}$$

其中 θ_i 为各神经元的阈值。注意：图中 $x_i = y_i$，而 x_i 为这个神经元所有输入的总和。

如果仅考虑中间层神经元的节点，可以发现，每个神经元的输出都成为其他神经元的输入，每个神经元的输入都来自于其他神经元。神经元输出的数据经过其他神经元之后最终又反馈给自己，所以可以把 Hopfield 神经网络画成如图 5-12（b）所示的网络结构。

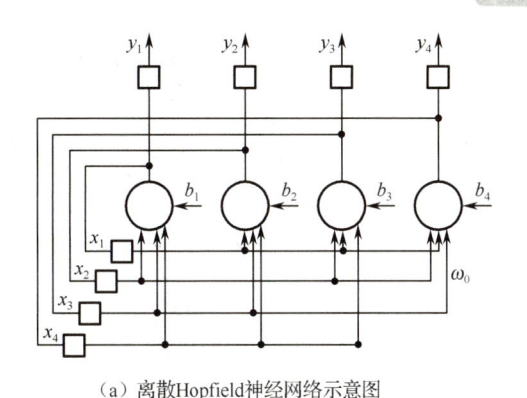

(a) 离散Hopfield神经网络示意图 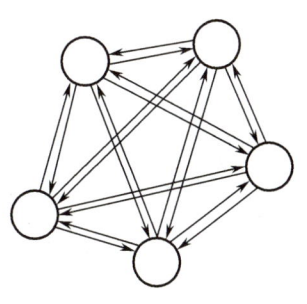　　(b) Hopfield神经网络的拓扑结构

图 5-12　离散 Hopfield 神经网络结构图

这样，忽略了输入层和输出层，Hopfield 神经网络就成为单层全互连网络。假设共有 N 个神经元，每个神经元 t 时刻的输入为 x_i，二值化后的输出为 y_i，则 t 时刻神经元的输入为

$$x_i = \sum_{j=1, j \neq i}^{N} \omega_{ij} y_j + b_i$$

b_i 是第 i 个神经元的偏置量。$t+1$ 时刻的输出为

$$y_i(t+1) = f(x_i(t))$$

Hopfield 神经网络按动力学方式运行，其工作过程为状态的演化过程，即从初始状态按"能量"减小的方向进行演化，直至达到稳定状态，稳定状态即为网络的输出状态。

DHNN 有两种不同的工作方式：串行与并行。

串行（异步）工作方式：网络每次只对一个神经元的状态进行调整计算，其他均不变，可选择随机或按固定的顺序进行，本次调整的结果会在下一个神经元的净输入中发挥作用。这种更新方式的特点是实现上容易，每个神经元都有自己的状态更新时刻，不需要同步机制；功能上的串行状态更新可以限制网络的输出状态，避免不同稳态等概率的出现。

并行（同步）工作方式：在某一时刻有 N 个神经元改变状态，而其他的神经元的输出不变。变化的这一组神经元可以按照随机方式或某种规则来选择。当 $N=n$ 时，称为全并行方式，对于权值设计要求较高。在任一时刻 t，所有的神经元的状态都产生了变化，则称为并行工作方式。

Hopfield 神经网络的运行步骤，以串行方式为例说明。

第一步，对网络进行初始化。

第二步，从网络中随机选取一个神经元 i。

第三步，求出神经元 i 所有输入的总加权和 $u_i(t)$。

第四步，求出神经元 i 在 $t+1$ 时刻的输出 $v_i(t+1)$，此时网络中的其他神经元的输出保持不变。

第五步，返回第二步，直到网络进入稳定状态。

当满足以下两个条件时，Hopfield 神经网络的学习算法总是收敛的：

① 网络的连接权矩阵无自连接并且具有对称性，即 $w_{ii} = 0$ 且 $w_{ij} = w_{ji}$。

② 网络中各神经元以非同步或串行方式，按照运行规则改变其状态；当某个神经元状态改变时，其他神经元状态保持不变。

对于一个反馈网络来说，稳定性是一个重大的性能指标。反馈网络是一种能够存储若干预先设置的稳定点的网络，作为非线性动力学系统，具有丰富的动态特性，如稳定性、有限环状态和混沌状态等。稳定性指的是经过有限次的递归后，状态不再发生改变。在动态系统中，稳定性可以理解为系统某种形式的能量函数在系统运行过程中，其能量不断减少，最后处于最小值。有限环状态指的是限幅的自持振荡，即系统在确定的几个状态中循环往复。混沌状态指的是网络状态的轨迹在某个确定的范围内变迁，既不重复也不停止，状态变化有无穷多个，轨迹也不发散到无穷远。

Hopfield 神经网络存在稳定状态，则要求 Hopfield 神经网络满足以下要求：
- 网络为对称连接，即 $w_{ij} = w_{ji}$。
- 神经元自身无连接，即 $w_{jj} = 0$。

在满足以上参数条件下，Hopfield 神经网络的"能量函数"（Lyapunov 函数）的"能量"在网络运行的过程中应不断地降低，最后达到稳定的平衡状态。

对于 DHNN，由于网络状态是有限的，所以不可能出现混沌状态。假设一个 DHNN，其状态 $Y(t)$ 为

$$Y(t) = [y_1(t), y_2(t), \cdots, y_n(t)]^T$$

如果对于任何 $\Delta t > 0$，当神经网络从 $t=0$ 开始，有初始状态 $Y(0)$。经过有限时刻 t，若 $Y(t+\Delta t)=Y(t)$，则认为网络是稳定的。神经网络稳定时的状态称为稳定状态。因此，无自反馈的权系数对称 Hopfield 神经网络是稳定的网络，不稳定的网络往往是发散到无穷远的系统，在离散 Hopfield 神经网络中，由于输出只能取二值化的值，因此不会出现无穷大的情况，此时，网络出现有限幅度的自持震荡，在有限个状态中反复循环，即有限环网络。

网络的稳定状态 X 就是网络的吸引子，用于存储记忆信息。网络的演变过程就是从部分信息寻找全部信息，即联想回忆过程。吸引子有以下的性质：
- $X=f(WX-T)$，则 X 为网络的吸引子。
- 对于 DHNN，若按异步方式调整，且权矩阵 W 为对称矩阵，则对于任意初态，网络都最终收敛到一个吸引子。
- 对于 DHNN，若按同步方式调整，且权矩阵 W 为非负定对称，则对于任意初态，网络都最终收敛到一个吸引子。
- X 为网络吸引子，且阈值 $T=0$，在 $\text{sign}(0)$ 处，$x_j(t+1) = x_j(t)$，则 $-X$ 也一定是该网络的吸引子。
- 吸引子的线性组合，也是吸引子。
- 能使网络稳定在同一吸引子的所有初态的集合，称为该吸引子的吸引域。
- 对于异步方式，若存在一个调整次序，使网络可以从状态 X 演变为 X_a，则称 X 弱吸引到 X_a；若对于任意调整次序，网络都可以从 X 演变为 X_a，则称 X 强吸引到 X_a。

吸引子的分布是由网络权值包括阈值决定的，设计吸引子的核心就是如何设计一组合适的权值。为了使得所设计的权值满足要求，权值矩阵应符合以下要求：

（1）为保证异步方式网络收敛，W 为对称矩阵。
（2）为保证同步方式网络收敛，W 为非负定对称矩阵。
（3）保证给定的样本是网络的吸引子，并且要有一定的吸引域。

根据应用所要求的吸引子数量，可以采用以下不同的方法。
- 联立方程法：当吸引子较少时，可采用该方法。
- 外积和法：当吸引子较多时，可采用该方法，也可采用 Hebb 规律的外积和法。

联想记忆功能是离散 Hopfield 神经网络的一个重要应用范围。用网络的稳态表示一种记忆模式，初始状态朝着稳态收敛的过程便是网络寻找记忆模式的过程，初态可视为记忆模式的部分信息，网络演变可视为从部分信息回忆起全部信息的过程，从而实现联想记忆。要想实现联想记忆，

反馈网络必须具有两个基本条件：
- 网络能收敛到稳定的平衡状态，并以其作为样本的记忆信息。
- 具有回忆能力，能够从某一残缺的信息回忆起所属的完整的记忆信息。

离散 Hopfield 神经网络实现联想记忆的过程分为两个阶段：学习记忆阶段和联想回忆阶段。在学习记忆阶段，设计者通过某一设计方法确定一组合适的权值，使网络记忆起期望的稳定平衡点。联想回忆阶段则是网络的工作过程。

离散 Hopfield 神经网络用于联想记忆有两个突出的特点，即记忆是分布式的，联想是动态的。

离散 Hopfield 神经网络的局限性主要表现在以下几点：
- 记忆容量的有限性。
- 伪稳定点的联想与记忆。
- 当记忆样本较接近时，网络不能始终回忆出正确的记忆等。

另外，网络的平衡稳定点并不是可以任意设置的，也没有一个通用的方式来事先知道平衡稳定点。

利用 Hopfield 神经网络可实现优化求解问题：将待求解的目标函数设置为网络能量函数，当能量函数趋于最小时，网络状态的输出就是问题的最优解。网络的初态视为问题的初始解，而网络从初状向稳态的收敛过程便是优化计算过程，这种寻优搜索是在网络演变过程中自动完成的。

【示例 5-3】 用 DHNN 识别残缺的数字。用 Python 设计实现一个 Hopfield 神经网络，使其具有联想记忆功能，能正确识别被噪声污染后的数字。本例根据横切掉一半的数字残骸恢复原来的数字，该算法根据 Hebb 归一化学习原则，并采用 Kronecker 积的方法实现。作者为 Alex Pan。本例首先使用完整稳定的原始数字"0"及"2"对 Hopfield 神经网络进行训练，训练结束后使用横切掉一半的"0"及"2"来验证训练结果，训练数字及验证数字使用一维 5×6 的 bit 数组模拟。

本例中，首先建立一个 Hopfield 神经网络模型，确定神经元的个数及权重矩阵，同时根据 Hebb 归一化学习原则，定义了 Kronecker 积的方法。在定义训练时，首先定义一个一次使用单个稳定状态并更新权重矩阵的训练方法 trainOnce，然后再定义使用 trainOnce 方法进行全 Hopfield 神经网络训练的方法 hopTrain，最后定义启动方法 hopRun。

代码 5-3（ch5_3_hopfield.py）：

```
01    #!/usr/bin/env Python
02    # coding=utf-8
03    #@Author: Alex Pan@From: CASIA@Date: 2017.03 感谢作者 Alex Pan
04
05    import numpy as np
06    uintType = np.uint8
07    floatType = np.float32
08
09    class HOP(object):      # Hopfield 模型
10        def __init__(self, N):
11            self.N = N    # Bit 维度
12            self.W = np.zeros((N, N), dtype = floatType)       # 权值矩阵
13
14        # 计算[factor]的 Kronecker 平方积或使用 np.kron()
15        def kroneckerSquareProduct(self, factor):
16            ksProduct = np.zeros((self.N, self.N), dtype = floatType)
17            for i in xrange(0, self.N):          # 计算
18                ksProduct[i] = factor[i] * factor
```

```python
19      return ksProduct
20
21  def trainOnce(self, inputArray):
22      # 一次训练一个单个稳定状态，更新权值矩阵
23      mean = float(inputArray.sum()) / inputArray.shape[0]
24      # 使用规范化学习
25      self.W = self.W + self.kroneckerSquareProduct(inputArray - mean)\
26              / (self.N * self.N) / mean / (1 - mean)
27      index = range(0, self.N)   # Erase diagonal self-weight
28      self.W[index, index] = 0.
29
30  def hopTrain(self, stableStateList):        # 整体训练
31      # 把 list 预处理成数组的类型
32      stableState = np.asarray(stableStateList, dtype = uintType)
33      if np.amin(stableState) <0 or np.amax(stableState) >1:
34          print'Vector Range ERROR!'
35          return
36      # 训练
37      if len(stableState.shape) == 1 and stableState.shape[0] == self.N:
38          print'stableState count: 1'
39          self.trainOnce(stableState)
40      elif len(stableState.shape) ==2and stableState.shape[1] == self.N:
41          print'stableState count: ' + str(stableState.shape[0])
42          fori in xrange(0, stableState.shape[0]):
43              self.trainOnce(stableState[i])
44      else:
45          print'SS Dimension ERROR! Training Aborted.'
46          return
47
48      print 'Hopfield Training Complete.'
49
50  def hopRun(self, inputList):# 运行模型并产生结果
51      inputArray = np.asarray(inputList, dtype = floatType)
52          # 把 list 预处理成数组的类型
53      if len(inputArray.shape) != 1 or inputArray.shape[0] != self.N:
54          print'Input Dimension ERROR! Runing Aborted.'
55          return
56      matrix = np.tile(inputArray, (self.N, 1))
57      matrix = self.W * matrix
58      ouputArray = matrix.sum(1)
59      m = float(np.amin(ouputArray))            # 规范化
60      M = float(np.amax(ouputArray))
61      ouputArray = (ouputArray - m) / (M - m)
62      ouputArray[ouputArray <0.5] = 0.
63      ouputArray[ouputArray >0] = 1.
64      return np.asarray(ouputArray, dtype = uintType)
65
66  def hopReset(self):    # 重设 HOP 至初始状态
67      self.W = np.zeros((self.N, self.N), dtype = floatType)
```

```python
68
69   def printFormat(vector, NperGroup):      #打印输入向量
70       string = ''
71       for index in xrange(len(vector)):
72           if index % NperGroup == 0:
73               string += '\n'
74           if str(vector[index]) == '0': #    Image-Matrix OR Raw-String
75               string += ' '
76           elif str(vector[index]) == '1':
77               string += '*'
78           else:
79               string += str(vector[index])
80       string += '\n'
81       print string
82
83   def HOP_demo():            # DEMO of Hopfield Net
84       zero = [0,1,1,1,0,
85               1,0,0,0,1,
87               1,0,0,0,1,
88               1,0,0,0,1,
89               1,0,0,0,1,
90               0,1,1,1,0]
91       one = [0,1,1,0,0,
92              0,0,1,0,0,
93              0,0,1,0,0,
94              0,0,1,0,0,
95              0,0,1,0,0,
96              0,0,1,0,0]
97       two = [1,1,1,0,0,
98              0,0,1,0,0,
99              0,0,1,0,0,
100             0,1,1,0,0,
101             1,0,0,0,0,
102             1,1,1,1,1]
103     hop = HOP(5 * 6)
104     hop.hopTrain([zero, one, two])
105     half_zero = [0,1,1,1,0,
106                  1,0,0,0,1,
107                  1,0,0,0,1,
108                  0,0,0,0,0,
109                  0,0,0,0,0,
110                  0,0,0,0,0]
111     print 'Half-Zero:'
112     printFormat(half_zero, 5)
113     result = hop.hopRun(half_zero)
114     print'Recovered:'
115     printFormat(result, 5)
116     half_two = [0,0,0,0,0,
117                 0,0,0,0,0,
```

```
118                        0,0,0,0,0,
119                        0,1,1,0,0,
120                        1,0,0,0,0,
121                        1,1,1,1,1]
122     print'Half-Two:'
123     printFormat(half_two, 5)
124     result = hop.hopRun(half_two)
125     print'Recovered:'
126     printFormat(result, 5)
127     half_two = [1,1,1,0,0,
128                        0,0,0,1,0,
129                        0,0,0,1,0,
130                        0,0,0,0,0,
131                        0,0,0,0,0,
132                        0,0,0,0,0]
133     print'Another Half-Two:'
134     printFormat(half_two, 5)
135     result = hop.hopRun(half_two)
136     print'Recovered:'
137     printFormat(result, 5)
138
139     if __name__ == '__main__':
140         HOP_demo()
```

【运行结果】

结果如图 5-13 所示。

```
/usr/bin/python2.7 /home/joshua/PycharmProjects/ch6/ch6_3_Hopfield.py
stableState count: 3
Hopfield Training Complete.
Half-Zero:
 ***
*   *
*   *




Recovered:
 ***
*   *
*   *
*   *
*   *
 ***

Half-Two:                       Another Half-Two:
                                ***
                                  *
                                  *

 **
*
*****
                                Recovered:
Recovered:                      ***
                                  *
***                               *
  *                              **
  *                              *
 **                             *****
*
*****                           Process finished with exit code 0
```

图 5-13 示例 5-3 运行结果

【程序解析】

- 09 行：建立 Hopfield 模型。
- 10~12 行：定义初始化函数，设置神经元维度及权值矩阵。
- 15~19 行：计算[factor]的 Kronecker 平方积。
- 21~28 行：定义训练函数。一次训练一个单元，使之进入稳定状态并更新权值矩阵。
- 30~46 行：定义 hopTrain 训练函数，进行整体训练。
- 50~64 行：定义 hopRun 函数，运行模型并产生结果。
- 66~67 行：定义重设函数，使 HOP 模型进入初始状态。
- 69~81 行：定义格式化打印函数。
- 83~102 行：初始化 HOP 模型，分别建立"0""1""2"的矩阵。
- 103~104 行：分别训练"0""1""2"。
- 105~115 行：测试恢复半个"0"。
- 116~126 行：测试恢复半个"2"。
- 127~137 行：测试恢复另外半个"2"。
- 139~140 行：运行程序。

5.3.3 连续 Hopfield 神经网络

连续 Hopfield 神经网络（Continuous Hopfield Neural Network，CHNN）是一种单层反馈非线性网络，每一个神经元的输出均反馈至所有神经元的输入。CHNN 的拓扑结构和生物神经系统中大量存在的神经反馈回路是一致的。

Hopfield 用模拟电路设计了一个 CHNN 的电路模型，如图 5-14 所示。

考虑对于一个神经细胞，即神经元 i，其内部膜电位状态用 u_i 表示，生物神经元的动态（微分系统）由运算放大器来模拟，其中微分电路中细胞膜输入电容为 C_i，细胞膜的传递电阻为 R_i，输出电压为 V_i，外部输入电流用 I_i 表示，神经元的状态满足如下动力学方程：

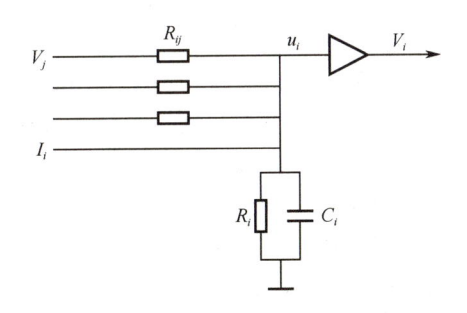

图 5-14 CHNN 的电路模型

$$\begin{cases} C_i \dfrac{\mathrm{d}u_i(t)}{\mathrm{d}t} = -\dfrac{u_i(t)}{R_i} + \sum_{j=1}^{n} w_{ij} V_j(t) + I_i \\ V_i(t) = g_i(u_i(t)) \end{cases} \quad i = 1, 2, \cdots, n$$

根据生物神经网络的主要特性，Hopfield 将网络抽象为：神经网络等效为放大电子电路，每一个神经元等效为一个电子放大器元件，每一个神经元的输入和输出，分别等效为电子元件的输入电压和输出电压，每一个电子元件（神经元）输出的电信号有正负值，正值代表兴奋，负值代表抑制，每一个电子元件（神经元）的输入信息，包含恒定的外部电流输入，和其他电子元件的反馈连接。连续型 Hopfield 神经网络利用模拟电路构造了反馈人工神经网络的电路模型，如图 5-15 所示。

在如图 5-15 所示电路模型中，微分系统的暂态过程的时间常数通过电容 C_i 和电阻 R_i 并联实现，模拟生物神经元的延时特性，电阻 R_j（$j=1,2,\cdots,n$）模拟神经元之间互连的突触特性，偏置电流 I_i 相当于阈值，运算放大器模拟神经元的非线性饱和特性。

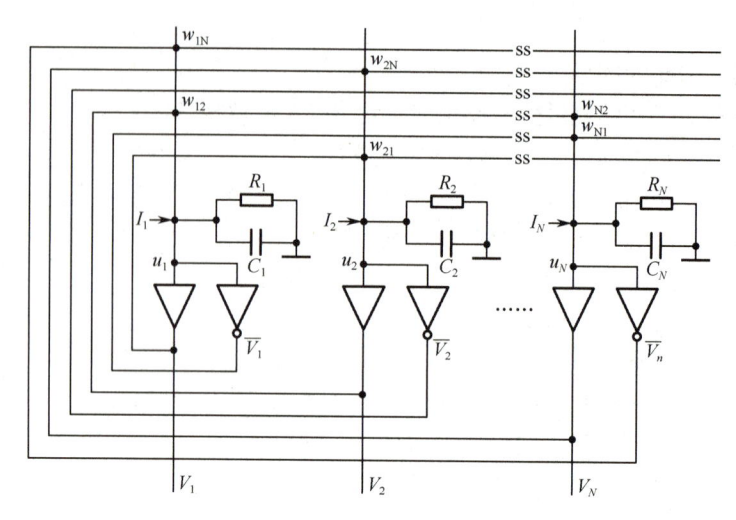

图 5-15　基于模拟电子线路的连续型 CHNN 拓扑结构

Hopfield 神经网络中每个神经元都是由运算放大器及相关的电路组成的，其中任意一个运算放大器 i（或神经元 i）都有两组输入：第一组是恒定的输入，用 I_i 表示，这相当于放大器的电流输入；第二组是来自其他运算放大器的反馈连接，如其中的另一任意运算放大器 j（或神经元 j），用 w_{ij} 表示，这相当于神经元 i 和神经元 j 的连接权值。

CHNN 在时间上是连续的，所以网络中各个神经元是处于同步方式工作的。

对于连续 Hopfield 神经网络，Hopfield 给出如下稳定性定理：

当 Hopfield 神经网络的神经元传递函数 g 是连续且有界的（如 Sigmoid 函数），并且网络的权值系数为对称矩阵，则这个连续 Hopfield 神经网络是稳定的。

CHNN 网络具有良好的收敛性且具有有限的平衡点，并且能够渐进稳定。渐进稳定的平衡点为其能量函数的局部极小点。CHNN 能将任意一组希望存储的正交化矢量综合为网络的渐进的平衡点。CHNN 网络存储表现为神经元之间互连的分布式动态存储。CHNN 以大规模、非线性、连续时间并行方式处理信息，其计算时间就是网络趋于平衡点的时间。

5.4　循环神经网络

循环神经网络（Recurrent Neural Network，RNN）是一类以序列（Sequence）数据为输入，在序列的演进方向进行递归（Recursion）且所有节点（循环单元）按链式连接的递归神经网络（Recursive Neural Network）。

对循环神经网络的研究始于 20 世纪八九十年代，并在 21 世纪初发展为深度学习算法之一，其中双向循环神经网络（Bidirectional RNN, Bi-RNN）和长短期记忆网络（Long Short-Term Memory networks，LSTM）是常见的循环神经网络。

RNN 具有记忆性、参数共享并且图灵完备（Turing Completeness），因此在对序列的非线性特征进行学习时具有一定优势。图灵完备是指机器执行任何其他可编程计算机能够执行计算的能力。如一切可计算的问题都能计算，那么这个虚拟机或者编程语言就是图灵完备的。

RNN 主要用于处理序列数据（如自然语言、音频、股票市场价格走势等），它在学习序列的非线性特征时具有一定优势，在自然语言处理领域被广泛应用，如语音识别、语言建模、机器翻译等领域有应用，也被用于各类时间序列预报。在引入了卷积神经网络（CNN）后，构筑的循环神经网络可以处理包含序列输入的计算机视觉问题。

RNN 之所以能够有效地处理序列数据，得益于其特殊的结构。在传统的神经网络模型中，从输入层到隐藏层再到输出层，层与层之间是全连接的，每层之间的节点是无连接的。但是这种普通的神经网络对于很多问题却无能为力。例如，你要预测句子的下一个单词是什么，一般需要用到前面的单词，因为一个句子中前后单词并不是独立的。传统的 NN 模型结构比较简单：输入层→隐藏层→输出层；RNN 与传统 NN 模型最大的区别在于：隐藏层的输入不仅包括输入层的输出，还包括上一时刻隐藏层的输出。

图 5-16 展示了一个典型的 RNN 结构。可以看到，RNN 的主体结构 A 的输入除了来自输入层，还有一个循环的边来提供上一时刻的隐藏状态（Hidden State）。在每一个时刻，RNN 的模块 A 在读取了该时刻的输入和上一时刻的隐藏状态之后会生成新的隐藏状态，并产生本时刻的输出。由于模块 A 中的运算和变量在不同时刻是相同的，因此 RNN 理论上可以被看作是同一神经网络结构被无限复制的结果。正如卷积神经网络在不同的空间位置共享参数，RNN 是在不同时间位置共享参数，从而能够使用有限的参数处理任意长度的序列。

根据输入、输出的不同和是否有延迟等一些情况，RNN 在应用中有如图 5-17 所示的一些形态。

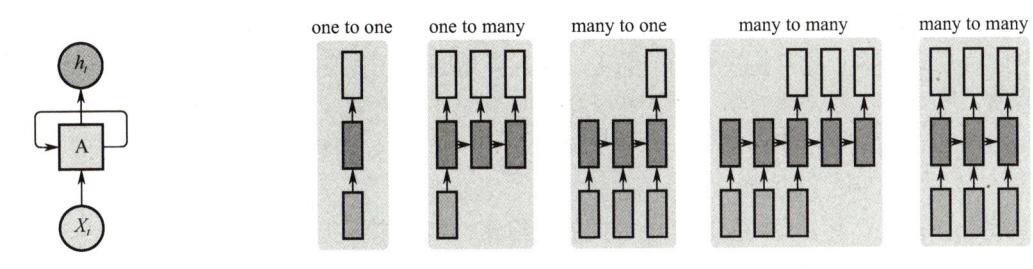

图 5-16　一个典型的 RNN 结构　　　　　　　图 5-17　循环神经网络的形态

将完整的输入 A 序列展开，可以得到图 5-18 所示展示的结构。

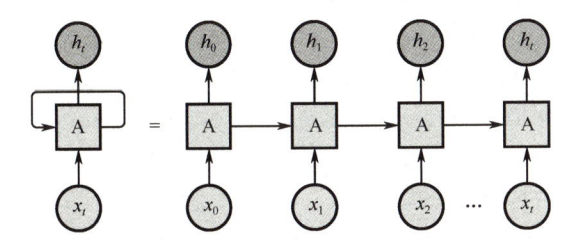

图 5-18　循环体的结构

RNN 对长度为 N 的序列展开之后，可视为一个有 N 个中间层的前馈神经网络，这个前馈神经网络没有循环连接，因此可以直接使用反向传播算法进行优化，这种优化算法称为"沿时间反向传播"（Back-Propagation Through Time，BPTT），是训练 RNN 的常见方法。

采用 BPTT 训练时，每次先从 x_0 时刻前向计算至最后一个时刻 x_n，然后再从 x_n 时刻反向传播误差（也即，需接收完一个序列中所有时刻的数据再计算损失），期间需要保存每一个时刻隐藏层、输出层的输出。

RNN 中最核心的就是主体结构 A，也称为循环体，如何设计循环体的网络结构是 RNN 解决实际问题的关键。

在 RNN 中，可以看到 t 时刻、t−1 时刻、t+1 时刻，不同时刻输入对应不同的输出，而且上一时刻的隐藏层会影响当前时刻的输出。这种结构就是单向循环神经网络结构。

从图 5-18 中可以看出，单向循环神经网络的连接不仅存在于相邻的层与层之间（比如输入层-隐藏层），还存在于时间维度上的隐藏层与隐藏层之间（反馈连接，h_1 到 h_t）。假设在时刻 t，网络的输入为 x_t，隐状态（即隐藏层神经元活性值）h_t 不仅和当前时刻的输入 x_t 相关，也和上一个时刻的隐状态 h_{t-1} 相关，进而与全部过去的输入序列（$x_1, x_2, \cdots, x_{t-1}, x_t$）相关。如果把每一时刻的状态看作是前馈神经网络的一层的话，那么循环神经网络可以看作是时间维度上权值共享的前馈神经网络。

RNN 能够把状态传递到下一时刻，好像对一部分信息有记忆能力一样。例如，在图 5-18 中，h_2 的值可能会由 x_0、x_1 的值来决定。但是，对于一些复杂场景，由于距离太远，中间间隔了太多状态。例如在图 5-18 中，如果 t 很大，x_0、x_1 的值对 h_t 的值几乎起不到任何作用（梯度消失和梯度爆炸）。

由于 RNN 不能很好地处理这种问题，于是出现了 LSTM（Long Short Term Memory），也就是一种加强版的 RNN（LSTM 可以改善梯度消失问题）。简单来说，就是原始 RNN 没有长期的记忆能力，于是就给 RNN 加上了一些记忆控制器，实现对某些信息能够较长期的记忆，而对某些信息只有短期记忆能力。

对于单向的结构可以知道，它的下一时刻预测输出是根据前面多个时刻的输入来共同影响的，而有些时候预测可能需要由前面若干输入和后面若干输入共同决定，这样会更加准确。例如，给定一个句子，即单词序列，每个单词的词性和上下文有关，如说"我肚子 xx，准备去吃饭"，那么如果没有后面的部分就不能准确地推断出是"饿了"，也可以是"好疼"或"胖了"之类的。

单向循环神经网络属于关联历史数据，如果需要关联未来的数据，就需要反向循环，于是人们提出了反向循环神经网络，两个方向的网络结合到一起就能关联历史与未来了。

双向循环神经网络（Bidirectional Recurrent Neural Network，Bi-RNN），它由两层循环神经网络组成，这两层网络都输入序列 x，但是信息传递方向相反。

双向循环神经网络按时刻展开的结构如图 5-19 所示，其基本思想是提出每一个训练序列向前和向后推算，分别是两个循环神经网络（RNN），而且这两个都连接着一个输出层。这个结构提供给输出层输入序列中每一个点的完整的过去和未来的上下文信息。6 个共享权值在每一个时刻被重复地利用。6 个共享权值分别为输入到向前层和向后层两个权值、向前层和向后层各自隐藏层到隐藏层的权值、向前层和向后层各自隐藏层到输出层的权值，因此可以增加一个按照时间的逆序来传递信息的网络层，增强网络的能力。

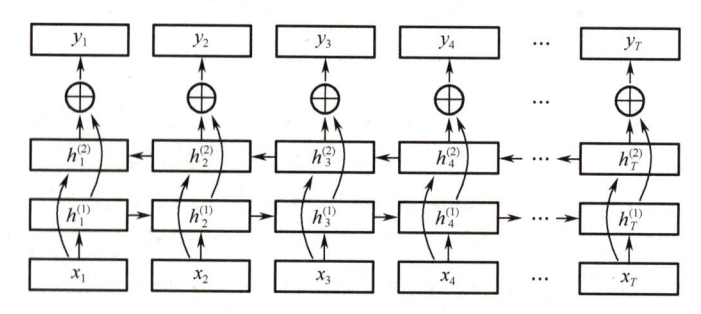

图 5-19 双向循环神经网络按时刻展开的结构

对于整个双向循环神经网络（BRNN）的计算过程如下：

- 向前推算（Forward Pass）。对于双向循环神经网络（BRNN）的隐藏层，向前推算与单向的循环神经网络（RNN）一样，除了输入序列对于两个隐藏层是相反方向的，输出层直到两个隐藏层处理完所有的全部输入序列才更新。
- 向后推算（Backward Pass）。双向循环神经网络（BRNN）的向后推算与标准的循环神经网络（RNN）通过时间反向传播相似，除了所有的输出层。

5.5 卷积神经网络

卷积神经网络（Convolutional Neural Network，CNN）是一种前馈神经网络，对于大型图像处理有出色表现。CNN 在短时间内变成了一种颠覆性的技术，打破了从文本、视频到语音等多个领域所有最先进的算法，远远超出了其最初在图像处理的应用范围。CNN 由许多神经网络层组成，卷积和池化这两种不同类型的网络层通常是交替出现的，最后通常由一个或多个全连接的层组成（见图 5-20）。

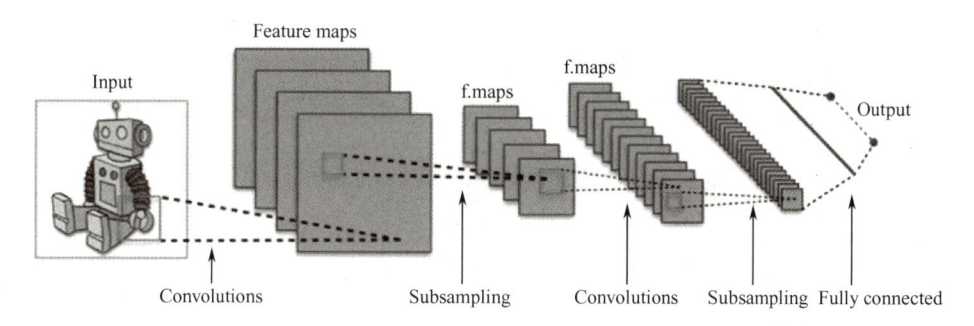

图 5-20 卷积神经网络的一个例子

卷积神经网络本质上是一个多层感知机，其成功是由于采用了局部感受野、共享权值和池化的方式，使得神经网络易于优化，需要训练的参数大大降低，并同时降低过拟合的风险。卷积神经网络可以直接使用图像作为神经网络的输入，避免了传统识别算法中复杂的特征提取和数据重建过程。

5.5.1 卷积与卷积神经网络简介

卷积（Convolution）的本质是两个序列/函数的平移与加权叠加。

对于序列 $x[n]$ 和 $h[n]$，卷积的结果是

$$y(n) = \sum_{i=-\infty}^{+\infty} x(i)h(n-i) = x(n) \times h(n)$$

对于函数 $x(t)$ 和 $h(t)$，卷积的结果是

$$y(t) = \int_{-\infty}^{+\infty} x(p)h(t-p)dp = x(t) \times h(t)$$

卷积有着重要的物理意义，在自然界中广泛存在（如信号系统的滤波器），计算一个系统的输出最好的方法就是运用卷积。

下面通过演示求 $x[n] \times h[n]$ 的过程，揭示卷积的物理意义。以离散信号为例，连续信号同理。已知 $x[0]=a$，$x[1]=b$，$x[2]=c$，如图 5-21 所示。

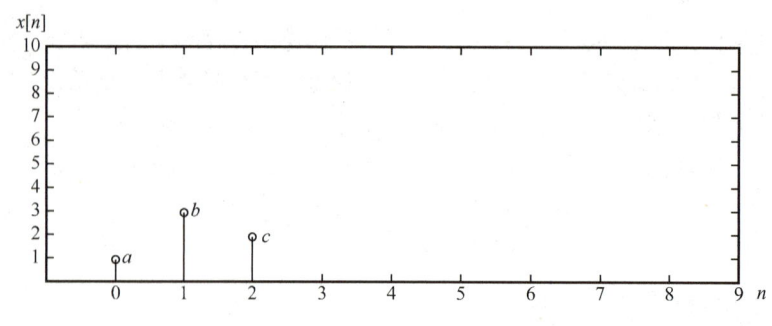

图 5-21 序列 x[n]的可视化，其中 a=1，b=3，c=2

已知 h[0]=i，h[1]=j，h[2]=k，如图 5-22 所示。

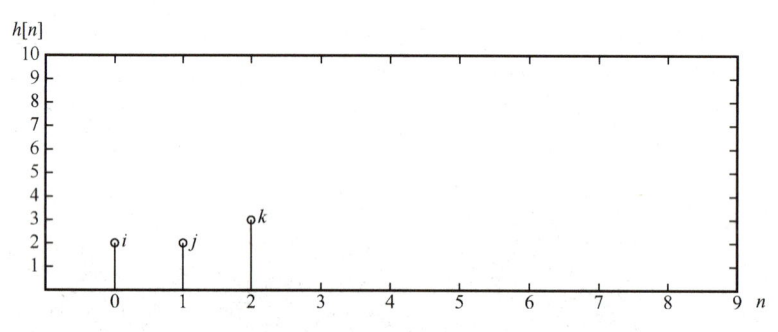

图 5-22 序列 h[n]的可视化，其中 i=2，j=2，k=3

x[n]×h[n]的过程如下。

第一步，计算 x[n]×h[0]并平移到位置 0，如图 5-23 所示。

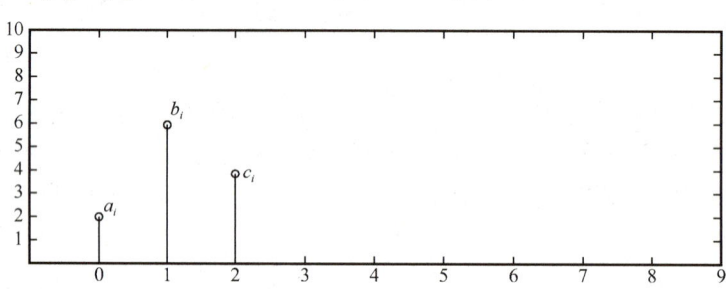

图 5-23 计算 x[n]×h[0]并平移到位置 0（i=1，1×2，3×2，2×2）

第二步，计算 x[n]×h[1]并平移到位置 1，如图 5-24 所示。

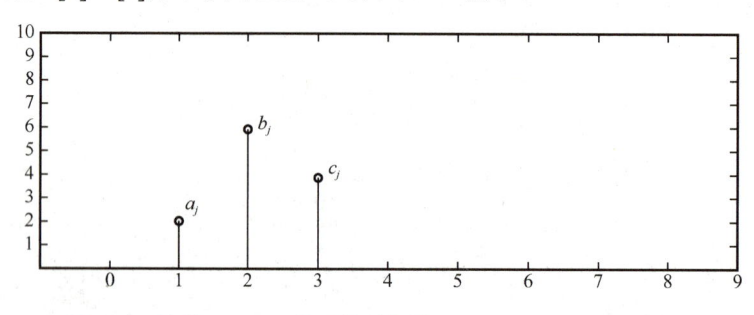

图 5-24 计算 x[n]×h[1]并平移到位置 1（j=2，1×2，3×2，2×2）

第三步，计算 x[n]×h[2]并平移到位置 2，如图 5-25 所示。

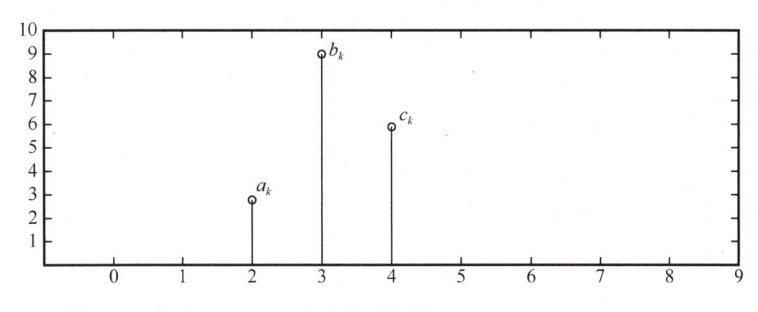

图 5-25　计算 $x[n] \times h[2]$ 并平移到位置 2（k=3，1×3，3×3，2×3）

第四步，把上面三个图叠加，就得到了 $x[n] \times h[n]$，如图 5-26 所示。

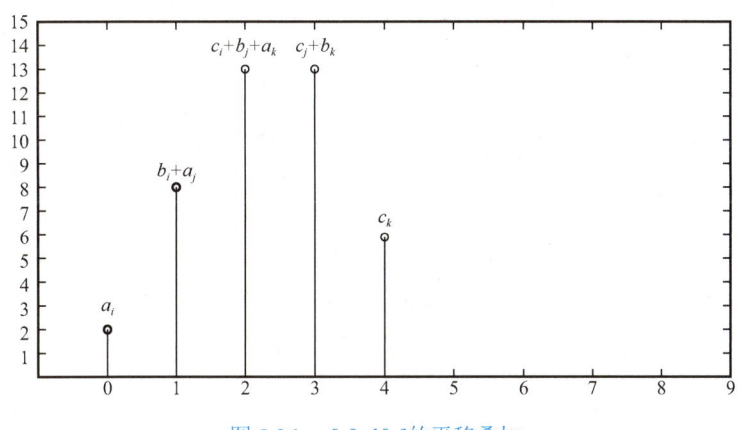

图 5-26　$x[n] \times h[n]$ 的平移叠加

从这里可以看出卷积的重要物理意义是：一个函数（如单位响应）在另一个函数（如输入信号）上的加权叠加。

对于线性时不变系统（既满足叠加原理又具有时不变特性），如果知道该系统的单位响应，那么将单位响应和输入信号求卷积，就相当于把输入信号的各个时间点的单位响应加权叠加，就直接得到了输出信号。通俗地说，在输入信号的每个位置，叠加一个单位响应，就得到了输出信号。

20 世纪 60 年代，Hubel 和 Wiesel 在研究猫脑皮层中用于局部敏感和方向选择的神经元时发现其独特的网络结构可以有效地降低反馈神经网络的复杂性，继而提出了卷积神经网络。K. Fukushima 在 1980 年提出的新感知机是卷积神经网络的第一个实现网络。随后，更多的科研工作者对该网络进行了改进，其中具有代表性的研究成果是 Alexander 和 Taylor 提出的"改进感知机"，该方法综合了各种改进方法的优点并避免了耗时的误差反向传播。

卷积神经网络本质上是一个多层感知机，其成功是由于采用了局部连接和共享权值的方式，使得神经网络易于优化，降低过拟合的风险。卷积神经网络可以使用图像直接作为神经网络的输入，避免了传统识别算法中复杂的特征提取和数据重建过程。卷积神经网络在二维图像处理上有众多优势，如能自行抽取图像特征包括颜色、纹理、形状及图像的拓扑结构，在识别位移、缩放及其他形式扭曲不变性的应用上具有良好的鲁棒性和运算效率等。卷积神经网络可以处理环境信息复杂、背景知识不清楚、推理规则不明确情况下的问题，允许样本有较大的缺损、畸变，运行速度快，自适应性能好，具有较高的分辨率。

卷积神经网络最主要的功能是特征提取和降维。

特征提取是计算机视觉和图像处理中的一个概念，指的是使用计算机提取图像信息，决定每个图像的点是否属于一个图像特征。特征提取的结果是把图像上的点分为不同的子集，这些子集往往属于孤立的点、连续的曲线或者连续的区域。

降维是指通过线性或非线性映射，将样本从高维度空间映射到低维度空间，从而获得高维度数据的一个有意义的低维度表示过程。通过特征提取和降维，可以有效地进行信息提取综合及无用信息的摒弃，从而大大降低了计算的复杂程度，减少了冗余信息。如一张狗的图像通过特征提取和降维后，尺寸缩小一半还能被认出是一张狗的图像，说明这张图像中仍保留着狗的最重要的特征。图像降维时去掉的信息只是一些无关紧要的信息，而留下的信息则是最能表达图像特征的信息。

卷积神经网络是一种特殊的深层神经网络模型，它的特殊性体现在两个方面：一方面，它的神经元的连接是非全连接的（局部连接或稀疏连接）；另一方面，同一层中某些神经元之间的连接的权重是共享的（即相同的）。它的局部连接和权值共享的神经网络结构使之更类似于生物神经网络，降低了神经网络模型的复杂度，减少了权值的数量。同时，卷积神经网络是一种有监督学习的机器学习模型，具有极强的适应性，善于挖掘数据局部特征，提取全局训练特征和分类，它的权值共享结构使之更类似于生物神经网络，在模式识别各个领域都取得了很好的成果。

卷积神经网络在本质上是一种输入到输出的映射，它能够学习大量的输入与输出之间的映射关系，而不需要任何输入和输出之间的精确的数学表达式，只要用已知的训练集数据对卷积神经网络加以训练，神经网络就具有输入-输出对之间的映射能力。卷积神经网络执行有监督学习，其样本集是由形如"输入向量-理想输出向量"的向量对构成的。

5.5.2 卷积神经网络的结构——LeNet-5

卷积神经网络是一种多层的有监督学习神经网络，其隐藏层所包含的卷积层和池化层是实现卷积神经网络特征提取和降维功能的核心模块。

卷积神经网络通过采用梯度下降法，最小化损失函数对网络中的权重参数逐层反向调节，通过频繁的迭代训练提高网络的精度。

卷积神经网络的低隐层部分是由多层卷积层和最大池化层交替组成的，高隐层部分是几个全连接层，对应传统多层感知器的隐藏层和逻辑回归分类器。低隐层部分每层的输入是由卷积层或子采样层进行特征提取所得到的特征图；高隐层部分的输出则是一个分类器，可以采用逻辑回归、Softmax 回归甚至是支持向量机对图像进行分类。

对于图像识别任务，卷积神经网络的一般结构形式是：输入层→卷积层→池化层→（重复卷积层、池化层）→全连接层（可以有多层）→输出结果。通常，输入层大小一般为 2 的整数倍，如 32、64、96、224、384 等，卷积层使用较小的卷积核，如 3×3，最大 5×5。卷积层用于对图像进行特征提取，池化层用于对卷积结果进行降维，如选择 2×2 的区域对卷积层进行降维，这样卷积层的维度就降为之前的一半。

下面以卷积神经网络的经典结构——LeNet-5 为例来说明卷积神经网络的结构。

LeNet-5 是 Yann LeCun 在 1998 年设计的用于识别手写数字的卷积神经网络，当年美国大多数银行就是用它来识别支票上面的手写数字的，它是早期卷积神经网络中最有代表性的实验系统之一。

LeNet-5 共有 7 层（不包括输入层），分别是 2 个卷积层、2 个下抽样层（池化层）、3 个全连接层（其中 C5 层是卷积层，但使用全连接）。每层都包含不同数量的可训练参数，每层有多个特征图（Feature Map），每个特征图有多个神经元。LeNet-5 整个网络结构体如图 5-27 所示。

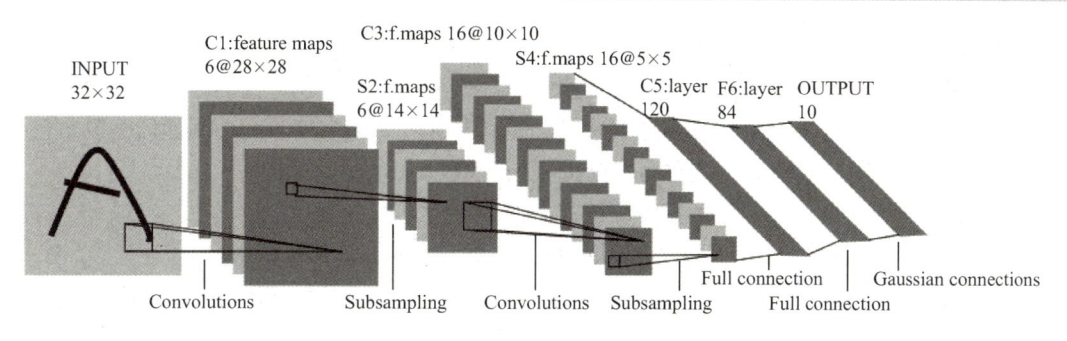

图 5-27　LeNet-5 整个网络结构体

LeNet-5 的卷积层（conv 层）采用的是 5×5 大小的卷积核（或过滤器，kernel 或 filter），且卷积核每次滑动一个像素（步长，stride=1），一个特征图使用同一个卷积核。每个上层节点的值乘以连接上的参数，把这些乘积及一个偏置参数相加得到一个和，把该和输入激活函数，激活函数的输出即是下一层节点的值（如图 5-28 所示）。

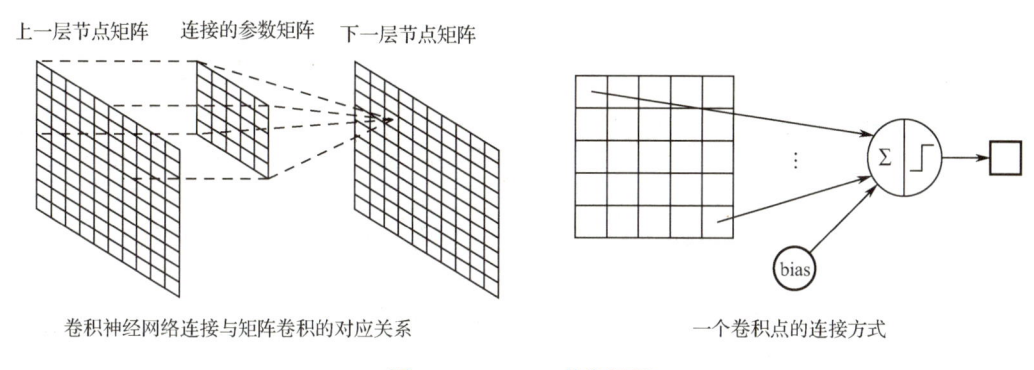

图 5-28　LeNet-5 的卷积层

卷积的核心是平移、加权、叠加。卷积操作就是利用卷积核对图像进行特征（关注的单个图像主题，如人脸的轮廓）提取，卷积过程就是一个减少参数数量的过程。卷积核相当于是一个权值模板，卷积操作就是用卷积核在图像上滑动（步长），并将卷积核中心依次与图像中每一个像素对齐，然后对这个卷积核覆盖的所有像素进行加权，将结果作为这个卷积核在图像上该点的响应。

卷积过程如图 5-29 所示，原始图像的大小为 5×5，卷积核为 3×3，卷积核每次滑动一个像素（步长 stride=1），权重固定。

这个在图像上滑动的权重模板就是卷积核，每个卷积核放大提取一个特征，对应产生一个特征图。卷积核的大小定义了图像中任何一点参与运算的邻域的大小，卷积核上的权值大小说明了对应的邻域点对最后结果的贡献能力，权重越大，贡献能力越大。卷积核沿着图像所有像素移动并计算响应，会得到一幅特征图，这幅特征图上的所有节点共享这个卷积核的参数。通过卷积可以大大减少训练参数的数量。

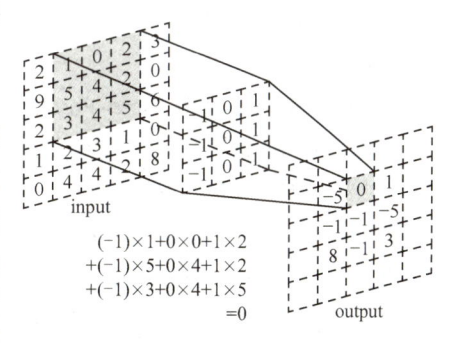

$(-1)×1+0×0+1×2$
$+(-1)×5+0×4+1×2$
$+(-1)×3+0×4+1×5$
$=0$

图 5-29　卷积过程示意图

一种卷积核对图像进行卷积后得到的就是代表该图像的一种特征映射，称为特征图。同一卷积层可以使用多个卷积核，用不同的卷积核去卷积同一图像就可以得到对同一图像的不同特征的映射，即不同的特征图。如果需要提取图像的多种特征，那么就需要使用多个不同的卷积核对该图像进行卷积操作。

卷积核的另一大特征是权值共享，就是整张图片使用同一个卷积核内的参数，如一个3×3的卷积核，这个卷积核内9个参数被整张图共享，而不会因为图像内位置的不同而改变卷积核内的权值系数。只有不同的卷积核才会对应不同的权值参数，来检测不同的特征。

卷积后输出层（特征图）矩阵宽度的计算公式为

$$Outlength = (inlength - filterlength + 2 \times padding)/stridelength + 1$$

其中，Outlength 为输出层矩阵的宽度；inlength 为输入层矩阵的宽度；filterlength 为滤波器（卷积核）宽度；padding 为补 0 的圈数（非必要）；stridelength 为步长，即过滤器每隔几步计算一次结果。

如图 5-29 所示，生成的特征图的边长为：(5-3)/1 +1 = 3。

LeNet-5 的池化层（Pooling 层，或称下采样层）采用的是 2×2 的输入域，即上一层的 4 个节点作为下一层 1 个节点的输入，且输入域不重叠，即每次滑动 2 个像素。池化节点的结构如图 5-30 所示。

每个池化节点的 4 个输入节点求和后取平均（平均池化），均值乘以一个参数加上一个偏置参数作为激活函数的输入，激活函数的输出即是下一层节点的值。

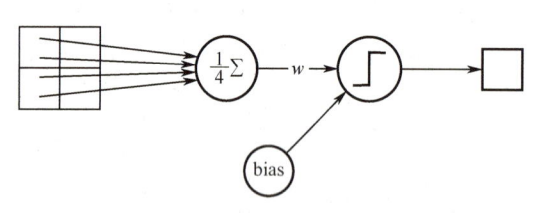

图 5-30 LeNet-5 中池化节点的结构

池化层进行的是下采样或者特征映射的过程，是利用图像局部相关性的原理，对图像进行下采样，以在减少数据处理量的同时保留有用信息。

下采样的目的主要是混淆特征的具体位置，因为某个特征找出来后，它的具体位置已经不重要了，只需要这个特征与其他特征的相对位置。比如一个"8"，当得到了上面一个"o"时，就不需要知道它在图像中的具体位置了，只需要知道它下面又是一个"o"就可以知道是一个"8"了，因为"8"在图片中偏左或者偏右都不影响认识它。这种混淆具体位置的策略能对变形和扭曲的图片进行识别。

在卷积神经网络中，没有必要对输入的原图像做处理，而是可以使用某种"压缩"方法，将小邻域内的特征点整合成新的特征，使得特征减少、参数减少，这个过程就是池化。也就是每次将原图像卷积后，都通过一个下采样的过程，来减小图像的规模，减少计算量，以提升计算速度，同时不容易产生过度拟合。

常用的池化技术有 Mean-Pooling、Max-Pooling 和 Stochastic-Pooling 三种。

Mean-Pooling，即对邻域内特征点求平均。假设 Pooling 的窗格大小是 2×2，在 Forward 的时候，就是在前面卷积完的输出上依次不重合地取 2×2 的窗格平均，得到一个值就是当前 Mean-Pooling 之后的值。在 Backward 的时候，把一个值分成四等份放到前面 2×2 的格子里面就可以了。举例：

     Forward: [1 3; 2 2]→[2] Backward: [2]→[0.5 0.5; 0.5 0.5]

Max-Pooling，即对邻域内特征点取最大。Forward 时只需取 2×2 窗格内最大值，Backward 时把当前的值放到之前那个最大位置，其他的三个位置用 0 填补。举例：

     Forward: [1 3; 2 2]→3 Backward: [3]→[0 3; 0 0]

Stochastic-Pooling，即对 Feature Map 中的元素按照其概率值大小随机选择，即元素值大的被选中的概率也大。而不像 Max-Pooling 那样，永远只取那个最大值元素。

特征提取的误差主要来自两个方面：邻域大小受限造成的估计值方差增大；卷积层参数误差

造成估计均值的偏移。一般来说，Mean-Pooling 能减小第一种误差，更多地保留图像的背景信息；Max-Pooling 能减小第二种误差，更多地保留纹理信息；Stochastic-Pooling 则介于前面两者之间，通过对像素点按照数值大小赋予概率，再按照概率进行亚采样，在平均意义上与 Mean-Pooling 近似，在局部意义上则服从 Max-Pooling 的准则。

以最大池化（Max-Pooling）为例，1000×1000 的图像经过 10×10 的卷积核卷积后，得到的是 991×991 的特征图，然后使用 2×2 的池化规模，即每 4 个点组成的小方块中取最大的一个作为输出，最终得到的是 496×496 大小的特征图，如图 5-31 所示。

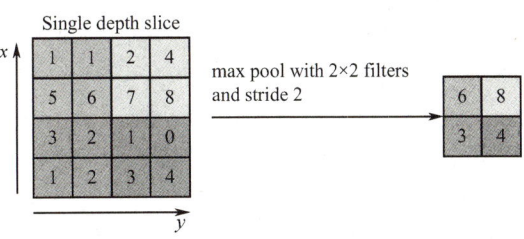

图 5-31 最大池化（Max-Pooling）示例

LeNet-5 的 7 层结构介绍如下：

（1）INPUT 层（输入层）。首先是数据输入层，输入图像的尺寸统一归一化为 32×32。注意：本层不属于 LeNet-5 的网络结构，传统上，不将输入层视为卷积神经网络层次结构之一。

（2）C1 层（卷积层，其中 C 表示卷积，1 表示第一层）。参数为

- 输入图片：32×32。
- 卷积核大小：5×5。
- 卷积核种类：6。
- 输出特征图大小：28×28，(32-5+1)=28。
- 神经元数量：28×28×6。
- 可训练参数：(5×5+1)×6=156。
- 连接数：(5×5+1)×6×28×28=122304。

C1 层是卷积层，单通道（单色）下用了 6 个卷积核，对输入图像（黑白图片）进行第一次卷积运算，得到 6 个 C1 层特征图（Feature Map），其中每个卷积核的大小为 5×5，用每个卷积核与原始的输入图像进行卷积，这样特征图的大小为(32-5+1)×(32-5+1)=28×28。那么有多少个参数呢？卷积核的大小为 5×5，总共就有 6×(5×5+1)=156 个参数，其中，+1 表示一个核有一个偏置（bias）。

对于卷积层 C1，因为输入图像内的每个像素都与 C1 层中卷积核的 5×5 个像素和 1 个偏置有连接，所以总共有(5×5+1)×28×28×6=122304 个连接（Connection），其中 28×28 为卷积后图像的大小（见图 5-32）。C1 层虽然有 122304 个连接，但只需要训练 156 个参数，训练参数数量的大幅减少主要是通过卷积神经网络的局部感知和权值共享机制来实现的。

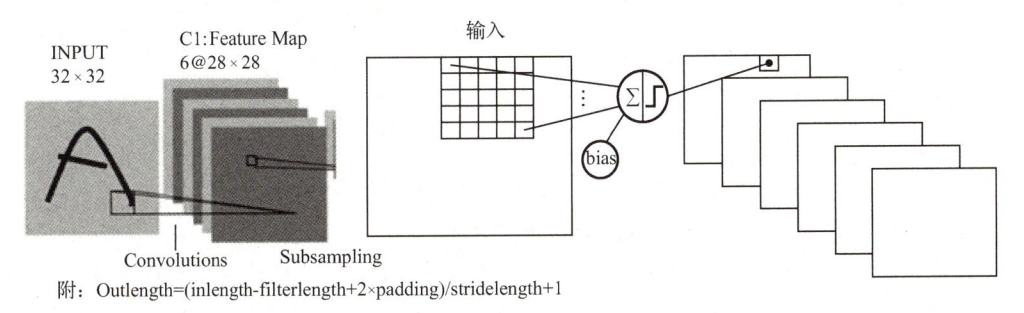

附：Outlength=(inlength-filterlength+2×padding)/stridelength+1

图 5-32 C1 层的卷积过程

C1 层使用了 6 个不同的卷积核对同一幅图片进行卷积，从而得到了 6 张不同的特征图，可以理解为原图像上有 6 种底层纹理模式，也就是用 6 种基础模式就能描绘出原图像。

那么卷积如何减少训练参数的数量呢？假设有一张1000×1000的图像，有100万个隐层神经元（这并不多），那么它们全连接的话（即每个隐藏层神经元都与图像的每一个像素点相连），这样就有1000×1000×1000000=10^{12}个连接，也就是10^{12}个权值参数。然而图像的空间联系是局部的，就像人是通过一个局部的感受域去感受外界图像一样，每个神经元都不需要对全局图像做感受，每个神经元只感受局部的图像区域（局部感知或局部感受），然后在更高层将这些感受不同局部的神经元综合起来从而得到全局的信息。

局部感受野就是利用了这个原理。在图像的空间联系中，局部的像素与图像的主题（特征）联系比较紧密，而距离较远的像素与图像的主题的相关性则较弱。当人在观看一张图像时，并不是仔仔细细地查看图像的全部，更多的时候是关注图像的局部，即图像要表达的主题。如果有个目标任务是判断图像上人物的面部特征，那么关注的焦点就是人物的面部，而不必在意这张图片的拍摄环境及人物面部以外的各种背景，但不同的面部特征则需要不同的卷积核来提取。因此，每个神经元其实只需对局部区域进行感知，而不需要对全局图像进行感知，然后在更高层将这些感受不同局部的神经元综合起来从而得到全局的信息。

对于一般的深度神经网络，往往会把图像的每一个像素点连接到全连接的每一个神经元中，而卷积神经网络则是把每一个隐藏节点只连接到图像的某个局部区域，从而减少参数训练的数量。

假如局部感受域是10×10，隐藏层每个神经元只需要和这10×10的局部图像相连接，所以100万个隐藏层神经元就只有一亿个连接，即10^8个参数，比原来减少了4个数量级，这样训练起来就没那么费力了。但一亿个参数还是很多，那还有什么办法可以进一步降低连接数量吗？

由以上分析可知，隐藏层的每个神经元都连接10×10的图像区域，也就是说每个神经元存在10×10=100个连接权值参数。那如果每个神经元对应的这100个参数是相同的呢（也就是说每个神经元用的是同一个卷积核去卷积图像），这样岂不是就只有100个参数了？不管隐藏层有多少个神经元，两层间的连接都共享这100个参数，这就是权值共享。

假设使用100种卷积核，每种卷积核的参数都不一样，那么就表示它提取输入图像的100种不同特征。所以100种卷积核就有100个特征图。那么有多少个需要训练的参数呢？100种卷积核×每种卷积核共享100个参数=100×100=10000，也就是1万个参数。

隐藏层的参数个数和隐藏层的神经元个数无关，只和输入图像的大小、卷积核的大小、卷积核种类的多少以及卷积核在图像中的滑动步长有关。如输入图像是1000×1000，而卷积核大小是10×10，假设卷积核没有重叠，也就是步长为10，这样隐藏层的参数就是（1000×1000）÷（10×10）=100×100个了。假设步长是8，也就是卷积核会重叠两个像素，那么隐藏层的参数个数就是125×100个神经元了。具体算法如下：

首先测试输入矩阵（原图）两边是否需要补零：（输入矩阵宽度-卷积核宽度）/步长，即(1000-10)/8=123.75，不能整除说明输入矩阵两边需要补零（保证卷积核完全覆盖输入矩阵而不至于卷积核的部分神经元溢出）。补零数为(1-0.75)×8=2（即每边各补1个0）。然后使用输出层矩阵宽度的计算公式进行计算：

$$Outlength=(inlength-filterlength+2\times padding)/stridelength+1$$
$$=(1000-10+2\times1)/8+1=125$$

输出矩阵的深度（同样不重叠）为1000/10=100，所以隐藏层的参数个数就是125×100个。
注意：这只是一种卷积核，也就是一个特征图的神经元个数，如果有100个特征图就要扩大100倍了。

（3）S2层（池化层，或下采样层）。参数为
- 输入：28×28。

- 采样区域：2×2。
- 采样方式：4个输入相加，乘以一个可训练参数，再加上一个可训练偏置。结果通过 Sigmoid 函数输出。
- 采样种类：6。
- 输出特征图大小：14×14(28/2)。
- 神经元数量：14×14×6。
- 可训练参数：2×6（和的权+偏置）。
- 连接数：(2×2+1)×6×14×14。

在第一次卷积操作之后紧接着就是池化运算。S2 层使用 2×2 核分别对 C1 层的 6 个特征图进行池化，得到了 6 个 14×14 的特征图（28/2=14）。

S2 层的计算过程是：将 2×2 单元里的值相加，然后再乘以可训练参数 w，再加上一个可训练偏置参数 b（每个特征图共享相同的 w 和 b），然后取 Sigmoid（0～1 区间）值，作为对应的该单元的值。S2 层中每个特征图的长和宽都是上一层 C1 层的一半。S2 层需要 2×6=12 个可训练参数，连接数为(4+1)×14×14×6= 5880。S2 层中每个特征图的大小是 C1 层中特征图大小的 1/4（见图 5-33）。

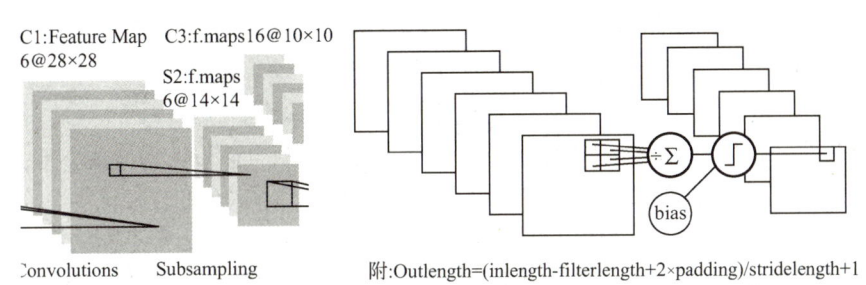

图 5-33　S2 层的池化过程

从一个平面到下一个平面的映射可以看作是做卷积运算，S2 层可看作是模糊卷积核，起到二次特征提取的作用。隐藏层与隐藏层之间空间分辨率递减，而每层所含的平面数递增，这样可用于检测更多的特征信息。

池化层用于压缩数据和参数的量，减小过拟合。简而言之，如果输入是图像的话，那么池化层的最主要作用就是压缩图像。通过 S2 层池化操作来实现降维，最重要的是保证特征的尺度不变性。通常一幅图像含有的信息量是很大的，特征也很多，但是有些信息对于目标任务没有太多用途或者有重复，把这类冗余信息去除，再把最重要的特征抽取出来，这是池化操作的一大作用。

（4）C3 层（卷积层）。参数为
- 输入：S2 中所有 6 个或者几个特征图的组合。
- 卷积核大小：5×5。
- 卷积核种类：16。
- 输出特征图大小：10×10，(14-5+1)=10。
- 可训练参数：6×(3×5×5+1)+6×(4×5×5+1)+3×(4×5×5+1)+1×(6×5×5+1)=1516。
- 连接数：10×10×1516=151600。

第一次池化之后进行第二次卷积操作，第二次卷积操作的输出是 C3 层。C3 层中的每个特征图是连接到 S2 层中的所有 6 个或者几个特征图的，表示本层的特征图是上一层提取到的特征图的不同组合。C3 层的前 6 个特征图以 S2 层中 3 个相邻的特征图子集为输入，接下来的 6 个特征图以 S2 层中 4 个相邻特征图子集为输入，之后的 3 个以不相邻的 4 个特征图子集为输入，最后 1 个将 S2 层中所有特征图作为输入（见图 5-34）。

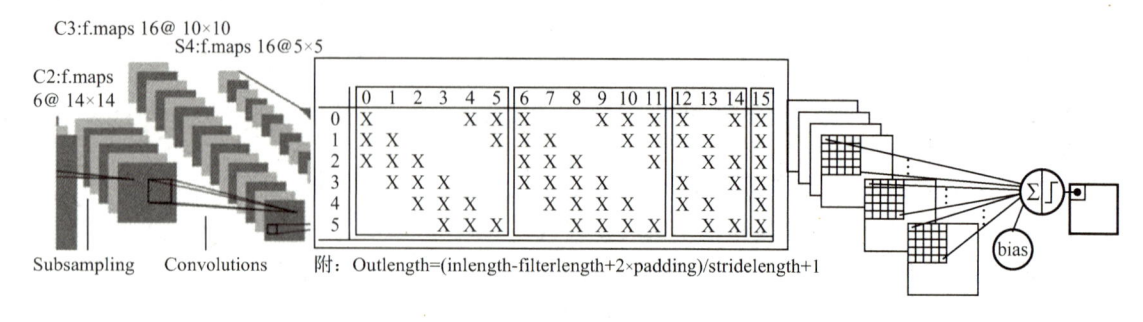

图 5-34　C3 层的卷积过程

C3 层通过对 S2 层的特征图特殊组合计算从 S2 层的 6 个特征图得到本层的 16 个特征图，具体计算过程如下（见图 5-35）。

C3 层与 S2 层并不是全连接而是部分连接的，C3 层卷积模板的大小为 5×5，16 个卷积核，因此具有 16 个特征图，每个特征图的大小为(14-5+1)×(14-5+1)=10×10。每个特征图只与上一层 S2 中部分特征图相连接。如图 5-35 所示给出了 16 个特征图与上一层 S2 的连接方式，行号 0~5 为 S2 层特征图的标号，列号 0~15 为 C3 层特征图的标号，"X"为连接。第一列表示 C3 层的第 0 个特征图只和 S2 层的第 0、1 和 2 这 3 个特征图相连接，其他类似。

C3 层中每个特征图由 S2 层中所有 6 个或者几个特征图组合而成。为什么不把 S2 层中的每个特征图连接到每个 C3 层的特征图呢？原因有两点：第一，不完全的连接机制将连接的数量保持在合理的范围内；第二，也是最重要的，其破坏了网络的对称性，由于不同的特征图有不同的输入，所以迫使它们抽取不同的特征。以 C3 层第 0 个特征图为例描述计算过程：用 1 个卷积核（对应 3 个卷积模板，但仍称为一个卷积核，可以认为是三维卷积核）分别与 S2 层的 3 个特征图进行卷积，然后将卷积的结果相加，再加上一个偏置，最后通过 Sigmoid 函数就得出对应的特征图。所需要的参数数目为(5×5×3+1)×6+(5×5×4+1)×9+5×5×6+1=1516，其中 5×5 为卷积参数，卷积核分别有 3、4、6 个卷积模板，连接数为 1516×10×10=151600，这样 C3 层有 1516 个可训练参数和 151600 个连接。

C3 层与 S2 层中前 3 个特征图相连的卷积结构如图 5-36 所示。

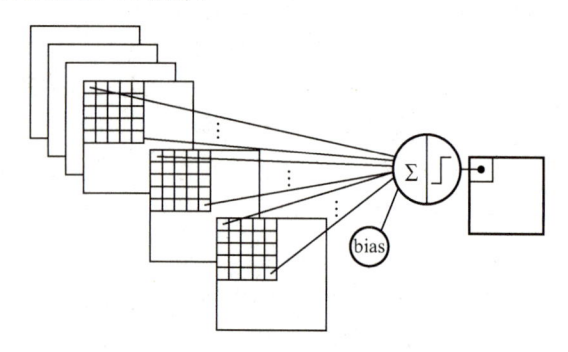

图 5-35　C3 层特征图计算　　　　图 5-36　C3 层与 S2 层中前 3 个特征图相连的卷积结构

（5）S4 层（池化层）。参数为
- 输入：10×10。
- 采样区域：2×2。

- 采样方式：4个输入相加，乘以一个可训练参数，再加上一个可训练偏置。结果通过 Sigmoid 函数输出。
- 采样种类：16。
- 输出特征图大小：5×5(10/2)。
- 神经元数量：5×5×16=400。
- 可训练参数：2×16=32（和的权+偏置）。
- 连接数：16×(2×2+1)×5×5=2000。

S4 层是一个池化层，由 16 个 5×5 大小的特征图构成。计算过程和 S2 层类似，C3 层的 16 个 10×10 的图分别进行以 2×2 为单位的池化操作，得到 16 个 5×5 的特征图，与 C1 层和 S2 层之间的连接一样。S4 层有 32 个可训练参数（每个特征图有 1 个因子和 1 个偏置）和 (4+1)×5×5×16=2000 个连接。S4 层中每个特征图的大小是 C3 层中特征图大小的 1/4（见图 5-37）。

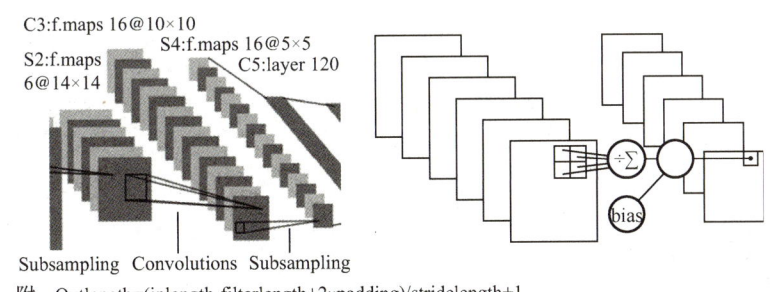

图 5-37　S4 层的池化过程

（6）C5 层（卷积层）。参数为
- 输入：S4 层的全部 16 个单元特征图（与 S4 层全相连）。
- 卷积核大小：5×5。
- 卷积核种类：120。
- 输出图大小：1×1(即 5−5+1)。
- 可训练参数/连接：120×(16×5×5+1)=48120。

C5 层为卷积层，有 120 个卷积核，卷积核的大小仍然为 5×5，因此有 120 个特征图，每个特征图的大小都与上一层 S4 的所有特征图进行全连接，这样一个卷积核就有 16 个卷积模板。故 C5 层特征图的大小为 1×1，这构成了 S4 层和 C5 层之间的全连接。之所以仍将 C5 层标示为卷积层而非全连接层，是因为如果 LeNet-5 的输入变大，而其他的保持不变，那么此时特征图的维数就会比 1×1 大。C5 层有 120×(5×5×16+1)=48120（16 为上一层所有的特征图个数）个参数（见图 5-38）。和 C3 层的不同是，这一层一共有 120 个 16 维的 5×5 大小的卷积核，且每一个核中的 16 维模板都一样，连接数也是这么多。

（7）F6 层（全连接层）。参数为
- 输入：C5 层的 120 维向量。
- 计算方式：计算输入向量和权重向量之间的点积，再加上一个偏置，结果通过 Sigmoid 函数输出。
- 可训练参数：84×(120+1)=10164。

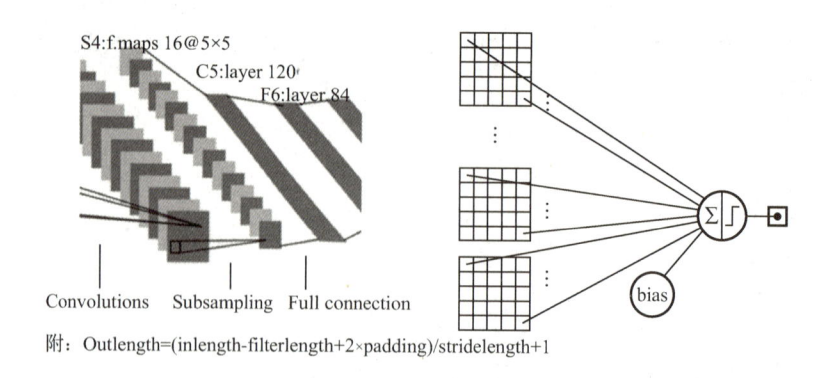

图 5-38　C5 层的卷积过程

F6 层是全连接层。F6 层有 84 个单元（选这个数字的原因来自于输出层的设计），与 C5 层全相连，对应于一个 7×12 的比特图，-1 表示白色，1 表示黑色，这样每个符号的比特图的黑白色就对应于一个编码。该层的训练参数和连接数是(120+1)×84=10164。F6 层计算输入向量和权重向量之间的点积，再加上一个偏置。然后将其传递给 Sigmoid 函数产生单元 i 的一个状态。F6 层的连接与计算方式如图 5-39 所示。

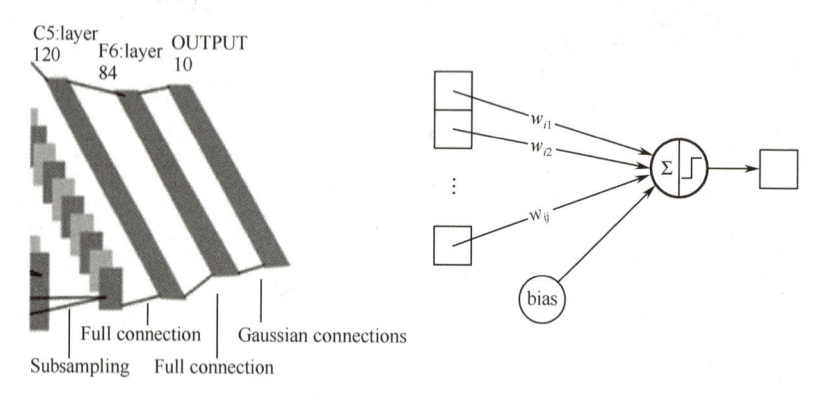

图 5-39　F6 层（全连接层）的连接与计算方式

F6 层的输出层由欧式径向基函数（Euclidean Radial Basis Function，ERBF）单元组成，每类一个单元，每个单元有 84 个输入。换句话说，每个输出 ERBF 单元计算输入向量和参数向量之间的欧式距离。输入离参数向量越远，ERBF 输出就越大。一个 ERBF 输出可以被理解为衡量输入模式和与 ERBF 相关联类的一个模型的匹配程度的惩罚项。用概率术语来说，ERBF 输出可以被理解为 F6 层配置空间的高斯分布的负 log-likelihood。给定一个输入模式，损失函数应能使得 F6 层的配置与 ERBF 参数向量（即模型的期望分类）足够接近。这些单元的参数是人工选取并保持固定的（至少初始时候如此）。这些参数向量的成分被设为-1 或 1。虽然这些参数以-1 和 1 等概率的方式任选，或者构成一个纠错码，但是被设计成一个相应字符类的 7×12 大小（即 84）的格式化图片。这种表示对识别单独的数字不是很有用，但是对识别可打印 ASCII 集中的字符串很有用。

使用这种分布编码而非更常用的"1 of N"编码用于产生输出的另一个原因是，当类别比较大的时候，非分布编码的效果比较差。原因是大多数时间非分布编码的输出必须为 0，这使得用 Sigmoid 单元很难实现。另一个原因是分类器不仅用于识别字母，也用于拒绝非字母。使用分布编码的 ERBF 更适合该目标。因为与 Sigmoid 不同，它们在输入空间中的较好限制的区域内兴奋，而非典型模式更容易落到外边。

ERBF 参数向量起着 F6 层目标向量的角色。需要指出的是，这些向量的成分是+1 或-1，这正好在 F6 层 Sigmoid 的范围内，因此可以防止 Sigmoid 函数达到饱和。实际上，+1 和-1 是 Sigmoid 函数的最大弯曲点处。这使得 F6 层单元运行在最大非线性范围内。必须避免 Sigmoid 函数达到饱和，因为这将导致损失函数较慢收敛和病态问题。

（8）OUTPUT 层（全连接层）。OUTPUT 层也是全连接层，共有 10 个节点，分别代表数字 0 到 9，且如果节点 i 的值为 0，则网络识别的结果是数字 i。采用的是径向基函数（RBF）的网络连接方式。假设 x 是上一层的输入，y 是 RBF 的输出，则 RBF 输出的计算方式如图 5-40 所示。

$$y_i = \sum_j (x_j - w_{ij})^2$$

图 5-40 RBF 输出的计算方式

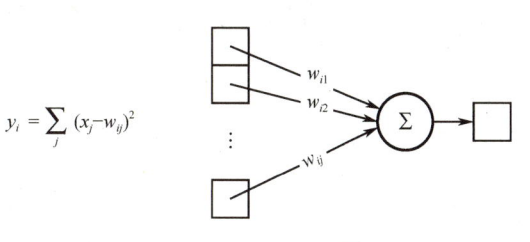

图 5-40 中 w_{ij} 的值由 i 的比特图编码确定，i 从 0 到 9，j 取值从 0 到 7×12-1。RBF 输出的值越接近于 0，则越接近于 i，即越接近于 i 的 ASCII 编码图，表示当前网络输入的识别结果是字符 i。该层有 84×10=840 个参数和连接。

5.5.3 卷积神经网络的学习规则

构造好网络之后，需要对网络进行求解，如果像普通神经网络一样分配参数，则每个连接都会有未知参数。而卷积神经网络采用的是权值共享，这样一来通过一幅特征图上的神经元共享同样的权值就可以大大减少自由参数，这可以用来检测相同的特征在不同角度表示的效果。

在卷积神经网络中，权值更新是基于误差反向传播算法的。

卷积神经网络在本质上是一种输入到输出的映射，它能够学习大量的输入与输出之间的映射关系，而不需要任何输入和输出之间的精确的数学表达式，只要用已知的模式对卷积网络加以训练，网络就具有输入-输出对之间的映射能力。卷积神经网络执行的是有监督训练，所以其样本集是由输入向量及理想输出向量的向量对构成的。在开始训练前，所有的权重都应该用一些不同的小随机数进行初始化。"小随机数"用来保证网络不会因权值过大而进入饱和状态，从而导致训练失败；"不同"用来保证网络可以正常地学习。实际上，如果用相同的数去初始化权值矩阵，则网络无学习能力。

训练算法主要包括四步，这四步被分为两个阶段。

第一阶段，向前传播阶段：

① 从样本集中取一个样本 (X, Y_p)，将 X 输入网络。

② 计算相应的实际输出 O_p。

在此阶段，信息从输入层经过逐级变换，传送到输出层。这个过程也是网络在完成训练后正常运行时执行的过程。在此过程中，网络执行的是计算（实际上就是输入与每层的权值矩阵相点乘，得到最后的输出结果）：

$$O_p = F_n(\cdots(F_2(F_1(X_p W(1))W(2))\cdots)W(n))$$

这个过程也是网络在完成训练后正常执行的过程。

第二阶段，向后传播阶段：

① 计算实际输出 O_p 与相应的理想输出 Y_p 的差。

② 按极小化误差的方法反向传播调整权值矩阵。

这两个阶段的工作一般应受到精度要求的控制。

网络的训练过程如下：

① 选定训练组，从样本集中分别随机地寻求 N 个样本作为训练组。
② 将各权值、阈值置成小的接近于 0 的随机值，并初始化精度控制参数和学习率。
③ 从训练组中取一个输入模式加到网络，并给出它的目标输出向量。
④ 计算出中间层输出向量，计算出网络的实际输出向量。
⑤ 将输出向量中的元素与目标向量中的元素进行比较，计算出输出误差，对于中间层的隐单元也需要计算出误差。
⑥ 依次计算出各权值的调整量和阈值的调整量。
⑦ 调整权值和阈值。
⑧ 当经历 M 次后，判断指标是否满足精度要求，如果不满足，则返回第③步，继续迭代，否则就进入下一步。
⑨ 训练结束，将权值和阈值保存在文件中。

这时可以认为各个权值已经达到稳定，分类器已经形成。再一次进行训练，直接从文件导出权值和阈值进行训练，不需要进行初始化。

（1）卷积神经网络训练与数据集大小的关系。

数据驱动的模型一般依赖于数据集的大小，卷积神经网络和其他经验模型一样，能适用于任意大小的数据集，但用于训练的数据集应该足够大，能够覆盖问题域中所有可能出现的问题。设计卷积神经网络的时候，数据集中应该包含三个子集：训练集、测试集、验证集。训练集应该包含问题域中的所有数据，并在训练阶段用来调整网络权值。测试集用来在训练过程中测试网络对训练集中未出现的数据的分类性能。根据网络在测试集上的性能情况，网络的结构可能需要做出调整，或者增加训练循环的次数。验证集中的数据同样应该包含在测试集和训练集中没有出现过的数据，用于在确定网络结构后能够更好地测试和衡量网络的性能。Looney 等人建议，数据集中的 65%用于训练，25%用于测试，剩余的 10%用于验证。

（2）卷积神经网络训练与数据预处理。

为了加速训练算法的收敛速度，一般都会采用一些数据预处理技术，其中包括去除噪声、输入数据降维、删除无关数据等。数据的平衡化在分类问题中异常重要，一般认为训练集中的数据应该相对于标签类别近似于平均分布，也就是每一个类别标签所对应的数据量在训练集中是基本相等的，以避免网络过于倾向于表现某些分类的特点。为了平衡数据集，应该移除一些过度富余的分类中的数据，并相应地补充一些相对样例稀少的分类中的数据。还有一个办法就是复制一部分这些样例稀少分类中的数据，并在这些输入数据中加入随机噪声。

（3）卷积神经网络训练与数据规则化。

将数据规则化到一个统一的区间（如[0，1]）中具有很重要的优点：防止数据中存在较大数值的数据，造成数值较小的数据对于训练效果减弱甚至无效化。一个常用的方法是将输入和输出数据按比例调整到一个和激活函数（Sigmoid 函数等）相对应的区间。

（4）卷积神经网络训练与网络权值初始化。

卷积神经网络的初始化主要是初始化卷积层和输出层的卷积核（权重）及偏置。网络权值初始化就是将网络中的所有连接权值（包括阈值）赋予一个初始权值。如果初始权值向量处在误差曲面的一个相对平缓的区域的时候，网络训练的收敛速度可能会异常缓慢。一般情况下，网络的连接权值和阈值被初始化在一个具有 0 均值的相对小的区间内均匀分布，比如在[-0.30，+0.30]这样的区间内。

（5）卷积神经网络训练与 BP 算法的学习速率。

如果学习速率 n 选取得比较大，则会在训练过程中较大幅度地调整权值 w，从而加快网络训练的速度，但这会造成网络在误差曲面上搜索过程中频繁抖动且有可能使得训练过程不能收敛，而且可能越过一些接近优化的 w。同样，比较小的学习速率能够稳定地使网络接近于全局最优点，但也有可能使它陷入一些局部最优区域。对于不同的学习速率设定都有各自的优缺点，而且还有一种自适应的学习速率方法，即 n 随着训练算法的运行过程而自行调整。

（6）卷积神经网络训练的收敛条件。

有几个条件可以作为停止训练的判定条件：训练误差、误差梯度和交叉验证。一般来说，训练集的误差会随着网络训练的进行而逐步降低。

（7）卷积神经网络训练的训练方式。

训练样例可以有两种基本的方式提供给网络训练使用，也可以是两者的结合：逐个样例训练（EET）、批量样例训练（BT）。在 EET 中，先将第一个样例提供给网络训练，然后开始应用 BP 算法训练网络，直到训练误差降低到一个可以接受的范围，或者进行了指定步骤的训练次数，然后再将第二个样例提供给网络训练。与 BT 相比，EET 的优点是只需要很少的存储空间，并且有更好的随机搜索能力，防止训练过程陷入局部最小区域。EET 的缺点是如果网络接收到的第一个样例就是劣质（有可能是噪声数据或者特征不明显）的数据，可能使得网络训练过程朝着全局误差最小化的反方向进行搜索。相对地，BT 方法是在所有训练样例都经过网络传播后才更新一次权值，因此每一次学习周期就包含了所有的训练样例数据。BT 方法的缺点也很明显，需要大量的存储空间，而且相比 EET 更容易陷入局部最小区域。而随机训练（ST）则是相对于 EET 和 BT 的一种折中的方法，ST 和 EET 一样也是一次只接收一个训练样例，但只进行一次 BP 算法并更新权值，然后接收下一个样例重复同样的步骤计算并更新权值，并且在接收训练集最后一个样例后，重新回到第一个样例进行计算。ST 和 EET 相比，保留了随机搜索的能力，同时又避免了训练样例中最开始几个样例如果出现劣质数据对训练过程的过度不良影响。

5.5.4 卷积神经网络应用示例

【示例5-4】 使用 TensorFlow 实现一个 LeNet-5 分类的例子。TensorFlow 是谷歌基于 DistBelief 进行研发的第二代 AI 学习系统，其命名来源于本身的运行原理，Tensor（张量）意味着 N 维数组，Flow（流）意味着基于数据流图的计算，TensorFlow 为张量从流图的一端流动到另一端计算过程。TensorFlow 是将复杂的数据结构传输至人工神经网络中进行分析和处理过程的系统（具体内容将在第 6 章中详细介绍）。

在本例中使用 MNIST 数据集，对 LeNet-5 手写数字（图片）分类进行分类精确度计算。MNIST 是由 Google 实验室的 Corinna Cortes 和纽约大学柯朗研究所的 Yann LeCun 建立的一个手写数字数据库。数据来自美国国家标准与技术研究所（National Institute of Standards and Technology，NIST），训练库（mnist.train）由来自 250 个不同人手写的数字构成，其中 50%是高中学生，50%来自人口普查局（the Census Bureau）的工作人员。测试库（mnist.test）也是同样比例的手写数字数据。训练库有 60000 张手写数字图片，测试库有 10000 张。训练数据集包括 60000 张 28×28 的图像，这些 784（28×28）像素值被展开成一个维度为 784 的单一向量，并命名为 mnist.train.images。所有这 60000 张图像都关联了一个类别标签（表示其所属类别），一共有 10 个类别（0，1，2，…，9），作为形态为（60000，10）的数组保存，并命名为 mnist.train.labels。

LeNet-5 的七层结构分别是：convolutional layer1（C1）、max pooling（S1）、convolutional layer2（C2）、max pooling（S2）、fully connected layer1 + dropout（n1）、fully connected layer2（n2）、输出层（softmax 层，包含在 n2 中），如图 5-41 所示。

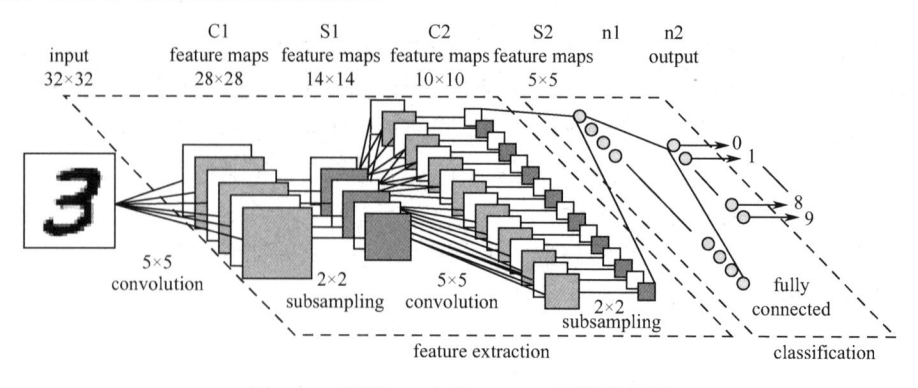

图 5-41 示例 5-4 中的 LeNet-5 网络结构图

代码 5-4（ch5_4_LeNet-5_Classifier.py）：

```
01   import tensorflow as tf
02   from tensorflow.examples.tutorials.mnist import input_data
03
04   mnist = input_data.read_data_sets('MNIST_data', one_hot=True)
05
06   sess = tf.InteractiveSession()
07
08   x = tf.placeholder("float", shape=[None, 784])   #训练数据
09   y_ = tf.placeholder("float", shape=[None, 10])   #训练标签数据
10
11   x_image = tf.reshape(x, [-1,28,28,1])
12
13   #第一层：卷积层(C1)
14   conv1_weights = tf.get_variable("conv1_weights", [5, 5, 1, 32], \
15               initializer=tf.truncated_normal_initializer(stddev=0.1))
16   conv1_biases = tf.get_variable("conv1_biases", [32],\
17               initializer=tf.constant_initializer(0.0))
18   conv1 = tf.nn.conv2d(x_image, conv1_weights, strides=[1, 1, 1, 1],\
19           padding='SAME')
20   relu1 = tf.nn.relu( tf.nn.bias_add(conv1, conv1_biases) )
21
22   #第二层：最大池化层(S1)
23   pool1 = tf.nn.max_pool(relu1, ksize=[1, 2, 2, 1], \
24           strides=[1, 2, 2, 1], padding='SAME')
25
26   #第三层：卷积层(C2)
27   conv2_weights = tf.get_variable("conv2_weights", [5, 5, 32, 64], \
28               initializer=tf.truncated_normal_initializer(stddev=0.1))
29   conv2_biases = tf.get_variable("conv2_biases", [64], \
30               initializer=tf.constant_initializer(0.0))
31   conv2 = tf.nn.conv2d(pool1, conv2_weights, strides=[1, 1, 1, 1],\
32           padding='SAME')
33   relu2 = tf.nn.relu( tf.nn.bias_add(conv2, conv2_biases) )
34
35   #第四层：最大池化层(S2)
36   pool2 = tf.nn.max_pool(relu2, ksize=[1, 2, 2, 1], \
```

```
37                    strides=[1, 2, 2, 1], padding='SAME')
38
39    #第五层：全连接层(n1)
40    fc1_weights = tf.get_variable("fc1_weights", [7 * 7 * 64, 1024], \
41              initializer=tf.truncated_normal_initializer(stddev=0.1))
42    fc1_baises = tf.get_variable("fc1_baises", [1024], \
43                    initializer=tf.constant_initializer(0.1))
44    pool2_vector = tf.reshape(pool2, [-1, 7 * 7 * 64])
45    fc1 = tf.nn.relu(tf.matmul(pool2_vector, fc1_weights) + fc1_baises)
46    keep_prob = tf.placeholder(tf.float32)
47    fc1_dropout=tf.nn.dropout(fc1, keep_prob) #减少过拟合，加入Dropout层
48
49    #第六层：全连接层(n2)
50    fc2_weights = tf.get_variable("fc2_weights", [1024, 10], \
51              initializer=tf.truncated_normal_initializer(stddev=0.1))
52    fc2_biases = tf.get_variable("fc2_biases", [10], initializer=    \
53                    tf.constant_initializer(0.1))
54    fc2 = tf.matmul(fc1_dropout, fc2_weights) + fc2_biases
55
56    #第七层：输出层 softmax(n2)
57    y_conv = tf.nn.softmax(fc2)
58
59    #定义交叉熵损失函数
60    cross_entropy = tf.reduce_mean(-tf.reduce_sum(y_ * tf.log(y_conv),\
61                    reduction_indices=[1]))
62
63    #选择优化器，并让优化器最小化损失函数/收敛，反向传播
64    train_step = tf.train.AdamOptimizer(1e-4).minimize(cross_entropy)
65
66    correct_prediction = tf.equal(tf.argmax(y_conv,1), tf.argmax(y_,1))
67
68    accuracy = tf.reduce_mean(tf.cast(correct_prediction, tf.float32))
69
70    #开始训练
71    sess.run(tf.global_variables_initializer())
72    for i in range(10000):
73      batch = mnist.train.next_batch(50)
74      if i%50 == 0:
75        train_accuracy = accuracy.eval(feed_dict={x:batch[0], y_: \
76                        batch[1], keep_prob: 1.0})
77        print("step %d, training accuracy %g" % (i, train_accuracy))
78      train_step.run(feed_dict={x: batch[0], y_: batch[1], keep_prob: 0.5})
79
80    #在测试数据上测试准确率
81    print("test accuracy %g" % accuracy.eval \
82            (feed_dict={x: mnist.test.images, y_: mnist.test.labels,\
83        keep_prob: 1.0}))
84
```

【运行结果】

step 0, training accuracy 0.04
step 50, training accuracy 0.06
step 100, training accuracy 0.1
step 150, training accuracy 0.16
step 200, training accuracy 0.04
......
step 9750, training accuracy 0.88
step 9800, training accuracy 0.9
step 9850, training accuracy 0.92
step 9900, training accuracy 0.92
step 9950, training accuracy 0.96
test accuracy 0.9246

【程序解析】

- 02~04 行：载入 MNIST 数据集。
- 08 行：placeholder 鉴于每张图片分辨率为28×28，即 28 行 28 列个数据，对于简单 MNIST 模型，这样的数据结构还过于复杂，若将图像中所有像素的二维关系转化为一维关系，模型建立和训练将会很简单。为将该图片中的所有像素串行化，即将该图片格式变为 1 行 784 列（1×784 的结构）。对于模型的输出，可使用一个 1 行 10 列的结构，表示该模型分析手写图片后对应数字 0~9 的概率，概率最大者为 1，其余 9 个为 0。假设输入图像为 n，则输入数据集可表示为一个二维张量[n, 784]，对于输出，使用[n, 10]的二维张量。程序中使用占位符 placeholder 表示，张数参数 n 使用 None 占位，由具体输入的图像张数初始化。图片尺寸为28×28，1 通道。
- 11 行：把 x 更改为 4 维张量，第 1 维代表样本数量，第 2 维和第 3 维代表图像长宽，第 4 维代表图像通道数，1 表示黑白。
- 14~20 行：第一层卷积层，过滤器大小为 5×5，当前层深度为 1，过滤器的深度为 32。移动步长为 1，使用全 0 填充，利用激活函数 Relu 去线性化。conv1 layer 卷积的输出层作为下一层网络的输入。第一层卷积层处理后将 n×28×28×1 的图像集转换为 n×28×28×32 的维度。
- 23 行：第二层最大池化层，池化层过滤器的大小为 2×2，移动步长为 2，使用全 0 填充。第一层卷积层处理后将 n×28×28×1 的图像集转换为 n×28×28×32 的维度，经历池化后变为 n×14×14×32。
- 27 行：第三层卷积层，过滤器大小为 5×5，当前层深度为 32，过滤器的深度为 64。
- 28~33 行：移动步长为 1，使用全 0 填充。
- 36 行：第四层最大池化层，池化层过滤器的大小为 2×2，移动步长为 2，使用全 0 填充。
- 40 行：第五层全连接层。本层神经网络将第二次池化后的 n×7×7×64 的四维张量输入图像转换为 n×3136 的二维张量，3136 是将 7×7×64 三维的数据转换为一维，之后该 n×3136 的张量与 weight 权重矩阵（[3136, 1024]的张量）相乘得到 n×1024 的二维张量输出给下一层网络层。
- 50 行：第六层全连接层，本层网络层权重矩阵为 1024×10，神经元节点数为 1024，分类节点为 10 个。为了应对过拟合，使用 dropout 以 0.5 的概率故意丢弃部分网络节点以提高网络适应性。

- 57 行：第七层输出层 softmax。对于一对一的输出结果，可采用 Sigmoid 函数处理，对于一对多的输出，如本例，可采用 softmax 函数处理。
- 66 行：tf.argmax()返回的是某一维度上其数据最大所在的索引值，在这里即代表预测值和真实值，判断预测值 y 和真实值 y_ 中最大数的索引是否一致，y 的值为 1~10 概率。
- 68 行：用平均值来统计测试准确率。
- 72~78 行：训练 10000 次，每 50 次使用测试集对网络当前训练结果进行检测，打印正确率。评估阶段不使用 dropout。训练阶段使用 50%的 dropout。
- 81 行：在测试数据上测试准确率。

本例共训练 10000 次，批处理数为 50，并每 50 次输出一次分类的准确度。可以看出，通过训练，分类精确度得到较大的提高。此模型在测试数据上测试准确率为 0.9246。

第 6 章 深度学习及其典型算法应用

在经过一系列"卡脖子"事件之后，我国无论是计算机硬件还是软件，都对安全性有了更高的需求。而更重要的是，我国 AI 产业的体量，也到了不可能不去争夺底层控制权的阶段。

深度学习的框架和平台是 AI 技术落地应用的基础，市场调研机构 Frost & Sullivan（沙利文）发布《中国深度学习软件框架市场研究报告（2021）》，中国自主的深度学习框架百度飞桨综合竞争力领跑行业，Meta 的 PyTorch 和谷歌的 TensorFlow 紧随其后。百度飞桨在我国深度学习市场应用规模已经达到第一。与此同时，华为昇思、旷视天元、之江天枢等深度学习平台，同样也获得了快速发展。目前全球主流深度学习软件框架格局已从百花齐放向几家逐鹿转变，百度飞桨、腾讯优图、华为 MindSpore、阿里 XDL 等自研开源深度学习软件框架加速升级，中国正在快速形成开源框架的系统化布局。

本章首先简介当前流行的深度学习框架，接着具体介绍 TensorFlow2.0 深度学习框架、用 TensorFlow2.0 来实现线性回归和全连接神经网络，以及使用全连接神经网络、卷积神经网络和循环神经网络来识别手写数字图像，最后介绍高阶 API 构建和训练深度学习模型的步骤和主要概念。

6.1 深度学习框架简介

6.1.1 深度学习框架社区情况

1. Gitee 社区中主流 AI 框架情况

对 AI 框架来说，国内知名社区是由 OSCHINA.NET 推出的代码托管平台 Gitee（码云），使用情况如表 6-1 所示，其引用于中国 AI 框架发展白皮书（2022 年）。开源社区在推动 AI 框架发展的过程中起着巨大的作用，其相关指标也体现着 AI 框架在整个行业内的发展情况。Commits 代表开源代码提交的次数，表征开源项目活跃度；Fork 代表代码复刻、分叉，表征开源项目被引用情况；Star 代表点赞数，表征开源项目关注度；Contributors 代表贡献者，表征开源项目贡献者规模。

表 6-1 Gitee 社区中主流 AI 框架情况（2022.1）

排 名	框 架 名	Commits	Fork	Star	Contributors
1	MindSpore	38549	2400	6100	774
2	PaddlePaddle	32788	195	3600	561
3	OneFlow	7521	2	1	126
4	MegEngine（镜像）	2280	6	16	35
5	Jittor	1239	3	11	34

从 Gitee 指标来看，MindSpore 在 Gitee 中的各项指标都远超其他 AI 框架，是国内社区中最

活跃、关注度最高、被应用最多的框架，处在我国开源生态的引领者地位。

2．GitHub 社区中主流 AI 框架情况

国外最知名社区是 Microsoft 收购的开源代码托管平台 GitHub，该社区中主流 AI 框架情况如表 6-2 所示，表 6-2 引用于中国 AI 框架发展白皮书（2022 年）。

表 6-2　GitHub 社区中主流 AI 框架情况（2022.1）

排　名	框　架　名	Commits	Fork	Star	Contributors
国外框架					
1	TensorFlow	124494	86300	163000	3056
2	PyTorch	43390	14800	53700	2137
3	Theano（Stop Developing）	28127	2500	9500	352
4	CNTK（Stop Developing）	16116	4400	17100	201
5	MXNet	11776	6900	19800	868
国内框架					
1	MindSpore	37308	514	2700	267
2	PaddlePaddle	33753	4300	17500	524
3	MegEngine	2282	462	4100	32
4	OneFlow	7621	351	3000	99
5	Jittor	1266	235	2300	31

从 GitHub 指标看，国外 AI 框架方面，TensorFlow 的各项指标均高居榜首，并远超第二名，是全球目前活跃度最高、应用最广的 AI 框架。近年来在学术领域表现亮眼的后起之秀 PyTorch 紧随其后，虽占据了主流地位，但与 TensorFlow 相比仍略逊一筹。我国推出的 AI 框架方面，MindSpore 是目前活跃度最高的 AI 框架，在贡献者方面也已聚集了一定规模的使用群体。百度 PaddlePaddle 开源时间较早，在关注度方面较其他框架有一定优势。

6.1.2　深度学习框架比较

近年来，深度学习在很多机器学习领域都有着非常出色的表现，在图像识别、语音识别、自然语言处理、机器人、网络广告投放、医学自动诊断和金融等领域有着广泛应用。面对繁多的应用场景，深度学习框架有助于建模者节省大量而烦琐的外围工作，更聚焦业务场景和模型设计本身。下面介绍一下目前主流的以及一些刚开源但表现非常优秀的深度学习框架的各自特点，希望能够帮助大家在学习工作时做出合适的选择。

1．Theano

作为深度学习框架的祖师爷，Theano 的诞生为人类叩开了新时代 AI 的大门。Theano 的开发始于 2007 年的蒙特利尔大学，早期雏形由两位传奇人物 Yoshua Bengio 和 Ian Goodfellow 共同打造，并于开源社区中逐渐壮大。Theano 基于 Python，是一个擅长处理多维数组的库，十分适合与其他深度学习库结合起来进行数据探索。它设计的初衷是为了执行深度学习中大规模神经网络算法的运算。其实，Theano 可以被更好地理解为一个数学表达式的编译器：用符号式语言定义你想要的结果，该框架会对你的程序进行编译，在 GPU 或 CPU 中高效运行。

  Theano 的出现为 AI 在新时代的发展打下了强大的基础，在过去的很长一段时间内，Theano 都是深度学习开发与研究的行业标准。往后也有大量基于 Theano 的开源深度学习库被开发出来，包括 Keras、Lasagne 和 Blocks，甚至后来火遍全球的 TensorFlow 也有很多与 Theano 类似的功能。随着更多优秀的深度学习开源框架陆续涌现，Theano 逐渐淡出了人们的视野。2013 年，Theano 创始者之一 Ian Goodfellow 加入 Google 开发 TensorFlow，标志着 Theano 正式退出历史舞台。

2. Caffe&Caffe2

  Caffe 是一个优先考虑表达、速度和模块化来设计的框架，它由贾扬清和伯克利 AI 实验室研究开发，支持 C、C++、Python 等接口以及命令行接口。它以速度和可转性以及在卷积神经网络建模中的适用性而闻名。不过，Caffe 不支持精细粒度网络层，给定体系结构，对循环网络和语言建模的总体支持相当差，必须用低级语言建立复杂的层类型，使用门槛很高。

  Caffe2 是由 Facebook 组织开发的深度学习模型，虽然使用门槛不像 Caffe 那样高，但仍然让不那么看重性能的开发者望而却步。另外，Caffe2 继承了 Caffe 的优点，在速度上令人印象深刻。2018 年 3 月底，Facebook 将 Caffe2 并入 PyTorch，一度引起轰动。

3. TensorFlow

  TensorFlow 是 Google 于 2015 年发布的深度学习框架，于 2019 年推出了 TensorFlow 2 正式版本，目前 2.10 版本已发布。由于 TensorFlow 1 接口设计频繁变动，功能设计重复冗余，符号式编程开发和调试非常困难等问题，TensorFlow 1.x 版本一度被业界诟病。TensorFlow 2 是一个与 TensorFlow 1.x 使用体验完全不同的框架，TensorFlow 2 不兼容 TensorFlow 1.x 的代码，同时在编程风格、函数接口设计上也大相径庭。TensorFlow 1.x 的代码需要依赖人工的方式迁移，自动化迁移方式并不靠谱。Google 停止更新 TensorFlow 1.x，不建议读者学习 TensorFlow 1.x 版本。TensorFlow 2 侧重于简单性和易用性，其中包含一些更新，如即刻执行、直观的更高阶 API 以及可在任何平台上灵活建模的功能。

  借助 TensorFlow，初学者和专家可以轻松创建适用于桌面、移动、Web 和云环境的机器学习模型。借助其灵活的架构，其可轻松地将计算工作部署到多种平台（CPU、GPU、TPU）和设备（桌面设备、服务器集群、移动设备、边缘设备等）上。目前支持 Windows、MacOS、Linux 系统，支持单机和分布式版本，支持多种编程语言，包括 Python、C++、GO、Java、R、SWIFT、JavaScript，其中最主流的编程语言是 Python。

  TensorFlow 在很多方面拥有优异的表现，比如设计神经网络结构的代码的简洁度，分布式深度学习算法的执行效率，还有部署的便利性（能够全面地支持各种硬件和操作系统）。TensorFlow 在很大程度上可以看作是 Theano 的后继者，都基于计算图实现自动微分系统。TensorFlow 使用数据流图进行数值计算，图中的节点代表数学运算，而图中的边则代表在这些节点之间传递的多维数组（张量）。用户可以在各种服务器和移动设备上部署自己的训练模型，无须执行单独的模型解码器或者加载 Python 解释器。

  TensorFlow 构建了活跃的社区，完善的文档体系，大大降低了学习成本。另外，TensorFlow 有很直观的计算图可视化功能，模型能够被快速地部署在各种硬件机器上，从高性能的计算机到移动设备，再到更小的更轻量的智能终端。

4. Keras

  Keras 用 Python 编写，可以在 TensorFlow 等框架之上运行。TensorFlow 的接口具有挑战性，因为它是一个低级库，新用户可能会很难理解某些实现。而 Keras 是一个高层的 API，它为快速实验而开发。因此，如果希望获得快速结果，则 Keras 会自动处理核心任务并生成输出。深度学习的初学者经常会抱怨：无法正确理解复杂的模型。如果你是这样的用户，Keras 便是你的正确选择。它的目标是最小化用户操作，并使模型真正容易理解。目前 Keras 整套架构已经封装进了 TensorFlow，在 TF.keras 上可以完成 Keras 的所有事情。

5．PyTorch

2017 年 1 月，Facebook AI 研究院（FAIR）团队在 GitHub 上开源了 PyTorch，并迅速占领 GitHub 热度榜榜首。PyTorch 的历史可追溯到 2002 年就诞生于纽约大学的 Torch。Torch 使用了一种不是很大众的语言 Lua 作为接口。在 2017 年，Torch 的幕后团队推出了 PyTorch。PyTorch 不是简单地封装 Lua Torch 提供的 Python 接口，而是对 Tensor 之上的所有模块进行了重构，并新增了最先进的自动求导系统，成为当下最流行的动态图框架。PyTorch 在学术界优势很大，关于用到深度学习模型的文章，除了 Google 的，其他大部分都是通过 PyTorch 进行实验的。究其原因，一是 PyTorch 库足够简单，跟 NumPy、SciPy 等可以无缝连接，而且基于 Tensor 的 GPU 加速非常给力，二是训练网络迭代的核心——梯度的计算、Autograd 架构（借鉴于 Chainer），基于 PyTorch 可以动态地设计网络，而无须笨拙地定义静态网络图，才能去进行计算。基于简单、灵活的设计，PyTorch 快速成为了学术界的主流深度学习框架。

在 2019 年，Facebook 推出 PyTorch Mobile 框架，弥补了 PyTorch 在移动端的不足，使得其在商用领域的发展有望赶超 TensorFlow。不过现在，如果稍微深入了解 TensorFlow 和 PyTorch，就会发现它们越来越像，TensorFlow 加入了动态图架构，PyTorch 致力于其在工业界更加易用。

6．PaddlePaddle

PaddlePaddle 的前身是百度于 2013 年自主研发的深度学习平台 Paddle，且一直为百度内部工程师研发使用。PaddlePaddle，中文译名为"飞桨"。

PaddlePaddle 同时支持稠密参数和稀疏参数场景的超大规模深度学习并行训练，支持千亿规模参数、数百个基点的高效并行训练，也是最早提供如此强大的深度学习并行技术的深度学习框架。PaddlePaddle 拥有强大的多端部署能力，支持服务器端、移动端等多种异构硬件设备的高速推理，预测性能有显著优势。PaddlePaddle 已经实现了 API 的稳定和向后兼容，具有完善的中英双语使用文档，形成了易学易用、简洁高效的技术特色。

2019 年，百度还推出了多平台高性能深度学习引擎 Paddle Lite（Paddle Mobile 的升级版），为 PaddlePaddle 生态完善了移动端的支持。

7．Deeplearning4j（DL4J）

DL4J 是由来自旧金山和东京的一群开源贡献者协作开发的。2014 年年末，他们将其发布为 Apache 2.0 许可证下的开源框架。2017 年 10 月，DL4J 的商业支持机构 Skymind 加入了 Eclipse 基金会，并且将 DL4J 贡献给开源 Java Enterprise Edition 库生态系统。

DL4J 是为 Java 和 JVM 编写的开源深度学习库，支持各种深度学习模型。它具有为 Java 和 Scala 语言编写的分布式深度学习库，并且内置集成了 Apache Hadoop 和 Spark。Deeplearning4j 有助于弥合使用 Python 语言的数据科学家和使用 Java 语言的企业开发人员之间的鸿沟，从而简化了在企业大数据应用程序中部署深度学习框架的操作步骤。

8．CNTK

2016 年 1 月 25 日，微软公司在 GitHub 仓库上正式开源了 CNTK。根据微软开发者的描述，

CNTK 的性能比 Caffe、Theano、TensoFlow 等主流工具都要强。CNTK 支持 CPU 和 GPU 模式，和 TensorFlow/Theano 一样，它把神经网络描述成一个计算图的结构，叶子节点代表输入或网络参数，其他节点代表计算步骤。CNTK 是一个非常强大的命令行系统，可以创建神经网络预测系统。

CNTK 最初是出于在 Microsoft 内部使用的目的而开发的，导致现在用户比较少。但就框架本身的质量而言，CNTK 表现得比较均衡，没有明显的短板，并且在语音领域效果比较突出。

9．MindSpore

2020 年 3 月，华为宣布全场景 AI 计算框架 MindSpore 在码云正式开源。MindSpore 是一款支持端边云全场景的深度学习训练推理框架，当前主要应用于计算机视觉、自然语言处理等 AI 领域，旨在为数据科学家和算法工程师提供设计友好、运行高效的开发体验，提供昇腾 AI 处理器原生支持及软硬件协同优化。

MindSpore 的特性是可以显著减少训练时间和成本（开发态）、以较少的资源和最高能效比运行（运行态），同时适应包括端、边缘与云的全场景（部署态），强调了软硬件协作及全场景部署的能力。

10．MegEngine

MegEngine（天元）是 2020 年 3 月正式开源的工业级深度学习框架，旷世也成为国内第一家开源 AI 框架的 AI 企业。天元可帮助开发者借助友好的编程接口，进行大规模深度学习模型的训练和部署。

若说谷歌的 TensorFlow 采用利于部署的静态图更适用于工业界，而 Facebook 的 PyTorch 采用灵活且方便调试的动态图更适合学术科研，那么旷视的天元则在兼具了双方特性的过程中，找到了一个平衡点。天元是一个训练和推理在同一个框架、同一个体系内完整支持的人工智能模型。基于这些创新性的框架设计，天元深度学习框架拥有推理训练一体化、动静合一、兼容并包和灵活高效四大优势。

11．Jittor

Jittor 的开发团队来自清华大学计算机系图形学实验室，牵头者是清华大学计算机系胡事民教授。Jittor 是国内第一个由高校开源的深度学习框架，同时也是继 Theano、Caffe 之后，又一个由高校主导的框架。与主流的深度学习框架 TensorFlow、PyTorch 不同，Jittor 是一个完全基于动态编译（Just-in-time）、使用元算子和统一计算图的深度学习框架。Jittor 和 PyTorch 的模型可以相互加载和调用。

Jittor 开发团队提供了实验数据。在 ImageNet 数据集上，使用 Resnet50 模型，GPU 图像分类任务性能与 PyTorch 相比，提升 32%；CPU 图像分类任务提升 11%。在 CelebA 数据集上，使用 LSGAN 模型，利用 GPU 处理图像生成任务，Jittor 比 PyTorch 性能提升达 51%。

Jittor 开发团队介绍称，就目前来看，Jittor 框架的模型支持还待完善，分布式功能待完善。这也是他们下一阶段研发的重点。

12．OneFlow

OneFlow 是由北京一流科技有限公司开发的一款深度学习框架，独创四大核心技术，技术水平世界领先，已被多家互联网头部企业及研究机构应用。2020 年 7 月 31 日，北京一流科技有限公司宣布其源代码全部在 GitHub 上开源。四大核心技术包括：

● 独创的核心理念和技术路线。分布式性能（高效性）是深度学习框架的核心技术难点，

OneFlow 解决了集群层面的内存墙挑战，技术水平世界领先。
- 性能效率极致提升。官方权威评测，OneFlow 在常用模型场景下全面领先国内外竞品。
- 自动支持模型并行与流水并行。OneFlow 天生支持数据并行、模型并行和混合并行，无须定制化开发，已在头部互联网企业及 AI 企业落地。
- 分布式易用且稳定性强。OneFlow 是世界首个且唯一一个专门针对深度学习打造的异构分布式流式系统，大幅减少了运行时开销，且一旦成功启动无运行时错误。OneFlow 分布式最易用，代码量最优且完全自动并行。

总的来说，各家的深度学习框架各有千秋，重要的是找到适合自己团队的，能够快速匹配团队的技术栈，快速试验以期发挥深度学习技术应用落地的商业价值。

我国 AI 框架作为后起之秀在学术科研领域已经崭露头角，比如：基于 MindSpore 的鹏程·盘古、紫东·太初、武汉·LuojiaNet，基于 PaddlePaddle 的鹏城-百度·文心、量桨（Paddle Quantum）。在赋能产业应用方面也成绩斐然，比如：MindSpore 拥有 300 多个 SOTA 模型，超过 400 个开源生态社区贡献者，支持超过 5000 个在线 AI 应用，广泛应用于工业制造、金融、能源电力、交通、医疗等行业；PaddlePaddle 服务企业遍布能源、金融、工业、医疗、农业等多个行业，助力千行万业智能化升级；旷视 MegEngine 充分发挥视觉领域优势，实现行业赋能；一流科技 OneFlow 充分发挥分布式可扩展性能优势，已服务科研、政务、军工、金融等诸多行业客户。

6.2 TensorFlow 深度学习框架

6.2.1 TensorFlow 建模流程

尽管 TensorFlow 设计上足够灵活，可以用于进行各种复杂的数值计算，但通常人们使用 TensorFlow 来实现机器学习模型，尤其常用于实现神经网络模型。从原理上说可以使用张量构建计算图来定义神经网络，并通过自动微分机制训练模型。但为简洁起见，一般推荐使用 TensorFlow 的高层次 Keras 接口来实现神经网络模型。使用 TensorFlow 实现神经网络模型的一般流程包括：准备数据、定义模型、训练模型、评估模型、使用模型、保存模型。

注意，实践中的数据类型包括结构化数据、图片数据、文本数据、时间序列数据，其他深度学习框架的建模流程也是一样的。

6.2.2 TensorFlow 层次结构

TensorFlow 的层次结构如图 6-1 所示，从低到高可以分成 5 层。
- 硬件层：TensorFlow 支持 CPU、GPU 或 TPU 加入计算资源池。
- 内核层：C++实现内核，内核可以跨平台分布运行。
- 低阶 API：为 Python 实现的操作符，提供了封装 C++内核的低级 API 指令，主要包括各种张量操作算子、计算图、自动微分。
- 中阶 API：为 Python 实现的模型组件，对低级 API 进行了函数封装，主要包括各种模型层、损失函数、优化器、数据管道、特征列等。
- 高阶 API：为 Python 实现的模型成品，一般为按照 OOP 方式封装的高级 API，主要为 tf.keras.models 提供的模型的类接口。

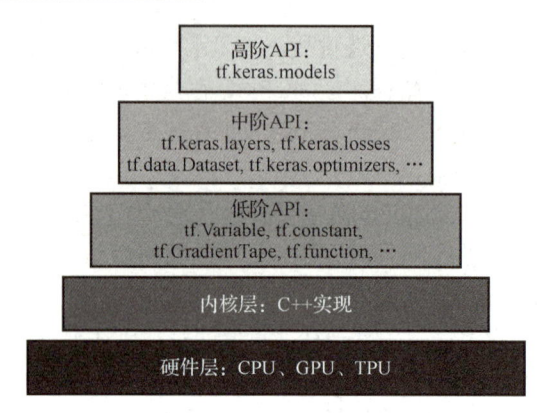

图 6-1 TensorFlow 的层次结构

可以使用低阶 API，即张量操作、计算图和自动微分构建模型；也可以使用中阶 API，即数据管道（tf.data）、特征列（tf.feature_column）、激活函数（tf.nn）、模型层（tf.keras.layers）、损失函数（tf.keras.losses）、评估函数（tf.keras.metrics）、优化器（tf.keras.optimizers）、回调函数（tf.keras.callbacks）构建模型；也可以使用高阶 API，即 tensorflow.keras.models 接口构建模型。模型构建的难度由难到易。

6.2.3 TensorFlow 的高阶 API

Keras 是一个颇受欢迎的高级 API，专用于构建和训练深度学习模型。随着 TensorFlow 2.0 的推出，谷歌宣布 Keras 现在是 TensorFlow 的官方高阶 API，用于快速简单的模型设计和训练，并推荐大家使用。TensorFlow 包括 Keras API 的完整实现（位于 tf.keras 模块），且此 API 具备针对 TensorFlow 的增强功能，增强功能包括：

- 支持 Eager Execution 以便进行直观调试和快速迭代。
- 支持 TensorFlow SavedModel 模型交换格式。
- 支持分布式训练（包括 TPU 上的训练），提供集成支持。

高阶 API 可以使用 3 种方式构建模型：

- 使用 Sequential API 按层顺序构建模型。
- 使用 Functional API 构建任意结构模型。
- 继承 Model 基类构建自定义模型。

对于顺序结构的模型，优先使用 Sequential API 构建。如果您正在学习机器学习，建议您先从 tf.keras 的 Sequential API 开始。该款 API 直观、简洁，且适用于实践中 95%的机器学习问题。最常见的模型定义方法是构建层图，最简单的模型类型是层堆栈，Sequential API 可以定义此类模型。

如果模型有多输入或多输出，或者模型需要共享权重，或者模型具有残差连接等非顺序结构，推荐使用 Functional API 进行创建，此 API 可帮助您定义复杂的拓扑结构。使用 Functional API 构建模型时，层可供调用（在张量上），还可返回张量以作为输出。

顺序模型只是简单的层堆栈，并不能表示任意模型，可使用 Model Subclassing API 构建可完全自定义的模型。如果无特定必要，则应尽可能避免使用 Model 子类化的方式构建模型，这种方式提供了极大的灵活性，但也更难调试。如果您发现 tf.keras 不适用于自身应用领域，还可以使用中阶 API 和低阶 API 构建模型。

基于 TensorFlow 官方推荐和学习效率，应该尽量多使用高阶 API tf.keras 的接口来完成我们的应用。

6.2.4 TensorFlow 开发环境搭建

下面介绍在 Windows 系统下搭建 TensorFlow 2 开发环境。

1. 下载 Anaconda 开发工具

Anaconda 是 Python 的集成环境管理器和 conda 的包管理器，自身携带 Python 编译器以及众多常用库，包括 scikit-learn、NumPy、SciPy、Pandas 等库，它支持 Windows、MacOS 以及 Linux 系统，用于数据科学、机器学习、大数据处理和预测分析等计算科学，致力于简化包管理和部署。

Anaconda 官网是国外网站，直接下载速度比较慢，建议去清华大学开源软件镜像站下载，这里可以根据需要下载相应版本，如图 6-2 所示。

图 6-2　清华大学 Anaconda 镜像源

2. 安装 Anaconda

双击下载的 Anaconda 安装文件，打开后就进入到安装界面，直接按提示安装。考虑教学环境，这里使用"Anaconda3-2019"版本。如图 6-3 所示，安装路径不能有空格或者中文，否则在后期使用过程中可能会出现一些问题。

完成了安装路径的选取后，就进入到 Anaconda 高级安装选项设置界面。第一个选项是把 Anaconda 添加到环境变量中，第二个选项是安装默认的 Python 版本，如图 6-4 所示。Anaconda 自带 Python，无须提前单独安装 Python。

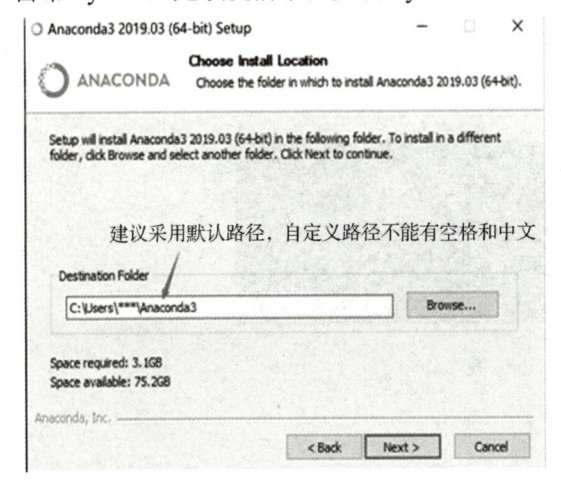

图 6-3　Anaconda 安装路径 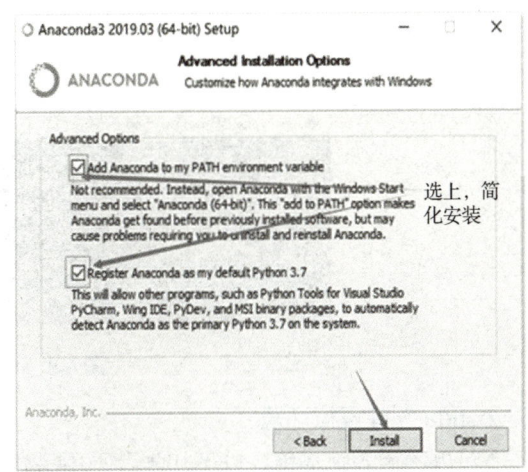　　　　　图 6-4　Anaconda 高级安装选项设置界面

继续默认安装，最后的界面如图 6-5 所示，单击"Finish"按钮，完成 Anaconda 的安装。

成功安装完 Anaconda 后，在 Windows "开始"菜单中将新增一个 Anaconda 3 文件夹，里面产生一些组件，如图 6-6 所示。其中，Anaconda Navigator 是 Anaconda 可视化的管理界面，Anaconda Prompt 是命令行操作 conda 环境的 Anaconda 终端，Jupyter Notebook 是基于 Web 的交互式计算笔记本环境，Spyder 是 Python 语言的开放源代码跨平台科学运算 IDE。

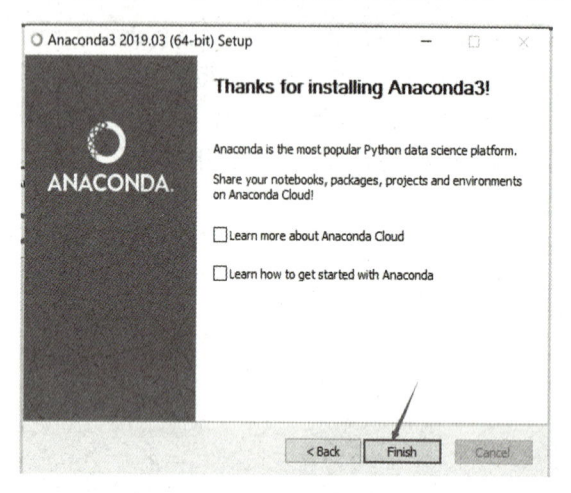

图 6-5　Anaconda 3 安装完成界面 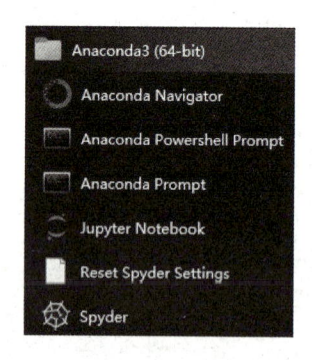　　　　图 6-6　Anaconda 3 的组件目录结构

3．conda 控制台

打开"开始"菜单，选择 Anaconda 自带的命令行工具"Anaconda Prompt"，输入 conda 命令：conda --version，查看版本，如图 6-7 所示。

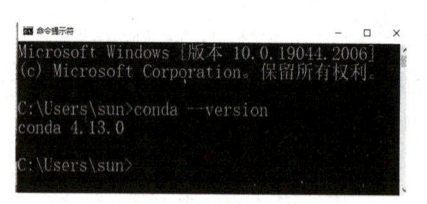

图 6-7　查看 Anaconda 3 版本

4．验证 Python

在控制台中输入"python"，进入 Python 模式，查看 Python 版本，如图 6-8 所示。

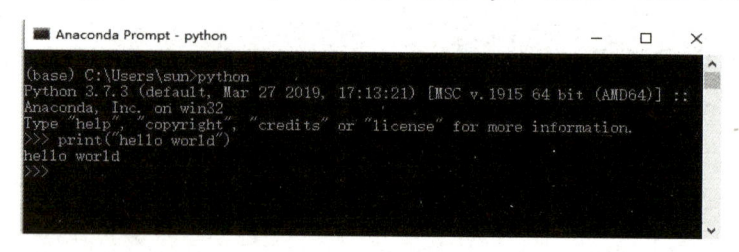

图 6-8　查看 Python 版本

5．conda 创建虚拟环境

可以不用虚拟环境，以下初学者不用搭建。

创建 TensorFlow 虚拟环境：conda create -n tensorflow。

进入虚拟环境：activate tensorflow。

删除虚拟环境：conda env remove -n tensorflow。

6．安装 TensorFlow

如果创建了虚拟环境，则可以进入虚拟环境，在虚拟环境中安装。初学者在控制台直接安装，无论是控制台还是虚拟环境，都可以使用 pip 或 conda 两种安装方式。

pip 安装：使用 Python 的 pip 软件包管理器安装 TensorFlow。TensorFlow 2 软件包需要使用高于 19.0 的 pip 版本。

pip install --upgrade pip　　#升级 pip，或 python.exe -m pip install --user --upgrade pip
pip install tensorflow　　#安装 TensorFlow
conda 安装：
conda　install　tensorflow　　#安装 TensorFlow

7．为 Jupyter 添加 TensorFlow 虚拟环境（省略）

此部分初学者可以忽略。

在虚拟环境中安装 ipykernel：用于在 Jupyter lab 中添加内核，这里使用了清华大学镜像源。

pip install ipykernel -i https://pypi.tuna.tsinghua.edu.cn/simple
将虚拟环境添加到 Jupyter lab 内核中：一定要进入对应的虚拟环境，然后再添加内核。

python -m ipykernel install --name tensorflow

8．环境测试

单击"开始"菜单选择 Anaconda 3 文件夹里面"Jupyter Notebook"，启动 Jupyter Notebook，控制台界面如图 6-9 所示。同时，系统会默认打开浏览器，Jupyter Notebook 主界面如图 6-10 所示。

图 6-9　Jupyter Notebook 控制台界面

图 6-10　Jupyter Notebook 主界面

单击右侧的"New"选项卡，从中选择"Python 3"，这样就会创建了一个默认文件名为 Untitled.ipynb 文件，输入代码，单击运行按钮，如图 6-11 所示。

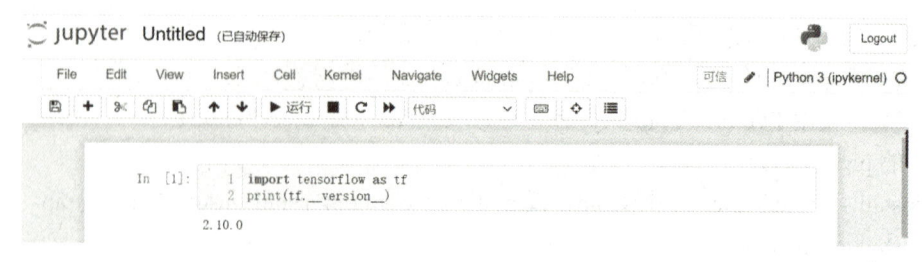

图 6-11　环境测试

6.2.5　TensorFlow 组成模型

TensorFlow，简单看就是 Tensor（张量）和 Flow（流），即意味着 Tensor 和 Flow 是 TensorFlow 最为基础的要素，如图 6-12 所示。Tensor 意味着 data（数据），是静态的形式。Flow 意味着流动，意味着计算和映射，即数据的流动、数据的计算和数据的映射，同时也体现数据会进行有向的流动、计算和映射，是动态的形式。TensorFlow 程序 = 张量数据结构 + 计算图算法语言，张量和计算图是 TensorFlow 的核心概念。

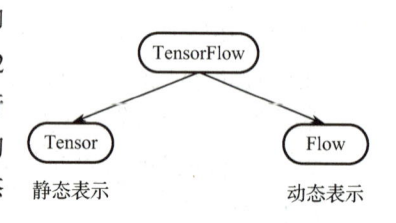

图 6-12　TensorFlow 的基础要素

1．TensorFlow 的数据模型——张量

TensorFlow 所有的数据都以张量（Tensor）的形式表示，即在 TensorFlow 数据计算的过程中，数据流转都是采用 Tensor 的形式进行的。TensorFlow 的数据模型是张量 Tensor，张量是具有统一类型（称为 dtype）的多维数组，简单来说 TensorFlow 内部的数据结构张量就是多维数组。就像 Python 数值和字符串一样，所有张量都是不可变的：永远无法更新张量的内容，只能创建新的张量。复杂的神经网络算法本质上就是各种张量相乘、相加等基本运算操作的组合。Tensor 根据数据的维度可以是 0 阶、1 阶、2 阶、…、多阶的。单个的数据无维度，是 0 阶张量。一个数组有一个维度，是 1 阶张量。一个矩阵有 2 个维度，是 2 阶张量。如果数据有 n 个维度，则就是 n 阶张量。如图 6-13 所示是一些 Tensor 的实例。

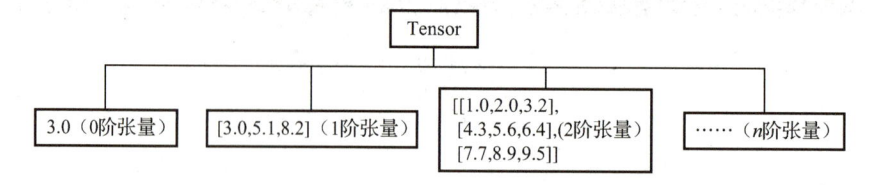

图 6-13　张量的维度示例

Tensor 有以下几个重要的属性。
- 数据类型：即 Tensor 存储的数据类型，如 tf.float32（32 位浮点数）、tf.String（字符串）等。
- 轴或维度：张量的一个特殊维度，轴从 0 标记，标量没有轴，1 阶张量只有 0 轴，2 阶张量有 0 轴和 1 轴，依次类推。
- 维数：也称秩，张量轴数，即 Tensor 是几维的数据，0 阶张量的维数为 0，1 阶张量的维数为 1，2 阶张量的维数为 2，…，n 阶张量的维数为 n。

- 形状：张量的每个轴的长度（元素数量），0 阶张量的形状为[]，1 阶张量的形状为 [D0]，2 阶张量的形状为 [D0，D1]，…，n 阶张量的形状为[D0，D1，…，D(n-1)]。

从行为特性来看，有两种类型的张量，即常量张量和变量张量，用于区分不需要计算梯度信息的张量与需要计算梯度信息的张量。由于梯度运算会消耗大量的计算资源，而且会自动更新相关参数，对于不需要的优化的张量，如神经网络的输入 X，不需要通过 tf.Variable 封装；相反，对于需要计算梯度并优化的张量，如神经网络层的 W 和 b，需要通过 tf.Variable 包裹，以便 TensorFlow 跟踪相关梯度信息。利用 tf.constant 函数创建常量张量，tf.Variable 函数创建变量张量，tf.Variable()函数可以将常量张量转换为待优化张量。不同维度数组可以用不同维度（Rank）的张量来表示。标量用 0 维张量表示，向量用 1 维张量表示，矩阵用 2 维张量表示。彩色图像有 rgb 三个通道，可以用 3 维张量表示。视频还有时间维，可以用 4 维张量表示。

（1）常量张量

张量的数据类型和 numpy.ndarray 数据类型基本一一对应。

代码 6-1（ch6_1_constantTensor.ipynb）：

```
01 import numpy as np
02 import tensorflow as tf
03 i = tf.constant(1) #tf.int32 类型常量
04 l = tf.constant(1,dtype = tf.int64) #tf.int64 类型常量
05 f = tf.constant(1.23) #tf.float32 类型常量
06 d = tf.constant(3.14,dtype = tf.double) #tf.double 类型常量
07 s = tf.constant("hello world") #tf.string 类型常量
08 b = tf.constant(True) #tf.bool 类型常量
09 print(tf.int64 == np.int64)
10 print(tf.bool == np.bool_)
11 print(tf.double == np.float64)
12 print(tf.string == np.str_)
```

【运行结果】

```
True
True
True
True
```

【程序解析】

➢ 01～02 行：导入 NumPy 和 TensorFlow 包。

➢ 03～08 行：tf.constant 生成不同类型常量张量。

➢ 09～12 行：判断张量的数据类型和 numpy.ndarray 数据类型的对应关系。

代码 6-2（ch6_2_Tensor_ndarray.ipynb）：

```
01 import numpy as np
02 import tensorflow as tf
03 scalar = tf.constant(1)   #标量，0 维张量
04 print(scalar)
05 print(tf.rank(scalar))
06 print(scalar.numpy().ndim   #tf.rank 的作用和 NumPy 的 ndim 方法相同
07 tensor1d = tf.constant([1.0,2.0,3.0,4.0]) #向量，1 维张量，对应 1 维数组
08 print(tensor1d)
09 print(tf.rank(tensor1d))
10 print(tensor1d.numpy().ndim) #numpy 方法将 TensorFlow 的张量转换成 NumPy 的数组
```

```
11 tensor2d = tf.constant([[1.0,2.0],[3.0,4.0]]) #矩阵,2 维张量，对应 2 维数组
12 print(tensor2d)
13 print(tf.rank(tensor2d))
14 print(np.ndim(tensor2d))
15 tensor3d = tf.constant([[[1.0,2.0],[3.0,4.0]],[[5.0,6.0],[7.0,8.0]]])   #3 维张量，对应 3 维数组
16 print(tensor3d)
17 print(tf.rank(tensor3d))
18 print(np.ndim(tensor3d))
```

【运行结果】

tf.Tensor(1, shape=(), dtype=int32)
tf.Tensor(0, shape=(), dtype=int32)
0
tf.Tensor([1. 2. 3. 4.], shape=(4,), dtype=float32)
tf.Tensor(1, shape=(), dtype=int32)
1
tf.Tensor(
[[1. 2.]
 [3. 4.]], shape=(2, 2), dtype=float32)
tf.Tensor(2, shape=(), dtype=int32)
2
tf.Tensor(
[[[1. 2.]
  [3. 4.]]

 [[5. 6.]
  [7. 8.]]], shape=(2, 2, 2), dtype=float32)
tf.Tensor(3, shape=(), dtype=int32)
3

【程序解析】

➢ 03 行：利用 tf.constant 生成 0 维张量。

➢ 04 行：print 输出 0 维张量。

➢ 05 行：print 输出 0 维张量的维度，利用 tf.rank 函数求张量维度。

➢ 06 行：利用 numpy 函数把张量转换成数组，输出数组的维度 ndim。

➢ 07~10 行：1 维张量处理。

➢ 11~14 行：2 维张量处理。

➢ 15~18 行：3 维张量处理。

（2）变量张量

一般将模型中需要被训练的参数设置成变量张量。

代码 6-3（ch6_3_variableTensor.ipynb）：

```
01 import numpy as np
02 import tensorflow as tf
03 #常量张量不可以改变，只能创建新的张量。
04 c = tf.constant([1.0,2.0])
05 print(c)
06 print(id(c))
07 c = c + tf.constant([1.0,1.0])
08 print(c)
09 print(id(c))
```

```
10 #变量张量可以改变，调用 assign、assign_add 等函数不会分配新张量，而会重用现有张量的内存。
11 v = tf.Variable([1.0,2.0])
12 print(v)
13 print(id(v))
14 v.assign_add([1.0,1.0])
15 print(v)
16 print(id(v))
17 #变量张量不执行特定运算修改此变量的值，通常也不可以改变，只能创建新的张量。
18 v=v+1.0
19 print(v)
20 print(id(v))
```

【运行结果】
tf.Tensor([1. 2.], shape=(2,), dtype=float32)
2081830704776
tf.Tensor([2. 3.], shape=(2,), dtype=float32)
2081830704976
<tf.Variable 'v:0' shape=(2,) dtype=float32, numpy=array([1., 2.], dtype=float32)>
2081575771776
<tf.Variable 'v:0' shape=(2,) dtype=float32, numpy=array([2., 3.], dtype=float32)>
2081575771776
tf.Tensor([3. 4.], shape=(2,), dtype=float32)
2081830705176

【程序解析】
- 04~06 行：生成常量张量 c，输出张量，输出张量内存地址，利用 id 函数获取内存地址。
- 07~09 行：将常量张量 c 和另一常量张量相加，并赋值给 c，输出 c，输出 c 的内存地址，发现 c 的内存地址发生改变，说明 07 行中的 c 和 04 行中的 c 是两个不同的张量。
- 11~13 行：利用 tf.Variable 生成变量张量 v，输出 v，输出 v 的内存地址。
- 14~16 行：利用 assign_add 函数把变量张量 v 与另一张量相加，输出 v，输出 v 的内存地址，发现 v 的内存地址没变，说明变量张量执行特定运算可以改变值。
- 18~20 行：通过赋值直接修改变量张量 v，输出 v，输出 v 的内存地址，发现 v 的内存地址发生改变，并且将 v 转换成了常量张量。

（3）张量结构

标量（或称"0 秩"张量、"0 阶"张量、"0 维"张量、"0 轴"张量），对应常量，没有轴。形状为[]，结构如图 6-14 所示。

向量（或称"1 秩"张量、"1 阶"张量、"1 维"张量、"1 轴"张量），对应一维数组，有 1 个轴。形状为[3]，结构如图 6-15 所示。

矩阵（或称"2 秩"张量、"2 阶"张量、"2 维"张量、"2 轴"张量），对应 2 维数组，有 2 个轴。形状为[3, 2]，结构如图 6-16 所示。

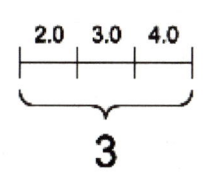

图 6-14 0 维张量案例结构   图 6-15 1 维张量案例结构   图 6-16 2 维张量案例结构

3轴张量，形状为[3, 2, 5]，结构如图6-17所示。

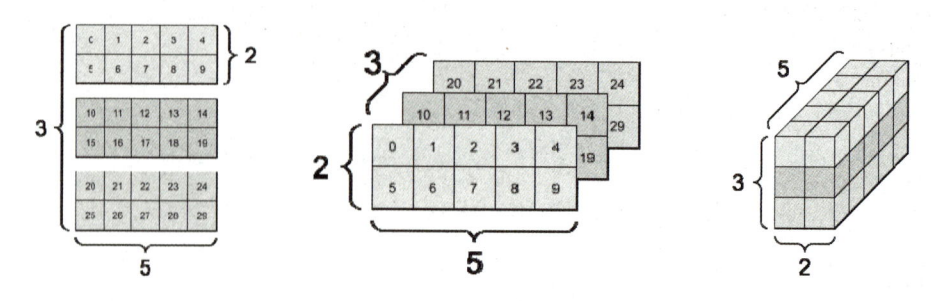

图6-17　3维张量案例结构

4轴张量，形状为[3, 2, 4, 5]，结构如图6-18所示。

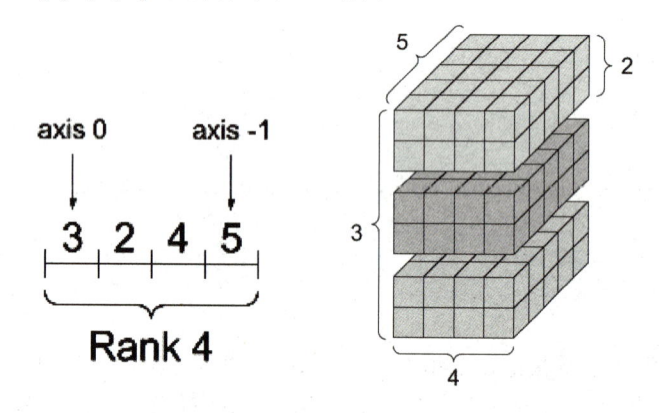

图6-18　4维张量案例结构

（4）张量操作

张量的操作主要包括张量的结构操作和张量的数学运算，类似NumPy的数组操作，也支持向量运算和广播机制。向量运算是基于整个数组而不是其中单个元素的运算，意味着形状相等的数组之间的任何算术运算都会将运算应用到对应位置的元素级。广播指不同形状的数组之间的算术运算的执行方式。广播运算指当形状不相等的数组执行算术计算的时候，就会自动触发广播机制，该机制会对数组进行扩展，扩展维度小的数组，目的是使数组的形状一样，这样就可以进行向量运算。

张量结构操作有张量创建、索引切片、维度变换、合并分割。

张量数学运算主要有标量运算、向量运算、矩阵运算。

代码6-4（ch6_4_TensorOp.ipynb）：

```
01 import tensorflow as tf
02 import numpy as np
03 a = tf.constant([[1,2],[3,4],])
04 b = tf.constant([[2,0],[0,2]])
05 print(a+b)
06 c= tf.constant([1,2,3])
07 d = tf.constant([[0,0,0],[1,1,1],[2,2,2]])
08 print(d + c)
09 print(a+10)
10 print(a@b)    #等价于 tf.matmul(a,b)
```

【运行结果】
tf.Tensor(
[[3 2]
 [3 6]], shape=(2, 2), dtype=int32)
tf.Tensor(
[[1 2 3]
 [2 3 4]
 [3 4 5]], shape=(3, 3), dtype=int32)
tf.Tensor(
[[11 12]
 [13 14]], shape=(2, 2), dtype=int32)
tf.Tensor(
[[2 4]
 [6 8]], shape=(2, 2), dtype=int32)

【程序解析】
- 03~04 行：生成 2 个 2 维张量 a 和 b，形状一样。
- 05 行：张量 a 和张量 b 进行向量相加运算，输出运算结果。
- 06~07 行：生成 1 维张量 c 和 2 维张量 d，形状不一样。
- 08 行：1 维张量 c 和 2 维张量 d 进行向量相加运算，先进行广播运算，将 c 广播成和 d 形状一样，然后进行向量运算，输出运算结果。
- 09 行：张量 a 和标量 10 进行相加运算，先将标量 10 广播成和张量 a 一样的形状，然后进行向量相加运算，输出运算结果。
- 10 行：张量 a 和张量 b 进行矩阵乘法运算，输出运算结果。

节点表示操作符，或者称为算子，线表示计算间的依赖。实线表示有数据传递依赖，传递的数据即张量。虚线通常可以表示控制依赖，即执行先后顺序。

2. TensorFlow 的计算模型——三种计算图

TensorFlow 有三种计算图的构建方式：静态计算图、动态计算图，以及 Autograph。

计算图（Computational Graph）是由一系列边和节点组成的数据流图。每个椭圆形的节点都是一种操作，其有 0 个或多个 Tensor 作为输入边，且每个节点都会产生 0 个或多个 Tensor 作为输出边。即椭圆形的节点是将多条输入边作为操作的数据，然后通过操作产生新的数据。可以将这种操作理解为模型，或一个函数，如加、减、乘、除等操作。

简单地说，可以将计算图理解为统一建模语言（UML）的活动图，活动图和计算图都是一种动态图形。TensorFlow 的椭圆形节点（操作）类似活动图的节点（动作），TensorFlow 每个椭圆形的节点都以 Tensor 作为输入，可以将用户创建的起始 Tensor 看作是活动图的起始边，而将 TensorFlow 最终产生的 Tensor 看作是活动图的终止边。圆形节点里面是常量数据，通过边可以进行数据流动，如图 6-19 所示。

常量 3.0 和常量 4.5 两个起始 Tensor 通过加法（add）操作后产生了一个新 Tensor（值 7.5）；接着新的 Tensor（值 7.5）和常量 3.0 经乘法（mult）操作后又产生了一个新 Tensor（值 22.5），因为 22.5 是 TensorFlow 最后产生的 Tensor，所以其为终止节点。

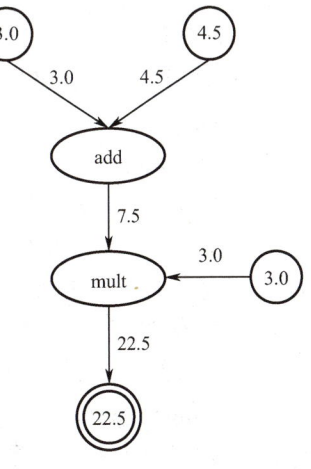

图 6-19　计算图实例

（1）静态计算图

在 TensorFlow 1.0 时代，采用的是静态计算图，需要先使用 TensorFlow 的各种操作创建计算图，然后再开启一个会话 Session，显式执行计算图。也就是说，使用静态计算图分两步，第一步定义计算图，第二步在会话中执行计算图。

TensorFlow 2.0 为了确保对老版本 TensorFlow 项目的兼容性，在 tf.compat.v1 子模块中保留了对 TensorFlow 1.0 那种静态计算图构建风格的支持，可称为怀旧版静态计算图，已经不推荐使用了。

代码 6-5（ch6_5_Session.ipynb）：

```
01 import tensorflow as tf
02 #定义计算图
03 g = tf.compat.v1.Graph()
04 with g.as_default():
05     node1 = node3 = tf.constant(3.0, tf.float32)
06     node2 = tf.constant(4.5)
07     tensor1 = node1+node2 #等价 tensor1 = tf.add(node1, node2)
08     tensor2 = tensor1*node3 #等价 tf.multiply(tensor1, node3)
09 print(node1)
10 print(node2)
11 print(node3)
12 #建立会话，执行计算图
13 with tf.compat.v1.Session(graph = g) as sess:
14     print(sess.run(node1))
15     print(sess.run(node2))
16     print(sess.run(node3))
17     print(sess.run(tensor1))
18     print(sess.run(tensor2))
```

【运行结果】

Tensor("Const:0", shape=(), dtype=float32)
Tensor("Const_1:0", shape=(), dtype=float32)
Tensor("Const:0", shape=(), dtype=float32)
3.0
4.5
3.0
7.5
22.5

【程序解析】

➢ 03 行：在 TensorFlow 2 环境中构建 TensorFlow 1.0 版本的静态计算图，需使用 tf.compat.v1.Graph()。

➢ 04～08 行：定义静态计算图。利用 constant()方法定义张量，分别是 node1、node3 和 node2。定义操作，分别是加和乘。张量 node1 和张量 node2 相加，得到张量 tensor1。张量 tensor1 和张量 node3 相乘，得到张量 tensor2。

➢ 09～11 行：打印输出张量 node1、node2 和 node3。发现常量张量没有具体值，因为真正计算是在会话中执行的。

➢ 13 行：在 TensorFlow 2.0 环境中建立 TensorFlow 1.0 版本会话，需使用 tf.compat.v1.Session(graph = g)。

➢ 14～18 行：调用会话的 run()方法执行计算图，运行 5 个 Tensor，并用 print()方法将运行的数据打印输出。

（2）动态计算图

在 TensorFlow 2.0 时代，采用的是动态计算图，即每使用一个操作后，该操作会被动态加入到隐含的默认计算图中立即执行得到结果，而无须开启 Session。

动态计算图已经不区分计算图的定义和执行了，而是定义后立即执行，因此称为 Eager Excution，也就是即刻执行。使用动态计算图即 Eager Excution 的好处是方便调试程序，它会让 TensorFlow 代码的表现和 Python 原生代码的表现一样。动态计算图的缺点是运行效率相对会低一些，因为使用动态计算图会有许多次 Python 进程和 TensorFlow 的 C++进程之间的通信。而静态计算图构建完成之后几乎全部在 TensorFlow 内核上使用 C++代码执行，效率更高。此外静态计算图会对计算步骤进行一定的优化，减去和结果无关的计算步骤。

代码 6-6（ch6_6_ TensorEagerOp.ipynb）：

```
01 import tensorflow as tf
02 node1 = node3 = tf.constant(3.0, tf.float32)
03 node2 = tf.constant(4.5)
04 tf.print(node1)
05 tf.print(node2)
06 tf.print(node3)
07 tensor1 = node1+node2
08 tf.print(tensor1)
09 tensor2 = tensor1*node3
10 tf.print(tensor2)
```

【运行结果】

```
3
4.5
3
7.5
22.5
```

【程序解析】

- 02～03 行：用 constant()方法定义张量，分别是 node1、node3 和 node2。
- 04～06 行：由 tf.print 直接输出张量 node1、node3 和 node2 的具体值。TensorFlow 2 的 eager 模式可以立即评估操作产生的结果，无须建立会话。
- 07 行：node1 和 node2 相加并赋值给张量 tensor1。
- 08 行：输出张量 tensor1 的具体值。
- 09 行：tensor1 和 node3 相乘并赋值给张量 tensor2。
- 10 行：输出张量 tensor2 的具体值。

（3）Autograph

使用@tf.function 装饰器将普通 Python 函数转换成和 TensorFlow 1.0 对应的静态计算图构建静态图方式叫作 Autograph。

动态计算图运行效率相对较低。在 TensorFlow 2.0 中，如果采用 Autograph 的方式使用静态计算图，则第一步定义计算图变成了定义函数，第二步执行计算图变成了调用函数，不需要使用会话了，因此会像原始的 Python 语法一样自然。实践中，我们一般会先用动态计算图调试代码，然后在需要提高性能的代码区域利用@tf.function 切换成 Autograph 获得更高的效率。当然，@tf.function 的使用需要遵循一定的规范。

代码 6-7（ch6_7_ TensorAutographOp.ipynb）：

```
01 import tensorflow as tf
02 #使用 autograph 构建静态图
03 node1 = node3 = tf.constant(3.0, tf.float32)
04 node2 = tf.constant(4.5)
05 tf.print(node1)
06 tf.print(node2)
07 tf.print(node3)
08 @tf.function
09 def myAdd(x,y):
10     r=x+y
11     return r
12 tensor1 = myAdd(node1,node2)
13 tf.print(tensor1)
14 @tf.function
15 def myMultiply(x,y):
16     r=x*y
17     return r
18 tensor2 = myMultiply(tensor1,node3)
19 tf.print(tensor2)
```

【运行结果】

```
3
4.5
3
7.5
22.5
```

【程序解析】

➢ 08 行：使用@tf.function 装饰器将普通 Python 函数 myAdd 转换成对应的 TensorFlow 计算图构建代码。

➢ 09～11 行：定义函数 myAdd。也可以先定义函数，然后使用 tf.function(函数名)将 Python 函数转换为计算图。tf.function 使用称为 AutoGraph (tf.autograph)的库将 Python 代码转换为计算图生成代码。

➢ 12 行：调用函数 myAdd 就相当于在 TensorFlow 1.0 中用 Session 执行代码。

➢ 13 行：利用 tf.print 输出张量 tensor1 的具体值。

➢ 14 行：使用@tf.function 装饰器将普通 Python 函数 myMultiply 转换成对应的 TensorFlow 计算图构建代码。

➢ 15～17 行：定义函数 myMultiply。

➢ 18 行：调用函数 myMultiply 就相当于在 TensorFlow 1.0 中用 Session 执行代码。

➢ 19 行：利用 tf.print 输出张量 tensor2 的具体值。

6.2.6 TensorFlow 实现线性回归

本节通过一个实例来看看 TensorFlow 如何实现线性回归，示例代码如代码 6-8 所示。

代码 6-8（ch6_8_LinearRegression. ipynb）：

```
01 import tensorflow as tf
02 import pandas as pd
```

```
03 #构建训练数据
04 data = pd.DataFrame({'x': [21.5188,29.6623,38.5208,46.2798,53.4075,\
                              59.6218,64.3324,73.7624,79.5243,86.9106],
                        'y': [1.0235,1.3757,1.6384,2.1127,2.3912,2.8319,\
                              3.1755,3.5224,8.2856,3.8784]
})
05 x=data['x']
06 y=data['y']
07 #定义模型
08 model = tf.keras.models.Sequential()
09 model.add(tf.keras.layers.Dense(1,input_shape= (1,)))
10 model.summary()
11 #编译模型
12 model.compile(optimizer=tf.keras.optimizers.Adam(0.001),
                loss=tf.keras.losses.MeanSquaredError())
13 #训练模型
14 history = model.fit(x,y,epochs = 1000)
15 #输出线性模型参数
16 tf.print("w = ",model.layers[0].kernel)
17 tf.print("b = ",model.layers[0].bias)
18 #预测结果
19 model.predict(x)
```

【运行结果】

```
w =  [[0.0619158521]]
b =  [-0.313070983]
[[1.0192839]
 [1.5234956]
 [2.0719771]
 [2.5523822]
 [2.9937   ]
 [3.3784635]
 [3.6701243]
 [4.253991 ]
 [4.610744 ]
 [5.068073 ]]
```

【程序解析】

- 04 行：构建 DataFrame 对象 data，封装训练数据。训练数据往往从文件读取，并封装到 DataFrame 对象中。
- 05~06 行：从 data 中获取训练数据给 x，标签数据给 y。
- 08~10 行：定义线性回归网络模型结构。在 Keras 中，可以通过组合层来构建模型。模型通常由层构成图，最常见的模型类型是层的堆叠，即 tf.keras.Sequential 模型。使用 Sequential 按层顺序构建模型，Sequential 容器可以通过 add() 方法继续追加新的网络层，实现动态创建网络的功能。
- 09 行：第一个 1 表示输出的维度为 1，即输出结果为一个值，表明这是回归问题，不是分类问题。shape 里面的 1 表示输入的数据维度是 1，因为这里输入的 x 是一个变量。如果结果 y 由 2 个变量决定，则 shape 里面的 1 要改为 2。

247

> 10 行：输出模型结构和各层的参数状况，其中 dense 层中 output shape 的第一个维度 None 表示自动计算样本的个数。
> 12 行：编译模型，用于配置该模型的学习流程，包括模型选择哪个优化器、哪个损失函数等。这里使用梯度下降优化方法，使用 0.001 作为优化器的学习率值，使用均方误差方法作为损失函数。
> 14 行：训练模型，传入训练数据 x 和标签 y，数据集被训练 1000 次。采用线性回归模型，让机器去学习 w 和 b 的值。
> 16~17 行：输出线性模型参数 w 和 b。
> 19 行：预测训练数据的结果，可以把其与真实值 y 进行比较。

代码 6-8 续（ch6_8_LinearRegression.ipynb）：

```
20 from matplotlib import pyplot as plt
21 w,b = model.variables
22 plt.figure(figsize = (12,5))
23 plt.scatter(x,y, c = "b",label = "samples")
24 plt.plot(x, w[0]*x +b[0],"-r",linewidth = 1.0,label = "model")
25 plt.legend()
26 plt.xlabel("x1")
27 plt.ylabel("y",rotation = 0);
```

【运行结果】

运行结果如图 6-20 所示。

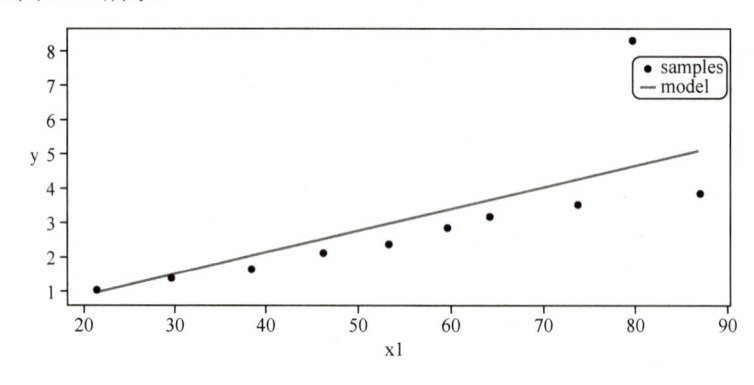

图 6-20　线性回归效果

【程序解析】

> 20 行：导入图形库 Matplotlib，使用便捷的 MATLAB 风格接口绘图，接口名为 pyplot，别名为 plt。plt.xx 形式的是函数式绘图，xx 是绘图函数，通过将数据参数传入 plt 类的静态方法 xx 中，从而绘图。
> 21 行：获取模型参数 w 和 b。
> 22 行：设置画布大小。
> 23 行：使用 x 和 y 数据绘制散点图。
> 24 行：线性回归的核心思路就是将一堆数据使用线性的解析式来表达，也就是一次函数，数学模型是 $y=wx+b$，回归的目的是预测一个具体值。因为 x 只有一个变量，所以 y= w[0]* x +b[0]。因为 y 和 x 是线性关系，所以利用 plt.plot 方法可绘制出一条直线。
> 25 行：设置图例。
> 26 行：设置 x 轴标签为 x1。

> 27 行：设置 y 轴标签为 y。

从图 6-20 可以看出，除了最上方的蓝点（噪声点），直线离其余 9 个数据点都很近，这说明经过了多次训练后，能够得到比较准确的线性模型的权重系数和偏移量，线性模型能较好地反映数据之间存在的线性关系。同时可以看出，由于存在向上的噪声点数据，直线斜率被噪声数据拉高，也就是斜率偏高，模型的质量和数据质量紧密相关。TensorFlow 在实现线性回归的应用上能取得比较好的效果。

6.2.7 TensorFlow 实现全连接神经网络

下面通过一个简单的实例来看看 TensorFlow 如何实现全连接神经网络，这个例子是对逻辑与运算的真值表数据进行训练，得到相应的模型参数，用模型参数对输入值进行输出结果预测，如代码 6-9 所示。

代码 6-9（ch6_9_AndOperation.ipynb）:

```
01 import tensorflow as tf
02 x = [[0,0],[0,1],[1,0],[1,1]]
03 y = [[0],[0],[0],[1]]
04 model = tf.keras.Sequential([
        tf.keras.layers.Dense(32, activation='relu'),
        tf.keras.layers.Dense(16, activation='relu'),
        tf.keras.layers.Dense(2, activation='softmax')
])
05 model.compile(optimizer=tf.keras.optimizers.Adam(0.001),
                loss=tf.keras.losses.SparseCategoricalCrossentropy(),
                metrics=[tf.keras.metrics.SparseTopKCategoricalAccuracy()])
06 history=model.fit(x, y, epochs=1000)
07 predictions = model.predict(x)
08 predictions
09 np.argmax(predictions,axis=1)
```

【运行结果】

```
...
Epoch 998/1000
1/1 [==============================] - 0s 12ms/step - loss: 2.8888e-04 - sparse_top_k_categorical_accuracy: 1.0000
Epoch 999/1000
1/1 [==============================] - 0s 9ms/step - loss: 2.8679e-04 - sparse_top_k_categorical_accuracy: 1.0000
Epoch 1000/1000
1/1 [==============================] - 0s 7ms/step - loss: 2.8501e-04 - sparse_top_k_categorical_accuracy: 1.0000
array([[9.9991047e-01, 8.9564994e-05],
       [9.9985003e-01, 1.5000152e-04],
       [9.9988306e-01, 1.1693049e-04],
       [7.7624421e-04, 9.9922371e-01]], dtype=float32)
array([0, 0, 0, 1], dtype=int64)
```

【程序解析】

> 02～03 行：得到了用来训练模型的训练数据，x[x1, x2]表示 4 种输入，有 2 个特征变量

x1 和 x2，y 表示输出，有 0 和 1 两种结果。与运算只有当两个输入值都为 1 时的输出值才为 1，其余任何输入时的输出值都为 0。与运算的真值表如表 6-3 所示。

表 6-3 与运算的真值表

x1	x2	y
0	0	0
0	1	0
1	0	0
1	1	1

> 04 行：定义网络模型。1 个输入层、2 个隐藏层、1 个输出层。第 1 个隐藏层的神经元个数是 32，流经第一个隐藏层后，也就是能得到 32 个特征；第 2 个隐藏层的神经元个数是 32，流经第 2 个隐藏层后，也就是能得到 16 个特征。经过每个隐藏层的激活函数是 relu。之后是输出层，输出层的神经元个数是 2，激活函数是 softmax，说明该问题是个二分类问题。对于多分类问题，我们可以使用 softmax 函数，神经网络的原始输出不是一个概率值，softmax 的作用就是将它的输出变为概率分布。softmax 要求每个样本必须属于某个类别，且所有可能的样本均被覆盖。softmax 样本分量之和为 1，当只有两个类别时，与对数概率回归完全相同。

> 05 行：配置网络。优化器使用 Adam 优化，将学习率设置为 0.001，损失函数使用 SparseCategoricalCrossentropy，评估使用 SparseTopKCategoricalAccuracy。在 tf.keras 里面，对于多分类问题我们使用 categorical_crossentropy 和 sparse_categorical_crossentropy 来计算 sofamax 交叉熵。在 softmax 的分类网络中，当分类用数字表示标签的时候，用 sparse_categorical_crossentropy 交叉熵；当分类用 one-hot 热独编码表示标签时，才采用 categorical_crossentropy。sparse_categorical_accuracy 检查真实值 y_true 中的值（本身就是 index，且为整数）与预测值 y_pred 中的最大值对应的 index 是否相等，用于计算多分类问题的准确率。SparseTopKCategoricalAccuracy 能在 fit 时展示准确率。

> 06 行：训练网络，整个数据集要训练 1000 次。

> 07~08 行：预测结果，得到每条数据的每种类别的概率。

> 09 行：按行取概率达到最大值时的索引，即得到预测对应结果。

从程序的运行结果可以看出，对于与运算，使用三层全连接神经网络，TensorFlow 能取得 100% 的准确效果。

6.3 深度学习在 MNIST 图像识别中的应用

6.3.1 MNIST 数据集及其识别方法

1. MNIST 介绍

MNIST 手写数据识别数据集，是不同人手写 0 到 9 数字的图片集。每张图片的像素都为 28×28，每个像素点用一个灰度值表示。训练集中包含 60000 个样本，测试集中包含 10000 个样本。代码 6-10 用于读取数据、观察数据。

代码 6-10（ch6_10_obNumber_MNIST.ipynb）：

```
01 import tensorflow as tf
02 import matplotlib.pyplot as plt
03 import numpy as np
04 from PIL import Image
05 mnist = tf.keras.datasets.mnist
06 (x_train, y_train), (x_valid, y_valid) = mnist.load_data()
07 print(x_train[0].shape)
08 print(y_train[0])
09 print(x_train.shape)
10 print(x_valid.shape)
11 print(np.unique(y_train))
12 print(np.unique(y_valid))
13 plt.imshow(x_train[0].reshape((28, 28)), cmap="gray");
```

【运行结果】

```
(28, 28)
5
(60000, 28, 28)
(10000, 28, 28)
[0 1 2 3 4 5 6 7 8 9]
[0 1 2 3 4 5 6 7 8 9]
```

第一个数字图像如图 6-21 所示。

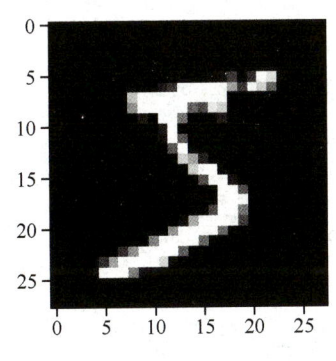

图 6-21　第一个数字图像

【程序解析】

- 02 行：导入 Matplotlib 绘图接口 pyplot 并命名别名 plt，plt 模块包含一系列绘图函数。
- 03 行：导入科学计算 NumPy 库。
- 04 行：导入图像库的图像类。
- 05 行：导入 MNIST 数据集。在读取 MNIST 数据集文件时如果指定目录下不存在，则会自动去下载，需等待一段时间；如果已经存在了，则直接读取，并放置于用户目录的.keras/dataset 目录下，Windows 用户目录为 C:\Users\用户名。
- 06 行：分别分设置训练集和测试集的输入和标签。
- 07～13 行：了解 MNIST 手写数字识别数据集。
- 07 行：输出训练集第 0 个样本的形状，形状为(28, 28)，也就是说图像的大小是 28×28。
- 08 行：输出训练集第 0 个样本的标签，标签值为数值 5。

- 09 行：输出训练集的形状，形状为(60000, 28, 28)，说明数据集数据样本量是 60000，每个样本用 28 行 28 列的二维数组存储。
- 10 行：输出验证集的形状，形状为(10000, 28, 28)，说明验证集数据样本量是 10000，每个样本用 28 行 28 列的二维数组存储。
- 11 行：输出训练集标签的类别，是 0～9，总共 10 个。利用 np.unique 去除重复的元素，并按元素由小到大返回一个新的无元素重复的列表。
- 12 行：输出验证集标签的类别，是 0～9，总共 10 个。
- 13 行：将训练集的第 0 个数据样本，转换成图像输出，样本数据使用二维数组存放。cmap="gray"表示图像是灰度图，灰度图的图像只需要用二维数组存放数据，因为灰度图的图像的第三个维度长度为 1，可以省略。利用 plt.imshow 将数组的值以图片的形式展示出来。第一个参数是图像数据参数，支持二维数组（M, N）格式数据、三维数组（M, N, 3）格式数据和三维数组（M, N, 4）格式数据。M 行 N 列表示图像大小，即图片的高和宽，3 表示每个像素点的取值具有 RGB 三个通道的值，4 表示每个像素点的取值具有 RGBA 四个通道的值。第二个参数是这个图像的模式参数，包括 norm、cmap、、vmin、vmax。cmap 是图谱 colormap 的简称，用于指定渐变色，默认的值为 viridis，在 Matplotlib 中，内置了一系列的渐变色。

2. 可视化数字图像

从训练集提取图像数据并使用 Matplotlib 可视化，提取的数据分别是 0～9 数字类别的第 0 个位置的图像数据。

代码 6-11（ch6_11_Number_MNIST.ipynb）：

```
01 import tensorflow as tf
02 import matplotlib.pyplot as plt
03 from PIL import Image
04 mnist = tf.keras.datasets.mnist
05 (x_train, y_train), (x_valid, y_valid) = mnist.load_data()
06 fig, ax = plt.subplots(
        nrows=2,
        ncols=5,
        sharex=True,
        sharey=True, )
07 for i in range(2):
08     for j in range(5):
09         img = x_train[y_train == i*5+j][0]
10         ax[i,j].imshow(img, cmap='Greys',interpolation='nearest')
11 ax[0][0].set_xticks([])
12 ax[0][0].set_yticks([])
13 plt.tight_layout()
14 plt.show()
```

【运行结果】

运行结果如图 6-22 所示。

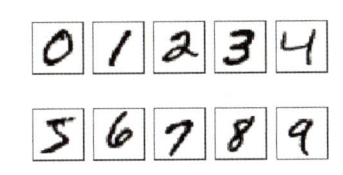

图 6-22　10 个数字手写体图像

【程序解析】

➢ 06 行：Matplotlib 的图形是画在 figure（画布）上的，figure 类似 Windows、Jupyter 窗体，每一个 figure 又包含了一个或多个 axes（坐标系/绘图区/子图），但是一个 axes 只能属于一个 figure。画布为 matplotlib.figure.Figure 的一个实例，每个子图为 matplotlib.axes.Axes 的一个实例。plt.subplots 绘制均匀状态下的子图，在一个画布（窗体）上绘制多个子图，为绘图画布（窗体）figure 指定不同的绘图 axes 区域，并且子图呈网格状排列，返回一个 figure 和 $m×n$ 的 axes 数组。sharex 和 sharey 分别表示是否共享横轴和纵轴刻度。

➢ 07～10 行：10 个数字图像分别绘制到 2 行 5 列绘图子区，所以做二重循环。训练集是数字图像，标签值是数字图像对应的数字，如何通过标签值 0～9 获取对应的第一个数字图像？计算步骤如下：

① 获取当前要显示的数字图像对应的数值数字：i*5+j，计算当前要绘制的数字图像对应的数字。

② 获取数值数字对应的数字图像位置：y_train == i*5+j，判断标签是否为当前的数字，结果为一维布尔数组，是则该数字为 True，不是则为 Fasle，后续通过该布尔数组作为索引来取数字图像。

③ 获取数值数字对应的数字图像数据：x_train[y_train == i*5+j]，将 y_train == i*5+j 布尔数组作为布尔索引，取得该数字 i*5+j 对应的数字图像数据。布尔数组作为索引，只返回布尔值为 True 的位置对应的数字图像数据，由于训练数据的每个数字对应的数字图像有多个，所以这里计算结果也有多个。x_train[y_train == i*5+j][0]，表示取得该数字 i*5+j 对应的数字图像数据第 0 位置数据，也就是取得数字 i*5+j 对应的第一个数字图像数据。

④ 显示数值数字对应的第一个数字图像：将数字 i*5+j 对应的图像显示在 i 行 j 列位置，imshow 函数用于将图像数据绘制成图像，interpolation='nearest'表示相邻图像之间靠近排列。

➢ 11～12 行：set_xticks 函数和 set_yticks 函数，分别用于设置 x 轴和 y 轴刻度。传入参数[]，用于取消轴刻度。

➢ 13 行：利用 tight_layout 函数自动调整子图参数，使之填充整个图像区域。这样，坐标轴标签、刻度标签、标题就不会重叠。

➢ 14 行：显示图像，可以省略。

3．可视化数字 7 图像

代码 6-12 是从训练集中所有标记为数字 7 的图像集合中抽取前 25 个数据样本并转化为图像进行显示，可以观察到同一个 7 的不同写法。

代码 6-12（ch6_12_NumberSeven_MNIST.ipynb）：

```
01 import tensorflow as tf
02 import matplotlib.pyplot as plt
03 from PIL import Image
04 mnist = tf.keras.datasets.mnist
05 (x_train, y_train), (x_valid, y_valid) = mnist.load_data()
```

```
06 fig, ax = plt.subplots(
       nrows=5,
       ncols=5,
       sharex=True,
       sharey=True,   )
07 ax = ax.flatten()
08 for i in range(25):
09     img = x_train[y_train == 7][i].reshape(28,28)
10     ax[i].imshow(img, cmap='Greys',interpolation='nearest')
11 ax[0].set_xticks([])
12 ax[0].set_yticks([])
13 plt.tight_layout()
14 plt.show()
```

【运行结果】

运行结果如图 6-23 所示。

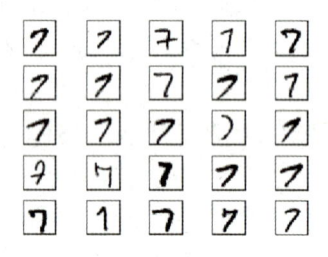

图 6-23　数字 7 的手写体图像

【程序解析】

- 07 行：flatten 函数用于将多维数组拉平成一维数组，ax 由二维变成一维。
- 08~10 行：做一重循环，绘制 25 个数字 7 对应的图像。将 y_train ==7 布尔数组作为布尔索引，取得数字 7 对应的数字图像数据，取前 25 个。reshape(28,28)，表示将数组的形状变换成 28 行 28 列，由于每个图像本来就是用 28 行 28 列存储的，所以这里可以省略。5 行 5 列共 25 个绘图区，每个绘图区绘制一个 7 的图像。

4. 可视化类别的样本量

可以看到各个类别的样本数量比较平均。

代码 6-13（ch6_13_Numbers_Kind_MNIST.ipynb）：

```
01 import tensorflow as tf
02 import matplotlib.pyplot as plt
03 import seaborn as sns
04 plt.rcParams['font.sans-serif']=['SimHei']
05 mnist = tf.keras.datasets.mnist
06 (x_train, y_train), (x_valid, y_valid) = mnist.load_data()
07 plt.figure(figsize=(5, 3))
08 sns.countplot(x=y_train)
09 plt.title("数字类别数量")
10 plt.show()
```

【运行结果】

运行结果如图 6-24 所示。统计显示结果表明，0~9 数字样本量分布相差不大，最少的样本数量也是 5000。

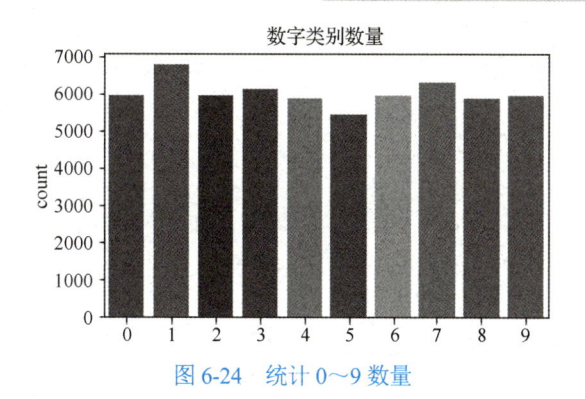

图 6-24 统计 0~9 数量

【程序解析】
- 03 行：导入 seaborn 库。seaborn 是一个基于 Matplotlib 且数据结构与 Pandas 统一的统计图制作库，seaborn 框架旨在以数据可视化为中心来挖掘与理解数据，是针对统计绘图的。
- 04 行：配置字体为黑体，使图形中的中文正常编码显示。
- 07 行：创建画布对象 figure，通过 figsize 参数设置画布大小。
- 08 行：countplot 函数用于绘制计数图，这里按数字类别统计训练样本数据个数。由于训练数据是图像数据，所以传入 y_train 标签数据。
- 09 行：绘制图像标题。

5. 手写体识别的步骤

- 将要识别的图片转为灰度图，并且转化为 28×28 矩阵（单通道，每个像素范围 0~1，1 为黑色，0 为白色）。
- 将 28×28 的矩阵转换成 1 维矩阵（也就是把第 2、3、4、5……行矩阵依次接入到第一行的后面，将 28×28 的矩阵变为 1 行 784 列的形式）。
- 用一个 1×10 的向量代表标签，也就是这个数字到底是几。例如，数字 0 对应的矩阵就是 [1,0,0,0,0,0,0,0,0,0]，数字 1 对应的矩阵就是 [0,1,0,0,0,0,0,0,0,0]。
- 用特定方法确定图片是哪个数字的概率。
- 用特定方法训练参数。

6.3.2 全连接神经网络识别 MNIST 图像

使用全连接神经网络实现 MNIST 图像识别，示例代码如代码 6-14 所示。

代码 6-14（ch6_14_Simple_Neural_Network.ipynb）：

```
01 import tensorflow as tf
02 import matplotlib.pyplot as plt
03 import numpy as np
04 from PIL import Image
05 mnist = tf.keras.datasets.mnist
06 (x_train, y_train), (x_valid, y_valid) = mnist.load_data()
07 model = tf.keras.Sequential([
08     tf.keras.layers.Flatten(input_shape=(28, 28)),
09     tf.keras.layers.Dense(32, activation='relu'),
10     tf.keras.layers.Dense(32, activation='relu'),
11     tf.keras.layers.Dense(10, activation='softmax')
12 ])
13 model.summary()
```

【运行结果】

Model: "sequential"

Layer (type)	Output Shape	Param #
flatten (Flatten)	(None, 784)	0
dense (Dense)	(None, 32)	25120
dense_1 (Dense)	(None, 32)	1056
dense_2 (Dense)	(None, 10)	330

Total params: 26,506
Trainable params: 26,506
Non-trainable params: 0

【程序解析】

- 07 行：模型定义，建立顺序模型。Keras 有两种类型的模型，即顺序模型（Sequential）和函数式模型（Model），顺序模型是函数式模型的一种特殊情况。
- 08 行：如果某层的输入的秩大于 2，也就是特征不是一维的，那么特征首先被展平然后再计算与 Kernel 的点乘，现在模型就会以 shape 为 (*, 28*28) 的数组作为输入，第一个*表示数据个数。这里把图像的特征展平成 28×28 列，然后作为输入。
- 09 行：Dense 层就是所谓的全连接神经网络层，简称全连接层。全连接层中的每个神经元与其前一层的所有神经元进行全连接。Dense 层实现以下操作：
    ① output = activation(dot(input, kernel) + bias)，其中 activation 是按逐个元素计算的激活函数，这里使用的是 relu。
    ② kernel：是由网络层创建的权值矩阵。
    ③ bias：是其创建的偏置向量。

现在模型就会以 shape 为 (*, 28*28) 的数组作为输入，其输出数组的 shape 为 (*, 32)，经过这个隐藏层，把图像的特征数量 28×28 线性变换成 32 个。

- 10 行：构建第二个隐藏层，线性变换后输出结果的特征数是 32。
- 11 行：构建第三个隐藏层，把 10 个输出变成概率分布输出，逻辑回归 Softmax 分类的作用就是将它的输出变为概率分布。

【运行结果分析】

Flatten 层：shape 值(None, 784)表示该层输出数据的特征数为 784，也就是输入数据的列个数是 784；Param 个数是 0。

Dense 层：shape 值(None, 32)表示该层输出数据的特征数为 32，该层的神经元个数决定了输出的特征数。对于全连接层而言，它的参数分别是权重 w 和偏置 b，所以对于本例子中具有 784 个输入神经元和 32 个输出神经元的全连接层的 Param 值是 25120(=784×32+32)。假设输入神经元数为 M，输出神经元数为 N，则参数数量为：$M×N+N$（bias 的数量与输出神经元数的数量是一样的）。当 bias 为 False 时，则参数数量为：$M×N$。

dense_1 层：shape 值(None, 32)表示该层输出数据的特征数为 32，Param 值为 1056(=32×32+32)。

dense_2 层：shape 值(None, 10)表示该层输出数据的特征数为 10，Param 值为 330(=32×10+10)。

代码 6-14 续 1（ch6_14_Simple_Neural_Network.ipynb）：

```
14 model.compile(optimizer=tf.keras.optimizers.Adam(0.001),
15         loss=tf.keras.losses.SparseCategoricalCrossentropy(),
16         metrics=[tf.keras.metrics.SparseTopKCategoricalAccuracy()])
17 history=model.fit(x_train, y_train, epochs=20, batch_size=64,
         validation_data=(x_valid, y_valid))
```

【运行结果】

```
…
Epoch 19/20
938/938 [==============================] - 3s 3ms/step - loss: 0.1840 - sparse_top_k_categorical_accuracy: 0.9968 - val_loss: 0.2600 - val_sparse_top_k_categorical_accuracy: 0.9946
Epoch 20/20
938/938 [==============================] - 3s 3ms/step - loss: 0.1801 - sparse_top_k_categorical_accuracy: 0.9968 - val_loss: 0.2404 - val_sparse_top_k_categorical_accuracy: 0.9954
```

【程序解析】

➢ 14 行：配置训练模型。优化器使用 Adam，学习率为 0.001。
➢ 15 行：交叉熵损失函数使用 SparseCategoricalCrossentropy。
➢ 16 行：SparseTopKCategoricalAccuracy 函数用于计算多分类问题的准确率。
➢ 17 行：使用 fit 方法训练模型。x_train 是训练集，y_train 是训练集标签，epochs=20 表示整个训练集被训练 20 次，每次 epoch 之后，需要对总样本 shuffle，再进入下一轮训练。batch_size=64 表示一次喂进网络的样本数，一个 epoch 要喂进网络的次数是 x_train/batch_size 向上取整。validation_data 表示要传入的验证数据。

运行结果表明：训练集损失 loss: 0.1801，准确率 accuracy: 0.9968，验证集损失 val_loss: 0.2404，准确率 accuracy: 0.9954，两者越接近表示泛化能力越好，模型越稳定。

代码 6-14 续 2（ch6_14_Simple_Neural_Network.ipynb）：

```
18 predictions = model.predict(x_valid[:30])
19 print(np.argmax(predictions,1))
20 print(y_valid[0:30])
21 print(history.history.keys())
22 plt.plot(history.epoch, history.history.get('sparse_top_k_categorical_accuracy'), label='acc')
23 plt.plot(history.epoch, history.history.get('val_sparse_top_k_categorical_accuracy'), label='val_acc')
24 plt.legend()
```

【运行结果】

```
1/1 [==============================] - 0s 120ms/step
[7 2 1 0 4 1 4 9 5 9 0 6 9 0 1 5 9 7 0 4 9 6 6 5 4 0 7 4 0 1]
[7 2 1 0 4 1 4 9 5 9 0 6 9 0 1 5 9 7 3 4 9 6 6 5 4 0 7 4 0 1]
dict_keys(['loss', 'sparse_top_k_categorical_accuracy', 'val_loss', 'val_sparse_top_k_categorical_accuracy'])
```

全连接网络预测值和真实值准确率对比如图 6-25 所示。

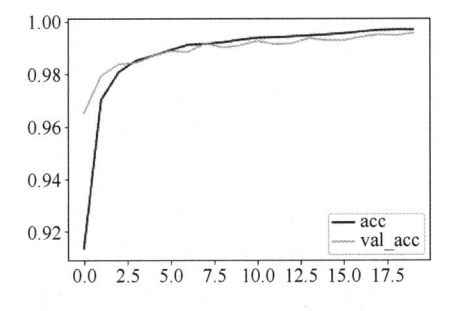

图 6-25　全连接网络预测值和真实值准确率对比

【程序解析】

> 18 行：利用训练好的模型预测验证集前 30 条数据，由于是 10 分类，每条数据得到 10 个概率。
> 19 行：输出每条数据最大概率的下标，也就是正好对应的数字。
> 20 行：输出验证集前 30 个数据的标签。对比预测值和真实值，发现预测值有一个错误。
> 21 行：输出模型结果的参数名，以便画图。
> 22 行：绘制训练集准确率图形。
> 23 行：绘制验证集准确率图形。
> 24 行：绘制图例。

代码 6-14 续 3（ch6_14_Simple_Neural_Network.ipynb）：

```python
25 predictions = model.predict(x_valid)
26 i_index=[]
27 for i in range(10):
28     j=np.where(y_valid == i)[0][0]
29     i_index.append(j)
30 fig, ax = plt.subplots(
       nrows=2,
       ncols=5,
       sharex=True,
       sharey=True,  )
31 ax = ax.flatten()
32 for i in range(10):
33     img = x_valid[i_index[i]].reshape(28,28)
34     ax[i].imshow(img, cmap='Greys',interpolation='nearest')
35     ax[i].set_xlabel(np.argmax(predictions[i_index[i]]))
36 ax[0].set_xticks([])
37 ax[0].set_yticks([])
38 plt.tight_layout()
39 plt.show()
```

【运行结果】

预测值和真实值对比如图 6-26 所示。

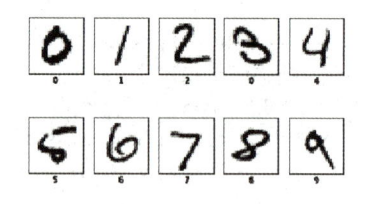

图 6-26　预测值和真实值对比

【程序解析】

> 25 行：利用模型预测验证数据，得到概率分布 predictions。
> 26 行：定义空列表。
> 27～29 行：取得验证集 0～9 数字中，每个数字在验证集中对应的第一个下标。27 行：循环计数器是 0～9；28 行：np.where(y_valid == i)表示取得 i 在验证集中的位置，np.where(y_valid == i)[0]表示取得 i 在验证集中 0 轴的位置，np.where(y_valid == i)[0][0]表

示取得 i 在验证集中 0 轴索引为 0 的位置,即等于 i 的第一个数字的 0 轴索引,由于验证集标签是一维的,所以该值是数字 i 中第一个在验证集中对应的下标;29 行:将该下标,就是数字 i 在验证集标签中的第一个下标,添加到列表中。

- 30 行:得到一个画布 figure 和 2 行 5 列的绘图子区,所有子图共享 x 轴和 y 轴。
- 31 行:展平数组 ax,以方便后续显示验证集图像。
- 32~35 行:绘制验证集中第一个 0~9 真实图像,和对应预测值。33 行:i_index[i]为第一个数字 i 在验证集中对应的下标,x_valid[i_index[i]]为数字 i 图像数据;34 行:在第 i 个绘图子区绘制图像 i,靠近显示图像 i;35 行:绘制 x 轴标签,标签值为 i 图像对应的预测值,predictions[i_index[i]]为数字 i 对应的预测值概率,np.argmax 取得概率最大值下标,该下标也就是对应的数字。
- 36~37 行:取消 x 轴和 y 轴刻度。
- 38 行:使坐标轴标签、刻度标签、标题避免不重叠。
- 39 行:显示图形。

6.3.3 卷积神经网络识别 MNIST 图像

本节使用二层卷积神经网络(CNN)、一个全连接层和一个逻辑回归输出层来对 MNIST 手写体数字进行识别,如代码 6-15 所示。

代码 6-15(ch6_15_CNN_MNIST.ipynb):

```
01 import tensorflow as tf
02 import matplotlib.pyplot as plt
03 import numpy as np
04 from tensorflow.keras import *
05 mnist = tf.keras.datasets.mnist
06 (x_train, y_train), (x_valid, y_valid) = mnist.load_data()
07 model = models.Sequential()
08 model.add(layers.Conv2D(32, (3, 3),
                          activation='relu',
                          padding='same',
                          input_shape=(28, 28, 1))
          )
09 model.add(layers.MaxPooling2D((2, 2),padding='same'))
10 model.add(layers.Dropout(0.2))
11 model.add(layers.Conv2D(64, (3, 3),activation='relu', padding='same'))
12 model.add(layers.MaxPooling2D((2, 2),padding='same'))
13 model.add(layers.Dropout(0.2))
14 model.add(layers.Flatten())
15 model.add(layers.Dense(64, activation='relu'))
16 model.add(layers.Dense(10, activation='softmax'))
17 model.summary()
18 model.compile(optimizer=tf.keras.optimizers.Adam(0.001),
               loss=tf.keras.losses.SparseCategoricalCrossentropy(),
               metrics=[tf.keras.metrics.SparseTopKCategoricalAccuracy()])
19 history=model.fit(x_train, y_train, epochs=10, batch_size=64,
                    validation_data=(x_valid, y_valid))
```

```
20 predictions = model.predict(x_valid[:30])
21 print(np.argmax(predictions,1))
22 print(y_valid[0:30])
23 plt.plot(history.epoch,
          history.history.get('sparse_top_k_categorical_accuracy'),
          label='acc')
24 plt.plot(history.epoch,
          history.history.get('val_sparse_top_k_categorical_accuracy'),
          label='val_acc')
25 plt.legend()
```

【运行结果】

Model: "sequential"

Layer (type)	Output Shape	Param #
conv2d (Conv2D)	(None, 28, 28, 32)	320
max_pooling2d (MaxPooling2D)	(None, 14, 14, 32)	0
dropout (Dropout)	(None, 14, 14, 32)	0
conv2d_1 (Conv2D)	(None, 14, 14, 64)	18496
max_pooling2d_1 (MaxPooling2D)	(None, 7, 7, 64)	0
dropout_1 (Dropout)	(None, 7, 7, 64)	0
flatten (Flatten)	(None, 3136)	0
dense (Dense)	(None, 64)	200768
dense_1 (Dense)	(None, 10)	650

Total params: 220,234
Trainable params: 220,234
Non-trainable params: 0

...
Epoch 9/10
938/938 [==============================] - 87s 93ms/step - loss: 0.0377 - sparse_top_k_categorical_accuracy: 0.9999 - val_loss: 0.0404 - val_sparse_top_k_categorical_accuracy: 1.0000
Epoch 10/10
938/938 [==============================] - 92s 98ms/step - loss: 0.0371 - sparse_top_k_categorical_accuracy: 1.0000 - val_loss: 0.0315 - val_sparse_top_k_categorical_accuracy: 1.0000
1/1 [==============================] - 0s 144ms/step
[7 2 1 0 4 1 4 9 5 9 0 6 9 0 1 5 9 7 3 4 9 6 6 5 4 0 7 4 0 1]
[7 2 1 0 4 1 4 9 5 9 0 6 9 0 1 5 9 7 3 4 9 6 6 5 4 0 7 4 0 1]

卷积网络预测值和真实值准确率对比如图 6-27 所示。

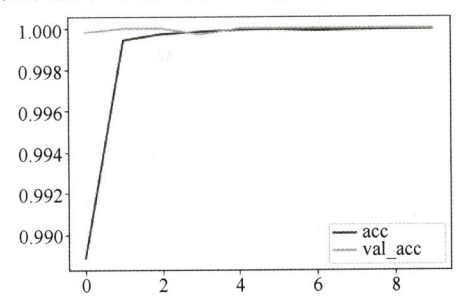

图 6-27　卷积网络预测值和真实值准确率对比

【程序解析】
- 07 行：定义顺序模型。
- 08 行：添加第 1 层卷积，卷积核大小 kernel_size=(3, 3)，卷积核个数 filters=32，默认步长 strides=1，训练图像的形状 input_shape=(28, 28, 1)，激活函数 activation='relu'。
- 09 行：添加池化层，最大值池化可提取图片纹理，均值池化可保留背景特征。边缘填充使用全零填充，padding = 'same'。
- 10 行：Dropout 层，用于防止过拟合，舍弃掉 20%的神经元。
- 11 行：添加第 2 层卷积，卷积核大小为 3×3，64 个。
- 12 行：添加池化层。
- 13 行：Dropout 层，舍弃掉 20%的神经元。
- 14 行：展平层。Flatten 层用来将输入"压平"，即把多维的输入一维化，全连接层输入的数据特征必须是一维的。
- 15 行：添加一个全连接层，神经元个数是 64。
- 16 行：逻辑分类输出层，10 分类。
- 17 行：输出模型概要，输出模型结构和各层的参数状况。
- 18 行：配置模型。
- 19 行：训练模型。
- 20~22 行：输出前 30 个数据模型预测结果和真实结果。
- 23~24 行：输出预测结果和真实结果，对比准确率。
- 25：输出图例。

从运行结果可以看到，训练数据的损失 loss: 0.0371、准确率 accuracy: 1.0000、测试数据的损失 val_loss: 0.0315、测试数据的准确率 accuracy: 1.0000，两者损失值非常小并且接近，说明测试集上的效果与训练集上的效果也非常接近并且准确率高；模型预测前 30 测试数据结果和真实结果对比，完全正确；图形对比在测试集上的预测值和真实值的准确率，结果比全连接网络更加接近并且准确率高。

6.3.4　循环神经网络识别 MNIST 图像

本节使用 2 层 LSTM 循环神经网络来对 MNIST 手写体数字进行识别，如代码 6-16 所示。
代码 6-16（ch6_16_RNN_MNIST.ipynb）：

```
01 import tensorflow as tf
02 from tensorflow.keras.models import Sequential
```

```
03 from tensorflow.keras.layers import Dense
04 from tensorflow.keras.layers import LSTM
05 import matplotlib.pyplot as plt
06 mnist = tf.keras.datasets.mnist
07 (x_train, y_train), (x_test, y_test) = mnist.load_data()
08 x_train, x_test = x_train / 255.0, x_test / 255.0
09 y_train = tf.keras.utils.to_categorical(y_train,num_classes=10)
10 y_test = tf.keras.utils.to_categorical(y_test,num_classes=10)
11 input_size = 28
12 time_steps = 28
13 cell_size = 32
14 model = Sequential()
15 model.add(LSTM(
        units = cell_size,
        input_shape = (time_steps,input_size), activation='relu',return_sequences=True
   ))
16 model.add(LSTM(cell_size, activation='relu'))
17 model.add(Dense(32, activation='relu'))
18 model.add(Dense(10,activation='softmax'))
19 model.compile(optimizer=tf.keras.optimizers.Adam(0.001),
              loss=tf.keras.losses.CategoricalCrossentropy(),
              metrics=[tf.keras.metrics.CategoricalAccuracy()])
20 history=model.fit(x_train, y_train, epochs=10, batch_size=64,
           validation_data=(x_test,y_test))
21 score = model.evaluate(x_test, y_test,
                         batch_size =64,
                         verbose = 1)
22 print('loss:',score[0])
23 print('acc:',score[1])
24 predictions = model.predict(x_test[:30])
25 print(np.argmax(predictions,1))
26 print(np.argmax(y_test[0:30],1))
27 print(history.history.keys())
28 plt.plot(history.epoch, history.history.
          get('categorical_accuracy'), label='acc')
29 plt.plot(history.epoch, history.history.
          get('val_categorical_accuracy'), label='val_acc')
30 plt.legend()
```

【运行结果】

…
Epoch 9/10
938/938 [==============================] - 36s 39ms/step - loss: 0.0650 - categorical_accuracy: 0.9795 - val_loss: 0.0551 - val_categorical_accuracy: 0.9826
Epoch 10/10
938/938 [==============================] - 40s 42ms/step - loss: 0.0582 - categorical_accuracy: 0.9821 - val_loss: 0.0569 - val_categorical_accuracy: 0.9826
157/157 [==============================] - 3s 16ms/step - loss: 0.0569 - categorical_accuracy: 0.9826
loss: 0.05689825490117073
acc: 0.9825999736785889

```
1/1 [==============================] - 1s 532ms/step
[7 2 1 0 4 1 4 9 5 9 0 6 9 0 1 5 9 7 3 4 9 6 6 5 4 0 7 4 0 1]
[7 2 1 0 4 1 4 9 5 9 0 6 9 0 1 5 9 7 3 4 9 6 6 5 4 0 7 4 0 1]
dict_keys(['loss', 'categorical_accuracy', 'val_loss', 'val_categorical_accuracy'])
```

循环网络预测值和真实值准确率对比如图 6-28 所示。

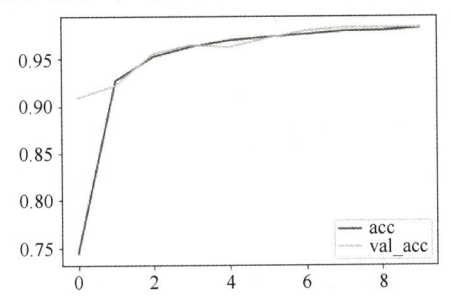

图 6-28 循环网络预测值和真实值准确率对比

【程序解析】

- 01～05 行：导入深度学习库和图形库。
- 07 行：载入数据集。
- 08 行：对训练集和测试集的数据进行归一化处理，有助于提升模型训练速度。
- 09～10 行：把训练集和测试集的标签转为独热编码。
- 11 行：数据多少列，即数据大小，一行有 28 个像素也就是 28 列。
- 12 行：数据多少行，即序列长度，一共有 28 行。
- 13 行：隐藏层 memory block 神经元的数量。
- 14 行：创建顺序模型。
- 15 行：添加第一个 LSTM 层。LSTM 网络是序列模型，一般比较适合处理序列问题。这里把它用于手写数字图片的分类，其实相当于把图片看成序列。一张 MNIST 数据集的图片大小是 28×28，可以把每一行看成是一个序列输入，那么一张图片就是 28 行，序列长度为 28；每一行有 28 个数据，每个序列输入 28 个值。

LSTM 的输入总是一个 3 维数组，其 shape 为（数据数量，序列长度，数据大小），载入的 MNIST 数据的格式刚好符合要求，注意这里的 input_shape 表示设置模型数据输入时不需要设置数据数量。input_shape 虽然看起来输入的是一个 2 维数组，但我们实际上必须传递一个形状为（数据数量，序列长度，数据大小）的 3 维数组。

LSTM 的输出可以是 2 维数组或 3 维数组，具体取决于 return_sequences 参数，其表示是否在每个时间步而不是最后一个时间步返回输出。

如果 return_sequence 为 False，则输出为 2 维数组，其 shape 为(数据数量, 神经元数)，表示返回单个 hidden state 值；

如果 return_sequence 为 True，则输出为 3 维数组，其 shape 为(数据数量, 序列长度, 神经元数)，表示返回全部时间步的 hidden state 值。

- 16 行：添加第二个 LSTM 层。
- 17 行：添加全连接层，神经元有 32 个。
- 18 行：添加全连接层，逻辑回归分类输出 10 分类，独热编码表示。
- 19 行：配置网络模型，由于输出使用独热编码表示，所以交叉熵损失函数使用 CategoricalCrossentropy，评价模型指标使用 CategoricalAccuracy，直观地了解算法的效果，并不参与到优化过程。
- 20 行：训练模型。
- 21~23 行：评估模型。
- 24~26 行：将预测结果和真实结果进行对比，前 30 个数据预测值无误。
- 27 行：输出模型 history 的关键字，关键字由 compile 参数的 metrics 值确定，以便后续绘图。
- 28~30 行：绘制预测值和真实值准确率对比折线图。

可以看到，循环神经网络的训练效果也很好，该模型的准确值为 0.9826。

全连接神经网络、卷积神经网络以及循环神经网络的特点以及其 MNIST 识别准确率的比较如表 6-4 所示。

表 6-4　三种神经网络的特点及其 MNIST 识别准确率的比较

性 能 比 较	全连接神经网络	卷积神经网络	循环神经网络
特点	简单的全连接+激活函数	通过卷积核提取图像特征	每一刻的输出结果引入了前面输出结果的影响因素
本例模型的识别准确值	0.9954	1.0000	0.9826

6.4　高阶 API 构建和训练深度学习模型

6.4.1　导入 tf.keras

tf.keras 是 TensorFlow 对 Keras API 规范的实现。这是一个用于构建和训练模型的高阶 API，包含对 TensorFlow 特定功能（如 Eager Execution、tf.data 管道和 Estimator）的顶级支持。tf.keras 使 TensorFlow 更易于使用，并且不会牺牲灵活性和性能。

导入 tf.keras 以设置 TensorFlow 程序示例：

```
import tensorflow as tf    #导入 TensorFlow 库
from tensorflow.keras import layers    #导入 tf.keras 层
```

tf.keras 可以运行任何与 Keras 兼容的代码，但请注意：
- 最新版 TensorFlow 中的 tf.keras 版本可能与 PyPI 中的最新 Keras 版本不同。
- 保存模型的权重时，tf.keras 默认采用检查点格式。

6.4.2　构建简单的模型

1. 顺序模型

在 Keras 中，可以通过组合层来构建模型，层可以是全连接网络层、卷积网络层、循环网络层等。模型（通常）是由层构成的图，最常见的模型类型是层的堆叠：tf.keras.Sequential 模型。

顺序模型示例：

```
model = tf.keras.Sequential()    #构建顺序模型
model.add(layers.Dense(64, activation='relu'))    #添加一个具有 64 个神经元的全连接层
model.add(layers.Dense(10, activation='softmax'))    #添加一个具有 10 分类逻辑回归层
```

2. 配置层

可以添加很多 tf.keras.layers.Dense，它们具有一些相同的构造函数参数。

- activation：设置层的激活函数。
- kernel_initializer 和 bias_initializer：创建层权重（核和偏差）的初始化方案。
- kernel_regularizer 和 bias_regularizer：应用层权重（核和偏差）的正则化方案，如 L1 或 L2 正则化。

配置层示例：

```
layers.Dense(64, activation='relu')   #配置激活函数
layers.Dense(64, kernel_regularizer=tf.keras.regularizers.l1(0.01))   #核权重 L1 正则化
layers.Dense(64, bias_regularizer =tf.keras.regularizers.l2(0.01))   #偏差权重 L2 正则化
layers.Dense(64, kernel_initializer='orthogonal')   #核权重初始化
layers.Dense(64, bias_initializer=tf.keras.initializers.Constant(2.0))   #偏差权重初始化
```

6.4.3 训练和评估

1. 配置模型

构建好模型后，通过调用 compile 方法配置该模型的学习流程。tf.keras.Model.compile 采用以下三个重要参数。

- optimizer：此对象会指定训练过程，常规选择包括 Adam、SGD、Adagrad 等。
- loss：在优化期间最小化的函数。常规选择包括 mse、categorical_crossentropy 和 sparse_categorical_crossentropy 等，它们是 tf.keras.losses 模块中的字符串名称或可调用对象。
- metrics：用于监控训练，常规选择包括 sparse_categorical_accuracy、categorical_accuracy 等。它们是 tf.keras.metrics 模块中的字符串名称或可调用对象。

配置模型示例：

```
model.compile(optimizer=tf.keras.optimizers.Adam(0.001),
              loss=tf.keras.losses.SparseCategoricalCrossentropy(),
              metrics=[tf.keras.metrics.SparseTopKCategoricalAccuracy()])
```

2. 训练模型

使用 fit 方法使模型与训练数据"拟合"。tf.keras.Model.fit 采用以下三个重要参数。

- epochs：以周期为单位进行训练。一个周期是对整个输入数据的一次迭代。
- batch_size：整数，每次梯度更新的样本数即批量大小。
- validation_data：在对模型进行原型设计时，需要轻松监控该模型在某些验证数据上达到的效果。传递此参数（输入和标签元组）可以让该模型在每个周期结束时以推理模式显示所传递数据的损失和指标。

对于小型数据集，请使用内存中的 NumPy 数组训练和评估模型。

输入 NumPy 数据训练模型示例：

```
import numpy as np  #导入 NumPy 库
#生成 1000 行 32 列的浮点数，浮点数都是从 0～1 中取的随机数，维度值 2
data = np.random.random((1000, 32))
labels = np.random.random((1000, 10))
val_data = np.random.random((100, 32))
val_labels = np.random.random((100, 10))
model.fit(data,  #训练数据
```

```
                    labels, 训练数据标签
                    epochs=10,
                    batch_size=32,
                    validation_data=(val_data, val_labels)) #验证数据和标签
```

使用 Datasets API 可扩展为大型数据集或多设备训练。

输入 tf.data 数据集训练模型示例:

```
#创建 dataset 对象,使用 dataset 对象来管理数据
dataset = tf.data.Dataset.from_tensor_slices((data, labels))
#批次大小设置为 32(每次训练模型传入 32 个数据进行训练)
#训练周期设置为 1(把所有训练集数据训练一次称为一个训练周期)
#一般只重复 1 个周期比较好,因为模型训练的时候还会再设置模型训练周期
dataset = dataset.batch(32).repeat(1)
val_dataset = tf.data.Dataset.from_tensor_slices((val_data, val_labels))
val_dataset = val_dataset.batch(32).repeat(1)
model.fit(dataset, epochs=10,
          steps_per_epoch=None, #为 None 表示自动计算,等于 len(train)/batch_size
          validation_data=val_dataset,
          validation_steps=3)
```

3. 评估和预测

tf.keras.Model.evaluate 和 tf.keras.Model.predict 方法可以使用 NumPy 数据和 tf.data.Dataset。

评估所提供数据的推理模式损失和指标示例:

```
model.evaluate(data, labels)
model.evaluate(dataset)
```

预测验证数据示例:

```
model.predict(val_data)
model.predict(dataset)
```

6.4.4 构建高级模型

1. 函数式 API 创建任意结构模型

tf.keras.Sequential 模型是层的简单堆叠,无法表示任意模型。使用 Keras 函数式 API 可以构建复杂的模型拓扑,例如:多输入模型、多输出模型、具有共享层的模型(同一层被调用多次)、具有非序列数据流的模型(例如,剩余连接)。

使用函数式 API 构建的模型具有以下特征:

- 层实例可调用并返回张量。
- 输入张量和输出张量用于定义 tf.keras.Model 实例。
- 此模型的训练方式和 Sequential 模型一样。

利用函数式 API 构建一个简单的全连接网络示例:

```
#先创建一个输入节点,784 表示输入数据的特征数量
inputs = tf.keras.Input(shape=(784,))
#"层调用"操作,将输入 input"传递"到 Dense 层,然后得到张量 x
x = layers.Dense(64, activation='relu')(inputs)
x = layers.Dense(64, activation='relu')(x)
predictions = layers.Dense(10, activation='softmax')(x)
#在给定输入和输出的情况下实例化模型
```

```
model = tf.keras.Model(inputs=inputs, outputs=predictions)
#配置模型
model.compile(optimizer= tf.keras.optimizers.Adam(0.001),
              loss='categorical_crossentropy',
              metrics=['accuracy'])
#训练模型
model.fit(data, labels, batch_size=32, epochs=5)
```

2. 通过子类化创建新的模型和层

（1）Model 子类化创建自定义模型

通过对 tf.keras.Model 进行子类化并定义我们自己的前向传播来构建完全可自定义的模型。构造一个 Model 类的子类，需要实现三个方法。在 __init__ 方法中创建层并将它们设置为类实例的属性，在 call 方法中定义前向传播，在 compute_output_shape 方法中计算模型输出的形状（shape）。如果你的层修改了输入数据的 shape，则应该在这里指定 shape 变化的方法，通过实现 compute_output_shape 方法使得 Keras 可以自动推断 shape，否则，可以省略。虽然模型子类化较为灵活，但代价是复杂性更高且出错率更高。

自定义模型示例：

```
class MyModel(tf.keras.Model):
    def __init__(self, num_classes=10):
        super(MyModel, self).__init__(name='my_model')
        self.num_classes = num_classes
        self.dense_1 = layers.Dense(32, activation='relu')
        self.dense_2 = layers.Dense(num_classes, activation='relu')
    def call(self, inputs):
        x = self.dense_1(inputs)
        return self.dense_2(x)
    def compute_output_shape(self, input_shape):
        shape = tf.TensorShape(input_shape).as_list()
        shape[-1] = self.num_classes
        return tf.TensorShape(shape)
#实例化新模型类：
model = MyModel(num_classes=10)
model.compile(optimizer= tf.keras.optimizers.Adam(0.001),
              loss='categorical_crossentropy',
              metrics=['accuracy'])
model.fit(data, labels, batch_size=32, epochs=5)
```

（2）自定义层

通过对 tf.keras.layers.Layer 进行子类化并实现以下三个方法来创建自定义层。

- build：创建层的权重以及偏置项，使用 add_weight 方法添加权重和偏置项。
- call：定义前向传播，即定义层功能的方法。接收的参数是 inputs，返回 output，这是搭建 Model 的关键所在，在这个函数里面实现这个层的运算。
- compute_output_shape：指定在给定输入形状的情况下如何计算层的输出形状，或者，可以通过实现 get_config 方法和 from_config 类方法序列化层。如果你的层更改了输入张量的形状，则应该在这里定义形状变化的逻辑，这让 Keras 能够自动推断各层的形状。

build、call、compute_outout_shape 三个方法是必须要有的，但是还有很多其他的方法和属性可以帮助我们更好地实现自定义层。

使用核矩阵实现输入 matmul 的自定义层示例：

```python
class MyLayer(layers.Layer):
    def __init__(self, output_dim, **kwargs):
        self.output_dim = output_dim
        super(MyLayer, self).__init__(**kwargs)
    def build(self, input_shape):
        shape = tf.TensorShape((input_shape[1], self.output_dim))
        self.kernel = self.add_weight(name='kernel',
                                      shape=shape,
                                      initializer='uniform',
                                      trainable=True)
        super(MyLayer, self).build(input_shape)
    def call(self, inputs):
        return tf.matmul(inputs, self.kernel)
    def compute_output_shape(self, input_shape):
        shape = tf.TensorShape(input_shape).as_list()
        shape[-1] = self.output_dim
        return tf.TensorShape(shape)
#使用自定义层创建模型
model = tf.keras.Sequential([
    MyLayer(10),
    layers.Activation('relu')])
model.compile(optimizer= tf.keras.optimizers.Adam(0.001),
              loss='categorical_crossentropy',
              metrics=['accuracy'])
model.fit(data, labels, batch_size=32, epochs=5)
```

6.4.5 回调

回调是传递给模型的对象，用于在训练期间自定义该模型并扩展其行为。可以编写自定义回调，也可以使用包含以下方法的内置 tf.keras.callbacks。

- tf.keras.callbacks.ModelCheckpoint：定期保存模型的检查点。
- tf.keras.callbacks.LearningRateScheduler：动态更改学习速率。
- tf.keras.callbacks.EarlyStopping：在验证效果不再改进时中断训练。
- tf.keras.callbacks.TensorBoard：使用 TensorBoard 监控模型的行为。

回调示例：

```python
callbacks = [
    tf.keras.callbacks.EarlyStopping(patience=2, monitor='val_loss')
]
model.fit(data, labels, batch_size=32, epochs=5, callbacks=callbacks,
          validation_data=(val_data, val_labels))
```

6.4.6 保存和恢复模型

1. 仅限权重

默认情况下，会以 TensorFlow 检查点文件格式保存模型的权重。权重也可以另存为 Keras HDF5 格式。

保存并恢复模型权重示例:
```
#检查点文件格式保存模型的权重
model.save_weights('./weights/my_model')
#恢复模型状态,需要相同的模型结构
model.load_weights('./weights/my_model')
#HDF5 文件格式保存和恢复权重
model.save_weights('my_model.h5', save_format='h5')
model.load_weights('my_model.h5')
```

2. 仅限配置

此操作会对模型架构(不含任何权重)进行序列化。即使没有定义原始模型的代码,保存的配置也可以重新创建并初始化相同的模型。Keras 支持 JSON 和 YAML 序列化格式。注意:子类化模型不可序列化,因为它们的架构由 call 方法中的 Python 代码定义。

保存并恢复模型配置示例:
```
json_string = model.to_json()
json.loads(json_string)
#从 JSON 重新创建模型
fresh_model = tf.keras.models.model_from_json(json_string)
```

3. 整个模型

整个模型可以保存到一个文件中,其中包含权重值、模型配置乃至优化器配置。这样,就可以对模型设置检查点,稍后从完全相同的状态继续训练,而无须访问原始代码。

保存并恢复整个模型示例:
```
model.save('my_model.h5')
model = tf.keras.models.load_model('my_model.h5')
```

6.4.7 Eager Execution

Eager Execution 是一种命令式编程环境,可立即评估操作。此环境对于 Keras 并不是必需的,但是受 tf.keras 的支持,并且可用于检查程序和调试。

所有 tf.keras 模型构建 API 都与 Eager Execution 兼容。虽然可以使用 Sequential 和函数式 API,但 Eager Execution 对模型子类化和构建自定义层特别有用。

6.4.8 分布

1. Estimator

Estimator API 用于针对分布式环境训练模型。它适用于一些行业使用场景,例如用大型数据集进行分布式训练并导出模型以用于生产。

tf.keras.Model 可以通过 tf.estimator API 进行训练,方法是将该模型转换为 tf.estimator.Estimator 对象(通过 tf.keras.estimator.model_to_estimator)。

2. 多个 GPU

tf.keras 模型可以使用 tf.contrib.distribute.DistributionStrategy 在多个 GPU 上运行。此 API 在多个 GPU 上提供分布式训练,几乎不需要更改现有代码。

目前,tf.contrib.distribute.MirroredStrategy 是唯一受支持的分布策略。MirroredStrategy 通过在

一台机器上使用规约在同步训练中进行图内复制。要将 DistributionStrategy 与 Keras 搭配使用，请将 tf.keras.Model 转换为 tf.estimator.Estimator，然后训练该 Estimator。

6.4.9 符号和命令式高阶 API

TensorFlow 2 提供了创建神经网络的两种样式：第一种是符号样式，通过操作层形成图来构建模型。第二种是命令样式，通过扩展类来构建模型。

1. 符号样式（或声明的）API

通常我们会用"层形成的图"来想象神经网络。在前面示例中，我们已经定义了一堆图层，然后使用内置的训练循环 model.fit 来训练它。TensorFlow 2 提供了两种符号模型构建 API：Sequential API 和 Functional API。Sequential API 用于堆栈，而 Functional API 用于 DAG（有向无环图），Functional API 是一种创建更灵活模型的方法。

2. 命令样式（或模型子类）API

TensorFlow 2 提供了命令来构建 API：Keras Subclassing API。在命令样式风格中，可以像编写 NumPy 一样编写模型，以这种方式构建模型就像面向对象的 Python 开发一样。从开发人员的角度来看，它的工作方式是扩展框架定义的 Model 类，实例化图层，然后命令式地编写模型的正向传递（反向传递会自动生成）。这种风格为用户提供了极大的灵活性，但它的可用性和维护成本并不明显。

3. 符号样式 API 的优点和局限性

优点：使用符号化 API，您的模型是一个类似图的数据结构。这意味着可以对您的模型进行检查或汇总。同样，在将图层连接在一起时，库设计人员可以运行广泛的图层兼容性检查（在构建模型时和执行之前）。符号模型提供了一致的 API，这使得它们易于复用和共享。

局限性：当前的符号化 API 最适合开发层的有向无环图模型。这在实践中占了大多数用例，尽管有一些特殊的用例不适合这种简洁的抽象模型，如动态网络（如树状神经网络）和递归网络。这就是为什么 TensorFlow 还提供了一种命令样式的模型构建 API 风格（Keras Subclassing）。

4. 命令样式 API 的优点和局限性

优点：正向传递是用命令式编写的，可以很容易地将库实现的部分（例如，图层，激活或损失函数）与您自己的实现交换掉。这对于编程来说是很自然的，并且是深入了解深度学习的一个好方法。命令样式 API 为您提供了最大的灵活性，但是这是有代价的。

局限性：重要的是，在使用命令式 API 时，您的模型由类方法的主体定义。您的模型不再是透明的数据结构，它是一段不透明的字节码。在使用这种风格时，您需要牺牲可用性和可复用性来获得灵活性。在执行期间进行调试，而不是在定义模型时进行调试。命令式模型可能更难以复用。例如，您无法使用一致的 API 访问中间图层或激活。命令式模型也更难以检查、复制或克隆。

TensorFlow 2 支持这两种开箱即用的样式，因此可以选择合适的抽象级别：

- 如果目标是易用性的，低概念开销，并且将模型视为层构成的图，可使用 Sequential API 或 Functional API（如将乐高积木拼在一起）和内置的训练循环。这是解决大多数问题的正确方法。
- 如果将模型视为面向对象的 Python/Numpy 开发人员，并且优先考虑灵活性和可编程性而不是易用性（以及易于复用），Subclassing API 是适合的选择。

第 7 章　人工智能大模型与内容生成

7.1　AI 大模型的崛起

在 AI 的发展历程中，大语言模型（Large Language Model，LLM），简称大模型，它的出现标志着一个新的里程碑。在机器学习领域，模型是一种数学结构，它能够从输入数据中学习规律，并利用这些规律进行预测或决策。一个模型的大小通常由其参数的数量来衡量。所谓的大模型，就是参数数量特别大的模型。据报道，GPT-4 是由 8 个 2200 亿参数的模型"堆叠"而成的，参数量达到 17600 亿个。大模型具有极高的复杂性，可以从大量的训练数据中提取出精细的知识和规律。

近年来，随着 AI 算法的完善、计算能力的提升和数据量的增长，越来越多的大模型被开发出来，如 OpenAI 的 GPT 系列、Google 的 BERT 和 T5、Facebook 的 LLaMa 等。这些模型在各种任务上都表现出了惊人的性能，无论是自然语言处理、图像识别，还是游戏智能，它们都能够达到甚至超越了一般人类的水平。可以说，大模型的崛起开启了 AI 的新纪元。表 7-1 汇总了当前主流大模型的基本信息。

表 7-1　经典预训练大模型汇总

序号	模型名称	开发公司	应用场景	主要功能	训练数据集	参数规模
1	GPT-2	OpenAI	语言理解，文本生成	问答系统，文章写作，代码生成，聊天机器人	Common Crawl，Wikipedia 等	1.5 亿
2	GPT-3	OpenAI	语言理解，文本生成	问答系统，文章写作，代码生成，聊天机器人	Common Crawl，Wikipedia 等	1750 亿
3	GPT-4	OpenAI	语言理解，文本生成	问答系统，文章写作，代码生成，聊天机器人	Common Crawl，Wikipedia 等	17600 亿
4	BERT	Google	语言理解	文本分类，实体识别，问答系统	Wikipedia，BookCorpus	3.4 亿
5	T5 (Text-to-Text Transfer Transformer)	Google	语言理解，文本生成	问答系统，文章摘要，文本翻译	C4 (Common Crawl)	1.1 亿到 36 亿
6	RoBERTa	Facebook AI	语言理解	文本分类，实体识别，问答系统	Wikipedia，BookCorpus，CC-News，OpenWebText，Stories	1.25 亿到 35.6 亿
7	DALL-E	OpenAI	图像生成	生成与给定文本描述相符的图像	不公开	不公开
8	BigGAN	DeepMind	图像生成	生成逼真的图像	ImageNet	1.43 亿
9	CLIP	OpenAI	图像理解，语言理解	从文本描述生成图像，从图像生成文本描述	不公开	2.8 亿

续表

序号	模型名称	开发公司	应用场景	主要功能	训练数据集	参数规模
10	ERNIE 2.0	百度	语言理解	文本分类，实体识别，问答系统	Baidu Internal Datasets, Wikipedia	1.1亿
11	WuDao 2.0	北京智源AI研究院	语言理解，图像理解，文本生成，图像生成	问答系统，文章写作，代码生成，聊天机器人，生成逼真的图像	不公开	1.75亿
12	Jina	Jina AI	云原生搜索框架	构建神经搜索应用	不适用	不适用
13	NeZha	华为	语言理解	文本分类，实体识别，问答系统		
14	SimCSE	清华大学	语义理解	文本相似性比较	Wikipedia，BookCorpus	不适用
15	PaddlePaddle	百度	广泛的深度学习任务	训练和部署深度学习模型	不适用	不适用
16	Megatron-LM	NVIDIA	语言理解，文本生成	问答系统，文章写作，代码生成，聊天机器人	不公开	1750亿
17	Turing-NLG	Microsoft	语言理解，文本生成	问答系统，文章写作，代码生成，聊天机器人	不公开	1700亿
18	DeBERTa	Microsoft	语言理解	文本分类，实体识别，问答系统	不公开	1.5亿到9亿
19	M6	腾讯	语言理解，文本生成	问答系统，文章写作，代码生成，聊天机器人	不公开	600亿
20	WuDao	北京智源AI研究院	语言理解，图像理解，文本生成，图像生成	问答系统，文章写作，代码生成，聊天机器人，生成逼真的图像	不公开	1.75亿
21	XLNet	Google/CMU	语言理解	文本分类，实体识别，问答系统	Wikipedia，BookCorpus, ClueWeb, Common Crawl	3.4亿到7.7亿
22	ALBERT	Google	语言理解	文本分类，实体识别，问答系统	Wikipedia，BookCorpus	1.1亿到2.36亿
23	ELECTRA	Google/Stanford	语言理解	文本分类，实体识别，问答系统	Wikipedia，BookCorpus	1.1亿到3.35亿
24	SogouWMT	搜狗	机器翻译	文本翻译	搜狗自有数据	不公开
25	UniLM	Microsoft	语言理解，文本生成	问答系统，文章写作，代码生成，聊天机器人	不公开	3.4亿到7.7亿
26	HanLP	华为诺亚方舟实验室	语言理解	文本分类，实体识别，问答系统	不公开	不公开
27	Face++	商汤科技	人脸识别	人脸检测，人脸识别，情感分析		
28	SenseFace	商汤科技	人脸识别	人脸检测，人脸识别，情感分析	不公开	不公开
29	SenseAR	商汤科技	增强现实	面部跟踪，手势识别，人体姿态估计	不公开	不公开
30	DeepSpeech2	百度	语音识别	将语音转化为文本	百度自有数据	不公开
31	PaddleOCR	百度	文本识别	识别图片中的文本	不公开	不公开
32	iFLYTEK's IFLYOS	科大讯飞	语音识别，语音合成	将语音转化为文本，将文本转化为语音	科大讯飞自有数据	不公开

续表

序号	模型名称	开发公司	应用场景	主要功能	训练数据集	参数规模
33	Tencent's FineGPT	腾讯	语言理解，文本生成	问答系统，文章写作，代码生成，聊天机器人	不公开	1000 亿
34	Tencent's NeuraTalk	腾讯	图像理解，语言理解	从文本描述生成图像，从图像生成文本描述	不公开	不公开

7.2 典型大模型 GPT-4 的功能概述

作为大模型的代表，GPT（Generative Pre-trained Transformer，预训练生成式转换器）引领了一场革命。它是 OpenAI 从 2017 年开始开发的一种大语言模型。它使用了 Transformer 架构，并经过大量文本数据的预训练，使得其能够生成连贯、有趣、富有创造性的文本。

GPT 的最新版本 GPT-4 已经达到了令人惊叹的规模和性能。其模型参数量高达 17600 亿，比前一代 GPT-3 的 1750 亿参数增加了很多。在各种自然语言处理任务上，如文本生成、阅读理解、机器翻译等，GPT-4 都能够展现出超强的性能。

表 7-2 概括了 GPT-4 的主要功能。此外，GPT 还具有强大的迁移学习能力。只需要少量的微调，就可以将它应用到各种特定的任务中。这使得 GPT 不仅在研究领域，也在实际应用中受到了广泛的好评。

表 7-2 GPT-4 主要功能概述

序号	功能名称	应用场景	主要技术	发展前景	同类产品比较
1	文本生成/Text Generation	新闻、故事、博客文章生成	Transformer 架构，自监督学习	随着算法的优化，生成内容质量和多样性将不断提高	GPT-3 生成效果较差，BERT 效果一般，与微软的 Turing-NLG 性能接近
2	问答系统/Question Answering	客户支持、知识库、在线问答平台	大规模预训练，迁移学习	更精确地根据上下文进行回答，提高用户满意度	GPT-3 回答质量稍低，BERT 表现一般，阿里云天池-ERNIE 回答质量较高
3	语义理解/Semantic Understanding	情感分析、文本分类、实体识别	Transformer 架构，微调技术	预计将进一步提高准确率，拓展更多应用场景	GPT-3 准确率较低，BERT 表现较好，与谷歌的 ELECTRA 性能接近
4	机器翻译/Machine Translation	文档翻译、跨语言信息检索	序列到序列模型，注意力机制	预计将进一步提高翻译质量，支持更多语种	GPT-3 翻译效果较差，BERT 不直接支持，谷歌的 Transformer 模型性能优秀
5	代码生成/Code Generation	自动编程、代码补全、代码修复	大规模源代码预训练，迁移学习	预计将进一步提高代码生成质量和范围，支持更多编程语言	GPT-3 代码生成能力有限，微软的 CodeBERT 和 GitHub 的 Copilot 性能较好
6	对话生成/Dialogue Generation	聊天机器人、智能助手、客户支持	多轮对话建模，上下文理解	预计将实现更自然、更智能的人机对话，拓展更多场景	GPT-3 对话生成较差，DialoGPT 较好，与腾讯的 ChatGPT 和微软的 Turing-NLG 性能接近
7	文本摘要/Text Summarization	文档摘要、新闻摘要、会议纪要生成	序列到序列模型，注意力机制，摘要生成策略	预计将进一步提高摘要质量和多样性，拓展更多应用场景	GPT-3 摘要生成效果一般，BERT 等模型需要额外处理，谷歌的 PEGASUS 和 Facebook 的 BART 性能优秀

续表

序号	功能名称	应用场景	主要技术	发展前景	同类产品比较
8	推荐系统/Recommendation Systems	商品推荐、个性化新闻、音乐推荐等	协同过滤、深度学习、知识图谱	预计将实现更精确、更个性化的推荐效果，拓展更多场景	GPT-3推荐效果一般，BERT等模型需结合其他技术，谷歌的DeepMind推荐系统性能优秀
9	自然语言推理/Natural Language Inference	文本逻辑关系判断、事实一致性检验等	Transformer架构、预训练和微调技术	预计将进一步提高推理准确率，拓展更多应用场景	GPT-3准确率较低，BERT表现较好，与Facebook的RoBERTa和BART性能接近
10	语音识别与合成/Speech Recognition and Synthesis	语音助手、语音转文本、语音翻译等	端到端深度学习、波形建模技术	预计将实现更自然、更快速的语音识别与合成，拓展更多场景	GPT-4暂不涉及语音领域，谷歌的WaveNet和百度的DeepSpeech性能优秀
11	图像描述与生成/Image Captioning and Generation	图像描述生成、图像编辑、创意设计等	生成对抗网络（GAN）、条件变分自编码器	预计将实现更精确、更多样的图像描述与生成，拓展更多场景	GPT-4暂不涉及图像领域，谷歌的DALL-E和OpenAI的CLIP性能优秀
12	无监督知识蒸馏/Unsupervised Knowledge Distillation	模型压缩、在线学习、知识迁移等	无监督学习、自监督学习、模型蒸馏技术	预计将实现更高效、更轻量级的模型压缩和知识迁移	GPT-4在此方面有一定优势，谷歌的DistilBERT和腾讯的TinyBERT性能较好
13	多模态学习/Multimodal Learning	跨模态信息检索、视觉问答、图文生成等	多模态融合、预训练和微调技术	预计将实现更高效、更准确的跨模态信息处理，拓展更多场景	GPT-3多模态能力有限，GPT-4在此领域有显著优势，与谷歌的DALL-E和OpenAI的CLIP性能接近
14	语言风格迁移/Style Transfer	语言风格转换、创意写作、内容匿名化	循环神经网络（RNN）、生成对抗网络（GAN）	预计将实现更多样的风格转换，提高生成内容自然度	GPT-3在风格迁移方面有限，谷歌的StyleGAN和Facebook的CycleGAN性能较好
15	零样本学习/Zero-shot Learning	无标签数据学习、新任务迁移学习	自监督学习、元学习、知识图谱	预计将实现更高效、更广泛的无标签学习和任务迁移	GPT-4在零样本学习方面表现优异，谷歌的BERT和Facebook的BART性能较好
16	视频生成/Video Generation	视频创意设计、动画制作、虚拟现实等	生成对抗网络（GAN）、视频建模技术	预计将实现更高质量、更多样的视频生成，拓展更多场景	GPT-4在视频生成方面具有初步能力，谷歌的DeepMind和NVIDIA的StyleGAN2性能较好
17	程序编码/Program Synthesis	代码补全、代码生成、编程辅助工具	大规模源代码预训练、迁移学习	预计将进一步提高代码生成质量和范围，支持更多编程语言	GPT-4在程序编码方面表现优异，微软的CodeBERT和GitHub的Copilot性能较好
18	文本审核/Text Moderation	社交媒体、评论过滤、论坛监管	自然语言理解、分类技术	预计将进一步提高文本审核效率和准确度，降低人工成本	GPT-4在文本审核方面具有潜力，谷歌的Perspective API和腾讯的文本审核服务性能较好
19	语音助手/Conversational AI	聊天机器人、智能家居、客服系统	对话建模、多模态信息融合	预计将实现更自然、更智能的人机对话，拓展更多场景	GPT-4在语音助手方面表现优异，谷歌的Assistant和苹果的Siri性能较好
20	知识图谱构建/Knowledge Graph Construction	智能搜索、推荐系统、知识管理等	实体识别、关系抽取、图谱建模技术	预计将进一步提高知识图谱构建质量和效率，拓展更多应用场景	GPT-4在知识图谱构建方面具有潜力，谷歌的Knowledge Graph和微软的Satori性能较好

续表

序号	功能名称	应用场景	主要技术	发展前景	同类产品比较
21	生成式对抗样本/Adversarial Examples	安全性测试、对抗样本防御、模型强化	生成对抗网络（GAN）、对抗训练	预计将进一步提高模型安全性和鲁棒性，拓展更多场景	GPT-4在生成式对抗样本方面具有潜力，谷歌的Clever Hans和IBM的Adversarial Robustness Toolbox性能较好

7.3 基于开放AI模型的应用开发入门

以GPT为代表的AI大模型的崛起，为我们提供了一种开创性的创新、创意的工具。不仅科研人员可以利用这些模型进行前沿研究，开发者和工程师也可以基于这些模型进行应用开发，打造出具有强大功能的应用。

7.3.1 搭建应用开发环境

为了开始我们的开发之旅，首先需要搭建适合的开发环境。在大模型的开发中，Python是一种常用的编程语言，其简洁易懂的语法和丰富的库支持使其成为首选。同时，Jupyter Notebook作为一种交互式的编程环境，能够让我们更方便地进行代码编写和测试。

深度学习框架则是另一个重要的组成部分，PyTorch和TensorFlow是最常用的两种。在这里，我们选择PyTorch作为示例，它的易用性和灵活性受到许多开发者的喜爱。此外，我们还需要安装一些专门用于处理和分析数据的库，如NumPy和Pandas等。

7.3.2 典型AI模型应用开发实例

在搭建完开发环境后，我们可以开始进行应用开发了。基于GPT等大模型，我们可以在各种场景中打造出强大的应用。例如，可以开发一个能够自动生成新闻文章的系统，或是一个能够回答用户问题的智能助手。

这些应用的开发并不困难，因为大模型已经完成了大部分的工作。我们只需要直接调用相关的API接口或对模型进行微调，让它适应特定的任务需求，然后将模型嵌入到我们的应用中即可。

1. 调用开源预训练大语言模型GPT-2进行文本生成

【程序说明】
- 功能：本程序利用预训练的GPT-2模型，对给定的输入文本进行延续，生成一段连贯的文本。
- 输入：一个字符串，作为生成文本的起始内容。
- 处理：程序首先加载预训练的GPT-2模型及其tokenizer，然后使用tokenizer将输入的字符串转化为模型可以理解的格式（即一个数字序列），之后将这个数字序列输入模型进行推理，得到一个新的数字序列，最后使用tokenizer将这个新的数字序列转化为文本。
- 输出：一个字符串，是模型生成的与输入内容连贯的文本。

【源代码：7-1.ipynb】

```
#导入必要的库
from transformers import GPT2LMHeadModel, GPT2Tokenizer
```

```python
def generate_text(input_str, model_name='gpt2'):
    #加载预训练的 GPT-2 模型和对应的 tokenizer
    tokenizer = GPT2Tokenizer.from_pretrained(model_name)
    model = GPT2LMHeadModel.from_pretrained(model_name)

    #使用 tokenizer 将输入文本转化为模型可以理解的格式，返回的是一个 PyTorch 的 Tensor
    inputs = tokenizer.encode(input_str, return_tensors='pt')

    #将处理后的输入数据送入模型进行推理
    #max_length 定义了生成文本的最大长度
    #num_return_sequences 定义了要生成的文本数量
    #no_repeat_ngram_size 定义了模型生成文本时不重复的 n-gram 的大小
    #do_sample 和 temperature 定义了生成文本的随机性
    outputs = model.generate(inputs, max_length=150, num_return_sequences=1, no_repeat_ngram_size=2, do_sample=True, temperature=0.7)

    #将模型生成的输出(一个数字序列)转化为文本
    generated_text = tokenizer.decode(outputs[0], skip_special_tokens=True)

    return generated_text

#输入的起始文本
input_str = "Artificial intelligence is"
print(generate_text(input_str))
```

【运行结果】

Artificial intelligence is a key to accelerating the development of new technologies and to supporting the emergence of innovative technology, said Srinivasan. "In addition, we hope to contribute to the field of artificial intelligence with the use of the new artificial neural networks, which will enable rapid and effective research and development. We also need to work on the application of AI to other fields, such as medicine and agriculture. The future of science and engineering may depend on whether AI is used in the future to advance our understanding of basic biological phenomena. And artificial-intelligence research needs to become more inclusive and innovative."

2. 调用开源预训练模型 AlexNet 进行图像识别

【程序说明】

本程序实现了利用预训练的 AlexNet 模型对输入图像进行分类：

◇ 程序从本地读取 ImageNet 的标签文件以便对预测结果进行解释。

◇ 定义的 classify_image 函数主要负责图像的加载、预处理和预测。

◇ 输入图像的路径，调用函数进行分类，并将预测结果和图像一起显示出来。

【源代码 7-2.ipynb】

```
import json
import requests
import torch
from torchvision import models, transforms
from PIL import Image
```

```python
import matplotlib.pyplot as plt

#网上下载或本地读取 ImageNet 的标签文件
#LABELS_URL = 'https://raw.githubusercontent.com/anishathalye/imagenet-simple-labels/master/imagenet-simple-labels.json'
#labels = requests.get(LABELS_URL).json()
with open('imagenet_labels.json', 'r') as f:
    labels = json.load(f)


def classify_image(image_path, model_name='alexnet'):
    #加载预训练的 AlexNet 模型
    model = models.__dict__[model_name](pretrained=True)

    #模型设置为评估模式
    model.eval()

    #定义图像预处理步骤
    preprocess = transforms.Compose([
        transforms.Resize(256), #调整图像大小
        transforms.CenterCrop(224), #中心裁剪
        transforms.ToTensor(), #转化为 PyTorch 的 Tensor
        transforms.Normalize(mean=[0.485, 0.456, 0.406], std=[0.229, 0.224, 0.225]), #归一化
    ])

    #加载图像
    image = Image.open(image_path).convert("RGB")

    #对图像进行预处理
    input_tensor = preprocess(image)

    #创建一个新维度,模拟批处理
    input_batch = input_tensor.unsqueeze(0)

    #确保模型在 CPU 上运行
    if torch.cuda.is_available():
        input_batch = input_batch.to('cuda')
        model.to('cuda')

    #进行推理
    with torch.no_grad():
        output = model(input_batch)

    #返回预测的类别索引
    _, predicted_idx = torch.max(output, 1)

    return predicted_idx.item()

#输入的图像路径
```

```
image_path = "./data/dog.jpg"
class_idx = classify_image(image_path)

#显示图像和预测结果
image = Image.open(image_path)
plt.imshow(image)
plt.title("Predicted class: " + labels[class_idx])
plt.show()
```

【运行结果】

AlexNet 模型对样板输入图像的分类结果如图 7-1 所示。

图 7-1 AlexNet 模型对样板输入图像的分类结果

7.3.3 主流开放预训练模型能力汇总

除了近几年产生的 AI 预训练大模型外，AI 技术经过几十年的发展，已经积累了一系列的、种类繁多的、可以实现特定单一任务的预训练小模型，免费或收费地开放给应用开发者，赋能各种各样的应用。为了让读者更好地理解和使用预训练模型，我们在表 7-1 所示预训练大模型汇总的基础上，进一步汇总经典开放预训练小模型的能力和 API，给出模型的基本介绍，如模型的架构、训练数据、参数数量等，以及模型的使用方法，例如，如何加载模型、如何进行预测、如何进行微调等，如表 7-3 所示。

表 7-3 经典开放预训练小模型汇总

序号	模型名称	训练数据集	功能与算法	主要 API
1	ResNet	ImageNet	图像分类，特征提取，使用残差网络	torchvision.models.resnet
2	VGG	ImageNet	图像分类，特征提取，使用深度卷积网络	torchvision.models.vgg
3	AlexNet	ImageNet	图像分类，使用深度卷积网络	torchvision.models.alexnet
4	DenseNet	ImageNet	图像分类，特征提取，使用密集连接网络	torchvision.models.densenet
5	Inception_v3	ImageNet	图像分类，特征提取，使用 Inception 网络（带有辅助分类器）	torchvision.models.inception_v3
6	GoogLeNet	ImageNet	图像分类，特征提取，使用 Inception 网络（无辅助分类器）	torchvision.models.googlenet
7	MobileNet_v2	ImageNet	图像分类，特征提取，使用深度可分离卷积网络	torchvision.models.mobilenet_v2
8	ShuffleNet_v2	ImageNet	图像分类，特征提取，使用分组卷积和通道重洗	torchvision.models.shufflenet_v2
9	MNASNet	ImageNet	图像分类，特征提取，使用 MNASNet 搜索空间	torchvision.models.mnasnet

续表

序号	模型名称	训练数据集	功能与算法	主要 API
10	SqueezeNet	ImageNet	图像分类，特征提取，使用 Fire 模块（Squeeze 和 Expand 层）	torchvision.models.squeezenet
11	Transformer	WMT'14 English-German	文本分类，序列生成，使用自注意力，位置编码	torch.nn.Transformer
12	LSTM	Various	文本分类，序列生成，使用长短期记忆网络	torch.nn.LSTM
13	GRU	Various	文本分类，序列生成，使用门控循环单元	torch.nn.GRU
14	RNN	Various	文本分类，序列生成，使用循环神经网络	torch.nn.RNN
15	BertModel	Wikipedia, BookCorpus	文本分类，特征提取，使用双向 Transformer 编码器	transformers.BertModel

7.4 多模态大模型与 AIGC 应用

7.4.1 多模态大模型与 AIGC 的简介

1. 多模态大模型简介

多模态大模型是预训练大模型的发展方向，是预训练大语言模型的晋级，是当前世界各大 AI 厂商竞争的关键领域。多模态大模型是指可接收文字、图像、语音等多种不同类型数据的输入、处理、分析，并将结果以不同的模态形式对外输出，实现异构模态数据协同推理的预训练大模型。在 ChatGPT 推出之后，谷歌、微软、百度、科大讯飞等海内外科技公司纷纷加速了对多模态大模型的研发进度，也陆续推出了一系列产品，如表 7-4 所示。相较于经过单一的文字类数据训练的预训练大语言模型，多模态大模型在训练阶段融合了文字、图像、音频、三维物体等多维度数据的训练，可交互的信息类型较多，通用性得到了大大增强，可应用的场景有很大拓展。可以预测，多模态大模型的技术迭代、产品设计和商业模式的探索将成为下一阶段各厂商竞争的关键。

表 7-4 主流多模态大模型总结

序号	模型名称	开发公司	功能特点	发布时间
1	GPT-4	OpenAI	开放了 API 接口，不仅在对话的准确性、语言丰富性以及长文本生成能力上较 GPT-3.5 有较大提升，还可识别、理解图像类的数据，并根据图像内容与用户进行互动问答。与人类可交互的信息类型更多、信息量更大、通用性更强、应用场景更加广阔	2023 年 3 月
2	DALL·E 2	OpenAI	可根据自然语言的描述创作高质量的图像。2022 年 11 月，OpenAI 将 DALL·E 2 的 API 开放供第三方调用	2021 年 1 月
3	Whisper	OpenAI	可将语音信息转换为文字信息，实现多语言、多方言以及嘈杂背景音环境下的语音转换，识别和转换的准确率较高。2023 年 3 月 1 日，OpenAI 宣布开放 Whisper 大模型的 API 供第三方调用	2021 年 9 月
4	Palm-E	谷歌	在语言类模型 PaLM（5400 亿参数）和视觉类模型 ViT（220 亿参数）的基础上开发的。通过在预训练的语言类大模型中嵌入图像、状态、感知等多类型数据，具备通用化语言能力，还能执行视觉问答、感知推理、机器操作等复杂的任务	2023 年 3 月

续表

序号	模型名称	开发公司	功能特点	发布时间
5	PaLM 2	谷歌	融入 AI 能力的搜索引擎、升级版聊天机器人 Bard 和 Workspace 中的 AI 工具包 Duet AI 等。基于 Pathways 架构,使用 TPU v4 和 JAX 框架训练,在高级推理任务,包括代码和数学,分类和问答,翻译和多语言能力,以及自然语言生成方面都比前一代 PaLM-E 大模型表现得更好	2023 年 5 月
6	ImageBind	Meta	融合了文本、图像/视频、音频、热量、空间深度、三维惯性(位置和运动)数据。以某一物体的视觉类数据为核心,设置了多种传感器搜集对应的声音、3 维形状、热量以及运动数据。ImageBind 通过将各种类型的数据在多维向量空间中建立一一映射关系,使其具备跨模态的能力,实现多模态信息转换、组合信息转换	2023 年 5 月
7	百度文心 ERNIE-ViLG 2.0	百度	通过引入基于时间步的混合降噪专家网络,让模型在不同的生成阶段选择不同的"降噪专家",从而提升生成图像的精细度。在提升图文一致性方面,该模型通过视觉、语言等多源知识指引扩散模型学习,强化文图生成扩散模型对于语义的精确理解,以提升生成图像的可控性和语义一致性	2023 年 3 月
8	讯飞星火认知大模型 iFLYTEK SparkV1.5	科大讯飞	具备七大维度能力,包括文本生成、语言理解、知识问答、逻辑推理、数学能力、代码能力、多模态能力	2023 年 6 月

2. AIGC 简介

AIGC 是"AI 生成内容"(Artificial Intelligence Generated Content)的缩写,是指借助 AI 技术,利用机器学习、深度学习和自然语言处理等算法,使计算机系统能够生成各种形式的内容,如文本、图像、音频和视频等,如图 7-2 所示。目前,AIGC 技术已经广泛应用于多个领域,包括文本生成、策略生成、图像生成、虚拟人生成、音频生成和视频生成等。

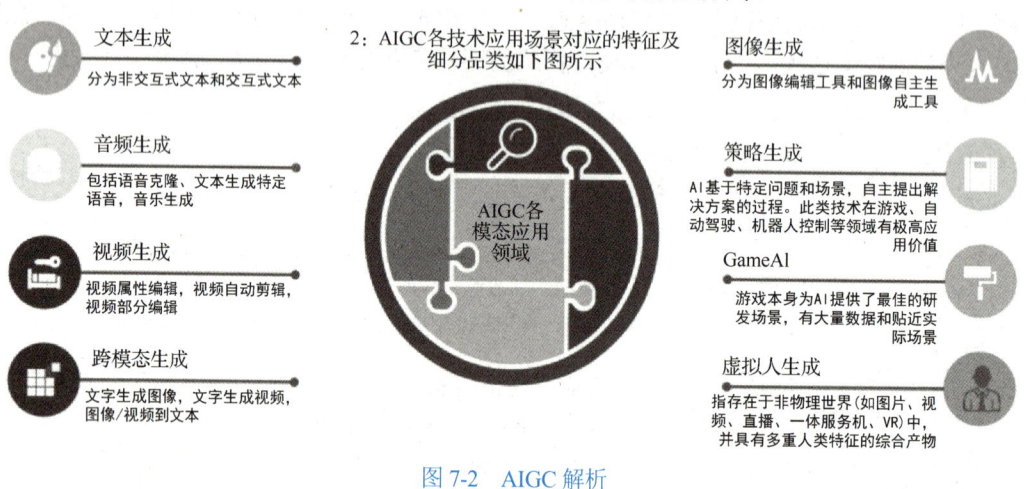

图 7-2 AIGC 解析

表 7-5 总结了 GPT-4 的 AIGC 的相关能力。

表 7-5 GPT-4 的 AIGC 能力汇总

序号	能力名称	应用场景	功能描述	内容类型
1	文本生成	内容创作、文档生成、自动摘要等	根据输入提示生成连贯、有逻辑的文本	文本
2	问答	帮助用户解答问题、提供信息	根据提问生成准确、详细的回答	文本

续表

序号	能力名称	应用场景	功能描述	内容类型
3	对话生成	虚拟助手、聊天机器人、客服系统	进行自然、连贯的对话交流	文本
4	文本摘要	文章摘要、信息提取	提取输入文本的主要信息,生成简洁的摘要	文本
5	文本分类	文本分类、情感分析	将输入的文本进行分类,如情感分类、主题分类等	文本
6	语言翻译	文本翻译	将输入的文本从一种语言翻译为另一种语言	文本
7	情感生成	情感表达、情感化交互	根据输入生成具有情感色彩的文本	文本
8	多模态理解	图文理解、文本图像关联	理解和处理文本与其他内容类型之间的关联关系	文本、图像
9	多模态生成	图文生成、文本配图	结合文本与其他内容类型生成多模态内容	文本、图像
10	代码生成	代码编写、自动化开发	根据输入描述生成代码片段或完成特定任务的代码	文本、代码
11	音频生成	语音合成、声音效果生成	将输入的文本转化为自然流畅的语音或生成特定声音效果	文本、音频
12	视频生成	视频剪辑、视频合成	根据输入生成新的视频内容,包括剪辑、合成和效果添加等	文本、视频
13	图像生成	图像合成、图像编辑	根据输入生成新的图像内容,包括合成、编辑和图像效果添加等	图像
14	视频理解	视频内容分析、场景识别	理解和处理视频内容,识别场景、对象和动作等	视频
15	音频理解	语音识别、音频内容分析	识别和理解输入音频内容,如转换为文本、分析音频特征等	音频
16	异常检测	异常事件识别、异常数据检测	识别输入数据中的异常模式或异常事件	文本、图像、音频、视频等
17	信息抽取	结构化数据提取、实体关系抽取	从非结构化数据中提取关键信息或特定实体关系	文本
18	情景感知	智能家居、自动驾驶	感知和理解周围环境和情景,做出相应决策或交互	多模态
19	推荐系统	个性化推荐、内容推荐	根据用户的兴趣和需求推荐相关的内容或产品	文本、图像、音频、视频等
20	资讯搜集与过滤	新闻资讯搜集、关键信息过滤	从海量信息中自动搜集、筛选和整理相关的新闻和资讯	文本
21	虚拟现实增强	AR/VR 应用、虚拟导游	结合虚拟现实技术提供增强现实体验,如导览、交互和游戏等	多模态
22	人机交互	语音助手、手势识别	实现人与机器之间的自然交互方式,如语音、手势等	多模态
23	自动驾驶	自动驾驶汽车、智能交通系统	实现车辆的自主导航、环境感知和智能决策	多模态、提示或控制指令
24	医疗诊断与辅助	疾病诊断、医学影像分析	提供医疗诊断和辅助决策	文本、图像等诊断结果

7.4.2　AIGC 文本生成

　　AIGC 文本生成是指利用 AI 技术生成各种类型的文本内容。例如,可以使用 AIGC 技术自动生成新闻报道、科技文章、故事情节、推广文案等。一个实际的案例是,GPT-4 模型可以通过输入几个关键词,生成与这些关键词相关的完整文章,提供自动化的写作支持。

　　图 7-3 是 GPT-4(ChatGPT Plus)生成的一篇科普文章,可以看出其概念准确、层次清晰,已经达到了一般专业人员的写作水准。

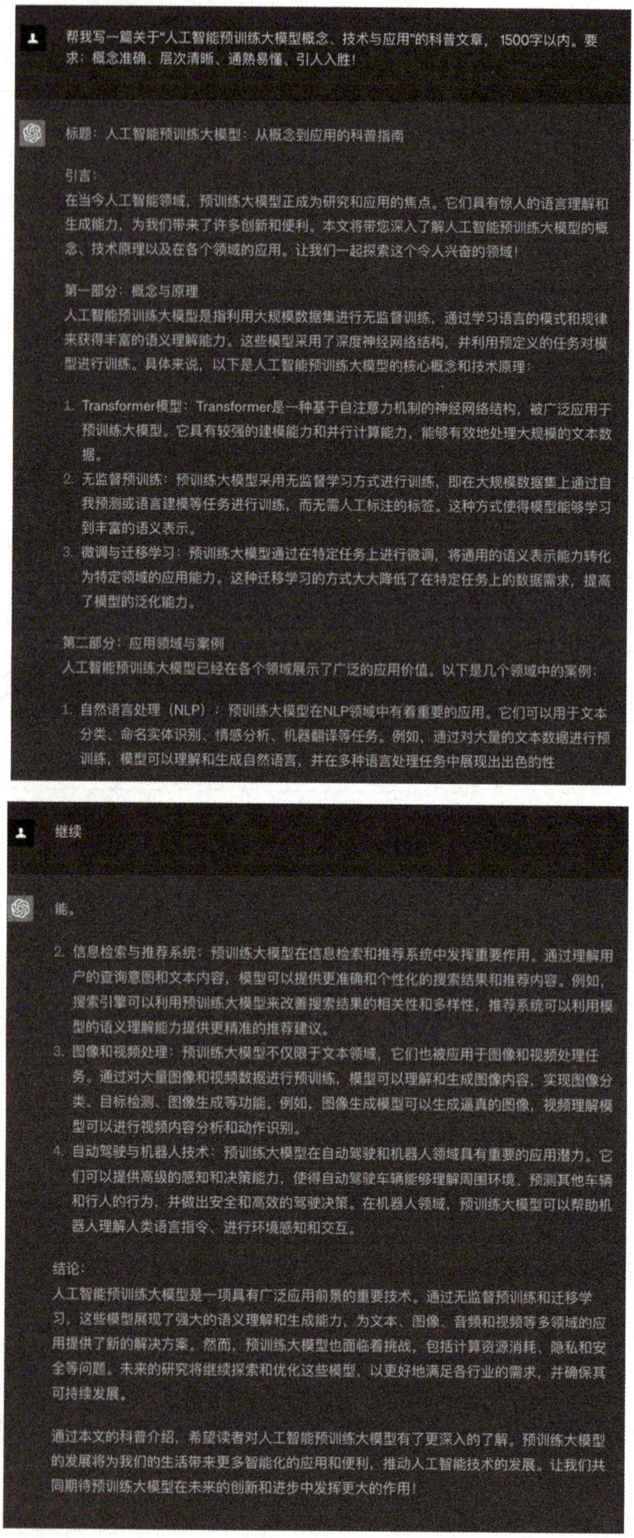

帮我写一篇关于"人工智能预训练大模型概念、技术与应用"的科普文章，1500字以内。要求：概念准确、层次清晰、通熟易懂、引人入胜！

标题：人工智能预训练大模型：从概念到应用的科普指南

引言：
在当今人工智能领域，预训练大模型正成为研究和应用的焦点。它们具有惊人的语言理解和生成能力，为我们带来了许多创新和便利。本文将带您深入了解人工智能预训练大模型的概念、技术原理以及在各个领域的应用。让我们一起探索这个令人兴奋的领域！

第一部分：概念与原理
人工智能预训练大模型是指利用大规模数据集进行无监督训练，通过学习语言的模式和规律来获得丰富的语义理解能力。这些模型采用了深度神经网络结构，并利用预定义的任务对模型进行训练。具体来说，以下是人工智能预训练大模型的核心概念和技术原理：

1. Transformer模型：Transformer是一种基于自注意力机制的神经网络结构，被广泛应用于预训练大模型。它具有较强的建模能力和并行计算能力，能够有效地处理大规模的文本数据。
2. 无监督预训练：预训练大模型采用无监督学习方式进行训练，即在大规模数据集上通过自我预测或语言建模等任务进行训练，而无需人工标注的标签。这种方式使得模型能够学习到丰富的语义表示。
3. 微调与迁移学习：预训练大模型通过在特定任务上进行微调，将通用的语义表示能力转化为特定领域的应用能力。这种迁移学习的方式大大降低了在特定任务上的数据需求，提高了模型的泛化能力。

第二部分：应用领域与案例
人工智能预训练大模型已经在各个领域展示了广泛的应用价值。以下是几个领域中的案例：

1. 自然语言处理（NLP）：预训练大模型在NLP领域中有着重要的应用。它们可以用于文本分类、命名实体识别、情感分析、机器翻译等任务。例如，通过对大量的文本数据进行预训练，模型可以理解和生成自然语言，并在多种语言处理任务中展现出出色的性

继续

能。

2. 信息检索与推荐系统：预训练大模型在信息检索和推荐系统中发挥重要作用。通过理解用户的查询意图和文本内容，模型可以提供更准确和个性化的搜索结果和推荐内容。例如，搜索引擎可以利用预训练大模型来改善搜索结果的相关性和多样性，推荐系统可以利用模型的语义理解能力提供更精准的推荐建议。
3. 图像和视频处理：预训练大模型不仅限于文本领域，它们也被应用于图像和视频处理任务。通过对大量图像和视频数据进行预训练，模型可以理解和生成图像内容，实现图像分类、目标检测、图像生成等功能。例如，图像生成模型可以生成逼真的图像，视频理解模型可以进行视频内容分析和动作识别。
4. 自动驾驶与机器人技术：预训练大模型在自动驾驶和机器人领域具有重要的应用潜力。它们可以提供高级的感知和决策能力，使得自动驾驶车辆能够理解周围环境、预测其他车辆和行人的行为，并做出安全和高效的驾驶决策。在机器人领域，预训练大模型可以帮助机器人理解人类语言指令、进行环境感知和交互。

结论：
人工智能预训练大模型是一项具有广泛应用前景的重要技术。通过无监督预训练和迁移学习，这些模型展现了强大的语义理解和生成能力，为文本、图像、音频和视频等多领域的应用提供了新的解决方案。然而，预训练大模型也面临着挑战，包括计算资源消耗、隐私和安全等问题。未来的研究将继续探索和优化这些模型，以更好地满足各行业的需求，并确保其可持续发展。

通过本文的科普介绍，希望读者对人工智能预训练大模型有了更深入的了解。预训练大模型的发展将为我们的生活带来更多智能化的应用和便利，推动人工智能技术的发展。让我们共同期待预训练大模型在未来的创新和进步中发挥更大的作用！

图 7-3　GPT-4 文章生成样例

图 7-4 是同样的要求通过讯飞星火认知大模型（iFLYTEK Spark）生成的文章。通过阅读比较，也是概念准确、层次清晰，达到了一般专业人员的写作水准。

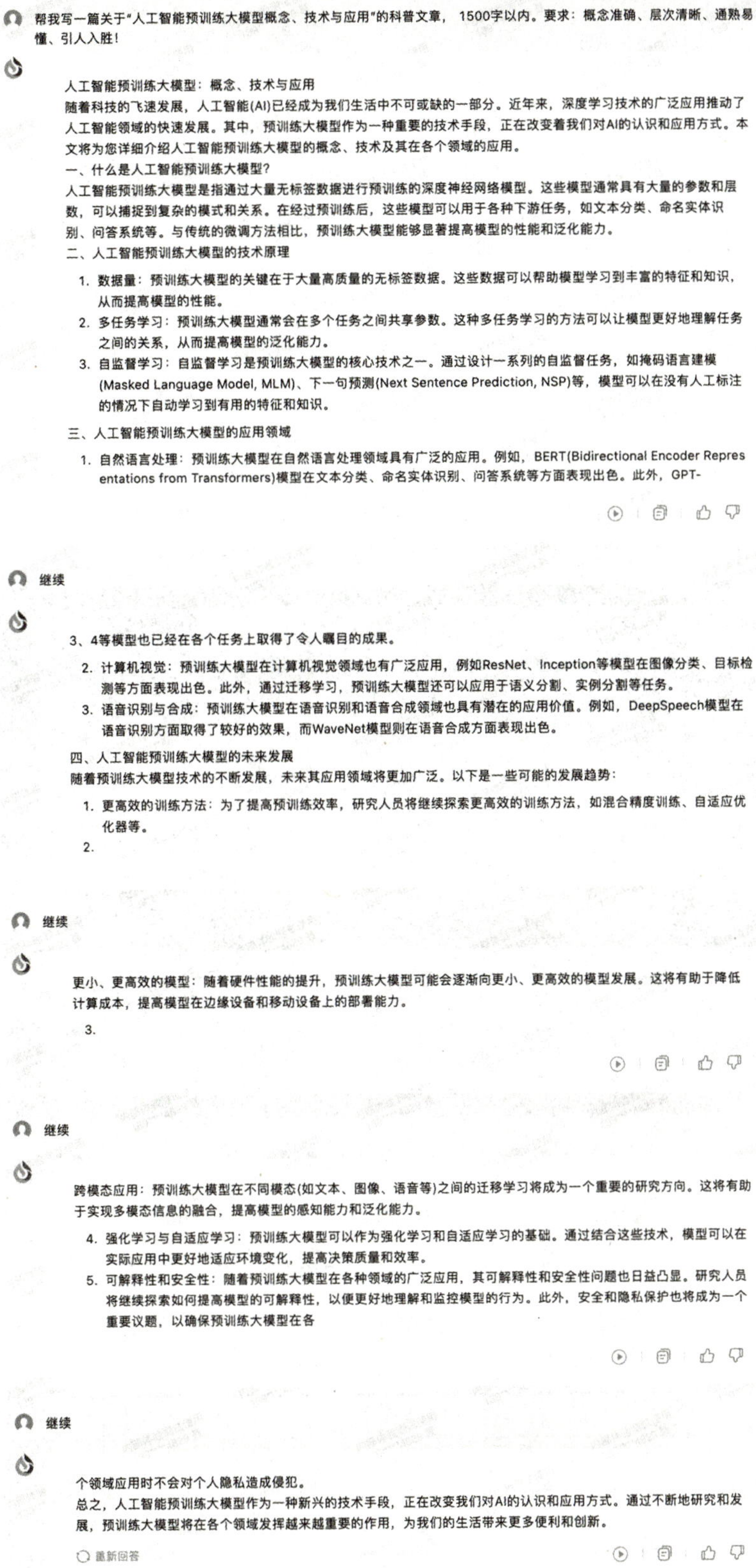

第 7 章 人工智能大模型与内容生成

> 帮我写一篇关于"人工智能预训练大模型概念、技术与应用"的科普文章，1500字以内。要求：概念准确、层次清晰、通熟易懂、引人入胜！

人工智能预训练大模型：概念、技术与应用

随着科技的飞速发展，人工智能(AI)已经成为我们生活中不可或缺的一部分。近年来，深度学习技术的广泛应用推动了人工智能领域的快速发展。其中，预训练大模型作为一种重要的技术手段，正在改变我们对AI的认识和应用方式。本文将为您详细介绍人工智能预训练大模型的概念、技术及其在各个领域的应用。

一、什么是人工智能预训练大模型？

人工智能预训练大模型是指通过大量无标签数据进行预训练的深度神经网络模型。这些模型通常具有大量的参数和层数，可以捕捉到复杂的模式和关系。在经过预训练后，这些模型可以用于各种下游任务，如文本分类、命名实体识别、问答系统等。与传统的微调方法相比，预训练大模型能够显著提高模型的性能和泛化能力。

二、人工智能预训练大模型的技术原理

1. 数据量：预训练大模型的关键在于大量高质量的无标签数据。这些数据可以帮助模型学习到丰富的特征和知识，从而提高模型的性能。
2. 多任务学习：预训练大模型通常会在多个任务之间共享参数。这种多任务学习的方法可以让模型更好地理解任务之间的关系，从而提高模型的泛化能力。
3. 自监督学习：自监督学习是预训练大模型的核心技术之一。通过设计一系列的自监督任务，如掩码语言建模(Masked Language Model, MLM)、下一句预测(Next Sentence Prediction, NSP)等，模型可以在没有人工标注的情况下自动学习到有用的特征和知识。

三、人工智能预训练大模型的应用领域

1. 自然语言处理：预训练大模型在自然语言处理领域具有广泛的应用。例如，BERT(Bidirectional Encoder Representations from Transformers)模型在文本分类、命名实体识别、问答系统等方面表现出色。此外，GPT-

> 继续

3、4等模型也已经在各个任务上取得了令人瞩目的成果。

2. 计算机视觉：预训练大模型在计算机视觉领域也有广泛应用，例如ResNet、Inception等模型在图像分类、目标检测等方面表现出色。此外，通过迁移学习，预训练大模型还可以应用于语义分割、实例分割等任务。
3. 语音识别与合成：预训练大模型在语音识别和语音合成领域也具有潜在的应用价值。例如，DeepSpeech模型在语音识别方面取得了较好的效果，而WaveNet模型则在语音合成方面表现出色。

四、人工智能预训练大模型的未来发展

随着预训练大模型技术的不断发展，未来其应用领域将更加广泛。以下是一些可能的发展趋势：

1. 更高效的训练方法：为了提高预训练效率，研究人员将继续探索更高效的训练方法，如混合精度训练、自适应优化器等。
2.

> 继续

更小、更高效的模型：随着硬件性能的提升，预训练大模型可能会逐渐向更小、更高效的模型发展。这将有助于降低计算成本，提高模型在边缘设备和移动设备上的部署能力。

3.

> 继续

跨模态应用：预训练大模型在不同模态（如文本、图像、语音等）之间的迁移学习将成为一个重要的研究方向。这将有助于实现多模态信息的融合，提高模型的感知能力和泛化能力。

4. 强化学习与自适应学习：预训练大模型可以作为强化学习和自适应学习的基础。通过结合这些技术，模型可以在实际应用中更好地适应环境变化，提高决策质量和效率。
5. 可解释性和安全性：随着预训练大模型在各种领域的广泛应用，其可解释性和安全性问题也日益凸显。研究人员将继续探索如何提高模型的可解释性，以便更好地理解和监控模型的行为。此外，安全和隐私保护也将成为一个重要议题，以确保预训练大模型在各

> 继续

个领域应用时不会对个人隐私造成侵犯。

总之，人工智能预训练大模型作为一种新兴的技术手段，正在改变我们对AI的认识和应用方式。通过不断地研究和发展，预训练大模型将在各个领域发挥越来越重要的作用，为我们的生活带来更多便利和创新。

图 7-4　讯飞星火认知大模型生成文章样例

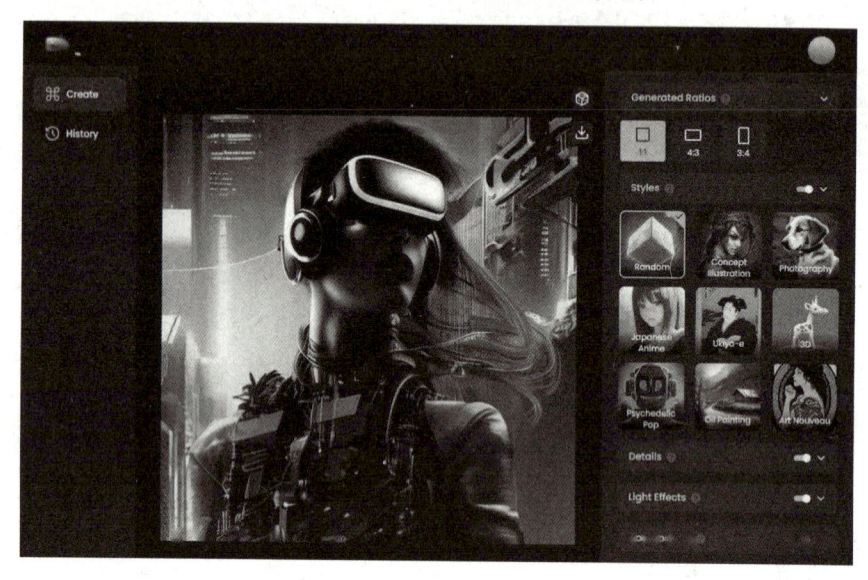

7.4.3 AIGC 图像生成

1. AIGC 图像生成的含义

AIGC 图像生成是指利用 AI 技术生成各种类型的图像内容，如人物肖像、风景画、卡通图像等。2023 年索尼世界摄影奖获奖名单中，德国摄影师鲍里斯·埃尔达森使用 AIGC 生成的图像《虚假记忆》获得公开竞赛组创意类别第一名，引起业界尤其是新闻摄影工作者对于摄影真实性的热议。虽然摄影师本人拒绝领奖，希望引起大家更多的重视和争论，但我们看到，有越来越多的摄影师开始应用 AI 技术在影像创作上探索更多的可能，拓展影像发展的边界，进而改变我们对摄影的思考方式。

AIGC 图像生成颠覆了传统的图像创作领域，通过 AI 工具可以在几秒内将设计者的想法或概念快速转化为可视化的图像。AI 图像生成工具可用于各种目的，例如为创意项目产生灵感，将想法可视化，探索不同的场景或概念，或者仅仅是为了享受 AI 的乐趣。顶级的 AI 图像生成工具具有强大的拼接能力、渲染速度。图 7-5 是一个 AIGC 图像生成样例。

图 7-5　AIGC 图像生成样例

2. 典型图像生成工具

表 7-6 汇集了一些热门的 AIGC 图像生成工具的信息。读者可以根据自己的兴趣和需求进行选择、安装和使用。

表 7-6　2023 年热门的 14 款 AIGC 图像生成工具

序号	工具名称	工具简介	主要特点
1	Fotor	Fotor 是一个在全球拥有数百万用户的在线照片编辑器，最近发布了一个 AI 图片生成器。它使用非常简单，只需要输入你的文字提示，然后 Fotor 的 AI 文字-图像生成器在几秒内就把它变成现实。可以用它来创建逼真的脸部图像、3D 和动漫人物、绘画，以及任何类型的数字艺术。Fotor 的 AI 图像生成器最好的方面是它可以免费使用，并让你以全分辨率导出你生成的图像。这对初学者和高级用户来说都是一个很好的选择	每天有 10 个免费的图像生成、2 种图像转换模式（文本到图像和图像到图像）、快速图像生成模式、能够从文本中生成优秀的图像、9 种不同的转换风格可供选择

续表

序号	工具名称	工具简介	主要特点
2	NightCafe	NightCafe 是市场上最受欢迎的 AI 文本转图像生成器之一。据说它比其他生成器有更多的算法和选项。它有 2 种转换模式——文本到图像和风格转换。文本到图像：只需输入一个描述文本，NightCafe 就会根据描述自动生成相应场景的图像。风格转换：将图片上传到 NightCafe，它可以将图片变成名画的风格。NightCafe 是基于信用系统的。拥有的学分越多，能生成的图片就越多。可以通过参与社区活动或购买来获得学分	易于使用、快速的图像生成过程、每天有 5 个免费的图像生成、多种艺术风格可供选择、能够生成用于印刷的高分辨率图像
3	Dream by WOMBO	Dream by WOMBO 是由加拿大 AI 初创公司 WOMBO 创建的。它被许多人认为是最好的来自文本的全能 AI 图像生成器。使用 Dream by WOMBO 的过程与 NightCafe 非常相似。写一个句子，选择一种艺术风格，然后让 Dream by WOMBO 为你生成图像。它最好的部分之一是，它允许你上传一张图片作为参考，因此可以生成更符合你设想的图片	易于使用、有各种艺术风格可供选择、免费生成无限的图像、将生成的图像作为 NFT 出售
4	DALL-E 2	DALL-E 2 是由 OpenAI 开发的尖端 AI 图像生成器，该团队创建了 GPT-3，即顶级自然语言机器学习算法。因此，DALL-E 2 成为市场上最先进的 AI 图像生成器，可以从文本中生成各种数字艺术和插图。只要输入文字，DALL-E 2 就会根据文字创造出一系列的图片。你可以用它来创作插图，设计产品，并产生新的商业创意。DALL-E 2 提供的最好的功能之一是它的画笔，它允许你为你的图片添加细节，如阴影、高光、颜色、纹理等	每次在几分钟内制作多个图像、图像质量和准确性高、能够编辑生成的图像
5	Midjourney	Midjourney 也是最好的 AI 图像生成器之一，功能全面，图像生成速度极快。输入一个文本提示，让 Midjourney 完成剩下的工作。许多艺术家使用 Midjourney 来生成他们想要的图像，作为他们作品的灵感来源。使用 Midjourney 制作的 AI 绘画 "Théâtre d'Opéra Spatial" 在科罗拉多州博览会的美术比赛中获得了一等奖，击败了其他 20 位艺术家。然而，目前，Midjourney 被托管在一个 Discord 服务器上。为了用 Midjourney 生成图像，你必须加入其服务器，并采用 Discord 机器人命令来创建图像。但这很容易，你可以在几分钟内轻松上手	容易上手、图像生成速度快、生成的图像质量高，每次有 4 张输出图像
6	Dream Studio	Dream Studio，也被称为稳定扩散，是最受欢迎的文本到图像 AI 生成器之一。它是一个开源的模型，可以在短短几秒内将文字提示转换为图像。此外，它可以通过结合上传的照片和书面描述来产生逼真的艺术作品。Dream Studio 可以用来创建摄影图片、插图、3D 模型、标志，以及基本上任何你能想象到的图像	快速的 AI 图像生成、每次可生成多个图像、图像具有很高的质量、自定义选项可以编辑生成的 AI 图像、API 访问
7	Craiyon	Craiyon 的前身是 DALL-E mini。它是由 Hugging Face 的研究人员开发的。只需输入文字描述，它就会生成由你输入的文字组成的 9 种不同的图像。Craiyon 是一个伟大的免费 AI 图片生成器，不需要注册页面。你可以输入任何你喜欢的关键词，并在几分钟内看到你的 AI 生成的图像	易于使用、不需要注册或登记、免费生成无限的 AI 图片、每次生成 9 张创意图片
8	Deep Dream Generator	Deep Dream Generator 是一个流行的在线 AI 艺术生成工具。它非常容易使用，并配有一套创建视觉内容的 AI 工具。Deep Dream Generator 可以从文本提示中生成逼真的图像，将基础图像与著名的绘画风格合并，或者使用在数百万张图像上训练过的深度神经网络，在原始图像的基础上生成新图像	易于使用、能够创建现实的和抽象的图像、有 3 种 AI 模型可供选择
9	StarryAI	StarryAI 是一个自动 AI 图像生成器，可以将图像变成 NFT。它可以用机器学习算法处理图像，不需要用户的任何输入。StarryAI 最好的一点是，它为你提供了所创建图像的完全所有权，可以用于个人或商业目的	快速和易于使用、适用于安卓和 iOS 设备的 AI 图像生成器应用程序，可作为 NFT 生成器使用、能够创建现实的图像、抽象的图像和产品效果图

续表

序号	工具名称	工具简介	主要特点
10	Artbreeder	利用机器学习，Artbreeder 通过重新混合图像来生成具有创造性的和独特的图像。你可以用它来创造风景、动漫人物、肖像和其他各种图像。然而，生成的图像的质量不如其他 AI 图像生成器好。Artbreeder 的一个先进功能是，它提供了成千上万的插图，并允许用户在文件夹中管理它们，并以 JPG 或 PNG 格式下载它们	创建不同的图像变体；生成风景画、动漫人物、肖像画等。在文件夹中管理插图，可下载 JPG 和 PNG 格式的插图
11	Photosonic	Photosonic 是一个基于网络的 AI 图像生成工具，它可以让你通过最先进的文本到图像的 AI 模型，从任何文本描述中创建逼真或艺术的图像。它可以让你通过调整描述和重新运行模型来控制 AI 生成图像的质量、类型和风格	使用方便、快捷；10 个免费的图像生成；有充分的权利将生成的图像用于任何个人或商业目的
12	DeepAI	这是一个 AI 文本到图像生成器。它的 AI 模型是基于稳定的 DIFFusion，可以从文本描述中从头开始创建图像。DeepAI 是免费使用的，允许你创建无限数量的图像，而且每张都是独一无二的。它还有一个免费的文本到图像的 API，开发者可以用它来连接到另一个软件项目。然而，其质量并不像本文列出的其他 AI 图像生成器那样逼真	易于使用；免费生成无限的图像；文本到图像的 API 访问；创建独特和有创意的 AI 图像
13	Big Sleep	Big Sleep 是一个来自文本的 AI 图像生成器，它基于 Python，使用神经网络来创建图像。它在 GitHub 上，是开源的	免费使用、能够从文本中产生一些优秀的图像、可以选择以高达 1024×1024 像素的分辨率导出图像
14	PixRay	PixRay 也很容易使用，是一个很好的入门工具。AI 图像生成器使用感知引擎。这些引擎的工作原理是将图像划分为被称为瓦片的小方块。然后，用户可以操纵这些瓦片来改变任何给定图片的外观。该应用程序还允许用户添加运动模糊和光影效果。这个应用程序最好的一点是，它允许用户创建高质量的图像，而不需要学习代码。它还支持许多文件格式，因此用户可以在 PixRay 中制作图片后转换它们。PixRay 的一个缺点是，它缺乏一些竞争对手的额外功能，如纹理生成或编辑工具	使用简单、每次处理不同的图像、高质量的图像和精确度

3．图像生成的应用场景

AIGC 图像生成是计算机视觉领域的重要组成部分，其典型应用场景包括图像分类、图像分割、图像生成、图像风格转换、图像修复、图像超分辨率等。随着近年来 AI 技术所取得的一系列突破性发展，再结合数字信号处理技术、传感技术、虚拟现实技术的快速发展，AIGC 图像生成目前已经广泛应用在各行各业的场景中。

- 图像分类、图像分割：可以在工业、工程设计等领域辅助进行目标识别、图像相似度检索、辅助 CAD 设计等；在医学领域可以帮助进行医学影像标注、解剖、病理结构变化分析等。另外，图像生成模型在零样本分类任务中的良好表现，可以在不需要进行额外训练的情况下快速创建项目，有效提升了模型的工程化能力，降低了对数据标注的要求和训练成本。
- 图像生成和图像风格转换：在艺术设计、产品设计、动画与游戏制作等方面均有充分的商业化潜力，可以将其大量应用于创作艺术作品，根据设计者的草稿图、创意概念来生成图像，以及图像合成、图像编辑、增强图像艺术性等，从而能够帮助设计师、建模师进行动漫人物、游戏场景的制作，帮助完成海报、产品 LOGO 和产品包装设计等工作。在电商的应用方面，图像生成可以在虚拟试衣间、模拟商品展示等场景提升用户的在线购物体验。
- 图像修复：能够根据已有图像的上下文信息修复缺失部分，如上色、去除噪声或填充缺失部分，对图像对比度、锐度或色彩鲜艳度等图像要素的增强等，可以应用于数字化历史文献的修复、图像修补等。在摄影与影视制作方面，对老照片、老电影的修复和画质提升都具有很强的应用价值。
- 图像超分辨率：能够从低分辨率图像恢复和重建高分辨率图像，在医学影像处理场景中，结合模型的数据合成和预测能力进行图像识别、特征提取和图像重建，能够帮助医生创建逼真的病例和解剖结构，生成 CT 扫描图像，辅助进行病情的分析诊断。另外，在天文观测和卫星遥感观测等方面，利用图像超分辨率能够提升成像设备的性能，并克服时间差异、气象变化等因素引起的图像场景变化，为天文探索发现增加了更多可能性。

未来，随着图像生成技术的发展，其与 3D 生成的强相关性将会更多在视频、教育、建筑以及虚拟空间建模等方向形成纵深探索。模型的稳定可控能力是影响未来发展的核心要素，目前图像生成内容仍然存在较大的不确定性，对艺术创作有助于激发灵感，但对图像本身可控性要求极高的领域来说，生成图像是否与预期目标相符，以及对图像精度的精准控制十分关键，这将有利于拓展其在生物医药、工业制造、航空航天等领域的应用前景。

7.4.4 AIGC 音频生成

1. AIGC 音频生成的含义

AIGC 音频生成是指利用 AI 技术根据所输入的文本、语音、图像、视频等初始信息合成相应的音频的过程，主要包括根据文本合成语音（TTS，Text-To-Speech）、不同语言之间的语音转换、根据视觉内容（图像或视频）进行语音描述，以及生成特定声音、音效、音乐等，如表 7-7 所示。

表 7-7 AIGC 音频生成的主要类型

序 号	输入类型	音频生成方式	语 音 场 景
1	文字信息	提取文字信息并合成语音信息	信息播报、人机交互
2	音频信息	根据给定的语音片段进行识别和理解，进一步按要求进行语音合成或者将一种语言转换成另一种语言的语音信息	语音编辑、语音理解、语音合成、语言转换、音乐制作
3	肌肉震动	对喉部、面部等肌肉运动情况进行感知并合成语音	智能可穿戴设备、元宇宙
4	视觉内容	对图像、视频等视觉内容进行识别和理解，并生成与口形对应的语音信息	虚拟主播、智能数字人、平行数字替身

2. 音频生成技术与模型

组成语言声音的结构包括音色、音量、音素、音节、音位、语素等，组成音乐声音的结构包括响度、音调、音色、噪声与和声等。音频生成能够对这些基本单位进行预测和组合，通过频谱逼近或波形逼近的合成策略来实现音频的生成。按照输入数据类型的不同，音频生成可以分为根据文字信息、音频信息、肌肉震动、视觉内容等输入信息进行的声音合成。按照场景的不同，音频生成又可以分为非流式语音生成和流式语音生成。其中，非流式语音生成可进行一次性输入和输出，强调对整体语音合成速度的把握，适合应用在语音输出为主的相关场景；流式语音生成则可以对输入数据进行分段合成，响应时间短，应用在语音交互相关场景中，能够带来更好的体验。

决定音频生成效果的关键因素主要包括生成速度、分词的准确程度、合成语音的自然度，以及语音是否具有多样化的韵律和表现力等。音频生成在智能客服、语音导航、同声传译、音乐和影视制作、有声书阅读、数字人等场景均有广阔的应用空间。另外，近年来音频生成设备在医疗领域也显现出了巨大的应用潜力，例如帮助语言障碍者与他人进行交流，方便视觉障碍者有效获取文本和图片信息等。表 7-8 给出了音频生成的主要代表模型。

表 7-8　AIGC 音频生成的主要代表模型

序号	模型名称	开发机构	功能特色	是否开源
1	Tacotron2	Google	最早提出端到端语音合成模型，作为多个语音合成系统解决方案框架	开源
2	Transformer-TTS	Google	基于 Tacotron2 和 Transformer 的结合，是目前主流的端到端语音合成框架	开源
3	AudioLM	Google	基于 Transformer 的音频生成模型，支持根据语音片段生成语音和音乐	未开源
4	Whisper	OpenAI	自动语音识别模型，并支持语音转录、语音翻译等	开源
5	WavLM	微软亚洲研究院	基于 Transformer 的通用语音预训练大模型，在语音识别、语音增强、语音翻译等任务中取得了很好的效果	开源
6	FastSpeech2	微软与浙江大学	基于 Transformer 的端到端语音合成模型，语音生成速度快，对语音长短和韵律的控制较好	开源
7	Make-an-Audio	浙江大学、北京大学、火山语音	基于扩散算法的语音生成模型，实现较好的文本增强策略，支持将文本、音频、图像、视频等多模态作为输入生成音频，是业界首次尝试在用户定义的输入模态下生成高质量音频	未开源
8	DeepVoice3	百度	全卷积序列到序列语音合成模型，通过扩展语音合成模型的训练数据集，能够实现多人说话的语音合成效果	未开源
9	文心 ERNIE-SAT	百度	采用语音-文本联合训练方式的跨模态预训练大模型，融合跨语言音素知识，能够提升多种语音合成任务的效果	部分开源
10	START-TTS	科大讯飞	工业级中文语音预训练模型，支持多模态语音识别、情感识别、声纹识别等任务	未开源

　　AI 语音处理任务，包括语音识别、语音合成、语音理解、语音转换、机器翻译、情感分析等，一直是 AI 领域的研究难点、热点，当今的 AIGC 音频生成又几乎是所有这些技术的综合应用。近几年，随着相关算法、算力和数据的综合发展，上述的语音生成模型都在不同应用场景上有所突破！使用者从声音传播的特征和实际应用视角出发，一般对音频生成有两个基本需求：一是交流对话、播报、翻译等应用场景的实时性和内容准确性；二是影响使用体验的声音自然度、连贯性，包括语速快慢、声音强弱、情绪等刻画人类情感信息的能力。因此，音频生成模型在生成速度、语音质量、控制能力等方面的差异，也就决定了其在应用场景中的能力，而不同类型的用户和行业在应用中也会侧重关注不同的方面，并在训练提升模型性能的过程中根据实际需求进行优化和调整。

3. 音频生成的典型应用场景

　　当前，AIGC 的音频生成已经广泛应用于生产生活当中，提升信息传输的效率、人机交互的便捷性与使用体验感，在公共服务、娱乐、教育、交通等许多领域具有巨大的商业化价值。

- 语音识别：通过将输入的音频进行特征提取转换为对应的文本或命令，能够实现对人声口述或各类音频内容的文字转换，其中以智能手机的语音输入法、口述笔记等 C 端场景应用最为典型。在行业应用场景中，档案检索、电子病历录入、影视字幕制作等方面也存在较大的应用空间。另外，对声纹的识别能够进行人的身份信息特征提取，可应用于金融和公共服务领域的身份安全验证、反欺诈等场景。
- 语音合成：可以在泛娱乐领域得到大量应用，如新闻播报、有声阅读等长声音制作场景，在电影、短视频创作中根据给定的脚本生成与场景、人物口型同步的语音；在交通、工业制造方面，利用语音合成可以进行语音导航、交通指挥、工业自动化控制等工作；跨语言合成可应用在语音翻译、语言学习等场景；在医学领域，语音合成应用在人工喉等医疗可穿戴设备上，帮助语言障碍者提高交流能力和生活质量。
- 语音交互：可以广泛应用在各类人机对话场景中，并能够在不同行业实现多元化的应用场景拓展。例如在企业服务、金融等行业可以通过智能客服机器人与客户进行语音问答，有效节约人工成本；在家电、汽车等行业可大量应用在智能家居、智能车载场景中，通过语音助手完成用户的各类指令；在新闻传媒等行业，语音交互可以在国际会议、展览等活动中进行同声传译工作。
- 语音转换：可实现对语音的音色、口音等风格迁移，适用于影视、动漫、游戏、虚拟现实等领域不同角色声音的设置，也可以应用在一些涉及个人隐私安全的场景，对声音进行隐私处理。此外，语音转换的作用还在于能够构成合成数据，增加训练数据规模来提升模型性能。
- 语音增强、语音修复：可以对语音信号进行降噪、滤波、增益等处理，应用于电话录音、视频会议、公共环境中的语音交互服务方面，可提高语音识别能力和生成质量。另外还可以进行历史音频资料的修复，以及古代语言发音的推测合成等，对于历史研究具有重要的应用价值。
- 音乐生成：可以根据提示的音频片段或文本描述生成语义、风格一致的连贯音乐，在音乐和影视领域，可以帮助创作者进行歌曲编曲、音乐风格精修、背景音乐和环境音效生成等工作。

7.4.5 AIGC 视频生成

1. AIGC 视频生成的含义

AIGC 视频生成是指通过 AI 技术，根据给定的文本、图像、视频等单模态或多模态信息，自动生成符合描述的、高保真的视频内容，如动画片段、虚拟现实场景、视频特效、小视频、影视作品等。AIGC 视频生成的方式与过程如表 7-9 所示。

表 7-9 AIGC 视频生成的方式与过程

序号	生成方式	生成过程	应用场景
1	剪辑生成	将多段视频进行剪辑、合成和编辑，生成新的视频，包括视频属性编辑、片段剪辑、视频编辑等	影视编辑、剪辑
2	特效生成	在现有视频上添加多种效果，如滤镜、光影、烟火等，提升视频创意和艺术效果	视频后期特效
3	内容理解与变换	将特定视频中的人物、场景、背景进行编辑、替换，添加字幕	视频风格迁移、替换和加强，自动翻译、自动字幕等
4	内容生成多模态生成	根据给定的文本、图像及视频等描述和参考信息生成相应的视频内容	影视、游戏、小视频的场景制作，广告视频制作、数字人制作等

2. 视频生成技术与模型

视频生成的技术发展可以大致分为图像拼接生成、GAN/VAE/Flow-based 生成、自回归和扩散模型生成几个关键阶段。随着深度学习的发展，视频生成无论在画质、长度、连贯性等方面都有了很大提升。但由于视频数据的复杂性高，相较于语言生成和图像生成，视频生成技术当前仍处于探索期，各类算法和模型都存在一定的局限性。表 7-10 给出了 AIGC 视频生成的主要模型。

表 7-10　AIGC 视频生成的主要模型

序　号	模型名称	开发机构	功 能 特 点	是否开源
1	ImageVideo	Google	基于扩散模型的文本-视频生成，生成速度快、画质好，具备多种艺术风格和 3D 对象的理解能力	未开源
2	Phenaki	Google	基于 Transformer，使用文本-视频、文本-图像数据联合训练，支持根据一段完整故事，生成 2 分钟以上的完整视频	未开源
3	Make-a-Video	Meta	只使用文本-图像数据训练实现视频生成，提高了生成视频的时间和空间分辨率	未开源
4	Gen-2	Runway	支持文本-视频、文本-图像-视频、图像视频、视频风格化等 8 个模式	未开源
5	NUWA-XL	微软亚洲研究院	基于 Diffusion over Diffusion 架构的超长视频生成模型，视频质量和连续性较好，并能大幅减少生成时间	开源
6	CogVideo	清华&智源	大规模文本-视频预训练模型，多帧率分层训练策略能够更好地对齐文本和视频，大规模训练数据对生成视频的质量有明显提升	开源

视频生成任务的特点在于其所包含的画面信息多、复杂程度高、动作随机性强，还需要考虑空间、时间等因素；另外由于人眼对画面伪影非常敏感，人物的动作细节是否连贯直接影响着视频的生成效果。这些因素导致模型性能面临着很大的考验。在实际应用中还需要更多地考虑来自不同行业、不同场景的用户需求。因此视频生成的可控性、逼真度、连贯性是影响应用能力的关键因素。

3. 视频生成的典型产业应用场景

与视频生成相关的典型应用场景包括视频内容识别、视频编辑、视频生成、视频增强、视频风格迁移等。目前与视频属性编辑相关的应用逐渐成熟，但视频生成距离精细化控制还存在一定差距，尚未形成产业规模化应用的能力。未来随着生成效果的提升，在很多行业中将具备广阔的应用前景。

- 视频内容识别：对视频中的物体、人脸、场景等元素进行识别分类，可以应用在交通、安防领域进行视频检索、视频分类、目标检测跟踪、异常事件识别预警等，增强监控和交通管理的智能化水平；在社交媒体、营销服务领域可以进行内容标签生成、情感分析等任务；另外还可以帮助影视工作者进行人物分类、场景分析、镜头分析等，提高电影电视的制作效率和质量。
- 视频编辑：包括对现有视频进行自动剪辑、拼接、合成、特效处理、添加音效字幕等操作，从而达到更好的视觉效果。在影视制作领域，后期剪辑工作往往需要对视频进行逐帧处理，需要消耗大量的人力和时间，视频编辑能够辅助进行人物抠取、改色、消除或替换视频中的部分画面元素，提升剪辑师、特效师的工作效率，显著降低后期制作成本；在短视频领域，能够帮助个人创作者进行素材剪辑、特效添加，快速制作出更有创意的视频内容。
- 视频生成：根据给定的文本描述、图片、视频等，自动生成符合场景需求的视频内容，应用在视觉制作行业可以有效实现降本增效。例如生成电影、电视剧、游戏中的虚拟场景、角色、特效等，或是根据原始影片生成电影预告片，根据产品文字介绍生成视频广告等。另外，视频生成也可以应用在医学领域，辅助生成动态人体结构、疾病模型等，用于医学教育和研究工作。
- 视频增强：包括对视频进行色彩校正、去噪、锐化、超分辨率等处理。在影视和广告制作过程中能够对视频画质、色彩、对比度进行调整，特别是能够应用在对老电影、珍贵影像资料的修复工作中，提升视觉效果和研究价值。在安防监控领域，视频增强可以提高监控画面的清晰度、减少噪声，有助于提高监控系统的效率和可靠性；应用在医疗领域可以提高医学影像的质量，辅助进行微创手术、远程诊疗、手术培训等。

- 视频风格迁移：根据给定的文字描述或参考图，将原始视频转换为指定的不同风格，例如将真人视频转换为油画、素描、动漫等风格，或是进行黑白-彩色转换，日间-夜间转换处理，可以帮助影视工作者根据作品主题和情节需要快速调整风格，提高影视作品的艺术性；在广告制作领域可以根据产品定位进行风格转换，使其更加符合目标受众的偏好。

第 8 章　人工智能的机遇、挑战与未来

8.1　AI 的行业应用日趋火爆

8.1.1　云计算、大数据助力 AI

今天的"云计算"已经像电力、自来水一样，按需提供计算服务、存储服务和软件服务，既有商业化的公共云，也有许多行业、企业的私有云。如图 8-1 所示给出了我国目前具有代表性的四大公有云 BATH，即百度云、阿里云、腾讯云和华为云。如图 8-2 所示给出了一个典型的行业云（私有云）的体系结构。

图 8-1　我国四大公有云 BATH

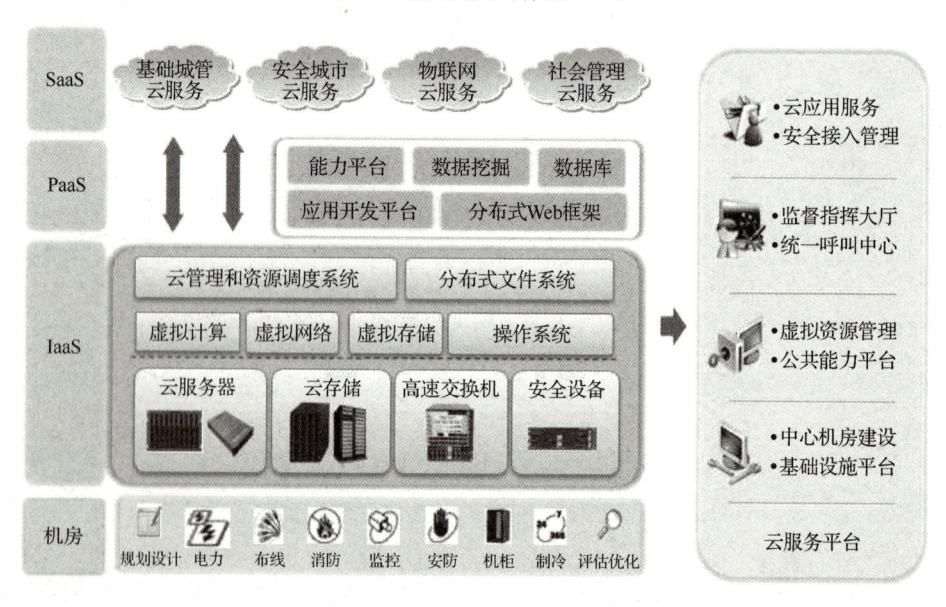

图 8-2　一种典型的行业云（私有云）的体系结构

第 8 章　人工智能的机遇、挑战与未来

随着互联网、物联网和移动通信等技术的广泛应用，各行各业的数据正在井喷式地增长，如图 8-3 所示。这些数据是现代人类的宝藏，蕴含着大量的知识、规律和价值。这些爆炸式增长的数据，即现在统称的大数据（Big Data），由于其 4V 特征（体量巨大 Volume、类型繁多 Variety、价值密度低 Value、要求处理速度快 Velocity），使得其存储、传输和处理都十分困难。实际上，云计算解决了大数据的存储和传输问题，而机器学习和深度学习等 AI 技术解决了大数据的分析、挖掘和利用问题。

地球上总共的数据量：
- 2006年，全球一共新产生了约180EB的数据；
- 2011年这个数字达到1.8ZB；
- 2020年，整个世界的数据总量达到40ZB；
- 有市场机构预测，2023年达到101ZB，2025年将达到175ZB；

信息计量单位：
1MB=1024MB
1GB=1024MB
1TB=1024GB
1PB=1024TB
1EB=1024PB
1ZB=1024EB

想驾驭这庞大的数据，我们必须了解大数据的特征

体量巨大–Volume
类型繁多–Variety
价值密度低–Value
要求处理速度快–Velocity

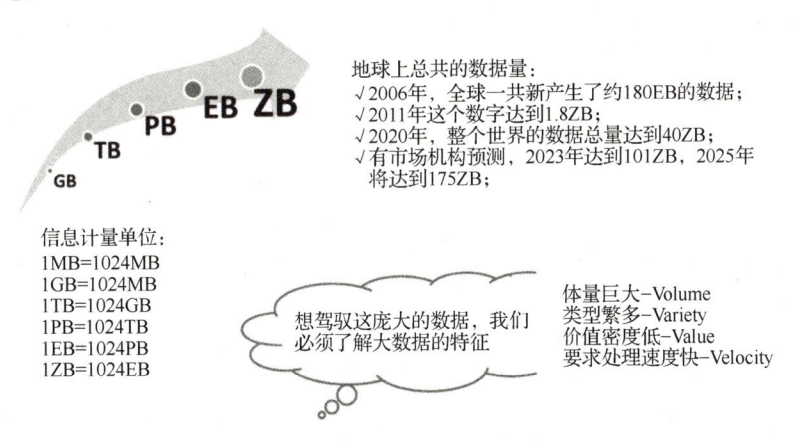

图 8-3　全球大数据的爆发式增长

如果把 AI 比喻为火箭，那么大数据就是它的燃料，云计算就是它的引擎。实际上，AI 之所以历经了六十多年后才于近几年成为热门，主要原因归根在传统机器学习基础上，于 2006 年出现的 AI 关键实现技术——"深度学习"。深度学习技术推动了 AI 在多项技术上取得重大突破，具有了实用价值；而深度学习技术的实现正是在云计算和大数据强力支撑下才取得了实质性的进展。

目前，在云计算强大的计算力和对大数据的处理力（获取、存储、传输和转换等）的有力支撑下，借助深度学习算法的多项突破，AI 在多项关键技术上取得了重大进展，为行业应用奠定了通用技术基础。

- 大数据分析：机器学习、深度学习广泛应用于各行各业的数据分析、挖掘、预测和规划与控制。
- 语音识别：自然语言识别率达到 97%，接近人类的识别水平。
- 语音合成：支持音色选择、音量语速定义、领域词库和个性化发音，已经实用化、产品化，已接近人类的发音特征。
- 图像识别：图像标签（物体、目标的识别）的错误率从 2010 年的 28.5%下降到了 2017 年的 2.5%，优于人类的 4%，人脸识别准确率达到了 99.5%。
- 计算机视觉：在完成回答有关图像的开放式问题任务上的表现，截至 2017 年 8 月最好的 AI 系统准确率达到 70%，接近人类 85%左右的水平了。
- 自然语言处理：2023 年 5 月，以 GPT-4（ChatGPT Plus）为代表的一系列预训练大模型的诞生，在自然语言理解、内容生成（包括文本、代码、图像、音频、视频等）、逻辑推理、多模态交互与生成等许多 AI 任务上取得了突破性的进展，许多能力达到甚至超过了一般人类的水平。
- 机器人：工业机器人、服务机器人、专用机器人等已经广泛应用于人类的生产、生活和工作中。谷歌 AlphaGo 的围棋水平、IBM Watson 的肿瘤诊治水平、波士顿动力的仿真机器

人 Atlas、科大讯飞翻译的同声传译水平、KUKA 机器人的乒乓球水平、达芬奇微创手术机器人的灵巧程度等都已经接近或超过了人类专业人员的特定专项水平。

8.1.2 AI 助力金融

AI 在金融领域的应用，主要是通过机器学习、语音识别、语义理解、视觉识别等方式来分析、预测、辨别交易数据、价格走势等信息，从而为客户提供投资理财、股权投资等服务，同时规避金融风险，提高金融监管力度。

AI 在金融领域主要应用在智能投顾、智能客服、安防监控、金融监管等场景。

目前较为领先的企业，国内有蚂蚁金服、因果树、交通银行、平安集团等，国外有 Welthfront、Kensol，以及被 IBM 收购的 Promontory。

8.1.3 AI 助力电商零售

AI 在电商零售领域的应用，主要是利用大数据分析技术，智能地管理仓储与物流、导购等方面，用以节省仓储物流成本、提高购物效率、简化购物程序。

目前较为领先的应用企业有亚马逊、京东、阿里巴巴、梅西百货等。

8.1.4 AI 助力安防

AI 助力安防，主要是解决安防领域数据结构化、业务智能化及应用大数据化的问题。长久以来，安防系统每天都产生大量的图像以及视频信息，处理这些冗余的、庞大的数据所需人力成本较高而且效率非常低。因此，AI 在安防行业的应用主要依靠视频智能分析技术，通过对监控画面的智能分析获得相关信息、采取安防行动。

主要应用包括智能监控和安保机器人等。目前较为领先的应用企业有海康威视、旷视科技、格林深瞳、360、尚云在线等。

8.1.5 AI 助力教育

AI 进入教育领域最主要是能实现对知识的归类，以及利用大数据的搜集，通过算法去为学生计算学习曲线，为使用者匹配高效的教育模式。同时，针对儿童幼教的机器人能通过深度学习与儿童进行情感上的交流。

AI 助力教育还包括智能评测、分级推送、个性化辅导、儿童陪伴等场景。目前科大讯飞、云知声等公司在行业中较为领先。然而，在情感陪护机器人方面，尽管国内已有不少企业推出主打儿童陪伴机器人和康养机器人的产品，但实质上机器人在情感陪护和健康护理上仍然未达到令人满意的水平。

8.1.6 AI 助力医疗健康

AI 在医疗健康领域的应用，主要是通过大数据分析（医学影像、资料等），完成对部分病症的辅助诊断，提高诊断效率和质量。同时，在手术领域，手术机器人也得到了广泛应用；在治疗领域，基于智能康复的仿生机械假肢等也有一些应用。

应用场景主要是医疗健康的监测诊断、智能医疗设备等。较知名的企业有华大基因、联影智能、碳云智能，以及麻省理工学院的达芬奇外科手术系统等。

8.1.7 AI 助力个人生活

AI 系统在个人助理领域的应用相对比较成熟，即通过智能语音识别、自然语言处理和大数据搜索、深度学习，实现人机交互。个人助理系统在接收文本、语音信息之后，通过识别、搜索、分析之后进行回馈，返回用户所需信息的过程。

AI 个人助理目前普遍用于智能手机上的语音助理、语音输入、家庭管家和陪护机器人上。较为知名的应用项目（产品）有微软小娜和小冰、苹果 Siri、Google Assistant、Facebook Messenger 的 M 虚拟助手、百度度秘、讯飞输入法、Amazon Echo、叮咚智能音箱、扫地机器人、软银 Pepper 机器人等。

8.1.8 AI 助力自动驾驶

AI 在驾驶领域的应用最为深入。通过依靠 AI、视觉计算、雷达、监控装置和全球定位系统协同合作，让计算机可以在无人主动的操作下，自动安全进行操作。自动驾驶系统主要由环境感知、决策协同、控制执行等子系统组成。

目前自动驾驶在 AI 的应用领域中主要应用场景包括智能汽车、公共交通、快递用车、军事应用、工业应用等。目前领先的企业主要有谷歌、特斯拉、百度、Uber、奔驰、京东、亚马逊等。

8.2 "智能代工"大潮来袭

8.2.1 "智能代工"的含义

"智能代工"是指随着 AI 技术的发展，智能系统、智能机器人取代人的某些工作岗位。好处是可以解放人的一些脑力和体力劳动，提高工作质量和效率；弊端是一些职业可能由此消失并带来全社会职业结构的变化。实际上，AI 也将创造出许多新的工作岗位，就像计算机技术制造出程序员、软件工程师、架构工程师、网络工程师、大模型提示语工程师等许多工种一样。

纵观世界历史，每一次工业革命都会带来生产力的跨越式提升以及社会结构的深刻改变。作为引领第五次工业革命的核心技术，AI 对人类生产生活以及各个行业的波及之大、影响之广，已经超乎一般人的想象，充满机遇和挑战。如图 8-4 所示概括了人类社会工业革命走过的 200 多年历程。

世界经济论坛 AI 委员会主席、卡内基梅隆大学计算机学院副院长贾斯汀·卡塞尔说，在未来 15 年，随着自动驾驶、超人类视觉听觉、智能工作流程等技术的发展，专业司机、保安、放射科医生、行政助理、税务员、家政服务员、记者、翻译等工作者都将可能被 AI 所取代。恒生电子执行总裁范径武表示："技术的进步必然会让一部分职业消失，令职业结构产生变化。"中国人民大学新闻学院教授匡文波指出，职业中可自动化、计算机化的任务越多，就越有可能被交给机器完成，其中以行政、销售、服务业可能性最高。

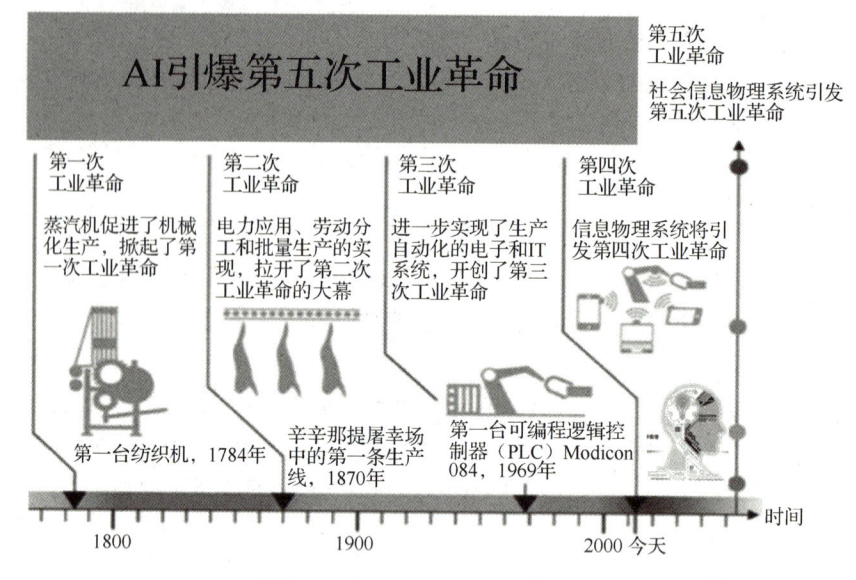

图 8-4　人类社会工业革命的进程

下面是一些"智能代工"的场景和案例：

- 成立于 2006 年的苏州穿山甲机器人公司总部位于江苏省昆山市，主要经营送餐机器人。在总部大楼餐厅内，该公司制造的机器人正在餐桌间穿梭；位于同一片区域的工厂里，则排列着几百台送餐机器人正在等待出货，每台价格约为 3 万元人民币，2017 年实现销售收入 1092 万元。
- 2017 年 7 月，江西省南昌市，一家面积仅有 25 平方米的 we-go 无人智能便利店在这个夏天可谓"火"了一把。没有店员、没有收银窗口，琳琅满目的商品自选自取；选购商品后，1 秒感应，3 秒结算，5 秒出门，方便又快捷。
- 徐工集团副总经理、徐工挖机事业部总经理李宗介绍："在动臂焊接方面，我们采用了行业智能化程度最高的柔性焊接生产线，焊接线会自动给机器人分配任务。全过程的自动化消除了人工操作的不稳定性，使质量得到保证，产能提高 50%。"
- 裸眼 3D 镜头传递高清影像，"章鱼爪"机械臂通过微创口探进患者腹腔、拨开、旋转、切割、缝合……智能手术机器人手术创口小、出血少，患者术后辅助药物费用相对更低，且恢复时间更短。运用全球 AI 和大数据"问诊"已在不少医院落地，智能医疗方兴未艾。王共先是江西首例使用达芬奇手术机器人完成手术的医生。2016 年，他所在的医院共完成机器人单机手术 841 例，越来越多患者开始主动选择手术机器人实施治疗。在南京鼓楼医院手术室，达芬奇手术机器人约一人多高，主刀医生坐在操控台前，通过三维高清内窥镜观测，双手操作 2 个主控制器来指挥多个机械手臂进行手术。
- 北京、天津、义乌等地快递公司启动机器人智能分拣系统，可减少 70%的分拣人力；浙江一家喷雾器企业的自动化流水线上，20 个大大小小的配件可自动组装成喷头；AI 正在代替金融行业的交易员，高盛位于纽约的股票现金交易部门曾经有 600 个交易员，如今只剩下 2 个……
- 德国的 KUKA 机器人（智能机器手臂）于 2014 年 3 月击败了世界乒乓球名将蒂姆·波尔，它还可以安装汽车、锯木、造房。
- 以色列希伯来大学历史系教授、《未来简史》作者尤瓦尔·赫拉利也提出，在未来 20 到 30 年间，将有超过 50%的工作机会被 AI 取代，AI 将造就"无用阶层"。2023 年推出的以

GPT-4 为代表的一系列预训练大模型，会逐步替代许多白领的工作，一般水平的策划师、分析师、记者、绘画师、编剧、程序员、培训师等很快就会被机器替代。

8.2.2 "中国智造"的机遇

扫地、擦窗有"智能代工"，警察指挥交通有"智能代工"，无人超市有"智能代工"，快递分拣有"智能代工"，金融交易有"智能代工"，就连陪伴孩子，只要一声令下，"机器人书童"都能随叫随到……当"智能代工"走进生产生活的细枝末节，其需求量将是怎样一个数字？

科大讯飞董事长刘庆峰说："不久的将来，每个小孩都会有一个 AI 老师，每个老人都会有一个 AI 护理，每一辆车都会装上一个 AI 系统，AI 会遍布中国……"

"当越来越多的场合体会到'智能代工'的好处，需求量将会持续上升。"长期从事 AI 与机器人交叉研究和教学的中科大教授陈小平认为，AI 产业前景广阔，将是"中国智造"的下一个掘金点。

随着我国人口老龄化进程加快，劳动力短缺问题日益突出，"智能代工"的市场空间更加广阔。有数据测算，我国的劳动力人口从 2012 年开始减少，人手不足问题日渐严重，"智能代工"的需求很有可能进一步扩大。

"看看无人机就会知道，当需求爆发时，不能用一般的思路去看待。"穿山甲机器人创始人宋育刚说，他坚信销售额增加 10 倍的目标一定能够实现。

采用"智能代工"的南昌华兴针织实业有限公司董事长王春华说，一台设备可相当于 50 个人工，企业生产效率提高了三成。

8.2.3 "智能代工"带来的挑战

能在第一时间自动生成稿件，瞬时输出分析研判，一分钟内就能将重要资讯和解读送达用户的新闻写作机器人；能模拟人的语气聊天对话，感觉亲切的微软小冰、百度小度；能将人工需要 36 万小时完成的工作在几秒之内完成的软件……近年来，AI 的应用越来越多，各方面发展也在逐步完善，并且在很多方面的表现都超越了一般的人工。几乎可以肯定，几年后，在我们所熟悉的职业中，从体力劳动到脑力劳动，许多工作将被智能机器或者说新一轮自动化技术取代。

世界著名物理学家史蒂芬·霍金认为，AI 给人类社会带来的冲击也将更为巨大。2016 年年底，他曾在英国《卫报》发表文章预言说，工厂的自动化已经让众多传统制造业工人失业，AI 的兴起很有可能会让失业潮波及诸多群体，最后只给人类留下护理、创造和监管等工作。

目前，我国的就业形势并不乐观。仅 2022 年就有 1100 万大学毕业生需要就业。2018 年的《政府工作报告》也指出，城镇新增就业要达到 1100 万人以上。人类的思维和创新能力是 AI 无法取代的，AI 的发展也会衍生出许多新的职业。AI 的各项研究不是为了取代人类，而是为了更好地服务于人类。未来以 AI 行业为核心的相关产业、技术、服务类工作将成为国内乃至全球最吃香的"黄金职业"。只不过机会是留给有准备的人的，与其忧虑，不如更新观念去获取新知，及时抓住 AI 环境下的新机遇。

"回顾历史，审视人类命运，就会发现，每一个人类文明都始终在探索和创新。"全球顶尖 AI 科学家李飞飞说，"可以想象，几十年后，收入最高的职业必然会依赖于那些目前尚未被发明的机械与技术。我们之所以还无法想象这些职业的存在，是因为机器人能创造出我们今天还无法想象的未来需求。"

AlphaGo 之父戴密斯·哈萨比斯说："目前就应着手思考如何改善教育质量、提升就业能力，考虑如何重新分配被替代的工人。就个人而言，应树立起终身学习的理念，也许每 5 年就要重新考虑一下自己的职业道路。"他认为，虽然不必担忧 AI 对社会造成威胁，但面对未来的挑战，从政府、社会到个人，都应该立即行动起来，拥抱转型。

8.3 新 IT、智联网与社会信息物理系统

中国科学院自动化研究所王飞跃教授结合信息技术、AI 和工业革命的进程，于 2017 年 12 月在《文化纵横》刊发了《AI：第三轴心时代的来临》一文，以气势恢宏的历史视野，指出 AI 所代表的智能技术昭示着以开发人工世界为使命的第三轴心时代的开始。如果说农业时代是第一轴心文明对物理世界的开拓，工业时代是资本主义对第二轴心世界的开发，那么，以 AI 为代表的技术将推动一个围绕"智理世界"而展开的平行社会的到来。从今天来看，六年前王飞跃教授提出的"智理世界"，实际上就是当前热门的"元宇宙"（Metaverse），就是指在一个脱离于物理世界，却始终在线的平行数字世界中，人们能够在其中以虚拟人物角色（Avatar）自由生活。智能科技不是人类生存发展的敌人，只要合理利用，必将像工业和信息技术一样，极大推动人类社会的发展。

本节下述内容，系统总结和解释王飞跃教授提出的"IT 新解""智联网"和"社会物理网络系统"等系列新概念。

8.3.1 AI 与 IT 新解

2016 年 AlphaGo 战胜人类围棋高手之后，极大地唤起了世人对 AI 的关注与兴趣，一些媒体借机把 AI 渲染到几乎是科幻的地步；更有甚者直接把科幻电影故事当事实来描述 AI 技术，依据是"今日之科幻，就是明天的现实"，以致引发社会上有些人对 AI 过度和不必要的担心与恐惧。实际上，完全没有必要对眼前的 AI 技术过于激动甚至"骚动"。虽然深度学习在语音处理、图像识别、文本分析等许多方面有了很大的突破，但其"智能"水平目前依然十分初级，距离完成人的日常工作的一般要求还相距甚远，离机器取代甚至"统治"人类的梦幻更是遥遥无期！其实，当今人们对 AI 的惊叹，还远不及二百多年前农民对火车的惊奇：拉得如此之多，跑得如此之快，还自己动！事实上，那时以蒸汽机为代表的第一次工业革命刚刚开始，出现的蒸汽火车极其初级，时速只有 5 千米左右，应该与当今 AI 的智力水平不相上下。想想从昔日的蒸汽火车到现在的高速列车所经历的 200 多年的发展过程，我们人类完全可以"淡定"，扎扎实实埋头苦干，把机械替代人力劳作的光辉历史，再一次化为机器替换智力辛苦的崭新征程。

王飞跃教授结合信息技术、AI 和工业革命的进程，给出了一种英文缩写 IT 的新解，并明确指出，未来的 IT，一定是"老、旧、新"三个 IT 的平行组合和使用：

- 200 多年前的 IT 代表工业技术（Industrial Technology），即"老"IT。
- 传统的代表信息技术的 IT（Information Technology），今天已经是"旧"IT。
- 今天的 IT 将代表智能技术（Intelligent Technology），是"新"IT，

20 世纪最伟大的科学哲学家之一卡尔·波普尔认为，现实是由三个世界组成的：物理世界、心理世界和人工世界（或称知理世界、智理世界）。每个世界的开发都有自己的主打技术，物理世界是"老"IT 工业技术，心理世界靠"旧"IT 信息技术，而人工世界的开发则必须依靠"新"IT

智能技术。AI 成了"热门",大数据成了"宝藏",云计算成了"引擎"。工业技术基本解决了人类发展的资源不对称问题,互联网信息技术很快会解决信息不对称问题,接下来智能技术将面临解决人类智力不对称问题的艰巨任务。通过消除不对称问题,使我们的生活越来越美好,这就是人类社会发展的根本动机和动力。

新 IT 智能技术的持续开发,将使目前只有初级智力的"蒸汽火车",尽快成为未来的先进智能"高速列车",进一步解放人类的身体于劳作、释放人类的心脑于烦累,在更新更高的层面造福于人类社会。

8.3.2 智联网

毫无疑问,今天人类已在信息社会的基础上开始了智能社会的建设。智能社会的创立需要智能的产业和智能的经济来支撑。如何实现"按需制造"的个性化绿色生产并把市场管理的"无形之手"化为"智能之手",就是智能产业和智能经济的核心问题和任务。为此,就像现代社会需要交通、能源、互联网等基础设施一样,智能社会也必须有相应的基础设施才能实现。

从技术的层面看,人类社会的历史,几乎就是社会基础设施建设的历史。具体而言,就是围绕着物理、心理和人工三个世界建"网"的历史(如图 8-5 所示)。

- 第一张网是 Grids 1.0,主体就是交通网。
- 第二张网是 Grids 2.0,以电力为主的能源网。
- 第三张网是 Grids 3.0,以互联网为主的信息网。
- 第四张网是 Grids 4.0,正在建设之中的物联网。
- 第五张网是 Grids 5.0,刚刚起步的、进入智能社会的智联网。

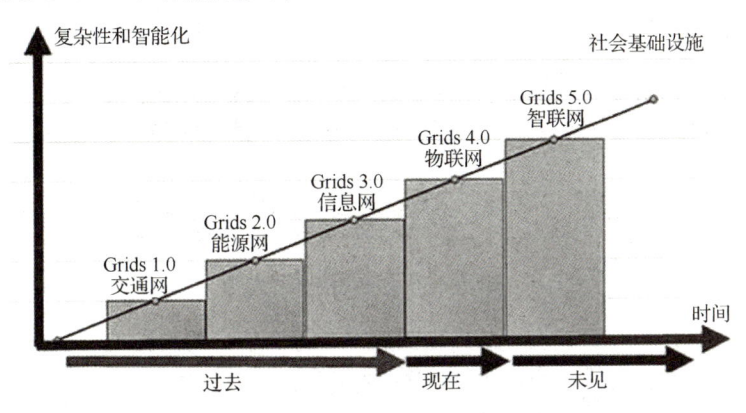

图 8-5 智能社会的基础设施

智联网(The Society of Minds,SoM)是为物理、心理和人工世界提供智能服务的 AI 系统的总称。今天由全球许多商业公司在 AI 技术层上提供的专项智能 Web 服务,就可以看作是初级智联网的节点,如科大讯飞的语音服务、旷世科技的人脸识别服务、高德地图的智能导航服务等。

图 8-6 展示了由五张网将物理、心理和人工三个世界紧密地整合为一个整体的演进路径和组成情况,其中交通、信息、智联分别是物理、心理、人工世界自己的主网,而能源网和物联网分别是物理世界和心理世界、心理世界和人工世界之间的过渡和转换。人类通过 Grids 2.0 从物理世界获得动力和能源,借助 Grids 4.0 从人工世界吸收知识和智源。这五张网,就构成了人类智慧社会完整的基础设施和平台系统。

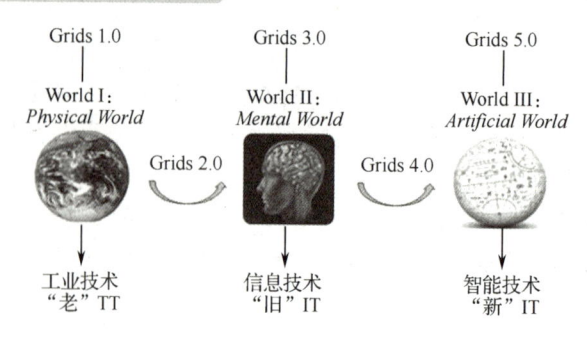

图 8-6 智能社会的基础设施

8.3.3 社会物理网络系统

图 8-6 所示的五张网络将人类社会的物理、心理和人工三个世界紧密地联系在一起，构成了社会物理网络（Cyber-Physical-Social Systems，CPSS）（如图 8-7 所示）。这个系统实现 Grids 1.0 到 Grids 5.0 的互联、互通、互助与融合，通过不断的发展、完善、进化，从机器化、自动化、信息化走向智能化，实现人机结合、知行合一、虚实一体，进而真正建成智能产业、智能经济和智能社会。

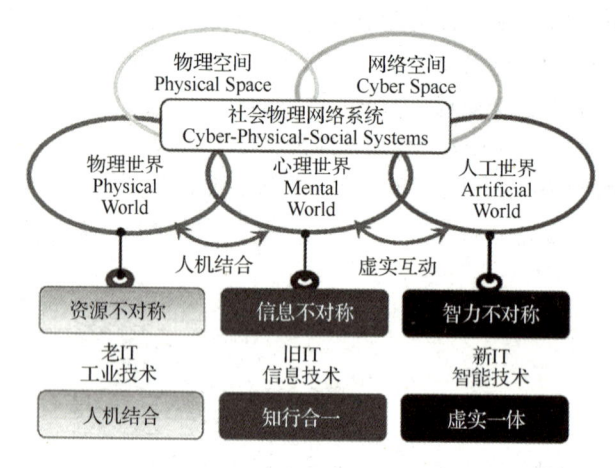

图 8-7 社会物理网络的构成

尽管目前的 AI 处于弱智能阶段，但是智联网与社会物理网络系统的逐步完善，必将引爆第五次工业革命，高等教育也一定会紧跟 AI 产业的发展而行动：

- 工业 1.0 是围绕蒸汽机发展起来的，所以大学就有了机械系。
- 工业 2.0 的核心是电动机，所以大学又有了电机系。
- 工业 3.0 自然是受计算机的推动，大学有了计算机系。
- 工业 4.0 靠网络通信和互联网，大学有了通信学院、物联网学院。
- 工业 5.0 靠虚实平行的智能系统，目前北京大学、厦门大学等多所大学都有了智能科学与工程系，南京大学和西安电子科技大学等几十所高校设立了 AI 学院，而且把智能科学与技术（AI）列为国家一级学科的努力也正在进行。

对于新的智能时代，首先要有激动之心，因为这是时代的召唤；其次要怀敬畏之心，因为这是科技发展的必然；最后还要持平常之心，因为智能技术同其他技术一样，是把双刃剑，但不会威胁人类的生存和发展，只要合理利用，必将像农业、工业和信息技术一样，造福人类，推动社会发展。

回忆一下二百多年前始于 1811 年的英国著名的"卢德运动"。当时第一次工业革命刚刚开始，一些工人把机器视为贫困的根源，担心机器会夺去人类的工作进而毁灭人类，所以用捣毁机器作为反抗。今天的机器已经比二百多年前强大多了，实际情况是机器不但没有夺走人类的工作，反而是造福人类甚至人类离开机器几乎不能工作了；号称"计算机"的机器计算能力强大、存储能力强大，几十年了不但没有取代人类，反而构建成了现代信息社会，创造了程序员、软件工程师、架构工程师、网络工程师等许多新的工种。未来不是 AI 使 50%～70%的工人失业，未来是 AI 将为我们提供 90%以上的工作！未来，没有智能技术，我们将无法生活和工作。

《未来简史》的作者称 AI 将使许多人变成"无用阶级"，又引起人们的一阵担心。无用了？多么可怕！其实，这是人类的进步，一个稳定和成规模的"无用阶级"的产生，是走向智能社会的必要保障。从母系社会到游牧社会，人类成了"无母阶级"，再到农业社会，又成了"无游阶级"，工业社会来了，进步到"无产阶级"。"征询过去"可以清楚地看到，"无用阶级"就是更进一步，更别忘了四百年前徐光启翻译那本"无用"的《几何原本》时之悲情感言：无用之用，众用之基！

担心 AI 毁灭人类的霍金曾说：我们不能把飞机失事归结于万有引力；同样，我们不能把人类毁灭归罪于 AI，要担心诸如原子弹一类的杀人武器。

8.4 人工智能的未来

8.4.1 发展趋势预测

1. 大公司和"独角兽"企业将赢得未来

谷歌、百度、亚马逊、阿里巴巴、Facebook、腾讯、IBM、华为和讯飞等大公司将引领 AI 技术的发展。原因是大公司拥有海量数据和顶尖的研发队伍。在为应用程序和产品开发服务部署机器学习方面，谷歌可能是处于最前沿的公司之一。它不仅是较早系统开展 AI 研究的公司，而且还拥有 7 万多名员工。此外，谷歌大脑是一个深度学习 AI 研究项目，谷歌拥有其整个团队。谷歌大脑的研究涵盖了机器学习、自然语言理解、机器学习算法和技术以及机器人技术等领域。

成立于 2015 年 OpenAI 的公司，2023 年 4 月以 1380 亿元人民币的企业估值入选《2023·胡润全球独角兽榜》第 17 名。2023 年 5 月推出的 CPT-4 稳居全球预训练大模型能力榜首，并获得微软百亿美元的投资。

2. 算法和技术将会进行整合

所有已经对 AI 进行投资的第二梯队公司（比如 Facebook、Salesforce、Baidu 和 Twitter）都紧跟在拥有大数据的公司后面，并开始使用它们的数据、算法和 AI 技术。

数据交易将存在于行业用户之间，而算法和技术很有可能会进行整合。数据交易以及算法和技术的整合将使 AI 发挥更强大的作用。

随着像谷歌、科大讯飞、百度和 Facebook 等这样的大公司不断地收购小公司，小公司手中的算法将被集成到大公司的核心平台或解决方案之中。谷歌收购了 DeepMind 这家构建了通用深度学习算法的、位于伦敦的 AI 公司，目的就是获得比其他科技公司更大的商业优势。另一方面，Facebook 收购 Wit.ai 是为自己的语音识别和语音接口提供帮助。它还收购了 AI 创业公司 Ozlo，以改进其虚拟助理的技术。

3. 数据众包市场巨大

几乎所有的 AI 公司都渴望获得庞大的数据集，以便实现它们对 AI 的研究与开发。许多公司采用众包的方式来获取大量的数据。目前已经有多种不同的方式来评估众包数据的质量和可靠性，不仅企业可以从这些数据中获得收益，而且也能给消费者一个保证。OpenDataNow.com 的创始人兼编辑 Joel Gurin 表示："我们生活在众包文化中，越来越多的人愿意并且乐于通过社交媒体分享他们的知识。"

谷歌正通过众包的方式获取大量的图像来构建成像算法。它还使用众包来协助改进服务质量，如翻译、转录、手写识别和地图。亚马逊还使用众包 AI 来改进 Alexa 超过 15000 个的现有功能。

4. 企业并购

根据 CBInsights 的统计数据，收购 AI 公司的竞争已经开始。在 2018 年，我们看到更多为了智力资本和人才而并购企业的行为。机器学习和 AI 领域中的所有小公司都将可能被大型企业收购，这主要有两个原因：

- AI 不能在没有数据集的情况下独立工作。由于大公司拥有大量的数据集，所以对于小公司而言，自己并没有太大的竞争优势。
- 没有数据的算法没有任何用处，没有算法数据几乎没有用。数据是算法的核心，获取大量的数据非常重要。

哥伦比亚大学创意机器实验室的机器人工程师和总监 Hod Lipson 指出："如果说数据是燃料，那么算法则是引擎。"

5. 用工具的开源换取更大的市场份额

大公司将会把自己的算法和工具集开源出来以获得更大的市场份额。基于市场的数据和算法获取壁垒将大大降低，而 AI 的新应用将会增加。通过对工具的开源，原本有限制或无法获得 AI 工具的小公司将可以获得大量的数据来训练和启动复杂的 AI 算法。

谷歌的首席执行官 Sundar Pichai 谈到 AI 的开源问题时说："我们大家可以做的最令人兴奋的一件事就是揭开机器学习和 AI 的神秘面纱，让所有人都可以一睹芳泽。"此外，框架、SDK 和 API 将成为所有主要企业引导消费者使用习惯的标准。基于 SaaS 和 PaaS 的模型将成为所有这些公司遵循的商业模式。

6. 人机交互技术将得到改进

更多与 Siri、小度类似的基于机器人的解决方案将成为 AI 公司的入门级产品。例如，计算机目前可用于语音分析和面部识别，而以后计算机将能够根据用户的语调来识别他的心情，这称为情感分析。

制造自动化和非消费者关注领域的解决方案将第一个得到改进。制造自动化的改进主要归因于采用自动化、机器人和先进制造技术在内的复杂技术而节省下来的劳动成本。

在 2018 年，非消费者解决方案的改进已普遍存在，比如农业和医药领域的人机交互技术等。

7. AI 逐步影响所有的垂直行业

GPT-4 的知识结构、综合能力已经超过了一般的专业人员，开启了 AI 技术应用的一个新的里程碑。制造业、客户服务、金融、医疗保健和交通运输已经受到了 AI 的影响，AI 将会影响更多的垂直行业，例如：

- 保险——AI 将通过自动化技术改进索赔流程。

- 法律——自然语言处理可以在几分钟内总结数千页的法律文件，从而减少时间和提高效率。
- 公关与媒体——AI 能提高数据处理的速度。
- 教育——虚拟导师的开发；AI 辅助论文分级；适应性学习计划、游戏和软件；由 AI 驱动的个性化教育课程将改变学生和教师的互动方式。
- 健康——机器学习可用于创建更复杂、更准确的方法来预测患者出现症状之前的患病时间。

8. 安全、隐私、伦理与道德问题

AI 的所涉及的内容，包括算法、数据、系统、网络等，都容易受到安全问题和隐私问题的威胁。传统的网络空间安全技术可以保护 AI 基础设施（存储、传输、计算等）的安全，而算法、模型和数据的防篡改、防欺诈、可控制等则是需要深度研究和开发的 AI 安全技术。

AI 隐私问题有关的安全方面的需求，如将银行账户和健康信息进行保密，将更多地依赖于安全性方面的立法、工具和研究。

AI 的伦理问题也将成为未来几年的主要关注点，包括：
- AI 会对人类产生伤害，还是对人类有益？
- 有人担心机器人可能会取代人类，特别是在需要同理心的领域，如护士、理疗师和警察。
- 谁来为无人驾驶汽车发生的重大事故负责？携带武器的军用无人机由多人远距离操控，如果对大量平民产生伤害，究竟是应该惩罚那些做出实际行为的机器（并不知道自己在做什么），还是那些设计或下达命令的人，或者两者兼而有之？如果机器应当受罚，那究竟如何处置呢？是应当像西部世界中将所有记忆全部清空，还是直接销毁呢？目前还没有相关法律对其进行规范与制约。

8.4.2 我国的 AI 布局

1. 我国发力新一代 AI

2017 年是我国 AI 发展过程非常不平凡的一年，国家先后发布了一系列有关推进 AI 产业发展的规划、计划和建设工程。2017 年 7 月，国家印发的《新一代 AI 发展规划》提出：
- 到 2020 年，AI 总体技术和应用与世界先进水平同步。
- 到 2025 年，AI 基础理论实现重大突破，部分技术与应用达到世界领先水平，AI 成为我国产业升级和经济转型的主要动力，智能社会建设取得积极进展。
- 到 2030 年，AI 理论、技术与应用总体达到世界领先水平，成为世界主要 AI 创新中心。

2017 年 11 月，科技部宣布，新一代 AI 发展规划和重大科技项目进入全面启动实施阶段，公布了首批四个国家新一代 AI 开放创新平台，即依托百度建设自动驾驶平台、依托阿里云建设城市大脑平台、依托腾讯建设医疗影像平台、依托科大讯飞建设智能语音平台。

2017 年 12 月，工信部印发《促进新一代 AI 产业发展三年行动计划（2018-2020 年）》，当时计划通过推进培育 AI 重点产品、夯实核心基础能力、深化发展智能制造、建立产业支撑体系四项任务，力争到 2020 年实现一系列 AI 标志性产品取得重要突破，在若干重点领域形成国际竞争优势，AI 和实体经济融合进一步深化，产业发展环境进一步优化的发展目标。这是一个 AI 产业落地的指导性文件，AI 产业化方向和时间表逐渐明晰。明确指出：AI 的行业应用是实现制造强国和网络强国建设、助力实体经济转型升级的重要方式，积极推进智能网联汽车、智能服务机器

人、智能无人机、医疗影像辅助诊断系统、视频图像身份识别系统、智能语音交互系统、智能翻译系统、智能家居八个细分领域的加速发展。

2018年4月，为了引导高等学校瞄准世界科技前沿，不断提高AI领域科技创新、人才培养和国际合作交流等能力，为我国新一代AI发展提供战略支撑，教育部制定、印发了《高等学校AI创新行动计划》，明确：

- 加快AI领域学科建设。支持高校在计算机科学与技术学科设置AI学科方向，深入论证并确定AI学科内涵，完善AI的学科体系，推动AI领域一级学科建设。
- 加强AI领域专业建设。推进"新工科"建设，形成"AI+X"复合专业培养新模式，到2020年建设100个"AI+X"复合特色专业；推动重要方向的教材和在线开放课程建设，到2020年编写50本具有国际一流水平的本科生和研究生教材、建设50门AI领域国家级精品在线开放课程；在职业院校大数据、信息管理相关专业中增加AI相关内容，培养AI应用领域技术技能人才。
- 加强AI领域人才培养。加强人才培养与创新研究基地的融合，完善AI领域多主体协同育人机制，以多种形式培养多层次的AI领域人才；到2020年建立50家AI学院、研究院或交叉研究中心，并引导高校通过增量支持和存量调整，加大AI领域人才培养力度。
- 构建AI多层次教育体系。在中小学阶段引入AI普及教育；不断优化完善专业学科建设，构建AI专业教育、职业教育和大学基础教育于一体的高校教育体系；鼓励、支持高校相关教学、科研资源对外开放，建立面向青少年和社会公众的AI科普公共服务平台，积极参与科普工作。

2. 中国企业继续发力AI

近年来，全球科技与互联网巨头们纷纷发力"AI"。国外以微软、谷歌、Facebook为首的巨头们已经站在了业界之巅，国内的华为、"BAT"（百度、阿里巴巴、腾讯）以及科大讯飞、旷世科技等巨头也纷纷行动起来。前有李彦宏将百度转型为AI科技公司，后有腾讯在西雅图成立AI研究实验室。就连有着商业基因的阿里巴巴也要致力于AI技术与商业应用的结合，与云计算、大数据、物联网在整个电商网络下共生。

- 百度布局最早。百度的AI战略布局主要分三块——百度大脑、百度云和DuerOS。在2013年成立了IDL（深度学习研究院）；2014年在硅谷成立AI实验室，同年7月成立大数据实验室。而且百度并不局限于单一领域，在包括机器学习、图像识别、语音识别、自动驾驶等多个层面都收获颇丰。与其说百度布局早不如说是形式所迫，搜索业务在逐渐衰落，如果不寻找新的突破将来被"干掉"也不无可能。2016年9月百度首次展示了在AI领域的成果——百度大脑，利用计算机技术模拟人脑，实现语音、图像、自然语言处理和用户画像等功能。其中，在语音方面，识别成功率达97%；图像方面，人脸识别准确率达99.7%。除此之外，百度大脑将在医疗、交通、金融等领域展开合作，同时，助力百度无人车发展。
- 阿里巴巴的AI全面崛起。在AI方面主要是和电商相结合，云计算一直是核心。最早被人熟知的AI成果就是"阿里小蜜"，致力于成为会员的购物私人助理，以平均响应不到一秒的效率应对淘宝、天猫每天上百万级别的交易，通过语义分析与联想，让会员享1对1的客户顾问服务。值得一提的是，阿里巴巴还将启动代号为"NASA"的计划，面向未来20年组建强大的独立研发部门，建立新的机制体制，为服务20亿人的新经济体储备核心科技。阿里巴巴的AI已经应用到交通预测、智能客服、法庭速记、气象预测等领域，阿里机器人ET更是因为成功预测《我是歌手4》总决赛冠军得主为李玟而一战成名。并且在 2017 年 1 月，阿里与饿了么合作研发出 AIET 新的调度引擎。任务订单不再按照时间排布，而是根据骑手现有任务、路径重新规划，使得配送路径更短，更省时间。作为商业帝国，阿里巴巴将 AI 的中心还是放在电商领域，支持秒级别内对海量用户行为和 10 亿商品知识图谱进行实时分析。"接地气"的技术让阿里巴巴大大提高了某些情况下的工作效率，并以该技术塑造繁荣的商业生态。阿里巴巴最终会实现双向智能化，并向公共事业、医疗事业、教育事业等方向发展。未来想吃商业蛋糕的，就一定要先过阿里巴巴这一关。

- 腾讯进军智能领域。腾讯在 AI 方面布局算比较晚的，但是对于腾讯的实力却不容小觑。擅长整合资源是其优势，相信以后的发展并不会输给前两位。腾讯现在最注重的 AI 方面便是场景使用，基于强大的云计算发力行业应用与服务场景。腾讯旗下的深度学习平台 DI-X 集数据开发、训练、预测和部署于一体，适用于图像识别、语音识别、自然语言处理、机器视觉等领域。凭借着 QQ、微信、美团、滴滴、京东、58 同城共享大数据，守着庞大的高质量用户数据，腾讯可以迅速突破社交平台而转向智能内容平台。丰厚的现金储备可以让腾讯有更多的时间去沉淀，去尝试，并最终推出强有力的智能产品。

3. 科大讯飞强势占据智能语音处理高地

科大讯飞是一家专业从事智能语音及语言技术、AI 技术研究、软件及芯片产品开发、语音信息服务及电子政务系统集成的国家级骨干软件企业。2008 年，科大讯飞在深圳证券交易所挂牌上市。它作为中国智能语音与 AI 产业领导者，在语音合成、语音识别、口语评测、自然语言处理等多项技术上拥有国际领先的成果。它是我国唯一以语音技术为产业化方向的"国家 863 计划成果产业化基地""国家规划布局内重点软件企业""国家高技术产业化示范工程"，并被原信息产业部确定为中文语音交互技术标准工作组组长单位，牵头制定中文语音技术标准。经过十余年的发展，在智能语音处理领域取得了一系列突出业绩。

- 2003 年和 2011 年，两次荣获"国家科技进步奖"；2005 年和 2011 年，两次获得中国信息产业自主创新最高荣誉"信息产业重大技术发明奖"。自 20 世纪 90 年代中期以来，在历次的国内外语音合成评测中，各项关键指标均名列前茅。2008 年至今，连续在国际说话人、语种识别评测大赛中名列前茅。2014 年，首次参加国际口语机器翻译评测比赛（International Workshop on Spoken Language Translation）即在中英和英中互译方向中以显著优势勇夺第一。2016 年，国际语音识别大赛（CHiME）科大讯飞取得全部指标第一；在认知智能领域，相继获得国际认知智能测试（Winograd Schema Challenge）全球第一、国际知识图谱构建大赛（NIST TAC Knowledge Base Population Entity Discovery and Linking Track）核心任务全球第一。2011 年，"国家智能语音高新技术产业化基地""语音及语言信息处理国家工程实验室"相继落户合肥，有利于进一步汇聚产业资源，提升科大讯飞产业龙头地位。
- 率先发布了全球首个提供移动互联网智能语音交互能力的科大讯飞开放平台，并持续升级优化。基于该平台，相继推出了讯飞输入法、灵犀语音助手等示范性应用，并与广大合作伙伴携手推动各类语音应用深入到手机、汽车、家电、玩具等各个领域，引领和推动着移动互联网时代大潮下输入和交互模式的变革。
- 基于拥有自主知识产权的世界领先智能语音技术，已推出从大型电信级应用到小型嵌入式应用，从电信、金融等行业到企业和消费者用户，从手机到车载，从家电到玩具，能够满足不同应用环境的多种产品，已占有中文语音技术市场 70%以上市场份额。
- 2014 年推出了"讯飞超脑计划"，目标是让机器不仅"能听会说"，还要"能理解会思考"，从而实现一个中文的认知智能计算引擎，未来将引领在家居、教育、客服、医疗等领域的智能应用。2015年重新定义了万物互联时代的人机交互标准，发布了对AI产业具有里程碑意义的人机交互界面——AIUI。2016年，围绕科大讯飞AI开放平台的使用人次与创业团队成倍增长，带动超百万人进行双创活动。截至2017年1月，科大讯飞开放平台在线日服务量超30亿人次，合作伙伴达到25万家，用户数超9.1亿人，以科大讯飞为中心的AI产业生态持续构建。

- 2023年5月科大讯飞推出新一代认知智能大模型——讯飞星火认知大模型，拥有跨领域的知识和语言理解能力，能够基于自然对话方式理解与执行任务。从海量数据和大规模知识中持续进化，实现从提出、规划到解决问题的全流程闭环。在语言理解、知识问答、逻辑推理、数学题解答、代码理解与编写等多项AI任务上具备了一定的实用能力。

4. 华为的AI战略及全栈全场景解决方案

华为作为全球第一的电信设备商、前三的终端厂商，已经积极投入到AI浪潮，提出了华为的ALLinAI发展战略及解决方案。

华为发展AI的五大战略：

- 投资基础研究：在计算视觉、自然语言处理、决策推理等领域构筑数据高效（更少的数据需求）、能耗高效（更低的算力和能耗）、安全可信、自动自治的机器学习基础能力。
- 打造全栈方案：打造面向云、边缘和端等全场景的、独立的以及协同的、全栈解决方案，提供充裕的、经济的算力资源，简单易用、高效率、全流程的AI平台。
- 投资开放生态和人才培养：面向全球，持续与学术界、产业界和行业伙伴广泛合作，打造AI开放生态，培养AI人才。
- 解决方案增强：把AI思维和技术引入现有产品和服务，实现更大价值、更强竞争力。
- 内部效率提升：应用AI优化内部管理，对准海量作业场景，大幅度提升内部运营效率和质量。

华为开发了全场景、全栈AI解决方案。全场景是指包括公有云、私有云、各种边缘计算、物联网行业终端以及消费类终端等部署环境；全栈是技术功能视角，指包括芯片、芯片使能、训练和推理框架和应用使能在内的全堆栈方案，具体包括：

- Ascend：基于统一、可扩展架构的系列化AI IP和芯片，包括Max、Mini、Lite、Tiny和Nano等五个系列，包括华为昇腾910（Ascend 910），是目前全球已发布的单芯片计算密度最大的AI芯片，还有Ascend 310，是目前面向边缘计算场景最强算力的AI SoC。
- CANN：芯片算子库和高度自动化算子开发工具。
- MindSpore：支持端、边、云独立的和协同的统一训练和推理框架。
- 应用使能：提供全流程服务（ModelArts），分层API和预集成方案。

总体来说，华为AI的发展战略，是以持续投资基础研究和AI人才培养，打造全栈全场景AI解决方案和开放全球生态为基础：

- 面向华为内部，持续探索支持内部管理优化和效率提升。
- 面向电信运营商，通过SoftCOM AI促进运维效率提升。
- 面向消费者，通过HiAI，让终端从智能走向智慧。
- 面向企业和政府，通过华为云EI公有云服务和FusionMind私有云方案为所有组织提供充裕经济的算力并使其能用好AI。

同时华为也面向全社会开放提供AI加速卡和AI服务器、一体机等产品。

8.4.3 全球 AI 的产业规模

2022 年全球 AI 收入同比增长 19.6%，达到 4328 亿美元，包括软件、硬件和服务。预计 2023 年可突破 5000 亿美元大关。在这三个技术类别中，AI 硬件和服务支出增长更快，AI 软件支出份额 2022 年略有下降，这一趋势将持续到 2023 年。总体而言，AI 服务预计在未来五年内实现最快的支出增长，年复合增长率（CAGR）为 22%，而 AI 硬件年复合增长率为 20.5%。

相对于软件和服务，AI 硬件分支行业在 2021 年上半年的市场份额增长最快，增长率为 0.5%。2022 年市场份额达到 5%。2021 年上半年，AI 存储相对于 AI 服务器的增长更为强劲，但是，这一趋势在 2022 年发生逆转，AI 服务器增长 26.1%，而 AI 存储增长 19.7%。在支出份额方面，AI 服务器占最大份额，超过 80%。2023 年 5 月，GPU 厂商英伟达市值突破万亿美元。

在全球科技创新的大背景下，AI 企业之间的竞争日趋激烈。谷歌、微软、IBM、Facebook 等企业凭借自身优势，积极布局整个 AI 领域。各大企业通过加大研发投入力度、招募高端人才、建设实验室等方式加快关键技术研发；同时，通过收购等方式吸收 AI 优秀中小企业来提升整体竞争力；此外，各大企业还积极开放、开源技术平台，构建围绕自有体系的生态环境。

8.5 AI 面临的挑战

8.5.1 AI 的人才挑战

人才缺口巨大、人才结构失衡是当前全球 AI 发展所面临的一个巨大挑战。据 LinkedIn 统计，全球目前拥有约 25 万名 AI 专业人才，其中美国约占三分之一。这一数量级的人才储备远无法满足未来几年中 AI 在垂直领域及消费者市场快速、稳健增长的宏观需求。人才供需矛盾显著，高级算法工程师、研究员和科学家的身价持续走高。人才结构方面，高端人才、中坚力量和基础人才间的数量比例远未达到最优。

腾讯发布的《2017 年全球 AI 人才白皮书》白皮书显示，全球 AI 领域人才约 30 万人，其中，高校领域约 10 万人，产业界约 20 万人，而市场需求则在百万量级。这种紧缺将会在未来一段时间中持续。白皮书的数据显示，全球共有 367 所具有 AI 研究方向的高校，每年毕业 AI 领域的学生约 2 万人，远远不能满足市场对人才的需求。

为此，产业界开始不断通过组建研究院或者进行大赛的方式来推动 AI 人才数量和质量的增长。2017 年由我国发起的"AI Challenger • 全球 AI 挑战赛"即出于这样一个目的。根据赛事举办方提供的数据，2017 年的 AI Challenger 合计参赛队有 8892 支，参赛选手及重复参赛的人次一共有 106790 名，其中国内选手占 92%，主要来自北京、广东、上海等地。

在当日的 AI Challenger 会场中，大赛发起人李开复博士如此表示："我们为什么要做这样一件事情？非常简单的理由：AI 是未来发展最重要的方向。AI 能赋予各个不同领域创造各种的机会，但是 AI 的燃料其实是数据，所以我们希望那些没有机会在 BAT 接触海量数据的同学们、研究员们、潜在的创业者们，能在他还没有离开学校、还没有踏出创业之路时就有机会接触到世界级别的、精确的、大量的数据，这样他才能够知道在这样一个领域里面，能做出怎样的结果，也能够充分领会数据在做 AI 过程中起到什么样的作用。"

8.5.2 AI 的技术挑战

近年来，AI 很热，这不是 AI 的第一次热潮。历史上，AI 历经四次热潮，然而最后都进入"严冬"。其中一个重要原因就是想法虽好，理论也不错，但在技术上面临的难题实在太多，很难实现。尼克·波斯特洛姆在其《超级智能》一书中就提到，"为什么 AI 的发展总是落后于预期呢？这主要是因为创造 AI 所遭遇的技术困难远远超过了先驱们认为的程度。但这也只是说明我们遇到了很大的技术难题，以及我们离解决这些难题还有多远"。

从大方向上来说，深度学习这一当今 AI 领域最耀眼的技术，其核心是模仿人脑神经元网络处理信息的方式，然而人类对人脑的运作机理还了解得很不深入。就连深度学习领域的杰出科学家、Facebook AI 实验室主任 Yann LeCun 都表示，"大脑无监督学习是如何实现的，我们还不得而知，我们还没有能力开发出一个类似大脑皮质的算法"，"我们知道最终的答案是无监督学习，但是现在我们还没有找到这个答案"。此外，人类的一些技能也不仅仅依托于人脑。雷蒙德·库兹韦尔在其著作《奇点临近》一书中曾提到："一个人的性格和技能不是只存在于其大脑中（虽然大脑是一个主要区域）。我们的神经系统遍布整个身体，但同时内分泌系统（荷尔蒙）也对我们具有重要的影响。"

归纳起来，AI 在模仿人类智能方面还具有诸多的理论和技术挑战：

- 当前主流的、以深度学习为基础建立的 AI 技术一般是用大数据解决小问题，而人类智能往往能够以小数据解决大问题。
- 人类可以凭借自己的观察和判断形成最终的价值决策，而当前机器的语音识别、视觉识别等 AI 能力还很难支撑对事物的理解与判断，距离完整的行为规划或事项决策仍有较大的发展空间。
- 人类的学习可以适应持续动态变化的环境，而目前的机器学习（深度学习）一般是定期离线训练，不能有效应对随时都可能发生变化的环境。
- 人类可以综合利用各种智能解决不同问题，现阶段的智能系统通常仅能解决限定场景领域有清晰边界的问题。
- 时下热门的深度学习方法往往是"黑盒子"，缺乏足够的理论支持，模型内部机制和决策过程不透明。

另外，在 AI 一些具体的技术上还面临很多技术细节难题有待突破。以语音识别为例，虽然目前很多产品语音识别精准度达到了较高水平，但大多都是在比较安静的情况下才能实现的；而在比较嘈杂的环境中，语音识别就很困难。例如小鱼在家公司在开发家庭智能陪伴机器人的过程中，就花费了大量资源用在解决噪声问题上。

8.5.3 AI 的法律、安全与伦理挑战

对于 AI 给人类社会带来的影响是好是坏，就像外星人对人类是友好还是邪恶一样，人们的看法不一。把 AI 看得太全能、太完美，这对 AI 的发展是一种"捧杀"；而把 AI 看得太邪恶、太龌龊，会抢人类的饭碗，带来大量失业，甚至是灭绝人类，则是对 AI 的一种"棒杀"。

历史上曾掀起多次发展 AI 的热潮，一些人对 AI 的发展速度和作用所持态度过于乐观。他们不仅认为 AI 很快就会实现，而且认为 AI 会无所不能，不日就会给人类社会带来翻天覆地的变化。这种过于乐观的看法虽然激发起人们一时对 AI 发展的热情和期待，然而一旦遇到困难和挫折，

AI 的研究殿堂就变得门可罗雀了，因为人们发现它很难那么快实现，而且离"完美"与"万能"还遥不可及。Yann LeCun 就曾表示："一些不实宣传对于 AI 是非常危险的。在过去的 50 年里，AI 就先后因为不实宣传而沉沦了四次。关于 AI 的炒作必须停止。"

除了"捧杀"，还有"棒杀"。一些科技界精英认为 AI 未来会给人类社会带来"存在风险（Existential Risk）"。所谓存在风险，是指那些威胁到整个人类发展，或是将人类彻底毁灭的风险。特斯拉公司创始人埃隆·马斯克曾表示，"我们需要十分小心 AI，它可能比核武器更危险"，"每个巫师都声称自己可以控制所召唤的恶魔，但没有一个是最终成功的；因此，只要稍有不慎，AI 就会为研究它和使用它的人带来无法预估的恶果"。著名物理学家史蒂芬·霍金也曾表示，"AI 可能是一个'真正的危险'。机器人可能会找到改进自己的办法，而这些改进并不总是会造福人类。"

近四成民众认为未来 AI 可能会失控，进而给人类社会带来灾难。计算机世界研究院在面向普通民众的调研中向受访者询问"随着 AI 未来变得越来越发达，您认为 AI 会不会失控，给人类社会带来灾难？"，有 38.3%的受访者认为会，认为不会的受访者占比为 21.28%，前者几乎是后者的两倍。由此可见，很多民众都认识到了 AI 在高度发达后所具有的潜在危险性，分析其背后原因，可能与很多经典影视作品都表现了 AI 的危险性有关，另外不少媒体也曾报道了史蒂芬·霍金等科技大佬对 AI 危险性的警告性言论。

对 AI 的棒杀除了这种略带科幻色彩的"存在危险"外，一些人认为 AI 的发展也会给人类生活带来一些直接的冲击，如会抢人类饭碗，造成大量失业。这种担忧是基于以下逻辑：由于AI 可以干越来越多之前只有人类才能做的事情，而且成本更低、效率更高，很多人会丢掉自己的工作。

近七成民众认为 AI 会大量减少人类就业机会。计算机世界研究院在面向普通民众的调研中询问受访者"您认为随着 AI 未来广泛应用于各行各业，会不会大量减少人类的就业机会？"，高达 65.96%的受访者认为会，有 25.53%的受访者表示不会，另外还有 8.51%的受访者表示不好判断。值得关注的是，在向受访者询问他们在 AI 其他方面未来趋势性判断的问题时，表示"不好判断"的受访者一般要占四成左右，而在回答本问题时，表示不好判断的受访者不到一成，这反映出普通民众更确定 AI 会减少人类就业机会。

1. 相关法律的完善

实现 AI 广泛而深度的应用，不仅需要成熟的技术做支撑，还需要成熟的法律法规来规范。就像在互联网时代，法律法规出现了不少盲区，需要改进创新，在互联网时代，法律需要改进和创新的地方更多。就拿一个很重要的问题来说，如果 AI 造成了危害，那么法律是应该追究相关技术厂商的责任，还是仅仅惩罚"犯事"的机器就行了？就像美国生命未来研究所（FLI）在一封关于促进 AI 健康发展的公开信中所提到的关于自动驾驶法律监管的问题——"如果自动驾驶汽车能够削减美国年度汽车死亡人数 40000 人的一半，那么汽车制造商得到的不是 20000 张感谢信，而是 20000 张诉讼状。什么法律框架可以实现自动驾驶汽车的安全利益？AI 带来的法律问题是由原来的法律解决还是分开单独处理？"自动驾驶只是 AI 的一个应用领域，其他领域同样面临法律监管的难题。

2. 网络安全

在互联网时代，网络安全是做任何事情都无法规避的风险，可以说是一个老生常谈的话题。然而 AI 领域的网络安全具备一些新特征和新挑战。云计算是支撑 AI 的重要基础，然而当数据存储和计算都集中于云端，这相当于"把所有鸡蛋都放在一个篮子里"，一旦出现网络安全事故，所造成的危害和损失是重大的。未来人类生产、生活中的很多设备都会受控于云端的 AI。如果 AI

因遭受网络攻击而"失控",不仅会带来经济损失,甚至会危及人类生命。科幻小说《三体》中就描述了生活在未来城市的男主人公,在饭店吃饭、出行等各种生活场景中,先后遭受到了来自餐厅机器人服务员、自动驾驶汽车等 AI 设备的突然攻击,而这一切都因为这些"智能"设备被想杀他的外星人控制了。这个情节现在听起来还比较科幻,但在未来真的会成为 AI 给人类社会带来的一大隐患,必须认真面对和解决。

在某种程度上,网络安全问题是关系到 AI "是正是邪"的根本性问题。现在对 AI 的态度上,一些人视为"魔鬼",一些人视为"天使"。不管 AI 是什么,一旦它被不法之徒通过网络攻击而控制,即使它是"天使",也会做出"魔鬼"的事情。尼克·波斯特洛姆在《超级智能》一书中提到了他对 AI 网络安全问题的担忧。他认为,在发展 AI 的同时,必须做好网络安全方面的研究和控制。然而如果各个国家围绕 AI 的研究和应用掀起了类似"军备竞赛"的竞争,那么在竞争压力下,各参与方为了追求速度,可能会降低在网络安全领域的投入,轻装上阵,快些赶路,而这无疑将为未来的 AI 时代带来莫大隐患。

3. 隐私保护

隐私问题在某种程度上是和网络安全相伴相生的问题。在 AI 时代,你生活和工作中的机器会越来越"懂"你,了解你的兴趣爱好、生活习惯等。例如你的手机个人助手,会实时分析你和别人的联系内容。如果你给某人发了一条短信,说晚上一起吃个饭吧,那么手机个人助手就会向你推荐合适的餐厅。这是一项很贴心的管家服务,解放了你很多时间,然而这是以牺牲你的个人隐私为前提的。你可能会说,反正我的手机个人助手又不是人,它知道这些隐私也无妨。然而一旦发生了网络安全事故,你的这些隐私就极有可能被别有用心的人所掌握。

未来,在 AI 广泛、深入应用的情况下,人类隐私的隐患不仅存在于个人生活中,还存在于公共生活中。如前所述,视频监控将成为未来 AI 在城市安防中的重要应用领域。未来的视频监控所发挥的作用不仅是事后寻找破案线索,而是事件发生的同时,AI 就能迅速对事情性质做出判断,然后告知相关人员前去处理,甚至是预测事件的发生,在事件发生之前就告知人类采取措施。这很像科幻电影《少数派报告》中的情节,未来也会成为现实。可以说,你一出家门就生活在 AI 视线里,它在注视你、保护你,这会给你带来安全,但也暴露了你全天的行踪,显然有时你不想让别人知道你的行踪。

4. 伦理问题

AI 的持续进步和广泛应用带来的好处将是巨大的。但是,为了让 AI 真正有益于人类社会,我们也不能忽视 AI 背后的伦理问题。

第一个是算法歧视。可能人们会说,算法是一种数学表达,是很客观的,不像人类那样有各种偏见、情绪,容易受外部因素影响,怎么会产生歧视呢?之前的一些研究表明,法官在饿着肚子的时候,倾向于对犯人比较严厉,判刑也比较重,所以人们常说,正义取决于法官有没有吃饭。算法也正在带来类似的歧视问题。比如,一些图像识别软件之前还将黑人错误地标记为"黑猩猩"或者"猿猴"。此外,2016 年 3 月,微软公司在美国的 Twitter 上上线的聊天机器人 Tay 在与网民互动过程中,成为了一个集性别歧视、种族歧视等于一身的"不良少女"。随着算法决策越来越多,类似的歧视也会越来越多。而且,算法歧视会带来危害。一方面,如果将算法应用在犯罪评估、信用贷款、雇佣评估等关切人身利益的场合,一旦产生歧视,必然危害个人权益。另一方面,深度学习是一个典型的"黑箱"算法,连设计者可能都不知道算法如何决策,要在系统中发现有没有存在歧视和歧视根源,在技术上是比较困难的。

为什么算法并不客观,可能暗藏歧视?算法决策在很多时候其实就是一种预测,用过去的数据预测未来的趋势。算法模型和数据输入决定着预测的结果。因此，这两个要素也就成为算法歧视的主要来源。一方面，算法在本质上是"以数学方式或者计算机代码表达的意见"，包括其设计、目的、成功标准、数据使用等都是设计者、开发者的主观选择，设计者和开发者可能将自己所怀抱的偏见嵌入算法系统。另一方面，数据的有效性、准确性，也会影响整个算法决策和预测的准确性。比如，数据是社会现实的反映，训练数据本身可能是歧视性的，用这样的数据训练出来的AI系统自然也会带上歧视的影子；再比如，数据可能是不正确、不完整或者过时的，带来所谓的"垃圾进，垃圾出"的现象；更进一步，如果一个AI系统依赖多数学习，自然不能兼容少数族裔的利益。此外，算法歧视可能是具有自我学习和适应能力的算法在交互过程中习得的，AI系统在与现实世界交互过程中，可能没法区别什么是歧视、什么不是歧视。

更进一步，算法倾向于将歧视固化或者放大，使歧视自我长存于整个算法里面。算法决策是在用过去预测未来，而过去的歧视可能会在算法中得到巩固并在未来得到加强，因为错误的输入形成的错误输出作为反馈，进一步加深了错误。最终，算法决策不仅仅会将过去的歧视做法代码化，而且会创造自己的现实，形成一个"自我实现的歧视性反馈循环"，包括预测性警务、犯罪风险评估、信用评估等都存在类似问题。归根到底，算法决策其实缺乏对未来的想象力，而人类社会的进步需要这样的想象力。

第二个是隐私忧虑。很多AI系统，包括深度学习，都是大数据学习，需要大量的数据来训练学习算法。数据已经成了AI时代的"新石油"。这带来新的隐私忧虑。一方面，如果在深度学习过程中使用大量的敏感数据，这些数据可能会在后续被披露出去，对个人的隐私会产生影响。所以国外的AI研究人员已经在提倡如何在深度学习过程中保护个人隐私。另一方面，考虑到各种服务之间大量交易数据，数据流动不断频繁，数据成为新的流通物，可能削弱个人对其个人数据的控制和管理。当然，在AI时代已经有一些可以利用的工具来加强隐私保护，诸如经规划的隐私、默认的隐私、个人数据管理工具、匿名化、假名化、差别化隐私、决策矩阵等都是在不断发展和完善的一些标准，值得在深度学习和AI产品设计中提倡。

第三个是责任与安全。霍金等之前都警惕强AI或者超AI可能威胁人类生存。但在具体层面，AI安全包括行为安全和人类控制。从阿西莫夫提出的机器人三定律到2017年阿西洛马会议提出的23条AI原则，AI安全始终是人们关注的一个重点。美国、英国、欧盟等都在着力推进对自动驾驶汽车、智能机器人的安全监管。此外，安全往往与责任相伴。如果自动驾驶汽车、智能机器人造成人身、财产损害，谁来承担责任？如果按照现有的法律责任规则，因为系统是自主性很强的，它的开发者是难以预测的，包括黑箱的存在，很难解释事故的原因，未来可能会产生责任鸿沟。

第四个是机器人权利，即如何界定AI的人道主义待遇。随着自主智能机器人越来越强大，那么它们在人类社会到底应该扮演什么样的角色呢？自主智能机器人到底在法律上是什么？自然人？法人？动物？物？我们可以虐待、折磨或者杀死机器人吗？欧盟已经在考虑要不要赋予智能机器人"电子人"的法律人格，具有权利义务并对其行为负责。这个问题未来值得更多探讨。此外，越来越多的教育类、护理类、服务类的机器人在看护孩子、老人和病人，这些交互会对人的行为产生什么样的影响，需要得到进一步研究。

8.6 拥抱人工智能的明天

AI经过60多年的孕育发展，2016年终于迎来了大跨越的"元年"，以AlphaGo围棋、图像识别和自然语言处理等一系列重大突破为触点，引爆了全球的广泛关注、推动和应用，获得了人才、资金、政策的广泛集聚。2023 年又以 GPT-4 的凌空出世，开创了自然语言处理、AI 内容生成（AIGC）和通用 AI（AGC）的新纪元。30 年前看互联网、20 年前看移动互联网、15 年前看物联网、10 年前看电子商务、8 年前看 AI，世界上有几个人能够预料到今天的发展、应用和普及状况？高速网络几乎无处不在，智能手机几近普及，移动办公、电子商务、移动支付、电子警察、自动驾驶、智能家居、语音交互、机器翻译、智慧教育、智能监控、服务机器人、智慧医疗、智能制造、智慧交通、无人驾驶等，已经进入了人们工作和生活的各个环节。

展望未来，AI 也将如同人类日常生活中的"水、电"一样，无人不需、无时不用、无处不在，可以方便地按需取用。

8.6.1 AI 产品将全面进入消费级市场

在商业服务、家庭服务领域的全面应用，正为 AI 的大规模商用打开一条新的出路。
- 通信巨头华为已经发布了自主研发的 AI 芯片（麒麟 970/980）并将其应用在旗下智能手机产品 Mate 10/20 中；苹果公司推出的 iPhone X 也采用了 AI 技术实现面部识别等功能；三星发布的语音助手 Bixby 则从软件层面对长期以来停留于"你问我答"模式的语音助手做出升级。搭载 AI 应用的智能手机已经与人们的生活越来越近。
- 在人形机器人市场，日本软银公司研发的人形情感机器人 Pepper 从 2015 年 6 月份开始每月面向普通消费者发售 1000 台，每次都被抢购一空。AI 机器人背后隐藏着的巨大商业机会同样让国内创业者陷入狂热，粗略统计目前国内 AI 机器人团队超过 100 家。相信未来几年，人们将会像挑选智能手机一样挑选机器人。
- 零售巨头沃尔玛 2016 年开始与机器人公司 Five Elements 合作，将购物车升级为具备导购和自动跟随功能的机器人。我国的零售企业苏宁也与一家机器人公司合作，将智能机器人引入门店用于接待和导购。餐饮巨头肯德基也曾与百度合作，在餐厅引入百度机器人——度秘来实现智能点餐。2016 年 5 月，情感机器人 Pepper 也开始出现在软银的各大门店，软银移动业务负责人认为商业领域智能机器人很快将进入快速发展期。

8.6.2 认知类 AI 产品将赶超人类专家顾问水平

"认知专家顾问"在 Gartner 的报告中被列为未来 2～5 年被主流采用的新兴技术，这主要依赖于深度学习能力的提升和大数据的积累。
- 在金融投资领域，AI 已经有取代人类专家顾问的迹象。在美国，从事智能投资顾问的不仅仅是 Betterment、Wealthfront 这样的科技公司，老牌金融机构也察觉到了 AI 对行业带来的改变。高盛和贝莱德分别收购了 Honest Dollar 与 Future Advisor，苏格兰皇家银行也曾宣布用智能投资顾问取代 500 名传统理财师的工作。金融数据服务商 Kensho 开发的程序分析工作只需一分钟，而拿着高达 35 万美元年薪的分析师们，需要 40 小时才能做完同样的工作。预计到 2026 年，有 33%～50%的金融业工作人员会失去工作，他们的工作将被 AI 所取代。
- 国内一家创业团队目前正在将 AI 技术与保险业相结合，在保险产品数据库基础上通过分析和计算搭建知识图谱，并收集保险语料，为 AI 问答系统做数据储备，最终连接用户和保险产品。这对目前仍然以销售渠道为驱动的中国保险市场而言显然是个颠覆性的消息，它很可能意味着销售人员的大规模失业。

- 在医疗诊断领域，如 IBM Washon、英国 Babylon Health 公司的 Online Doctor Consultations、联影智能公司的 uAI 等医疗诊断系统，已经在效率、准确度、客观性等多个方面超过人类专家水平。
- 关于 AI 的学习能力，凯文·凯利曾形象地总结说："使用 AI 的人越多，它就越聪明；AI 越聪明，使用它的人就越多。"就像人类专家顾问的水平很大程度上取决于服务客户的经验一样，AI 的经验就是数据以及处理数据的经历。随着使用 AI 专家顾问的人越来越多，未来 2～5 年 AI 有望达到人类专家顾问的水平。

8.6.3 AI 将成为可复用、可购买的智能服务

图像、视频、文本和语音是 AI 的四大基础处理对象，其通用的实现技术、处理方式和平台构成了 AI 三层产业生态的中间层——技术层。经过多年的发展，已经在理论和技术上取得了一系列的突破，并且开发出了一系列相关的实用产品和服务，奠定了 AI 由计算智能向感知智能和认知智能迈进的基础。

当前，尽管全球的科技巨头几乎都在发力，想抢占技术层的通用技术制高点。但是，从技术规律和 AI 产业发展趋势上看，通用的图像、视频、文本和语音处理技术，一定是少数几家公司或机构达到制高点后，通过"服务"的方式为整个产业所用。这里的"服务"是指提供可以远程调用的"Web Service"或应用开发工具"SDK"。例如，科大讯飞的语音输入法与 AIUI 服务，旷世科技的人脸识别服务，高德的智能导航服务等。

事实上，全球 AI 产业应用层上的大量厂家、机构，正在开发和推出各种各样的、专业的 AI 应用，这些应用都可以通过 Web 服务的方式提供可复用的、免费或可购买的智能服务，用户通过智能终端、移动互联网、智能设备可以方便地使用，如远程医疗诊断、健康监控、机器翻译、语音交互、智能导游、智能导购等。

8.6.4 AI 人才将呈现井喷式的大量需求

党的十九大报告提出，推动互联网、大数据、AI 和实体经济深度融合。《新一代 AI 发展规划》也明确提出：到 2020 年 AI 总体技术和应用与世界先进水平同步，核心产业规模超过 1500 亿元，带动相关产业规模超过 1 万亿元；到 2025 年部分技术与应用达到世界领先水平，核心产业规模超过 4000 亿元，带动相关产业规模超过 5 万亿元；到 2030 年技术与应用总体达到世界领先水平，核心产业规模超过 1 万亿元，带动相关产业规模超过 10 万亿元。艾媒咨询发布的数据显示，2016 年我国 AI 产业规模已达 100.60 亿元，增长率为 43.3%；2017 年升至 51.2%，产业规模达 152.10 亿元，并于 2019 年增至 344.30 亿元。分析人士表示，这一数字距离 1500 亿元的目标甚远，说明我国 AI 产业发展潜力巨大。

AI 产业的蓬勃发展，人才的短缺是大问题。早在 2016 年，工信部教育考试中心副主任周明就曾透露，中国 AI 人才缺口超过 500 万人。一些业内人士也表示，国内的供求比例为 1:10，供需严重失衡。领英人才（LinkedIn）发布的《全球 AI 领域人才报告》显示，截至 2017 年一季度，领英人才平台的全球 AI 领域专业技术人才数量超过 190 万，美国拥有最为庞大的人才库，数量超过 85 万人；而在中国，这个数字刚刚超过 5 万人，在全球排名第七位。目前业内 AI 人才的基本情况是：顶层人才来自美国硅谷和国内外高校，一线员工有很大一部分是内部转岗，还有部分是通过校园招聘来的。如图 8-8 所示是 2017 年腾讯研究院给出的 BAT AI 人才的技术方向分布情况。

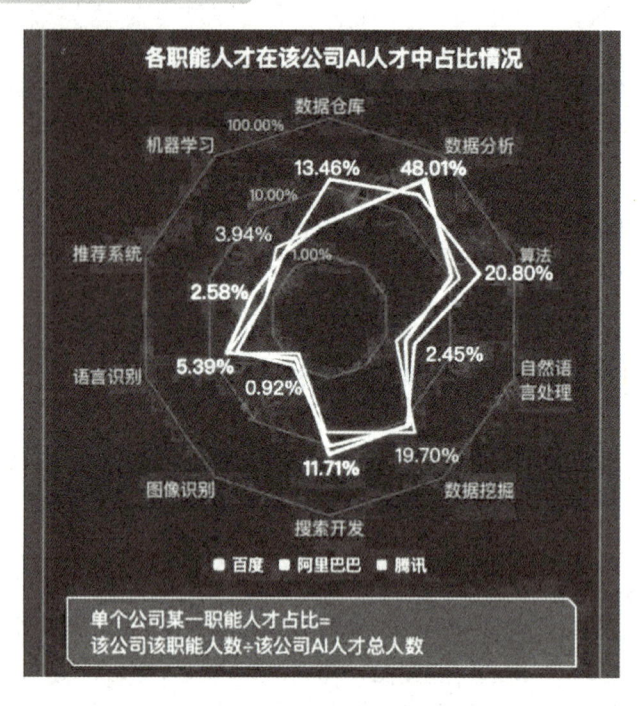

图 8-8　AI 人才在 BAT 中的占比

8.6.5　人类的知识、智慧、人性或将重新定义

从发展趋势上看，AI 的进步或将改写人类对自我、知识和教育的理解。假如多数的医生、律师、教师、程序员、工人被机器所代替，人们或将需要重新开始讨论"人"的自我定义和"知识"的新时代价值。当传统的知识、技能、技术已成为智能机器人仅需调用、复制和执行的简单命令，那么"为什么要学法律、学医学、学操作、学编程"的疑问及背后对自我价值的疑惑就必将引发社会教育结构的变革。传统的人与人之间通过智力、知识、技能或技术组合的不同而形成的差异或将被 AI 抹平。名医、大律师、高考状元、工匠等领域大师，或许就像当今围棋大师下不过 AlphaGo 一样，其专项能力将不再能作为准确评价其智能和学识的方式了……

当在体力劳动和脑力劳动里独立的人类相对于机器都不再具备水平、能力、效率和经济优势时，人的存在形态、存在价值以及与机器的交互融合将成为未来前沿学术研究的重要课题，这将会是一次人类社会的集体迷失，也会是人类价值的再次追寻……

2017 年，AI 领域爆发了好几件大事。

- AlphaGo 再胜人类。5 月，AlphaGo Master 与人类实时排名第一的棋手柯洁对决，最终连胜三盘。然而在短短 40 天之后，新一代 AlphaGo Zero，从空白状态学起，在无任何人类输入的条件下，AlphaGo Zero 迅速自学围棋，并以 100∶0 的成绩完胜前代版本。
- 腾讯宣布进军 AI。6 月，腾讯宣布正式向外开放在计算机视觉、智能语音识别、自然语言处理等领域的 AI 技术，正式进军 AI。
- 百度无人驾驶汽车上北京五环。2017 百度 AI 开发者大会上，百度创始人、董事长兼首席执行官李彦宏通过视频直播展示了一段自己乘坐公司研发的无人驾驶汽车的情景。
- AI 教育要从娃娃抓起。7 月 20 日，国务院印发《新一代 AI 发展规划》，明确指出 AI 成为国际竞争的新焦点，应逐步开展全民智能教育项目，在中小学阶段设置 AI 相关课程，逐步推广编程教育，建设 AI 学科，培养复合型人才，形成我国 AI 人才高地。

- AI 领域投资额猛增。2017 年前三季度，在 AI 领域，我国共有 107 个项目获得投资，获得投资总金额 201.2 亿元左右，相比 2016 年全年，实现 48.6%的增长。在全球市场上以 Intel、百度等巨头为主体的 AI 收购案例共计 22 起。计算机视觉、无人驾驶和智慧医疗领域获得较高的投融资。
- 阿里巴巴成立达摩院。2017 年 10 月，阿里巴巴宣布投资千亿成立达摩院，在全球各地建立实验室，启动 AI 领域争夺战计划，用于涵盖基础科学和颠覆式技术创新的研究。
- 机器人 Sophia 首获公民身份。2017 年 10 月 25 日，在沙特阿拉伯举行的"未来投资倡议"大会上，美女机器人 Sophia 被授予沙特公民身份，标志着她成为了历史上首个获得公民身份的机器人。
- 国家正式公布 AI 四大平台。2017 年 11 月 15 日，科技部召开新一代 AI 发展规划暨重大科技项目启动会。会议宣布了首批国家新一代 AI 开放创新平台名单：百度的自动驾驶、阿里云的城市大脑、腾讯的医疗影像、科大讯飞的智能语音。

2018 年 AI 将继续它的主流之旅，SAGE 公司 AI 副总裁 Kriti Sharma 从八大方面对 AI 进行了总结：

- 创造拟人机器人的欲望将会消退。AI 产业将开始摆脱开发类似于人类物理结构技术，如 Sophia 机器人。AI 工程师和开发人员将转向构建算法驱动的 AI，以人为的方式响应，制定决策并与人员交互。
- 更多关注消费者对 AI 的认同和采纳。从事 AI 领域的公司，将努力与购买和订阅 AI 驱动的产品和服务的人们建立信任。
- AI 的监管环境将向前发展。随着英国、美国、欧盟和世界其他地方的政府试图了解该技术的核心价值、风险，行业参与者将开始关注如何自我调节 AI 技术的企业应用和实际的未来。这种自律将超越 AI，以解决企业和公众对数据隐私及保护的担忧。
- AI 将被更广泛的人接受。就在几年前，人们需要数据科学和工程方面的高级学位人才来建立 AI 技术，使用算法和开发软件。今天，开发者工具、培训计划和可用的职业机会更多地落地，将非技术人员引入 AI 应用领域，使得没有深厚技术背景的人，在 AI 合作的金融、科技、交通、医疗保健等重要行业的前沿占据一席之地。
- 人们将学会与 AI 合作。虽然某些职位确实会被 AI 技术取代，但是许多岗位将会发展成与 AI 合作共存，追求更好的客户服务，提高生产力，提高工作的准确性，从而提升公司效益。
- 网络安全将用 AI 应对复杂威胁。目前，黑客破解技术远超网络安保技术。为了应对这种趋势，谷歌、脸书和亚马逊等科技行业的领导者将寻找更多的机会与麻省理工学院、纽约大学和其他领先机构的小型创业公司及学术研究人员合作，生产密不可分的 AI 驱动安全解决方案。这些合作伙伴关系将有助于构建可以跨网络和平台部署的防黑客 AI 系统，以监控、发现和防止黑客行为。
- AI 行业将解决更复杂的问题。AI 包括一个复杂而关键的技术网络。AI 技术的存在可以解决商业和日常生活中的复杂问题，从管理整个劳动力到应对气候变化。
- 新的一年，新的 AI 机会。AI 应用将继续繁荣和多样化。AI 产业内部以及私营、公共和学术部门之间将有更紧密的研究和发展联系。

8.6.6 一次非凡的突破——打电话的 AI 通过了图灵测试

英国数学家、逻辑学家,被视为计算机科学之父的艾伦·图灵（Alan Turing）博士,于 1950 年发表了一篇划时代的论文,预言人类能创造出具备真正智能的机器。他还提出了著名的图灵测试：如果一台机器能与人类展开对话（通过电传设备）而不被识别出身份,那么这台机器就具有智能。68 年后的 2018 年 5 月 11 日,Google I/O 2018 大会最后一天,不久前刚刚获得年度图灵奖的 Alphabet 新任董事长、曾经的斯坦福校长 John Hennessy 登上舞台：“这五十多年来,我目睹着不可思议的 IT 产业上演一波又一波的革命,互联网、芯片、智能手机、计算机……展现着各自的魔力。但仍有一件事,我认为将会真正改变我们的生活,那就是机器学习和 AI 领域的突破……人们投入这个领域的研究已经 50 多年了,终于,我们取得了突破。为了实现这个突破,我们所需要的基本计算能力,是之前设想的 100 万倍。但最终我们还是做到了。这是一场革命,将会改变世界……”

Google I/O 2018 大会首日,Google CEO 桑达尔·皮查伊展示了最新研发的对话 AI——Google Duplex（如图 8-9 所示）,它能够在真实的环境下,打电话给美发店、餐馆预约服务和座位,全程流畅交流,完美应对不知情的人类接线员。Google Duplex 一出,现场所有的人都炸了,效果非常好。坊间观众们缓过神来一想：Google 演示的这个 AI,难不成就是通过了图灵测试？没错,John Hennessy 教授今天终于亲口确认："在预约领域,这个 AI 已经通过了图灵测试。"

John Hennessy 教授进一步解释道："这是一个非凡的突破,虽然这个 AI 不是在所有情境下取得突破,但仍然指明了未来的道路。因为通过图灵测试,意味着机器终于可以思考了……"

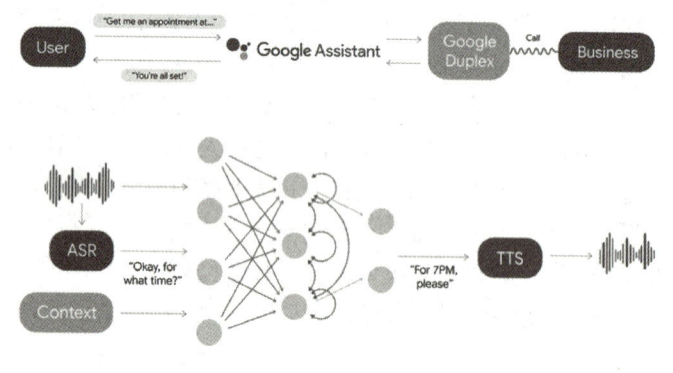

图 8-9 谷歌电话 AI——Duplex 示意图

8.6.7 2022 年——AI2.0 的新纪元开启

2022 年 10 月 30 日,ChatGPT（基于 GPT-3.5 智能底座）的发布,几乎一瞬间点燃了整个赛博世界。它推出仅 2 个月,用户数就突破了一个亿,当时的电话和手机分别用时 75 年和 16 年才在全球积累 1 亿个用户,即使是上一个最快破亿的程序 TikTok 也要用时 9 个月。

其实 ChatGPT 的发布,开启了 AI 2.0 时代,在这之后,我们看到技术的突破速度开始变得越来越快,"可能这个星期和下个星期,技术的方向都会完全不一样了",各种预训练大模型不断推出和升级,功能越来越强大、能力越来越全面。依作者个人推断,AI 2.0 的第一仗以 GPT3.5 为代表的"预训练大语言模型"完胜为标志；第二仗的最大战场应该是以 GPT-4 为代表的"多模态预训练大模型",实现以自然语言驱动的多模态交互与生成！

8.6.8 步入通用人工智能 AGI 的大门就要开启

"通用 AI（AGI- Artificial General Intelligence），也称为"强 AI"，指的是在任何你可以想象的人类的专业领域内，具备相当于人类智慧程度的 AI，一个 AGI 可以执行任何人类可以完成的智力任务。

与弱 AI 或狭义 AI（ANI）不同，弱 AI 并非旨在具有一般认知能力，而是旨在解决一个问题。而 AGI 是 AI 研究的最终目标之一，是 OpenAI、DeepMind、Anthropic 等多家 AI 公司的主要目标，也是科幻小说和未来研究的一个共同主题。图 8-10 给出了 AGI 的相关概念解析。

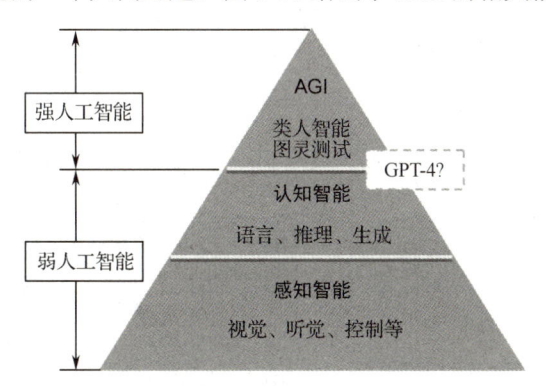

图 8-10 AGI 相关概念解析

AGI 的定义和标准并没有一个普遍的共识，因为不同领域和学科对人类智能的构成可能有不同的观点。然而，一些通常与 AGI 相关的常见能力包括：
- 推理，运用策略，解谜，在不确定的情况下做出判断。
- 拥有知识，包括常识性知识、专业性知识。
- 规划、计划。
- 记忆与学习。
- 用自然语言交流。

AGI 开发的时间表仍然是研究人员和专家之间持续争论的主题，一些人认为它可能在未来几年或几十年内实现，另一些人则认为它可能需要长达一个世纪或更长时间，而少数人认为它可能永远不会完全实现。但是，2023 年 5 月，GPT-4 的推出，它的自然语言理解、自然语言生成、代码生成、多模态的交互与生成、参加人类考试等能力，已经表现出了令人惊奇的水平，在许多具体任务完成能力上，已经接近、达到甚至超过了一般人类专业人员的水平，如表 8-1 所示。

表 8-1 GPT-4 功能、场景及与人类水平比较

序 号	功能名称	应用场景	典型实例	与人类水平的比较
1	文本生成	内容创作、写作	生成真实新闻报道、创作短篇小说、生成技术文档等	在生成文章、故事、新闻等方面接近人类水平
2	语言翻译	跨语言沟通	实时翻译、跨语言沟通、自动语音翻译等	在实时翻译、语义理解方面接近或超过人类水平
3	问题回答	问答系统、客服支持	智能问答机器人、在线客服系统、虚拟助手等	在回答常见问题、提供信息方面接近或超过人类水平
4	语音识别	语音转文字	语音转文字应用、语音助手、语音识别技术等	在转录语音内容方面接近或超过人类水平

续表

序 号	功能名称	应用场景	典型实例	与人类水平的比较
5	图像识别	图像分类、识别	图像分类、人脸识别、物体识别、图像搜索等	在图像识别和分类方面接近或超过人类水平
6	语音合成	语音生成、合成	文字转语音应用、语音合成技术、虚拟助手等	在生成自然流畅语音方面接近或超过人类水平
7	自动摘要	文章摘要、提炼	自动文本摘要、新闻摘要、信息提取等	在自动生成文章摘要方面接近或超过人类水平
8	情感分析	情绪识别、评价	情绪识别应用、社交媒体分析、情感评价等	在情感分析和情绪识别方面接近或超过人类水平
9	文档生成	文档自动生成	自动报告生成、表格生成、文件模板填充等	在生成常见文档、报告、表格方面接近或超过人类水平
10	编程辅助	代码生成、调试	代码自动生成、代码调试、编程辅助工具等	在辅助编程、代码生成方面接近或超过人类水平
11	考试辅助	考试准备、答题	考试题库生成、自动答题、智能辅导等	在提供考试资料、解答问题方面接近或超过人类水平
12	编程自学	编程教育、学习	编程教育平台、自动化编程学习工具、代码示例生成等	在提供编程知识、指导学习方面接近或超过人类水平
13	图像生成	艺术创作、设计	图像生成艺术品、风格迁移、图像修复、虚拟场景生成等	在生成艺术作品、创作设计方面接近或超过人类水平
14	视频生成	视频剪辑、创作	视频剪辑工具、自动生成广告、虚拟演员生成等	在生成电影、广告、视频内容方面接近或超过人类水平
15	多模态生成	多媒体创作、应用	自动图文生成、图像配文字、多模态情感生成等	在结合文本、图像、语音等生成多媒体内容方面超过人类水平
16	音频生成	音乐创作、合成	音乐创作工具、声音合成、音效生成等	在生成音乐作品、声音效果方面接近或超过人类水平

2023年以GPT-4为代表的一系列预训练大模型的突出和出色表现,正在推动通用AIAGI大门的徐徐开启。传统的行业领域、专业人才、工作岗位、认知方法、评价标准都将被重新审视和定义。AI正在高效率、高质量、低成本地替代人类完成许多体力劳动和脑力劳动的工作任务!

附录 A　人工智能基础开发环境搭建

本附录详细介绍如何在 Windows 下搭建人工智能基础开发环境，主要包括 Python 及其相关数据科学库、机器学习库的安装，虚拟开发环境的搭建，Jupyter Notebook 的安装与使用，以及 Gitee 仓库的建立与使用。如果你使用的是 Linux 或 Mac 操作系统，则基本搭建方法类似。

一、Python 与 Anaconda 的安装

　　Python 是由 Guido van Rossum 于 1989 年底发明的一种解释型、面向对象、动态数据类型的高级程序设计语言。它是一个广泛使用的高级编程语言，主要设计目标是易读性和语法的清晰。Python 从 2000 年 10 月～2010 年 7 月陆续推出了 Python2.0～Python2.7 版，2008 年 12 月～2023 年 6 月陆续推出 Python3.0～Python3.12 版。目前主流使用的版本是 Python3.0 以上的版本。

　　Anaconda 是一个由 Anaconda, Inc.（原 Continuum Analytics）发布的 Python 和 R 的发行版，用于计算科学（数据科学、机器学习、大数据处理和预测分析），该发行版已经包含了常用的数据处理和科学计算模块。

1. Python 安装

　　（1）下载 Python 安装包：访问 Python 官方网站并下载适合 Windows 的最新版 Python（Python 官方下载页面见图 A-1）。

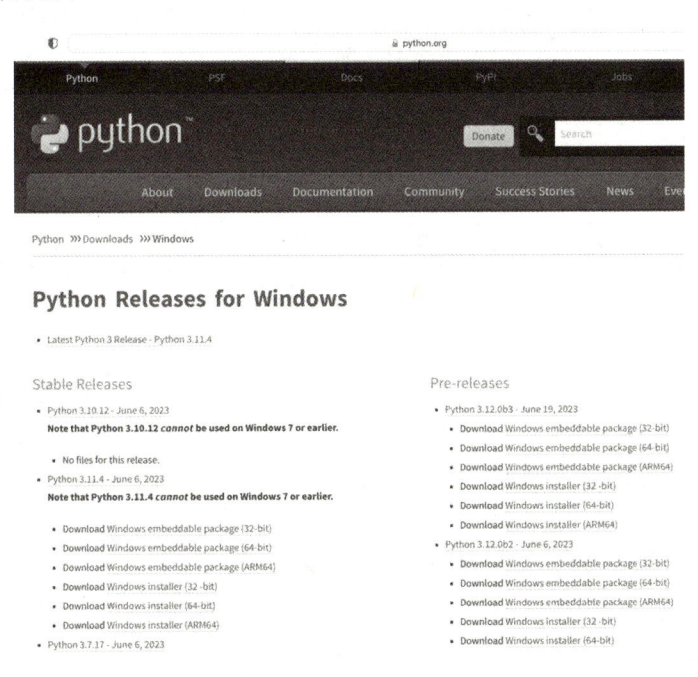

图 A-1　Python 官方下载界面

（2）安装 Python：双击下载好的 Python 安装包，按照提示安装 Python。

（3）安装后的 Python 启动菜单如图 A-2 所示，双击"IDLE.app"就可以启动 Python 内嵌的开发环境 IDELE Shell，并进行简单的 Python 编程，如图 A-3 所示。

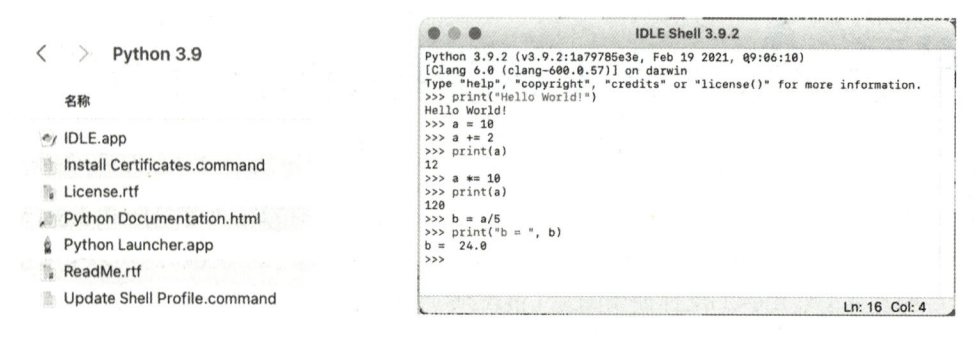

图 A-2　Python 启动菜单　　　　图 A-3　Python 内嵌的 IDLE 开发环境

2. Anaconda 安装

（1）下载 Anaconda：访问 Anaconda 官方网站并下载适合 Windows 的最新版 Anaconda。

（2）安装 Anaconda：双击下载好的 Anaconda 安装包，按照提示安装 Anaconda。

（3）启动 Anaconda Navigator：在"开始"菜单中双击"Anaconda Navigator"，启动 Anaconda 应用管理器，如图 A-4 所示。

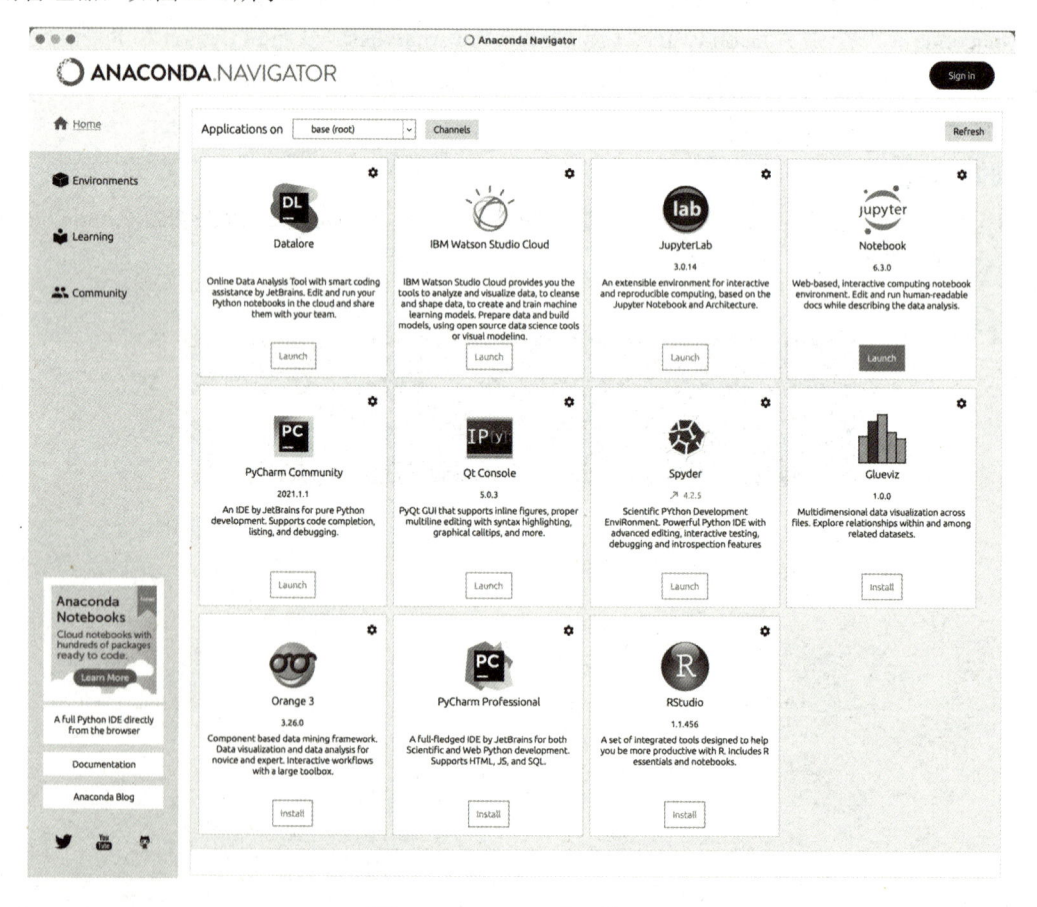

图 A-4　Anaconda 应用管理器

附录 A　人工智能基础开发环境搭建

（4）在应用管理器中，单击左侧的"Environments"按钮，可以查看 Anaconda 提供的、已经安装的、可以更新的一系列软件包信息，如图 A-5 所示。

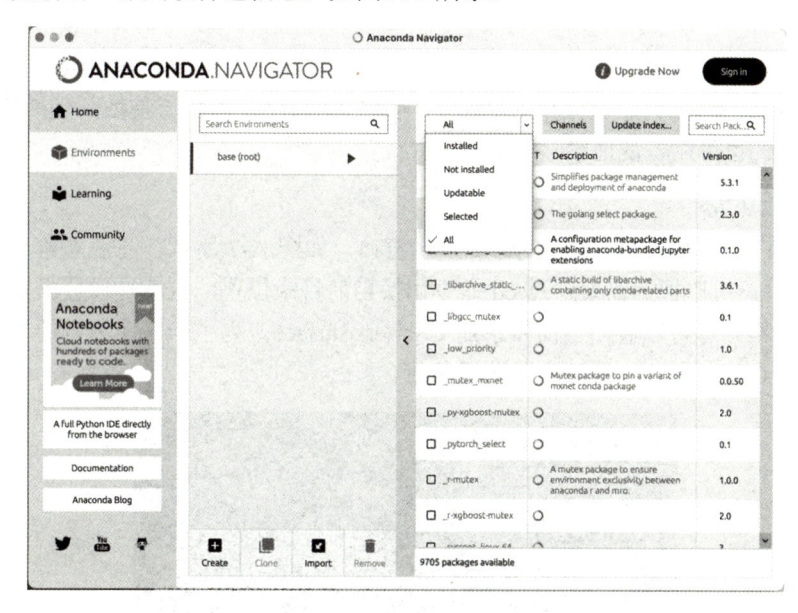

图 A-5　Anaconda 软件包信息查看与管理

（5）在应用管理器中，单击左侧的"Learning"按钮，可以方便地查阅相关的在线学习文档，指导各个软件包的使用，如图 A-6 所示。

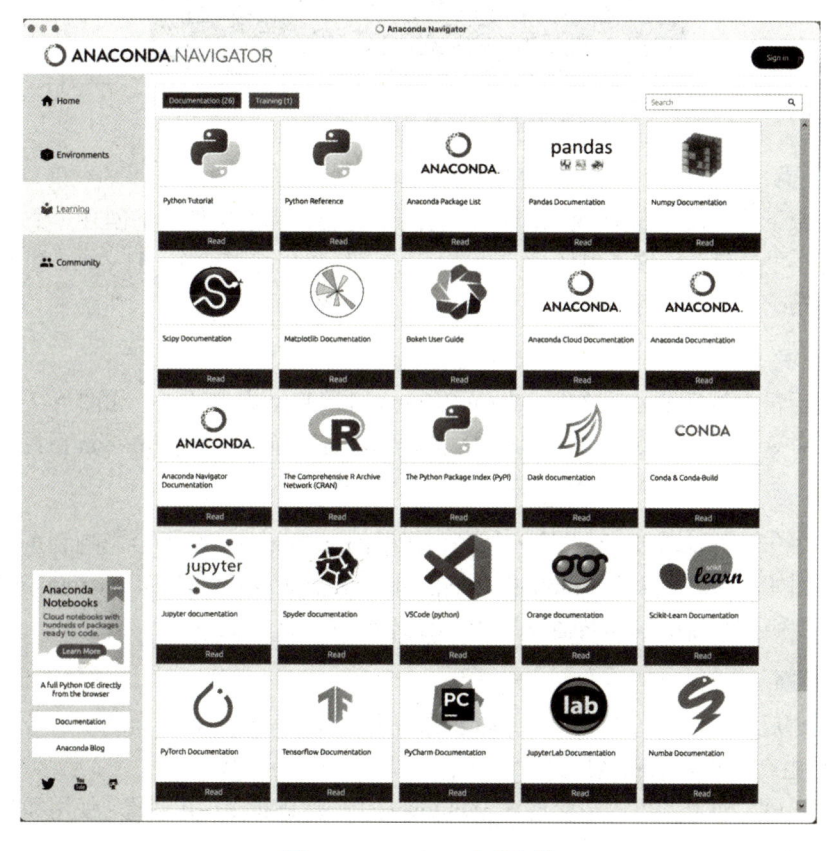

图 A-6　Anaconda 在线文档

321

二、创建和使用虚拟环境

在应用开发环境搭建过程中，为了避免因为软件之间的设置冲突和方便试验各种工具，通常可以创建一到多个"虚拟环境"，它们相对独立，不会互相影响，可以方便地新建所需的开发环境、安装相关的工具，也可以方便地删除。

1. 准备创建虚拟环境

运行 cmd 命令启动 Windows 下的命令提示窗口，如图 A-7 所示，注意观察和确定当前目录（文件夹）的位置，可以根据需要通过 cd 命令切换当前目录位置，也就是设置虚拟环境的文件夹位置。从图 A-7 第一行可以看出当前目录是 C:\Users\surface。为了未来使用方便，可以通过资源管理器查看清楚 C:\Users\surface 所在的磁盘位置。

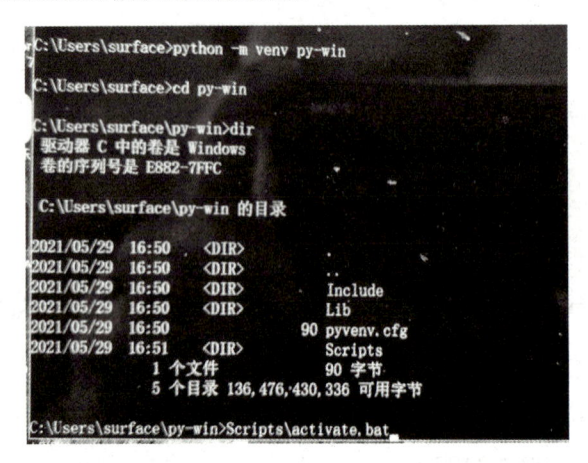

图 A-7 命令提示窗口

2. 创建虚拟环境

在当前目录下执行命令：python -m venv py-win，这将在当前文件夹下创立一个名字为 py-win 的子文件夹并在里面自动生成虚拟环境的相关库与文件，可以通过命令 cd py-win 和 dir 命令查看，如图 A-7 中的第二行和第三行所示。

3. 启动虚拟环境

在命令提示符中执行批处理文件：Scripts\activate.bat 启动虚拟环境，如图 A-7 中最后一行所示。并且会在命令行的最左侧看到（py-win）的提示，这表示虚拟环境 py-win 已经激活、启动。

4. 使用虚拟环境

在虚拟环境中，可以通过 pip 命令安装任何需要的 Python 库，而不会影响到系统级别的其他安装与配置。例如，安装一个库：pip install requests，这个安装库就只在（py-win）虚拟环境下可以使用，而不会影响系统级别和其他虚拟环境的安装与配置。

5. 退出虚拟环境

当完成工作后，可以通过输入 deactivate 命令退出虚拟环境，如果启动了后台进程，则可以通过按 Ctrl+C 组合键将其中断退出。

按照上述步骤，初学者可以轻松地在 Windows 上安装 Python，并创建、使用和管理多个虚拟环境。

三、基础库和框架的安装

Anaconda 作为 Python 发行版来统一管理和预装了绝大多数常用的库并且能够方便地管理库和环境，目前 Anaconda 提供了近万个可以安装和管理的库。实际上，有些库之间是存在相互依赖关系的，并且还可能对依赖的版本有要求。所以在具体应用开发中，要根据实际情况添加需要的库或者更新相关的库版本，有时也会为了适配的需求降低特定库的版本。

表 A-1 给出了本书涉及的八大基础工具和库的概括信息，其中的 Python、NumPy、Pandas、SciPy、Matplotlib 已经由 Anaconda 安装好了，如果没有特殊的版本要求，都可以直接满足一般的使用需求。另外的一些比较大型的、专业的库，如 PyTorch、TensorFlow 和 scikit-learn(sklearn)等需要在命令行下单独安装。

表 A-1　本书涉及的八大基础工具和库的概括信息

序号	库名称	开发公司	版本信息（截至 2021 年 9 月）	主要功能	安装方法
1	Python	Python Software Foundation	3.9.7	一种通用的、解释型、交互式、面向对象的编程语言，适合各种类型的软件开发，也是进行数据科学、人工智能等领域开发的主要语言	可以在 Python 官方网站下载并安装
2	PyTorch	Facebook 的人工智能研究团队	1.9.0	一个用于机器学习和深度学习的库，提供张量计算（类似于 NumPy）以及深度神经网络构建和训练的功能	pip install torch torchvision torchaudio
3	TensorFlow	Google Brain 团队	2.6.0	一个用于机器学习和深度学习的库，提供强大的数据流图计算能力以及神经网络构建和训练的功能	pip install tensorflow
4	scikit-learn（sklearn）	由多个贡献者维护	0.24.2	提供了大量的机器学习算法实现，包括分类、回归、聚类和降维等	pip install -U scikit-learn
5	NumPy	Travis Oliphant 等	1.21.2	提供了强大的科学计算能力，包括多维数组对象、矩阵运算等	pip install numpy
6	Pandas	Wes McKinney 等	1.3.2	提供了大量用于数据处理和分析的功能，包括 DataFrame 对象、数据清洗、数据聚合等	pip install pandas
7	SciPy	Travis Oliphant 等	1.7.1	提供了大量的科学计算能力，包括线性代数、数值积分、插值、优化等	pip install scipy
8	Matplotlib	John D. Hunter 等	3.4.3	一个用于数据可视化的库，提供了大量的绘图功能，包括线图、柱状图、散点图等	pip install matplotlib

四、Jupyter Notebook 的安装与使用

Jupyter Notebook 是一个开源的 Web 应用程序，允许用户创建和共享包含实时代码、方程、可视化和叙述性文本的文档。Jupyter 可以理解为后台服务器、Notebook 为浏览器中启动的仪表板。Jupyter Notebook 广泛应用于数据清理和转换、数值模拟、统计建模、数据可视化、机器学习等领域，是一个非常适合人工智能应用开发初学者使用的简洁、易用的开发环境。

1. 启动一个虚拟环境

参见上面创建和使用虚拟环境的操作步骤，启动已经建好的一个虚拟环境。

2. 安装 Jupyter Notebook

在命令行下运行 pip install jupyter 命令，会联网安装相关文件。

3. 启动 Notebook 开发环境

在命令行中运行 jupyter notebook 命令，会启动相关后台服务和浏览器界面，打开一个新的浏览器窗口（或者新的标签），显示 Jupyter Notebook 的仪表盘，如图 A-8 所示。

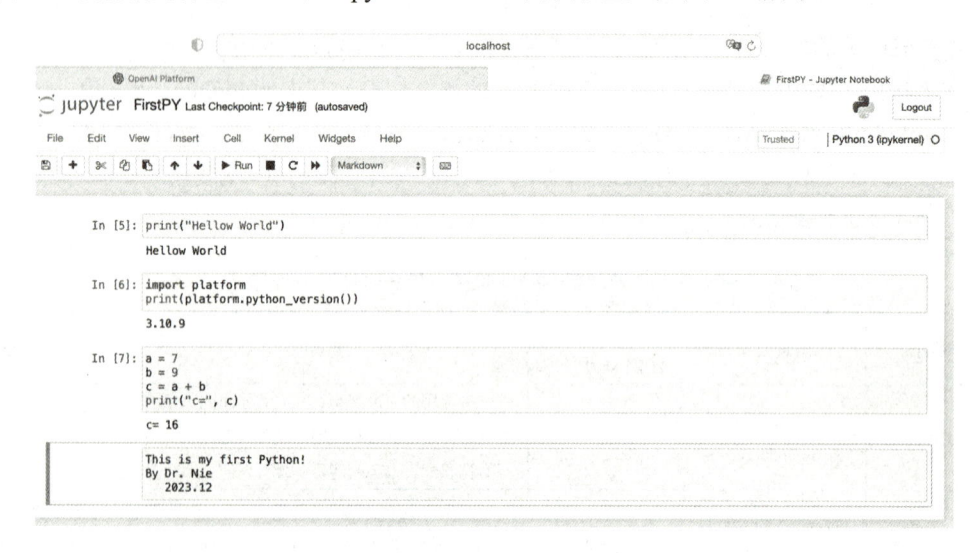

图 A-8　NoteBook 的仪表盘

在 Notebook 仪表盘中，可以编写和运行代码，同时添加注释，这使得它成为一个非常好的学习工具。可以新建一个 Python notebook 文件，以 1～n 为单元输入代码、文本注释、标题，然后单击"Run"按钮来运行代码，系统会在每个单元下面显示代码的输出。也可以在代码框中输入 Markdown，这是一种简洁的注释语法。在 Markdown 框中，可以做到标题、链接、图片、数学公式、引用等各种格式的文本。代码可以通"File"文件菜单下的"Save as"命令进行保存，如图 A-8 所示的文件就保存成了"FirstPY.ipynb"。

另外，如果不能自动弹出浏览器的仪表盘，或者不想使用默认的浏览器，也可以通过手工复制链接地址的方法在相关的浏览器中启动 Notebook，如图 A-9 所示。推荐使用谷歌的 Chrome、微软的 Edge、苹果的 Safari 等浏览器。

图 A-9　Notebook 的手动启动链接

五、Gitee 仓库的使用

Gitee，也被称为码云，是中国最大的开源软件托管平台，提供了项目托管、版本控制、项目管理等一系列服务。使用 Gitee，可以创建自己的软件项目，也可以参与其他开源项目的协作开发。其强大的版本控制功能基于 Git，能够跟踪代码的每一次修改，便于团队协作和代码维护。此外，

Gitee 也提供了代码评审、问题跟踪、持续集成等高级功能，支持敏捷开发和 DevOps 流程。Gitee 致力于推动国内开源文化的发展，已经成为许多中国开发者日常工作的重要工具。

1．注册和登录

（1）访问 Gitee 网站。

（2）单击网页右上角的"注册"按钮。

（3）在注册页面填写电子邮件地址、用户名、密码，并且确认密码。

（4）阅读并勾选"我同意 Gitee 服务条款"，然后单击"注册"按钮。

（5）注册后，Gitee 会发送一封验证邮件到你的邮箱，打开邮件并单击验证链接，完成验证。

（6）验证后，返回 Gitee 首页，单击网页右上角的"登录"按钮，输入用户名和密码，单击"登录"按钮。

2．创建仓库

（1）登录后，单击右上角头像旁边的"+"号，然后选择"创建仓库"。

（2）在"新建仓库"页面，填写仓库名称，可以选择是否为公开（公开的仓库任何人都可以访问，私有的仓库只有你和你指定的人可以访问）。

（3）可以选择初始化一个 readme 文件，这是一个 Markdown 格式的文件，可以在其中写一些关于项目的描述信息。

（4）最后，单击页面下方的"确定"按钮，你的仓库就创建成功了。

3．在本地克隆仓库

在本地开发环境中，你需要安装 Git 命令行工具。安装完成后，你可以通过以下步骤将 Gitee 上的仓库克隆到本地：

（1）打开你的仓库，单击"克隆/下载"，然后复制仓库地址。

（2）在本地打开终端（或命令行工具），转到你希望存放项目的目录，然后运行以下命令：

git clone 你复制的仓库地址

（3）这样，你就在本地创建了一个和 Gitee 仓库一样的项目。

4．修改代码并提交

现在，你可以开始编写代码或修改项目文件了。当你完成一些修改后，你可能想要将这些修改提交到仓库。你可以通过以下步骤完成：

（1）在终端中，转到你的项目目录，然后运行以下命令，这会将你的所有修改添加到待提交区域：git add。

（2）运行以下命令来提交你的修改：git commit -m "描述你的修改"，在"描述你的修改"框中，写一些关于你修改的信息。

（3）推送代码到 Gitee。你已经在本地提交了你的修改，现在可能希望将这些修改推送到 Gitee 上。你可以通过以下步骤完成：在终端中，转到你的项目目录，然后运行以下命令：git push origin master。

（4）这将会把你的修改推送到 Gitee 仓库。请注意，如果在 Gitee 上创建了不同的分支，那么你可能需要将 master 替换为你正在使用的分支名称。

5．创建和合并分支

在一个大的项目中，你可能需要创建不同的分支以便在不同的功能或修复中工作。以下是如何在 Gitee 上创建和合并分支的步骤：

（1）在你的项目目录的终端中，运行以下命令创建一个新的分支：git branch 分支名称，这将创建一个新的分支，但你仍然在当前分支（默认是 master）中工作。

（2）要切换到你的新分支，运行以下命令：git checkout 分支名称，在新分支中，你可以像前面描述的那样修改代码，并提交和推送。

（3）当你完成了新分支的工作，并希望将其合并到 master 分支，则首先可以使用以下命令切换回 master 分支：git checkout master。然后，运行以下命令来合并你的分支：git merge 分支名称。最后，你可能希望将合并后的代码推送到 Gitee：git push origin master。

6．发起和合并 Pull Request

当你在一个分支上完成了一些工作，你可能希望将这些改动合并到主分支。在大的项目中，你可能不是直接合并，而是发起一个 Pull Request，然后等待别人（例如，项目所有者或其他协作者）审核并合并。

（1）在 Gitee 上，打开你的仓库，然后单击"Pull Request"。

（2）单击"新建 Pull Request"，选择你的源分支和目标分支。

（3）在描述区域，详细描述你的改动，并且单击"创建 Pull Request"。

（4）等待其他人审核：审核通过后，他们可以单击"合并"将你的改动合并到目标分支。

以上是对 Gitee 的基本使用说明，希望对初学者有所帮助。记住，实践是最好的教师，多操作几次你将更熟练地使用 Gitee 管理你的项目。

六、环境测试

可以通过编写一个简单的 Python 脚本来测试安装的库是否都可以正常使用。比如在 Jupter Notebook 里输入和运行如图 A-10 所示的 Python 代码。

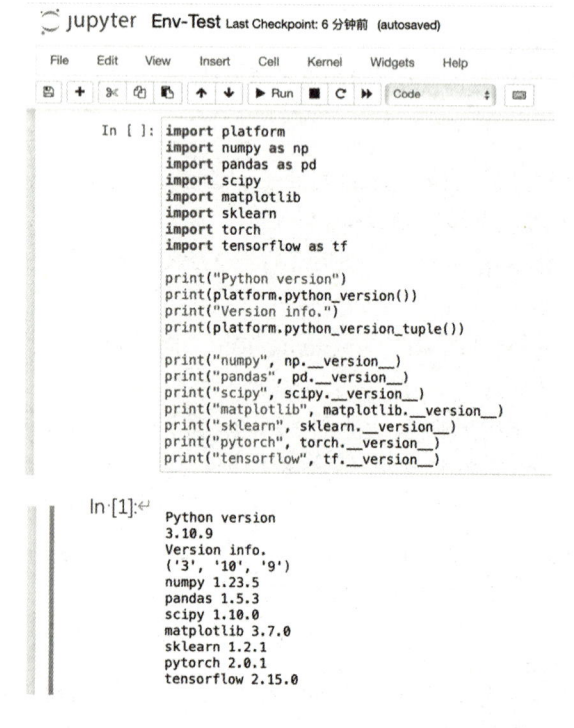

图 A-10　开发环境测试文件 Env-Test.ipynb 及其运行结果

上面的测试代码也可以在其他文本编辑器中创建成一个新的 Python 文件，例如 test.py，然后在命令行中通过 python test.py 命令运行。如果所有库都被正确地安装，那么它们的版本信息将会被打印出来。另外，也可以通过命令 pip list 检查所安装的所有库。

七、一键安装与 requirement.txt 文件编写

可以将 Python 环境中所有库的名称和版本号写入一个叫作 requirements.txt 的文件中。这样，其他人可以通过一次命令就安装所有的依赖库。

1. 导出全部安装库信息

在命令行中输入以下命令 pip freeze > requirements.txt，这会将环境中所有库的名称和版本号输出到 requirements.txt 文件中。

如果你想在新的环境中一键安装所有依赖，并且有实用的 requirements.txt 文件，就可以使用以下命令 pip install -r requirements.txt 一键安装。

下面提供一个本书基本开发环境所需要的库的信息文件：requirements.txt，它包含了所需要的库和框架的名称和版本信息。请注意，这只是一个示例，版本号不是最新的，读者可以根据自己的环境和代码库的需求来调整；如果没有特殊需求，也可以只指定库或框架的名称，版本号由 pip 系统自动适配。

本书的样板 requirements.txt 文件内容：

```makefile
Copy code
python==3.8.5
numpy==1.21.0
pandas==1.3.0
scipy==1.7.0
matplotlib==3.4.2
scikit-learn==0.24.2
pytorch==1.9.0
tensorflow==2.5.0
jupyter==1.0.0
```

通过 pip install-r requirements.txt 命令，告诉 pip（Python 的包管理器）读取 requirements.txt 文件，并安装所有列出的库、框架及其依赖库。这是一个非常有效的方法以确保你的代码在新环境中能够正常工作。无论是在你自己的机器上，还是在别人的机器上或者在一个新建的虚拟机或者虚拟环境下，都非常有效。

附录 B　人工智能的数学基础与工具

一、行列式

1. 行列式的定义

（1）二阶行列式

$$D = \begin{vmatrix} a_{11} & a_{12} \\ a_{21} & a_{22} \end{vmatrix} = a_{11}a_{22} - a_{21}a_{12}$$

（2）三阶行列式

由 9 个元素组成的一个算式，记为 D

$$D = \begin{vmatrix} a_{11} & a_{12} & a_{13} \\ a_{21} & a_{22} & a_{23} \\ a_{31} & a_{32} & a_{33} \end{vmatrix} = (-1)^{1+1}a_{11}\begin{vmatrix} a_{22} & a_{23} \\ a_{32} & a_{33} \end{vmatrix} + (-1)^{1+2}a_{12}\begin{vmatrix} a_{21} & a_{23} \\ a_{31} & a_{33} \end{vmatrix} + (-1)^{1+3}a_{13}\begin{vmatrix} a_{21} & a_{22} \\ a_{31} & a_{32} \end{vmatrix}$$

$$= a_{11}(a_{22}a_{33} - a_{23}a_{32}) - a_{12}(a_{21}a_{33} - a_{23}a_{31}) + a_{13}(a_{21}a_{32} - a_{22}a_{31})$$

$$= a_{11}a_{22}a_{33} - a_{11}a_{23}a_{32} - a_{12}a_{21}a_{33} + a_{12}a_{23}a_{31} + a_{13}a_{21}a_{32} - a_{13}a_{22}a_{31}$$

称为三阶行列式，其中 $\begin{vmatrix} a_{22} & a_{23} \\ a_{32} & a_{33} \end{vmatrix}$ 是原行列式 D 中划去元素 a_{11} 所在的第一行、第一列后剩下的元素按原来顺序组成的二阶行列式，称它为元素 a_{11} 的余子式，记作 M_{11}，即 $M_{11} = \begin{vmatrix} a_{22} & a_{23} \\ a_{32} & a_{33} \end{vmatrix}$

类似地，记 $M_{12} = \begin{vmatrix} a_{21} & a_{23} \\ a_{31} & a_{33} \end{vmatrix}$，$M_{13} = \begin{vmatrix} a_{21} & a_{22} \\ a_{31} & a_{32} \end{vmatrix}$

并且令 $A_{ij} = (-1)^{i+j}M_{ij}$　（i，$j = 1,2,3$）

称为元素 a_{ij} 的代数余子式。

因此，三阶行列式也可以表示为

$$D = \begin{vmatrix} a_{11} & a_{12} & a_{13} \\ a_{21} & a_{22} & a_{23} \\ a_{31} & a_{32} & a_{33} \end{vmatrix} = a_{11}A_{11} + a_{12}A_{12} + a_{13}A_{13} = \sum_{j=1}^{3} a_{1j}A_{1j}$$

而且它的值可以转化为二阶行列式计算而得到。

（3）n 阶行列式

由 n^2 个元素组成的一个算式，记为 D

$$D = \begin{vmatrix} a_{11} & a_{12} & \cdots & a_{1n} \\ a_{21} & a_{22} & \cdots & a_{2n} \\ \vdots & \vdots & \ddots & \vdots \\ a_{n1} & a_{n2} & \cdots & a_{nn} \end{vmatrix}$$

称为 n 阶行列式，简称行列式。其中 a_{ij} 称为 D 的第 i 行第 j 列的元素（$i, j = 1, 2, \cdots, n$）。

当 $n=1$ 时，规定：
$$D = |a_{11}| = a_{11}$$

若 $n-1$ 阶行列式已定义，则 n 阶行列式
$$D = a_{11}A_{11} + a_{12}A_{12} + \cdots + a_{1n}A_{1n} = \sum_{j=1}^{n} a_{1j}A_{1j}$$

其中，A_{1j} 为元素 a_{1j} 的代数余子式。

此定义是 n 阶行列式 D 按第一行的展开式。通过二阶、三阶行列式的展开式可以推出，n 阶行列式的展开式中共有 $n!$ 乘积项，每个乘积项中含有 n 个取自不同行不同列的元素，并且带正号和带负号的项各占一半。

2. 行列式的性质

（1）转置行列式的概念

如果把 n 阶行列式
$$D = \begin{vmatrix} a_{11} & a_{12} & \cdots & a_{1n} \\ a_{21} & a_{22} & \cdots & a_{2n} \\ \vdots & \vdots & \ddots & \vdots \\ a_{n1} & a_{n2} & \cdots & a_{nn} \end{vmatrix}$$

中的行与列按原来的顺序互换，得到新的行列式
$$D^{\mathrm{T}} = \begin{vmatrix} a_{11} & a_{21} & \cdots & a_{n1} \\ a_{12} & a_{22} & \cdots & a_{n2} \\ \vdots & \vdots & \ddots & \vdots \\ a_{1n} & a_{2n} & \cdots & a_{nn} \end{vmatrix}$$

那么，称行列式 D^{T} 为 D 的转置行列式。显然 D 也是 D^{T} 的转置行列式。

（2）行列式的性质

性质 1 行列式 D 与它的转置行列式 D^{T} 相等，即 $D = D^{\mathrm{T}}$。

行列式中行与列所处的地位是一样的，所以，凡是对行成立的性质，对列也同样成立。

由性质 1 和 n 阶下三角形行列式的结论，可以得到 n 阶上三角形行列式的值等于它的对角线元素乘积，即

$$\begin{vmatrix} a_{11} & a_{12} & \cdots & a_{1n} \\ 0 & a_{22} & \cdots & a_{2n} \\ \vdots & \vdots & \ddots & \vdots \\ 0 & 0 & \cdots & a_{nn} \end{vmatrix} = a_{11}a_{22}\cdots a_{nn}$$

性质 2 如果将行列式的任意两行（或列）互换，那么行列式的值改变符号，即

$$\begin{vmatrix} a_{11} & a_{12} & \cdots & a_{1n} \\ \vdots & \vdots & \ddots & \vdots \\ a_{i1} & a_{i2} & \cdots & a_{in} \\ \vdots & \vdots & \ddots & \vdots \\ a_{j1} & a_{j2} & \cdots & a_{jn} \\ \vdots & \vdots & \ddots & \vdots \\ a_{n1} & a_{n2} & \cdots & a_{nn} \end{vmatrix} = - \begin{vmatrix} a_{11} & a_{12} & \cdots & a_{1n} \\ \vdots & \vdots & \ddots & \vdots \\ a_{j1} & a_{j2} & \cdots & a_{jn} \\ \vdots & \vdots & \ddots & \vdots \\ a_{i1} & a_{i2} & \cdots & a_{in} \\ \vdots & \vdots & \ddots & \vdots \\ a_{n1} & a_{n2} & \cdots & a_{nn} \end{vmatrix}$$

性质 3 行列式一行（或列）的公因子可以提到行列式记号的外面，即

$$\begin{vmatrix} a_{11} & a_{12} & \cdots & a_{1n} \\ \vdots & \vdots & \ddots & \vdots \\ ka_{i1} & ka_{i2} & \cdots & ka_{in} \\ \vdots & \vdots & \ddots & \vdots \\ a_{n1} & a_{n2} & \cdots & a_{nn} \end{vmatrix} = k \begin{vmatrix} a_{11} & a_{12} & \cdots & a_{1n} \\ \vdots & \vdots & \ddots & \vdots \\ a_{i1} & a_{i2} & \cdots & a_{in} \\ \vdots & \vdots & \ddots & \vdots \\ a_{n1} & a_{n2} & \cdots & a_{nn} \end{vmatrix}$$

推论 如果行列式中有一行（或列）的全部元素都是零，那么这个行列式的值为零。

性质 4 如果行列式中两行（或列）对应元素全部相同，那么行列式的值为零，即

$$\begin{array}{c} \\ \\ i\text{行} \\ \\ j\text{行} \\ \\ \\ \end{array} \begin{vmatrix} a_{11} & a_{12} & \cdots & a_{1n} \\ \vdots & \vdots & \ddots & \vdots \\ a_{i1} & a_{i2} & \cdots & a_{in} \\ \vdots & \vdots & \ddots & \vdots \\ a_{i1} & a_{i2} & \cdots & a_{in} \\ \vdots & \vdots & \ddots & \vdots \\ a_{n1} & a_{n2} & \cdots & a_{nn} \end{vmatrix} = 0$$

推论 行列式中如果两行（或列）对应元素成比例，那么行列式的值为零。

性质 5 行列式中一行（或列）的每一个元素如果可以写成两数之和，即

$$a_{ij} = b_{ij} + c_{ij} \quad (j = 1, 2, \cdots, n)$$

那么，此行列式等于两个行列式之和，这两个行列式的第 i 行的元素分别是 b_{i1}, b_{i2}, $\cdots$, b_{in} 和 c_{i1}, c_{i2}, $\cdots$, c_{in}，其他各行（或列）的元素与原行列式相应各行（或列）的元素相同，即

$$\begin{vmatrix} a_{11} & a_{12} & \cdots & a_{1n} \\ \vdots & \vdots & \ddots & \vdots \\ b_{i1}+c_{i1} & b_{i2}+c_{i2} & \cdots & b_{in}+c_{in} \\ \vdots & \vdots & \ddots & \vdots \\ a_{n1} & a_{n2} & \cdots & a_{nn} \end{vmatrix} = \begin{vmatrix} a_{11} & a_{12} & \cdots & a_{1n} \\ \vdots & \vdots & \ddots & \vdots \\ b_{i1} & b_{i2} & \cdots & b_{in} \\ \vdots & \vdots & \ddots & \vdots \\ a_{n1} & a_{n2} & \cdots & a_{nn} \end{vmatrix} + \begin{vmatrix} a_{11} & a_{12} & \cdots & a_{1n} \\ \vdots & \vdots & \ddots & \vdots \\ c_{i1} & c_{i2} & \cdots & c_{in} \\ \vdots & \vdots & \ddots & \vdots \\ a_{n1} & a_{n2} & \cdots & a_{nn} \end{vmatrix}$$

性质 6 在行列式中，把某一行（或列）的倍数加到另一行（或列）对应的元素上去，那么行列式的值不变，即

$$\begin{vmatrix} a_{11} & a_{12} & \cdots & a_{1n} \\ \vdots & \vdots & \ddots & \vdots \\ a_{i1} & a_{i2} & \cdots & a_{in} \\ \vdots & \vdots & \ddots & \vdots \\ a_{j1}+ka_{i1} & a_{j2}+ka_{i2} & \cdots & a_{jn}+ka_{in} \\ \vdots & \vdots & \ddots & \vdots \\ a_{n1} & a_{n2} & \cdots & a_{nn} \end{vmatrix} = \begin{vmatrix} a_{11} & a_{12} & \cdots & a_{1n} \\ \vdots & \vdots & \ddots & \vdots \\ a_{i1} & a_{i2} & \cdots & a_{in} \\ \vdots & \vdots & \ddots & \vdots \\ a_{j1} & a_{j2} & \cdots & a_{jn} \\ \vdots & \vdots & \ddots & \vdots \\ a_{n1} & a_{n2} & \cdots & a_{nn} \end{vmatrix}$$

性质 7 行列式 D 等于它的任意一行或列中所有元素与它们各自的代数余子式乘积之和，即

$$D = \sum_{k=1}^{n} a_{ik} A_{ik} \quad \text{或} \quad D = \sum_{k=1}^{n} a_{kj} A_{kj}$$

其中，$i, j = 1, 2, \cdots, n$，换句话说，行列式可以按任意一行或列展开。

性质 8 行列式 D 中任意一行（或列）的元素与另一行（或列）对应元素的代数余子式乘积之和等于零，即当 $i \neq j$ 时，

$$\sum_{k=1}^{n} a_{ik} A_{jk} = 0 \quad \text{或} \quad \sum_{k=1}^{n} a_{ki} A_{kj} = 0$$

（3）行列式的计算

行列式的基本计算方法常用的有两种："降阶法"和"化三角形法"。

降阶法是选择零元素最多的行（或列），按这一行（或列）展开；或利用行列式的性质把某一行（或列）的元素化为仅有一个非零元素，然后再按这一行（或列）展开。

例 1 计算

$$D = \begin{vmatrix} 2 & 0 & 1 & -1 \\ -5 & 1 & 3 & -4 \\ 1 & -5 & 3 & -3 \\ 3 & 1 & -1 & 2 \end{vmatrix}$$

解：$D \xtofrom{c_1 \leftrightarrow c_3} - \begin{vmatrix} 1 & 0 & 2 & -1 \\ 3 & 1 & -5 & -4 \\ 3 & -5 & 1 & -3 \\ -1 & 1 & 3 & 2 \end{vmatrix} \xtofrom[r_4+r_1]{\substack{r_2-3r_1 \\ r_3-3r_1}} - \begin{vmatrix} 1 & 0 & 2 & -1 \\ 0 & 1 & -11 & -1 \\ 0 & -5 & -5 & 0 \\ 0 & 1 & 5 & 1 \end{vmatrix}$

$\xtofrom{r_3 \div (-5)} 5 \begin{vmatrix} 1 & 0 & 1 & -1 \\ 0 & 1 & -11 & -1 \\ 0 & 1 & 1 & 0 \\ 0 & 1 & 5 & 1 \end{vmatrix} \xtofrom[r_4-r_2]{r_3-r_2} 5 \begin{vmatrix} 1 & 0 & 1 & -1 \\ 0 & 1 & -11 & -1 \\ 0 & 1 & 1 & 0 \\ 0 & 1 & 5 & 1 \end{vmatrix}$

$\xtofrom[r_4-r_2]{r_3-r_2} 5 \begin{vmatrix} 1 & 0 & 1 & -1 \\ 0 & 1 & -11 & -1 \\ 0 & 0 & 12 & 1 \\ 0 & 0 & 16 & 2 \end{vmatrix} \xtofrom{r_4 - \frac{4}{3} r_3} 5 \begin{vmatrix} 1 & 0 & 1 & -1 \\ 0 & 1 & -11 & -1 \\ 0 & 0 & 12 & 1 \\ 0 & 0 & 0 & \frac{2}{3} \end{vmatrix}$

$= 5 \times 8 = 40$

Python 程序实现代码如下：

```
01   from numpy import *
```

```
02    E=mat([[2,0,1,-1],[-5,1,3,-4],[1,-5,3,-3],[3,1,-1,2]])
03    print(linalg.det(E))
```

二、矩阵

1. 矩阵的概念

矩阵是数的矩形阵表。

由 $m \times n$ 个元素 a_{ij} ($i=1,2,\cdots,m$; $j=1,2,\cdots,n$) 排列成的一个 m 行 n 列（横称行，纵称列）有序矩形数表，并加圆括号或方括号标记：

$$\begin{pmatrix} a_{11} & a_{12} & \cdots & a_{1n} \\ a_{21} & a_{22} & \cdots & a_{2n} \\ \vdots & \vdots & \ddots & \vdots \\ a_{m1} & a_{m2} & \cdots & a_{mn} \end{pmatrix} \text{ 或 } \begin{bmatrix} a_{11} & a_{12} & \cdots & a_{1n} \\ a_{21} & a_{22} & \cdots & a_{2n} \\ \vdots & \vdots & \ddots & \vdots \\ a_{m1} & a_{m2} & \cdots & a_{mn} \end{bmatrix}$$

称为 m 行 n 列矩阵，简称 $m \times n$ 矩阵。矩阵通常用大写加粗字母 **A**、**B**、**C**……表示，例如上述矩阵可以记为 **A** 或 $\boldsymbol{A}_{m \times n}$，也可记为

$$\boldsymbol{A} = [a_{ij}]_{m \times n}$$

特别地，当 $m=n$ 时，称 **A** 为 n 阶矩阵，或 n 阶方阵。在 n 阶方阵中，从左上角到右下角的对角线称为主对角线，从右上角到左下角的对角线称为次对角线。

当 $m=1$ 或 $n=1$ 时，矩阵只有一行或只有一列，即

$$\boldsymbol{A} = \begin{bmatrix} a_{11} & a_{12} & \cdots & a_{1n} \end{bmatrix} \text{ 或 } \boldsymbol{A} = \begin{bmatrix} a_{11} \\ a_{21} \\ \vdots \\ a_{m1} \end{bmatrix}$$

分别称为行矩阵或列矩阵，亦称为行向量或列向量。

当 $m=n=1$ 时，矩阵为一阶方阵。一阶方阵可作为数对待，但决不可将数看作是一阶方阵。

注意：矩阵与行列式有着本质的区别。

① 矩阵是一个数表；而行列式是一个算式，一个数字行列式通过计算可求得其值。

② 矩阵的行数与列数可以相等，也可以不等；而行列式的行数与列数则必须相等。

③ 对于 n 阶方阵 **A**，有时也需计算它对应的行列式（记为 $|\boldsymbol{A}|$ 或 $\det \boldsymbol{A}$），但方阵 **A** 和方阵行列式 $\det \boldsymbol{A}$ 是不同的概念。

若两个矩阵的行数与列数分别相等，则称它们是同型矩阵。

若矩阵 $\boldsymbol{A}=[a_{ij}]$ 与 $\boldsymbol{B}=[b_{ij}]$ 是同型矩阵，并且它们的对应元素相等，即

$$a_{ij} = b_{ij} \ (i=1,2,\cdots,m; j=1,2,\cdots,n)$$

则称矩阵 **A** 与矩阵 **B** 相等，记为 $\boldsymbol{A}=\boldsymbol{B}$。

矩阵按元素的取值类型可分为实矩阵（元素都是实数）、复矩阵（元素都是复数）和超矩阵（元素本身是矩阵或其他更一般的数学对象）。此处只讨论实矩阵。

2. 矩阵的运算

（1）矩阵的加法

设 $\boldsymbol{A}=[a_{ij}]$，$\boldsymbol{B}=[b_{ij}]$ 是两个 $m \times n$ 矩阵，规定：

$$A+B=[a_{ij}+b_{ij}]_{m\times n}=\begin{bmatrix} a_{11}+b_{11} & a_{12}+b_{12} & \cdots & a_{1n}+b_{1n} \\ a_{21}+b_{21} & a_{22}+b_{22} & \cdots & a_{2n}+b_{2n} \\ \vdots & \vdots & & \vdots \\ a_{m1}+b_{m1} & a_{m2}+b_{m2} & \cdots & a_{mn}+b_{mn} \end{bmatrix}$$

称矩阵 $A+B$ 为 A 与 B 的和。

定义中蕴含了同型矩阵是矩阵相加的必要条件，故在确认记号 $A+B$ 有意义时，即已承认了 A 与 B 是同型矩阵的事实。

若 $A=[a_{ij}]$，$B=[b_{ij}]$ 是两个 $m\times n$ 矩阵，由矩阵加法和负矩阵的概念，规定

$$A-B=A+(-B)=[a_{ij}]+[-b_{ij}]=[a_{ij}-b_{ij}]$$

称 $A-B$ 为 A 与 B 的差。

（2）矩阵的数乘

设 λ 是任意一个实数，$A=[a_{ij}]$ 是一个 $m\times n$ 矩阵，规定

$$\lambda A=[\lambda a_{ij}]_{m\times n}=\begin{bmatrix} \lambda a_{11} & \lambda a_{12} & \cdots & \lambda a_{1n} \\ \lambda a_{21} & \lambda a_{22} & \cdots & \lambda a_{2n} \\ \vdots & \vdots & & \vdots \\ \lambda a_{m1} & \lambda a_{m1} & \cdots & \lambda a_{mn} \end{bmatrix}$$

称矩阵 λA 为数 λ 与矩阵 A 的数量乘积，或简称之为矩阵的数乘。

由定义可知，用数 λ 乘以一个矩阵 A，需要用数 λ 乘以矩阵 A 的每一个元素。特别地，当 $\lambda=-1$ 时，即得到 A 的负矩阵 $-A$。

例2 设 $A=\begin{pmatrix} 1 & 3 & -2 \\ 1 & -1 & 4 \end{pmatrix}$，$B=\begin{pmatrix} -3 & 1 & 2 \\ 2 & 3 & -1 \end{pmatrix}$，求 $A-2B$.

解 $A-2B=\begin{pmatrix} 1 & 3 & -2 \\ 1 & -1 & 4 \end{pmatrix}-2\begin{pmatrix} -3 & 1 & 2 \\ 2 & 3 & -1 \end{pmatrix}$

$=\begin{pmatrix} 1 & 3 & -2 \\ 1 & -1 & 4 \end{pmatrix}-\begin{pmatrix} -6 & 2 & 4 \\ 4 & 6 & -2 \end{pmatrix}=\begin{pmatrix} 7 & 1 & -6 \\ -3 & -7 & 6 \end{pmatrix}$

Python 程序实现代码如下：

```
01   from numpy import *
02   A=array([[1,3,-2],[1,-1,4]])
03   B=array([[-3,1,2],[2,3,-1]])
04   C=A-2*B
05   print(C)
```

（3）矩阵的乘法

设 A 是一个 $m\times s$ 矩阵，B 是一个 $s\times n$ 矩阵，C 是一个 $m\times n$ 矩阵，

$$A=\begin{bmatrix} a_{11} & a_{12} & \cdots & a_{1s} \\ a_{21} & a_{22} & \cdots & a_{2s} \\ \vdots & \vdots & & \vdots \\ a_{m1} & a_{m2} & \cdots & a_{ms} \end{bmatrix},\quad B=\begin{bmatrix} b_{11} & b_{12} & \cdots & b_{1n} \\ b_{21} & b_{22} & \cdots & b_{2n} \\ \vdots & \vdots & & \vdots \\ b_{s1} & b_{s2} & \cdots & b_{sn} \end{bmatrix},\quad C=\begin{bmatrix} c_{11} & c_{12} & \cdots & c_{1n} \\ c_{21} & c_{22} & \cdots & c_{2n} \\ \vdots & \vdots & & \vdots \\ c_{m1} & c_{m2} & \cdots & c_{mn} \end{bmatrix}$$

其中，$c_{ij}=a_{i1}b_{1j}+a_{i2}b_{2j}+\cdots+a_{is}b_{sj}=\sum_{k=1}^{s}a_{ik}b_{kj}$ $i=1,2,\cdots,m$；$j=1,2,\cdots,n$），则矩阵 C 称为矩阵 A 与 B 的乘积，记为 $AB=C$。

在矩阵的乘法定义中，要求左矩阵的列数与右矩阵的行数相等，否则不能进行乘法运算。乘积矩阵 $C=AB$ 中的第 i 行第 j 列个元素等于 A 的第 i 行元素与 B 的第 j 列对应元素的乘积之和，简称为行乘列法则。

例3 已知 $A = \begin{pmatrix} 1 & 0 & 3 & -1 \\ 2 & 1 & 0 & 2 \end{pmatrix}$，$B = \begin{pmatrix} 4 & 1 & 0 \\ -1 & 1 & 3 \\ 2 & 0 & 1 \\ 1 & 3 & 4 \end{pmatrix}$，求 AB。

解　$c_{11}=1\times4+0\times(-1)+3\times2+(-1)\times1=9$
　　$c_{12}=1\times1+0\times1+3\times0+(-1)\times3=-2$
　　$c_{13}=1\times0+0\times3+3\times1+(-1)\times4=-1$
　　$c_{21}=2\times4+1\times(-1)+0\times2+2\times1=9$
　　$c_{22}=2\times1+1\times1+0\times0+2\times3=9$
　　$c_{23}=2\times0+1\times3+0\times1+2\times4=11$

$$AB = C = \begin{pmatrix} 9 & -2 & -1 \\ 9 & 9 & 11 \end{pmatrix}$$

Python 程序实现代码如下：

```
01  from numpy import *
02  A=mat([[1,0,3,-1],[2,1,0,2]])
03  B=mat([[4,1,0],[-1,1,3],[2,0,1],[1,3,4]])
04  C=A*B
05  print(C)
```

因为矩阵 B 的列数与 A 的行数不等，所以乘积 BA 没有意义。

（4）矩阵的转置

将矩阵 A 的行与列按顺序互换所得到的矩阵，称为矩阵 A 的转置矩阵，记为 A^T，即

$$A = \begin{bmatrix} a_{11} & a_{12} & \cdots & a_{1n} \\ a_{21} & a_{22} & \cdots & a_{2n} \\ \vdots & \vdots & \ddots & \vdots \\ a_{m1} & a_{m2} & \cdots & a_{mn} \end{bmatrix}, \quad A^T = \begin{bmatrix} a_{11} & a_{21} & \cdots & a_{m1} \\ a_{12} & a_{22} & \cdots & a_{m2} \\ \vdots & \vdots & \ddots & \vdots \\ a_{1n} & a_{2n} & \cdots & a_{mn} \end{bmatrix}$$

矩阵的转置方法与行列式相类似，但是，若矩阵不是方阵，则矩阵转置后，行、列数都变了，各元素的位置也变了，所以通常 $A \neq A^T$。

例4 设 $A = \begin{pmatrix} 1 & 3 & -2 \\ 0 & -1 & 4 \end{pmatrix}$，$B = \begin{pmatrix} 1 & -1 & 7 \\ 4 & 3 & 0 \\ 2 & 1 & 2 \end{pmatrix}$，求 $(AB)'$。

解　因为

$$AB = \begin{pmatrix} 1 & 3 & -2 \\ 0 & -1 & 4 \end{pmatrix} \begin{pmatrix} 1 & -1 & 7 \\ 4 & 3 & 0 \\ 2 & 1 & 2 \end{pmatrix} = \begin{pmatrix} 9 & 6 & 3 \\ 4 & 1 & 8 \end{pmatrix}$$

于是

$$(AB)' = \begin{pmatrix} 9 & 4 \\ 6 & 1 \\ 3 & 8 \end{pmatrix}$$

Python 程序实现代码如下：

```
01  from numpy import *
02  A=mat([[1,3,-21],[0,-1,4]])
03  B=mat([[1,-1,7],[4,3,0],[2,1,2]])
04  C=A*B
05  print(C.T)
```

（5）矩阵的逆

对于矩阵 A，若存在矩阵 B，满足

$$AB=BA=E$$

则称矩阵 A 为可逆矩阵，简称 A 可逆，称 B 为 A 的逆矩阵，记为 A^{-1}，即 $A^{-1}=B$。

由定义可知，A 与 B 一定是同阶的方阵，而且 A 若可逆，则 A 的逆矩阵是唯一的。

由于在逆矩阵的定义中，矩阵 A 与 B 的地位是平等的，因此也可以称 B 为可逆矩阵，称 A 为 B 的逆矩阵，即 $B^{-1}=A$，也就是说，A 与 B 互为逆矩阵。

例 5 设 $A = \begin{pmatrix} 1 & 2 & 3 \\ 2 & 2 & 1 \\ 3 & 4 & 3 \end{pmatrix}$，求 A 的逆矩阵。

解 $|A|=2 \neq 0$，因而 A^{-1} 存在。

计算

$$A_{11}=2, A_{12}=-3, A_{13}=2,$$
$$A_{21}=6, A_{22}=-6, A_{23}=2,$$
$$A_{31}=-4, A_{32}=5, A_{33}=-2,$$

得

$$A^* = \begin{pmatrix} 2 & 6 & -4 \\ -3 & -6 & 5 \\ 2 & 2 & -2 \end{pmatrix}$$

所以

$$A^{-1} = \frac{1}{2}\begin{pmatrix} 2 & 6 & -4 \\ -3 & -6 & 5 \\ 2 & 2 & -2 \end{pmatrix} = \begin{pmatrix} 1 & 3 & -2 \\ -\frac{3}{2} & -3 & \frac{5}{2} \\ 1 & 1 & -1 \end{pmatrix}$$

Python 程序实现代码如下：

```
01  from numpy import *
02  A=mat([[1,2,3],[2,2,1],[3,4,3]])
03  print(A.I)
```

例 6 设 $A = \begin{pmatrix} 1 & 2 & -2 \\ 2 & -3 & 2 \\ -2 & -1 & 1 \end{pmatrix}$，求 A^{-1}。

解 $(A|E) = \begin{pmatrix} 1 & 2 & -2 & : & 1 & 0 & 0 \\ 2 & -3 & 2 & : & 0 & 1 & 0 \\ -2 & -1 & 1 & : & 0 & 0 & 1 \end{pmatrix} \xrightarrow[r_3+2r_1]{r_2-2r_1} \begin{pmatrix} 1 & 2 & -2 & : & 1 & 0 & 0 \\ 0 & -7 & 6 & : & -2 & 1 & 0 \\ 0 & 3 & -3 & : & 2 & 0 & 1 \end{pmatrix}$

$$\xrightarrow{r_2+2r_3} \begin{pmatrix} 1 & 2 & -2 & : & 1 & 0 & 0 \\ 0 & -1 & 0 & : & 2 & 1 & 0 \\ 0 & 3 & -3 & : & 2 & 0 & 1 \end{pmatrix} \xrightarrow[r_3+2r_2]{r_1+2r_2} \begin{pmatrix} 1 & 0 & -2 & : & 5 & 2 & 4 \\ 0 & -1 & 0 & : & 2 & 1 & 2 \\ 0 & 0 & -3 & : & 8 & 3 & 7 \end{pmatrix}$$

$$\xrightarrow{r_1-\frac{2}{3}r_3} \begin{pmatrix} 1 & 0 & 0 & : & -\frac{1}{3} & 0 & -\frac{2}{3} \\ 0 & -1 & 0 & : & 2 & 1 & 2 \\ 0 & 0 & -3 & : & 8 & 3 & 7 \end{pmatrix} \xrightarrow[r_3\times\left(-\frac{1}{3}\right)]{r_2\times(-1)} \begin{pmatrix} 1 & 0 & 0 & : & -\frac{1}{3} & 0 & -\frac{2}{3} \\ 0 & 1 & 0 & : & -2 & -1 & -2 \\ 0 & 0 & 1 & : & -\frac{8}{3} & -1 & -\frac{7}{3} \end{pmatrix},$$

所以

$$A^{-1} = \begin{pmatrix} -\frac{1}{3} & 0 & -\frac{2}{3} \\ -2 & -1 & -2 \\ -\frac{8}{3} & -1 & -\frac{7}{3} \end{pmatrix}。$$

Python 程序实现代码如下：

```
01    from numpy import *
02    A=mat([[1,2,-2],[2,-3,2],[-2,-1,1]])
03    print(A.I)
```

用初等行变换法求给定的 n 阶方阵 A 的逆矩阵 A^{-1}，并不需要知道 A 是否可逆。在对矩阵 $[A|E]$ 进行初等行变换的过程中，若 $[A|E]$ 的左半部分出现了零行，说明矩阵 A 的行列式 $\det A = 0$，可以判定矩阵 A 不可逆。若 $[A|E]$ 中的左半部分能化成单位矩阵 E，说明矩阵 A 的行列式 $\det A \neq 0$，可以判定矩阵 A 是可逆的，而且这个单位矩阵 E 右边的矩阵就是 A 的逆矩阵 A^{-1}，它是由单位矩阵 E 经过同样的初等行变换得到的。

三、n 维向量

1. n 维向量的定义

由 n 个数 $a_1, a_2, \cdots, a_n$ 组成的 n 元有序数组称为一个 n 维向量（vector），这 n 个数称为该向量的 n 个分量，第 i 个数 a_i 称为 n 维向量的第 i 个分量。

向量一般用小写的粗体希腊字母 $\boldsymbol{\alpha}$、$\boldsymbol{\beta}$、$\boldsymbol{\gamma}$ 等表示，如 $\boldsymbol{\alpha} = \{a_i\}_n$ $(i = 1, 2, \cdots, n)$。

n 维向量写成一行称为行向量，即为行矩阵；n 维向量写成一列称为列向量，即为列矩阵。通常，我们将列向量记为

$$\boldsymbol{\alpha} = \begin{bmatrix} a_1 \\ a_2 \\ \vdots \\ a_n \end{bmatrix}$$

而将行向量记为列向量的转置，即

$$\boldsymbol{\alpha}^T = \begin{bmatrix} a_1 & a_2 & \cdots & a_n \end{bmatrix}^T$$

联想三维空间中的向量或点的坐标，能帮助我们直观理解向量的概念。当 $n > 3$ 时，n 维向量没有直观的几何形象，但仍将 n 维实向量的全体 $\mathbf{R}^n$ 称为 n 维向量空间。

若干个同维数的列向量（或同维数的行向量）组成的集合称为向量组。

例如，矩阵

$$A = \begin{bmatrix} a_{11} & a_{12} & \cdots & a_{1n} \\ a_{21} & a_{22} & \cdots & a_{2n} \\ \vdots & \vdots & & \vdots \\ a_{m1} & a_{m2} & \cdots & a_{mn} \end{bmatrix}$$

有 n 个 m 维列向量

$$\boldsymbol{\alpha}_1 = \begin{bmatrix} a_{11} \\ a_{21} \\ \vdots \\ a_{m1} \end{bmatrix}, \quad \boldsymbol{\alpha}_2 = \begin{bmatrix} a_{12} \\ a_{22} \\ \vdots \\ a_{m2} \end{bmatrix}, \quad \cdots, \quad \boldsymbol{\alpha}_n = \begin{bmatrix} a_{1n} \\ a_{2n} \\ \vdots \\ a_{mn} \end{bmatrix}$$

向量组 $\boldsymbol{\alpha}_1, \boldsymbol{\alpha}_2, \cdots, \boldsymbol{\alpha}_n$ 称为矩阵 A 的列向量组。同样，矩阵 A 又有 m 个 n 维行向量

$$\boldsymbol{\beta}_1 = [a_{11} \quad a_{12} \quad \cdots \quad a_{1n}],$$
$$\boldsymbol{\beta}_2 = [a_{21} \quad a_{22} \quad \cdots \quad a_{2n}],$$
$$\cdots$$
$$\boldsymbol{\beta}_m = [a_{m1} \quad a_{m2} \quad \cdots \quad a_{mn}]$$

向量组 $\boldsymbol{\beta}_1, \boldsymbol{\beta}_2, \cdots, \boldsymbol{\beta}_m$ 称为矩阵 A 的行向量组。

反之，有限个向量所组成的向量组可以构成一个矩阵。m 个 n 维列向量组成的向量组 $\boldsymbol{\alpha}_1, \boldsymbol{\alpha}_2, \cdots, \boldsymbol{\alpha}_m$ 构成一个 $m \times n$ 矩阵

$$A = [\boldsymbol{\alpha}_1 \quad \boldsymbol{\alpha}_2 \quad \cdots \quad \boldsymbol{\alpha}_m]$$

m 个 n 维行向量组成的向量组 $\boldsymbol{\beta}_1, \boldsymbol{\beta}_2, \cdots, \boldsymbol{\beta}_m$ 构成一个 $m \times n$ 矩阵

$$A = \begin{bmatrix} \boldsymbol{\beta}_1 \\ \boldsymbol{\beta}_2 \\ \vdots \\ \boldsymbol{\beta}_m \end{bmatrix}$$

2. n 维向量间的线性关系

设向量组 A：$\boldsymbol{\alpha}_1, \boldsymbol{\alpha}_2, \cdots, \boldsymbol{\alpha}_m$ 有 m 个 n 维向量，若有 m 个数 $k_1, k_2, \cdots, k_m$，使得

$$\boldsymbol{\alpha} = k_1 \boldsymbol{\alpha}_1 + k_2 \boldsymbol{\alpha}_2 + \cdots + k_m \boldsymbol{\alpha}_m$$

则称 $\boldsymbol{\alpha}$ 为 $\boldsymbol{\alpha}_1, \boldsymbol{\alpha}_2, \cdots, \boldsymbol{\alpha}_m$ 的线性组合，或称 $\boldsymbol{\alpha}$ 由 $\boldsymbol{\alpha}_1, \boldsymbol{\alpha}_2, \cdots, \boldsymbol{\alpha}_m$ 线性表示。

3. n 维向量间的线性相关与线性无关

设 $\boldsymbol{\alpha}_1, \boldsymbol{\alpha}_2, \cdots, \boldsymbol{\alpha}_m$ 为 m 个 n 维向量，若有不全为零的 m 个数 $k_1, k_2, \cdots, k_m$，使得关系式

$$k_1 \boldsymbol{\alpha}_1 + k_2 \boldsymbol{\alpha}_2 + \cdots + k_m \boldsymbol{\alpha}_m = \boldsymbol{0}$$

恒成立，则称向量组 $\boldsymbol{\alpha}_1, \boldsymbol{\alpha}_2, \cdots, \boldsymbol{\alpha}_m$ 线性相关；否则，称向量组 $\boldsymbol{\alpha}_1, \boldsymbol{\alpha}_2, \cdots, \boldsymbol{\alpha}_m$ 线性无关。即若仅当 $k_1 = k_2 = \cdots = k_m = 0$ 时，上式才成立，则 $\boldsymbol{\alpha}_1, \boldsymbol{\alpha}_2, \cdots, \boldsymbol{\alpha}_m$ 线性无关。

定理 1 若关于向量组 $\boldsymbol{\alpha}_1, \boldsymbol{\alpha}_2, \cdots, \boldsymbol{\alpha}_m$ 的齐次线性方程组

$$x_1 \boldsymbol{\alpha}_1 + x_2 \boldsymbol{\alpha}_2 + \cdots + x_m \boldsymbol{\alpha}_m = \boldsymbol{0}$$

有非零解，则向量组 $\boldsymbol{\alpha}_1, \boldsymbol{\alpha}_2, \cdots, \boldsymbol{\alpha}_m$ 线性相关；若齐次线性方程组只有唯一的零解，则向量组 $\boldsymbol{\alpha}_1, \boldsymbol{\alpha}_2, \cdots, \boldsymbol{\alpha}_m$ 线性无关。

定理 2 向量组 $\boldsymbol{\alpha}_1, \boldsymbol{\alpha}_2, \cdots, \boldsymbol{\alpha}_m \, (m \geq 2)$ 线性相关的充分必要条件是：其中至少有一个向量可以由其余向量线性表示。

附录 C　公开数据集介绍与下载

数据集（Data Set），顾名思义是一个数据的集合，数据的每一行都对应于数据集中的一个成员，每一列代表一个特定变量（字段、属性）。公共的数据集方便各位学者将实验结果做对比，以此来说明自己算法的正确性。

可以用两种方法导入数据。一种是导入各大平台内置的数据集，例如，scikit-learn 提供了一些标准数据集（如表 C-1 所示），其中，鸢尾花数据集是由三种鸢尾花各 50 条数据构成的数据集，每个样本包含萼片（sepals）的长和宽、花瓣（petals）的长和宽 4 个特征，用于分类任务；波士顿房价数据集包含 506 条数据，每条数据包含城镇犯罪率、一氧化氮浓度、住宅平均房间数、到中心区域的距离以及自住房平均房价等信息。

表 C-1　Scikit-learn 中的标准数据集

类　　别	数据集名称	调　用　方　式	适　用　算　法
小数据集	波士顿房价数据集	load_boston()	回归
	鸢尾花数据集	load_iris()	分类
	糖尿病数据集	load_diabetes()	回归
	手写数字数据集	load_digits()	分类
大数据集	Olivetti 脸部图像数据集	fetch_olivetti_faces()	降维
	新闻分类数据集	fetch_20newsgroups()	分类
	带标签的人脸数据集	fetch_lfw_people()	分类、降维
	路透社新闻语料数据集	fetch_rcv1()	分类

另外一种是导入本地的或者网络上的数据集。下文主要从图像、文本、语音和视频方面介绍一些经典的数据集。

图像

1. MNIST

MNIST 数据集来自美国国家标准与技术研究所（National Institute of Standards and Technology，NIST），是一个用于手写数字识别的数据集（如图 C-1 所示），数据集中包含 60000 个训练样本、10000 个示例测试样本，每个样本图像的宽×高为 28 像素×28 像素，已经归一化并形成固定大小，预处理工作已经基本完成。图片都被转成二进制存放到文件里面，每个像素被转成了 0~255，0 代表白色，255 代表黑色，标签值是 0~9。在机器学习中，主流的机器学习平台（包括 scikit-learn）很多都使用该数据集作为入门级别的介绍和应用，主要包含 4 个文件。

■ Training set images: train-images-idx3-ubyte.gz（9.9MB，包含 60000 个样本）。

- Training set labels: train-labels-idx1-ubyte.gz（29KB，包含 60000 个标签）。
- Test set images: t10k-images-idx3-ubyte.gz（1.6MB，包含 10000 个样本）。
- Test set labels: t10k-labels-idx1-ubyte.gz（5KB，包含 10000 个标签）。

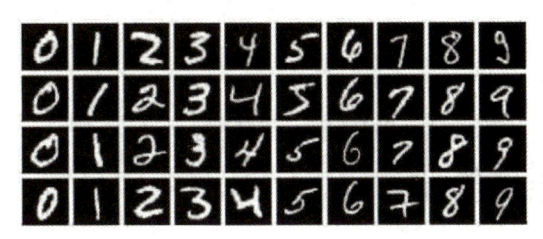

图 C-1　MNIST 数据集示意图

2．Dogs vs. Cats 数据集

Dogs vs. Cats 数据集是 Kaggle 数据竞赛的一道赛题，利用给定的数据集，用算法实现猫和狗的识别。数据集由训练数据和测试数据组成，训练数据包含猫和狗各 12500 张图片，测试数据包含 12500 张猫和狗的图片（见图 C-2），数据格式为处理后的 CSV 文件。

图 C-2　Dogs vs. Cats 数据集示意图

3．ImageNet

MNIST 将初学者领进了图像识别领域，而 ImageNet 数据集对图像识别起到了巨大的推动作用。ImageNet 是图像识别领域应用得非常多的一个数据集，其文档详细，有专门的团队维护，使用非常方便，几乎成为了目前图像识别领域算法性能检验的"标准"数据集。

ImageNet 数据集就像一个网络一样，拥有多个 node（节点）。每个 node 相当于一个 item 或者 subcategory。ImageNet 数据集平均提供 1000 个图像来说明每个同义集合（概念、类别），实际上就是一个巨大的可供图像/视觉训练的图片库。ImageNet 数据有 1400 多万幅图片，涵盖 2 万多个类别，其中有超过百万的图片有明确的类别标注和图像中物体位置的标注。2010 年 4 月 30 日更新信息如下：

（1）Total number of non-empty synsets: 21841。
（2）Total number of images: 14197122。
（3）Number of images with bounding box annotations: 1034908。
（4）Number of synsets with SIFT features: 1000。
（5）Number of images with SIFT features: 1.2 million。

4. IMDB-WIKI 500k+

IMDB-WIKI 500k+是一个包含名人人脸图像、年龄、性别的数据集，图像和年龄、性别信息从 IMDb 和 Wikipedia 网站抓取，总计 20284 位名人的 523051 张人脸图像及对应的年龄和性别。其中，获取自 IMDb 的有 460723 张，获取自 WiKi 的有 62328 张，如图 C-3 所示。

图 C-3　IMDB-WIKI 500k+数据集示意图

5. 3D MNIST

3D MNIST 是一个 3D 数字识别数据集，用以识别三维空间中的数字字符，如图 C-4 所示。

图 C-4　3D MNIST 数据集示意图

二、文本

1. WikiText

WikiText 是源自高品质维基百科文章的大型语言建模语料库，由 Salesforce MetaMind 维护。

WikiText 英语词库数据（The WikiText Long Term Dependency Language Modeling Dataset）是一个包含 1 亿个词汇的英文词库数据，这些词汇是从 Wikipedia 的优质文章和标杆文章中提取得到的，包括 WikiText-2 和 WikiText-103 两个版本。WikiText-2 的词汇数量是 PennTreebank（PTB）词库中词汇数量的 2 倍，WikiText-103 的词汇数量是 PennTreebank（PTB）词库中词汇数量的 110 倍。每个词汇还同时保留产生该词汇的原始文章，这尤其适合需要长时间依赖（Long Term Dependency）自然语言建模的场景。与 Penn Treebank（PTB）的 Mikolov 处理版本相比，WikiText 数据集更大。WikiText 数据集还保留数字、大小写和标点符号（见图 C-5）。

图 C-5　WikiText 数据集示意图

2. Question Pairs

第一个来源于 Quora（一个社交网络服务网站）的包含重复/语义相似性标签的数据集，为每个逻辑上不同的查询设置一个规范的页面，使得知识共享在许多方面更加高效。Question Pairs 数据集由超过 40 万行的潜在问题的问答组成。每行数据包含问题 ID、问题全文以及指示该行是否真正包含重复对的二进制值，可以应用于自然语言理解和智能问答。Quora 的一个重要原则是每个逻辑上不同的问题都有一个单独的问题页面。举一个简单的例子，"美国人口最多的州是什么？"和"美国哪个州的人口最多？"这样的疑问不应该单独存在，因为两者背后的意图是相同的，在是否重复属性上有所体现，如图 C-6 所示。

id	qid1	qid2	question1	question2	is_duplicate
447	895	896	What are natural numbers?	What is a least natural number?	0
1518	3037	3038	Which pizzas are the most popularly ordered pizzas on Domino's menu?	How many calories does a Dominos pizza have?	0
3272	6542	6543	How do you start a bakery?	How can one start a bakery business?	1
3362	6722	6723	Should I learn python or Java first?	If I had to choose between learning Java and Python, what should I choose to learn first?	1

图 C-6　Question Pairs 数据集示意图

三、语音

大多数语音识别数据集是有所有权的，这些语音数据为它们的所属公司产生效益，因此，在这一领域里，许多可用的数据集相对比较陈旧。

1. 2000 HUB5 English

2000 HUB5 English 由 LDC（the Linguistic Data Consortium，语言数据联盟）开发，由 NIST 主办的 2000 HUB5 评估中使用的 40 个英语电话谈话的成绩单组成。HUB5 评估系列侧重于通话时的会话语音转换，将会话语音转换为文本。该数据集目标是探索有前途的对话语音识别新领域，开发融合这些想法的先进技术，并衡量新技术的性能。如图 C-7 所示为该数据集中语音对应文本示意图。

```
#Language: eng
#File id: 6489


533.71 535.28 B: they think lunch is too long

533.86 533.95 A: (( ))

535.43 536.44 A: they think lunch is too long

536.67 537.28 B: {laugh}
```

图 C-7　2000 HUB5 English 数据集示意图

2. LibriSpeech

LibriSpeech 是由 Vassil Panayotov 在 Daniel Povey 的协助下整理的大约 1000 小时的 16kHz 英文演讲的语料库。这些数据包括文本和语音，来源于 LibriVox 项目的有声读物，并经过仔细分类。

四、视频

Densely Annotated Video Segmentation 视频分割数据

  DenselyAnnotatedVideoSegmentation 是一个高清视频中的物体分割数据集（见图 C-8），包括 50 个视频序列，3455 个帧标注，视频采集自高清 1080p 格式。

图 C-8　Densely Annotated Video Segmentation 视频分割数据示意图

附录 D　人工智能的网络学习资源

一、Coursera

Coursera 是免费的大型公开在线课程项目，旨在同世界顶尖大学合作，在线提供免费的网络公开课程。Coursera 的合作院校包括斯坦福大学、密歇根大学、普林斯顿大学、宾夕法尼亚大学、佐治亚理工学院、杜克大学、华盛顿大学、加州理工学院、莱斯大学、爱丁堡大学、多伦多大学、洛桑联邦理工学院-洛桑（瑞士）、约翰·霍普金斯大学公共卫生学院、加州大学旧金山分校、伊利诺伊大学厄巴纳-香槟分校以及弗吉尼亚大学等。

1. Machine Learning

Andrew Ng（吴恩达）是斯坦福大学的副教授，也曾是百度的首席科学家。该课程主要讲解有监督和无监督学习、线性和逻辑回归、正则化方法、朴素贝叶斯理论，并探讨了机器学习的应用和如何实现相关机器学习算法。默认听课的学生已经具备一定的概率、线性代数和计算机科学方面的基础知识。本课程大约 11 周，尽管课程使用 Octave 和 MATLAB 软件辅助分析，但吴恩达老师用极其清楚直白的语言深入浅出地讲解，侧重于概念理解而不是数学，对数学、统计、IT 基础薄弱的学生十分友好，获得大量好评，值得一学。

2. Neural Networks for Machine Learning

本门课程是深度学习必修课程，讲师为该领域的专家 Geoffrey Hinton。该课程聚焦于神经网络和深度学习，是深入了解该领域最好的课程之一。课程要求具有微积分、Python 基础知识，涉及许多专有名词，对初学者难度较大，需自己查找相关资料。

课程官方介绍："（你会在这门课）学习人工神经网络以及它们如何应用于机器学习，比方说语音、物体识别、图像分割（Image Segmentation）、建模语言、人体运动，等等。我们同时强调基础算法，以及对它们成功应用所需的实用技巧。"

3. Artificial Intelligence

本课程由中国台湾大学的于天立助理教授主讲，给予人工智能一般性的介绍，并且深入探索三种常用的搜索：不利用问题特性的 Uninformed Search、使用问题特性的 Informed Search，以及针对零和对局的 Adversarial Search。课程中除了讲解各种搜索的技术之外，也同时探讨它们的优缺点及应用范围，使学习者更容易运用相关技术。课程有两大课程目标：使学习者了解如何以搜索达成人工智能；使学习者能将相关技术应用到自己的问题上。

二、Udacity 平台

Udacity 是一家营利性在线教育机构，教学语言为英语。Udacity 的平台不仅有视频，还有自己的学习管理系统，内置编程接口、论坛和社交元素。

1. 人工智能入门

该课程是人工智能入门最好的公开课之一，课程内容主要涉及领域包括：概率推理、机器学习、信息检索、机器人学、自然语言处理等。两位主讲者 Peter Norvig 和 Sebastian Thrun，一个是 Google 研究总监，另一个是斯坦福著名机器学习教授，均是与吴恩达、Yann Lecun 同级别的顶级人工智能专家。该课程倾向于介绍人工智能的实际应用，其课程练习广受好评。

2. 机器学习入门（中/英）

机器学习是通向数据分析领域最令人兴奋的职业生涯的"头等舱"机票。随着数据源以及处理这些数据所需计算能力的不断增强，直捣数据"黄龙"已成为快速获取洞见和做出预测的最简单直白的方法。

机器学习将计算机科学和统计学结合起来，驾驭这种预测能力。对于所有志向远大的数据分析师和数据科学家，或者希望将浩瀚的原始数据整理成提纯的趋势和预测值的其他所有人士，机器学习都是一项必备技能。本课程通过机器学习的视角讲授终端到终端的数据调查过程。课程讲解如何提取和识别最能表示数据的有用特征、一些最重要的机器学习算法，以及如何评价机器学习算法的性能。此课程提供中文版本。

3. 深度学习（中/英）by Google

Udacity 提供的"将机器学习带入了新的阶段"，这门课程是免费的课程。谷歌这门为期三个月的课程并不是为初学者设计的，它介绍的是深度学习、深度神经网络、卷积网络的动机，以及面向文本和序列的深度模型。课程导师 Vincent Vanhoucke 和 Arpan Chakraborty 希望参与者能够具有 Python 和 GitHub 编程经验，并且了解机器学习、统计学、线性代数和微积分的基本概念。区别其他平台课程，TensorFlow（谷歌内部深度学习图书馆）课程的好处是学生可以自定义学习进度。

4. 机器学习（进阶）

机器学习标志着计算机科学、数据分析、软件工程和人工智能领域内的重大技术突破。AlphaGo 战胜人类围棋冠军、人脸识别、大数据挖掘，都和机器学习密切相关。这个项目将引导学生如何成长为一名机器学习工程师，并将预测模型应用于金融、医疗、教育等领域内的大数据处理。先修知识需要掌握中级编程知识、中级统计学知识、中级微积分和线性代数知识。

三、edX

Machine Learning

该课程的主讲者是哥伦比亚大学副教授 John Paisley，他只是一名相对普通的青年学者，于 2017 年首次开课，是时下较新的机器学习入门课程。在这门课中，学习者会了解到机器学习的算法、模型和方法，以及它们在现实生活中的应用。

四、学堂在线

人工智能前线系列课程

在本系列课程中,微软亚洲研究院的研究员们带来人工智能研究前沿知识,包括多媒体计算、知识挖掘与图计算、自然语言处理以及微软认证服务技术。同时,通过项目实践增强学习者的人工智能技术实践能力,对人工智能感兴趣的人群都可以参加学习。

附录 E 人工智能的技术图谱

人工智能（AI）、机器学习（ML）、深度学习（DL）的关系如图 E-1 所示。

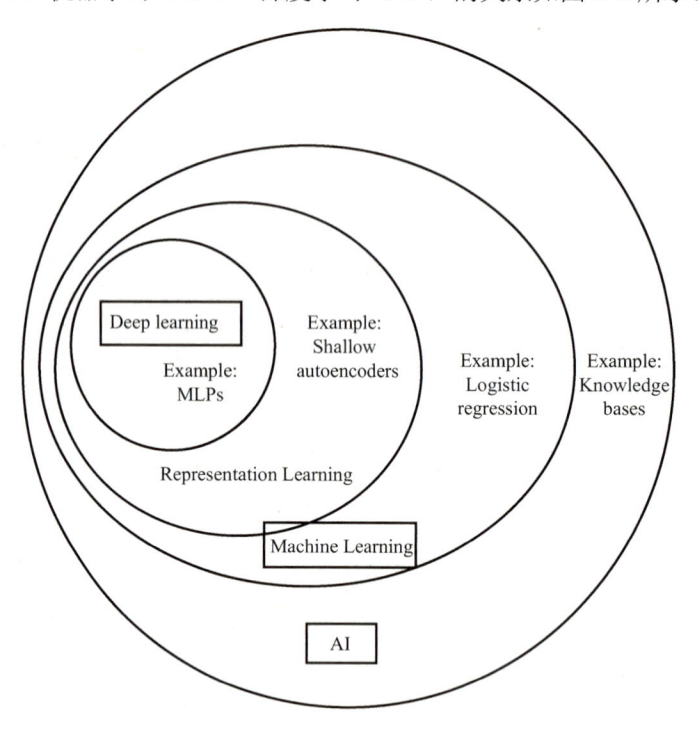

图 E-1 人工智能、机器学习、深度学习的关系

人工智能可看作人的大脑，是用机器来诠释人类的智能；机器学习是让这个大脑去掌握认知能力的过程，是实现人工智能的一种方式；深度学习是大脑掌握认知能力过程中很有效率的一种学习工具，是一种实现机器学习的技术。所以，人工智能是目的、是结果，机器学习是方法，深度学习是工具。

人工智能分类：

- 弱人工智能：特定领域，感知与记忆存储，如图像识别、语音识别。
- 强人工智能：多领域综合，认知学习与决策执行，如自动驾驶。
- 超人工智能：超越人类的智能，独立意识与创新创造。

如图 E-2 所示，人工智能产业链有三层结构，分别是基础层、技术层、应用层。基础层以硬件为核心，专业化、加速化的运算速度是关键，包括大数据、计算力和算法。技术层专注通用平台、算法、模型为关键，开源化是趋势，包括计算机视觉、语音识别和自然语言理解。应用层与产业场景的深度融合是发展方向。

人工智能技术应用领域（见图 E-3）：

附录 E 人工智能的技术图谱

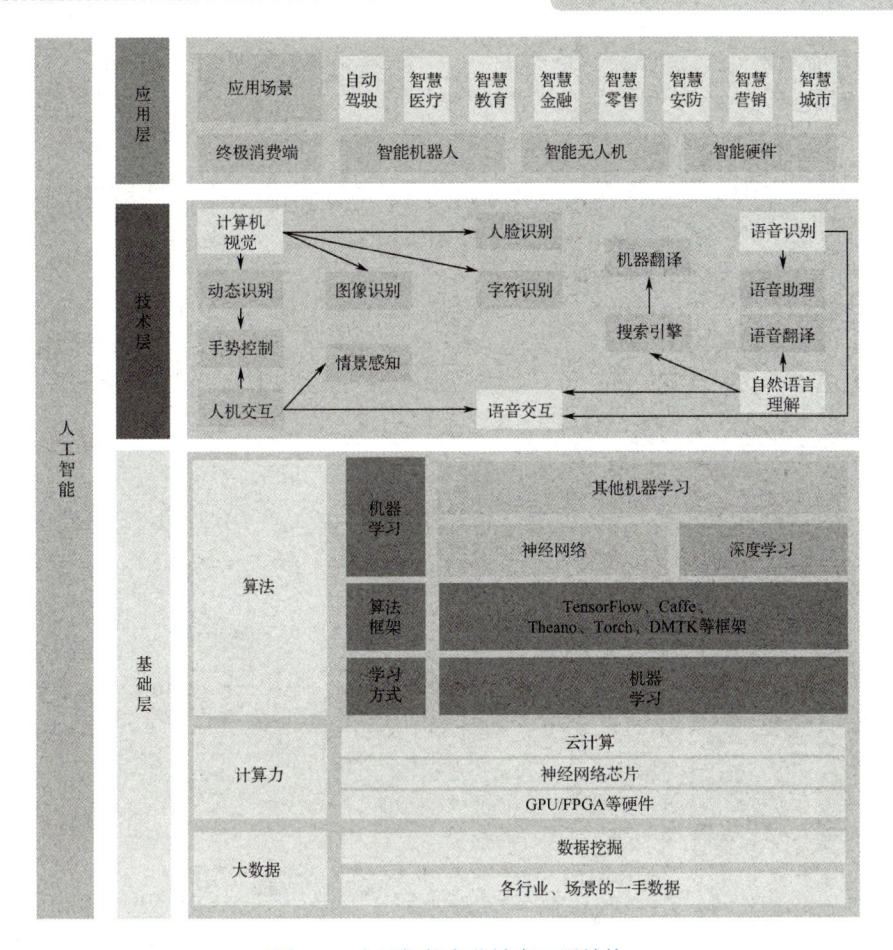

图 E-2 人工智能产业链有三层结构

- ◆ 互联网和移动互联网应用：搜索引擎、内容推荐引擎、精准营销、语音与自然语言交互、图像内容理解检索、视频内容理解检索、用户画像、反欺诈。
- ◆ 自动驾驶、智慧交通、物流、共享出行：自动驾驶汽车（传感器、感知、规划、控制、整车集成、车联网、高精度地图、模拟器）、智慧公路网络和交通标志、共享出行、自动物流车辆和物流机器人、智能物流规划。
- ◆ 智能金融：银行业（风控和反欺诈、精准营销、投资决策、智能客服）、保险业（风控和反欺诈、精准营销、智能理赔、智能客服）、证券基金投行业（量化交易、智能投顾）。
- ◆ 智慧医疗：医学影像智能判读、辅助诊断、病历理解与检索、手术机器人、康复智能设备、智能制药。
- ◆ 家用机器人和服务机器人：智能家居、老幼伴侣、生活服务。
- ◆ 智能制造业：工业机器人、智能生产系统。
- ◆ 人工智能辅助教育：智慧课堂、学习机器人。
- ◆ 智慧农业：智慧农业管理系统、智慧农业设备。
- ◆ 智能新闻写作：写稿机器人、资料收集机器人。
- ◆ 机器翻译：文字翻译、声音翻译、同声传译。
- ◆ 机器仿生：动物仿生、器官仿生。
- ◆ 智能律师助理：智能法律咨询、案例数据库机器人。
- ◆ 人工智能驱动的娱乐业。

◆ 人工智能艺术创作。
◆ 智能客服。
◆ ……

人工智能技术图谱	数学基础	微积分、线性代数、概率统计、信息论、集合论和图论、博弈论		
^	计算机基础	计算机原理、程序设计语言、操作系统、分布式系统、算法基础		
^	机器学习算法	机器学习基础	估计方法、特征工程	
^	^	线性模型	线性回归	
^	^	逻辑回归		
^	^	决策树模型	GBDT	
^	^	支持向量机		
^	^	贝叶斯分类器		
^	^	神经网络	深度学习	MLP、CNN、RNN、GAN
^	^	聚类算法	k均值算法	
^	机器学习分类	有监督学习	分类任务、回归任务	
^	^	无监督学习	聚类任务	
^	^	半监督学习		
^	^	强化学习		
^	问题领域	语音识别、字符识别（手写识别）、机器视觉、自然语言处理（机器翻译）、自然语言理解、知识推理、自动控制、游戏理论和人机对弈（象棋、围棋、德州扑克、星际争霸）、数据挖掘		
^	机器学习架构	加速芯片	CPU、GPU、FPGA、ASIC、TPU	
^	^	虚拟化容器	Docker	
^	^	分布式结构	Spark	
^	^	库与计算框架	TenorFlow、scikit-learn、Caffe、MXNET、Theano、Torch、Microsoft CNTK	
^	^	可视化解决方案		
^	^	云服务	Amazon ML、Google Cloud ML、Microsoft Azure ML、阿里云ML	
^	数据集	计算机视觉	MNIST、CIFAR 10 & CIFAR 100、ImageNet、LSUN、PASCAL VOC、SVHN、MS COCO、Visual Genome、Labeled Faces in the Wild	
^	^	自然语言	文本分类数据集、WikiText、Question Pairs、SQuAD、CMU Q/A Dataset、Maluuba Datasets、Billion Words、Common Crawl、bAbi、The Children's Book Test、Stanford Sentiment Treebank、Newsgroups、Reuters、IMDB、UCI's Spambase	
^	^	语音	2000 HUB5 English、LibriSpeech、VoxForge、TIMIT、CHIME、TED-LIUM：TED	
^	^	推荐和排序系统	Netflix Challenge、MovieLens、Million Song Dataset、Last.fm	
^	^	网络和图表	Amazon Co-Purchasing 和 Amazon Reviews、Friendster Social Network Dataset	
^	^	地理测绘数据库	OpenStreetMap、Landsat8、NEXRAD	
^	其他相关AI技术	知识图谱、统计语言模型、专家系统、遗传算法、博弈算法（纳什均衡）		

图 E-3　人工智能技术图谱

附录 F 人工智能技术应用就业岗位与技能需求

目前，就业市场上对人工智能技术应用岗位的需求可以粗略地分为算法、数据分析、应用研发、解决方案、人工智能运维、AI 市场及销售等几大类。

1. 算法工程师

算法工程师包括：音/视频算法工程师（通常统称为语音/视频/图形开发工程师）、图像处理算法工程师、计算机视觉算法工程师、自然语言算法工程师、数据挖掘算法工程师、搜索算法工程师、控制算法工程师（机器人控制）等。

算法工程师的任务是制定一套合理的算法逻辑，让 AI 快速、准确地习得某个指令。当前人力资源市场对算法工程师的需求主要集中在数据挖掘、自然语言处理、机器学习、计算机视觉、移动端图像算法、底层优化算法等岗位。算法工程师的专业要求通常是人工智能、计算机、电子、通信、数学等相关专业；学历基本要求本科及以上（但随着 AI 技术落地的普及，学历要求也随之下降，如苏州在 2017 年度的 AI 职位需求中，超过 1/3 的用人单位学历要求在大专以上）；英语要求熟练，基本上能阅读国外专业书刊；必须掌握人工智能及计算机相关知识，熟练使用仿真工具 MATLAB 等；必须会一门编程语言。

算法工程师的技能要求在不同方向的差异较大，但都必须通晓：

- 机器学习。
- 大数据处理，熟悉至少一个分布式计算框架 Hadoop/Spark/Storm/ map-reduce/MPI。
- 数据挖掘。
- 扎实的数学功底。
- 熟悉至少一门编程语言，例如 Java/Python/R/C/C++。

（1）图像算法/计算机视觉工程师类

包括图像算法工程师、图像处理工程师、音/视频处理算法工程师、计算机视觉工程师。

要求人工智能、计算机、数学、统计学相关专业毕业；能使用深度学习方法解决视频图像中的目标检测、分类、识别、分割、语义理解等问题；精通 Python 及 C/C++语言，掌握常见的机器学习、模式识别算法；能够利用采集样本进行训练和算法优化；精通 DirectX HLSL 和 OpenGL GLSL 等 shader 语言，熟悉常见图像处理算法 GPU 实现及优化；熟练使用 TensorFlow 开发平台、MATLAB 数学软件、CUDA 运算平台、VTK 图像图形开源软件（医学领域：ITK，医学图像处理软件包）；熟悉 OpenCV/OpenGL/Caffe 等常用开源库；通晓人脸识别、行人检测、视频分析、三维建模、动态跟踪、车识别、目标检测跟踪识别等技术；熟悉基于 GPU 的算法设计与优化及并行优化；对于音/视频领域还必须掌握 H.264 等视频编解码标准和 FFMPEG，熟悉 RTMP 等流媒体传输协议，熟悉视频和音频解码算法，研究各种多媒体文件格式、GPU 加速等。

（2）机器学习工程师

要求人工智能、计算机、数学、统计学相关专业毕业；通晓人工智能、机器学习；熟悉 Hadoop/Hive 以及 Map-Reduce 计算模式，熟悉 Spark、Shark；熟悉大数据挖掘；能够进行高性能、高并发的机器学习、数据挖掘方法及架构的研发。

（3）自然语言处理工程师

要求人工智能、计算机相关专业毕业；掌握文本数据库；熟悉中文分词标注、文本分类、语言模型、实体识别、知识图谱抽取和推理、问答系统设计、深度问答等 NLP 相关算法；能够应用 NLP、机器学习等技术解决海量 UGC 的文本相关性；能够进行分词、词性分析、实体识别、新词发现、语义关联等 NLP 基础性研究与开发；掌握人工智能技术、分布式处理、Hadoop；掌握数据结构和算法。

（4）数据挖掘算法工程师类

包括推荐算法工程师、数据挖掘算法工程师。

要求计算机、通信、应用数学、金融数学、模式识别、人工智能等专业毕业；掌握机器学习、数据挖掘技术；熟悉常用机器学习和数据挖掘算法，包括但不限于决策树、K-means、SVM、线性回归、逻辑回归以及神经网络等算法；熟练使用 SQL、MATLAB、Python 等工具；对分布式计算框架如 Hadoop、Spark、Storm 等大规模数据存储与运算平台有实践经验；有扎实的数学基础。

（5）搜索算法工程师

要求人工智能、计算机、数学、统计学相关专业毕业；通晓数据结构、海量数据处理、高性能计算、大规模分布式系统开发；熟悉 Hadoop、Lucene；精通 Lucene/Solr/Elastic Search 等技术，并有二次开发经验；精通倒排索引、全文检索、分词、排序等相关技术；熟悉 Java，熟悉 Spring、MyBatis、Netty 等主流框架；优秀的数据库设计和优化能力，精通 MySQL 数据库应用；了解推荐引擎和数据挖掘及机器学习的理论知识。

（6）控制算法工程师类

包括云台控制算法、飞控控制算法、机器人控制算法工程师。

要求人工智能、计算机、电子信息工程、航天航空、自动化等相关专业毕业；精通自动控制原理（如 PID）、现代控制理论，精通组合导航原理、姿态融合算法、电机驱动；精通卡尔曼滤波，熟悉状态空间分析法对控制系统进行数学模型建模、分析调试；有硬件设计的基础。

2. 数据分析工程师

包括数据分析工程师和数据标注专员。

数据分析工程师的任务是获取海量数据，从中找出规律，给出解决方案，包括通过大数据平台分析行业的经营数据，完成统计与预测的工作；进行数据分析，挖掘数据特征及潜在的关联，为运营提供参考依据；从数据的角度给出决策建议；行业数据的整理、统计、建模与分析，进行数据分析相关软件的设计与开发；进行机器学习算法研究及并行化实现，为各种大规模机器学习应用提供稳定服务。

要求计算机、应用数学、数据挖掘、机器学习、人工智能、统计、运筹学等专业毕业；对机器学习、数据挖掘算法及其应用有比较全面的认识和理解；熟悉数据分析常用方法，熟悉 R、Python、Scala 等语言；熟练运用 Java 或 C++并具备 Python 语言开发能力；有 SQL 开发经验；具有 NLP 处理工具、网络爬虫、结构化数据提取、数据分析等使用/开发经验；有 Hadoop、MapReduce、Spark 等经验；有自然语言处理、机器翻译等 AI 领域的相关经验。

数据分析的另一个岗位是数据标注专员。其任务是负责对资源样本进行数据标注和简单分析；提取资源样本中的特征并进行标注、分析整理及归类；充分理解数据标注的背景和标准，较为精确地完成任务，为相关策略的制定提供依据。任职要求：沟通能力好，责任心强，思维逻辑能力强，细致认真，有耐心；有人工智能、机器学习、智能识别统计分析方面工作经验；头脑灵活，对分析数据和发现问题比较敏感；思维灵活，熟悉办公软件，对日常英语较为熟练。

3. 人工智能运维工程师

AI 运维工程师的任务是负责 AI 技术落地传统行业的部署实施；负责 AI 私有化场景下运维解决方案，保障高可用，如高可用架构设计与优化、部署、变更迭代、监控、预案建设、客户需求响应；负责 AI 私有化部署交付过程，保障交付效率，如服务器软硬件安装、Linux 系统调试、模块负载均衡；负责 AI 私有化运维平台研发，如通过自动化、平台化的方式解决私有场景中的各类通用运维问题；同时负责 AI 业务架构的可运维性设计，推动及开发高效的自动化运维、管理工具，提升运维工作效率；进行全方位的性能优化，将用户体验提升到极致；进行精确容量测算和规划，优化运营成本；保障服务稳定，负责各产品线服务 24×7 的正常运行等。

要求计算机相关专业毕业，具备互联网运维工作经验；精通 Linux 系统，熟练使用 Shell、Python、C、Java 等一门以上编程语言；熟练使用 Office 等办公软件，有较强的分析和解决问题能力，强烈的责任感、缜密的逻辑思维能力，善于用数据说话；具备良好的项目管理及执行能力；熟悉常见运维工具的使用如 zabbix、puppet 等，有二次开发经验者；熟悉 Linux 底层、网络，以及 Container、KVM 等虚拟化资源隔离技术；熟悉 Java 语言，掌握基本 Java 服务故障定位经验，熟悉 JVM、GC 调优；有机器学习、计算机视觉、自然语言处理等领域工作经验。

4. 应用研发工程师（AI+）

AI 应用研发工程师的主要任务是负责 AI 技术落地于传统行业的应用开发，如使用语音识别、语义理解、图像识别、人脸识别技术等 AI 前沿技术建设智慧城市、智能客服等；负责客户 AI 应用项目的系统设计和开发工作，协助算法工程师将 AI 技术应用到客户实际项目中去。AI 应用研发的本质是 AI+。目前 AI 技术落地传统行业大概可以分为以下几类。

- 智能（服务）机器人：服务机器人、客服机器人、家用服务机器人、餐饮服务机器人、医疗机器人、迎宾机器人、儿童机器人、仿真机器人、拟脑机器人、教育机器人、清洁机器人、传感型机器人、交互型机器人、自主型机器人、娱乐机器人、对话式机器人等。
- 智能识别机器应用：生物识别、图像识别、指纹识别、智能语音识别、智能语言识别、自然语言识别、虹膜识别、人脸识别、静脉识别、文字识别、视网膜识别、遥感图像识别、车牌识别、驻波识别、多维识别等。
- 智能生活：自动驾驶汽车、自动驾驶辅助系统、自动驾驶轨道列车、自动驾驶航空设备、智能交通、智慧教育、智慧医疗、无人购物、智能控制技术、智能家居、智能家电、智能穿戴设备、虚拟现实、增强现实等。
- 机器视觉/机器学习及其应用：智能搜索引擎、计算机视觉、图像处理、机器翻译、数据挖掘、知识发现、知识表示、知识处理系统等。
- 其他人工智能：大数据及数据智能、人机交互、生命科学、人工智能科研机构、实验室、高等院校、培训机构、新闻媒体等相关单位。

AI 应用研发工程师的任职要求：人工智能、计算机、软件或相关专业毕业，具有扎实的代码功底和实战能力；熟练掌握 Java、Python、Shell 语言及其生态圈；熟悉 Linux 操作系统及其环境中的开发模式；熟悉常用的数据库技术，了解常用的各类开源框架、组件或中间件；熟悉 Hadoop 技术及其生态圈（Spark 等）；熟悉相关行业（产业）。

5. 解决方案工程师

目前在 AI 技术落地于传统产业时，严重缺乏既懂 AI 技术又懂实际业务的人才。懂 AI 技术是指较为系统深入地学习过机器学习，能讲清楚神经网络训练过程，用过 Caffe 或者 TensorFlow 或别的框架。懂实际业务是指深入理解某行业，知道某行业商业模式和痛点。AI 技术落地要从行业真正的痛点和需求出发，找好垂直领域并专注做深。

AI 解决方案工程师的任务是把 AI 核心技术和行业需求进行绑定。与人工智能相关行业典型用户进行需求与技术交流；针对相关人工智能行业典型应用场景，进行深度学习软件框架设计，研发相关模型、算法，采用深度学习方法提升其应用准确率；针对相关人工智能行业典型应用场景，设计深度学习数据处理、训练、推理过程的系统架构，包括数据存储、计算、调度架构，并对关键技术问题进行验证，解决相关技术难点问题，形成产品型解决方案；联合用户进行解决方案验证和优化，对 AI 解决方案产品进行测试与验证，给出方案评测报告和优化建议；对 AI 技术进行支持、技术培训和文档输出。

AI 解决方案工程师的入职门槛较高，不仅要了解 AI 技术本身，还要了解哪些行业对 AI 有需求，在具备 AI 技术的基础知识的同时，还必须具有产品和商业市场思维。通常要求入职者具有机器学习、深度学习、人工智能、计算机视觉、语音等相关专业背景；熟悉机器学习算法，深度学习 CNN、RNN、LSTM 等算法；具有计算机视觉、智能语音、视频处理、金融、医疗健康等相关专业知识或工作经验；熟悉 Linux 下 Shell、C、C++、Python 等编程，熟悉 CUDA；具有基于 Linux 下 GPU 平台的应用和系统测试经验，具有 Linux 下 GPU 多节点多卡使用和正确率调优经验，CUDA 程序开发经验；熟练使用 Caffe、TensorFlow、MXNet、Torch、CNTK 等至少一种深度学习框架；熟悉 Linux，具有 Linux 下的编程经验，熟悉 HPC 系统架构；具有大规模 AI 系统设计经验。

6. AI 市场运营及销售工程师

AI 市场运营及销售工程师的任务是学习与掌握相关技术知识和产品知识，培养敏锐的市场捕捉和判别能力；系统整合客户资源，疏通销售渠道，全面负责产品的推广与销售；掌握客户需求，建设渠道，主动开拓，完成上级下达的任务指标；独立完成项目的策划与推广，建立和维护良好的客户关系；掌握市场动态，及时向销售经理汇报行情；负责项目合同的策划与撰写，以及负责产品的检验、交付；稳固老客户，发掘新客户；完善客户管理体系和市场竞争体系；评估、预测和控制销售成本，促使销售利润最大化；积极与相关部门沟通协调，促使生产与销售过程最优化；根据企业整体销售计划与战略，制定自身的销售目标与策略；负责展销会的策划与实施；提供优质的服务，提高产品的附加价值。

销售工程师的能力要求：大专以上学历，理工科专业背景；具有本行业专业背景；了解自己产品的优缺点，了解市场走向，把握客户心理；有一定的技术背景，对所销售产品比较了解，可以把客户的需求以比较专业的眼光进行分析，反馈给技术部门，便于及时得到技术部门的支持；扎实的人际交流能力，给客户以正面的感觉；一定的财务能力，对客户进行分析，找到潜在的突破点。

参考文献

[1] 王飞跃. 新IT与新轴心时代：未来的起源和目标[J]. 探索与争鸣，2017（10）.

[2] Fei-Yue Wang. Computational Social Systems in a New Period: A Fast Transition Into [9]the Third Axial Age[J]. IEEE TRANSACTIONS ON COMPUTATIONAL SOCIAL SYSTEMS, 2017, 4.

[3] 王飞跃. "直道超车"的中国人工智能梦[N]. 环球时报，2017.

[4] 孙志军，薛磊，许阳明，等. 深度学习研究综述[J]. 计算机应用研究，2012（08）.

[5] 邓茗春，李刚. 几种典型神经网络结构的比较与分析[J]. 信息技术与信息化，2008，（6）：29-31.

[6] Radford, A., Wu, J., Child, R., Luan, D., Amodei, D., & Sutskever, I. Language Models are Unsupervised Multitask Learners. OpenAI Blog, 2019.

[7] Vaswani, A., Shazeer, N., Parmar, N., Uszkoreit, J., Jones, L., Gomez, A. N., ... & Polosukhin, I. Attention is all you need. In Proceedings of the 31st International Conference on Neural Information Processing Systems, 2017.

[8] Brown, T. B., Mann, B., Ryder, N., Subbiah, M., Kaplan, J., Dhariwal, P., ... & Agarwal, S. Language Models are Few-Shot Learners. In Advances in Neural Information Processing Systems, 2020.

[9] Raffel, C., Shazeer, N., Roberts, A., Lee, K., Narang, S., Matena, M., ... & Liu, P. J. Exploring the Limits of Transfer Learning with a Unified Text-to-Text Transformer. Journal of Machine Learning Research, 2020.

[10] Roller, S., Dinan, E., Goyal, N., Ju, D., Williamson, M., Liu, Y., ... & Shuster, K. Recipes for building an open-domain chatbot. arXiv preprint arXiv:2004.13637, 2020.

[11] 赵力. 语音信号处理[M]. 北京：机械工业出版社，2009.

[12] [美]Stuart J. Russell，等著. 人工智能（第三版）[M]. 殷建平，等译. 北京：清华大学出版社，2017.

[13] 张良均，杨海宏，何子健等. Python与数据挖掘[M]. 北京：机械工业出版社，2016.

[14] [印]Gopi Subramanian 著. Python 数据科学指南[M]. 方延风，刘丹译. 北京：人民邮电出版社，2016.

[15] [印]Ivan Idris 著. Python 数据分析实战[M]. 冯博，严嘉阳译. 北京：机械工业出版社，2017.

[16] 周志华. 机器学习[M]. 北京：清华大学出版社，2016.

[17] [美]PeterHarrington 著. 机器学习实战[M]. 李锐，李鹏等译. 北京：人民邮电出版社，2013.

[18] 赵志勇. Python 机器学习算法[M]. 北京：电子工业出版社，2017.

[19] 范淼，李超. Python 机器学习及实践——从零开始通往Kaggle竞赛之路[M]. 北京：清华大学出版社，2016.

[20] 喻宗泉，喻晗. 神经网络控制[M]. 西安：西安电子科技大学出版社，2009.

[21] 曾喆昭. 神经计算原理及其应用技术[M]. 北京：科学出版社，2012.

[22] 刘冰，国海霞. MATLAB 神经网络超级学习手册[M]. 北京：人民邮电出版社，2014.

[23] 韩力群. 人工神经网络教程[M]. 北京：北京邮电大学出版社，2006.

[24] 张立毅等. 神经网络盲均衡理论、算法与应用[M]. 北京：清华大学出版社，2013.

[25] 孙增圻，邓志东，张再兴. 智能控制理论与技术（第二版）[M]. 北京：清华大学出版社，2011.

[26] 闻新，张兴旺，朱亚萍，等. 智能故障诊断技术：MATLAB 应用[M]. 北京：北京航空航天大学出版社，2015.

[27] 施彦，韩力群，廉小亲. 神经网络设计方法与实例分析[M]. 北京：北京邮电大学出版社，2009.

[28] 李嘉璇. TensorFlow 技术解析与实战[M]. 北京：人民邮电出版社，2017.

[29] 郑泽宇，顾思宇. TensorFlow 实战 Google 深度学习框架[M]. 北京：电子工业出版社，2017.

[30] 林大贵. 大数据巨量分析与机器学习[M]. 北京：清华大学出版社，2017.

[31] [美]Clinton W. Brownley 著. Python 数据分析基础[M]. 陈光欣译. 北京：人民邮电出版社出版，2017.

[32] 罗攀，蒋仟著. 从零开始学 Python 网络爬虫[M]. 北京：机械工业出版社，2017.

[33] Scikit-learn: Machine Learning in Python, Pedregosaet al., JMLR 12, pp. 2825-2830, 2011.

[34] [印]Ujjwal Karn, An Intuitive Explanation of Convolutional Neural Networks, The Data Science Blog, August 11, 2016.

[35] 聂明、齐红威. 数据标注工程[M]. 北京：电子工业出版社，2022.

[36] ImageNet

[37] MBAlib

[38] GitHub

[39] TensorFlow

[40] PyTorch

[41] Anaconda

[42] 阿里云云栖社区

[43] 开源中国（OSChina）代码托管平台

[44] Coursera

[45] Udacity

[46] edX

[47] 网易公开课

[48] 学堂在线

[49] 百度百科

反侵权盗版声明

电子工业出版社依法对本作品享有专有出版权。任何未经权利人书面许可，复制、销售或通过信息网络传播本作品的行为，歪曲、篡改、剽窃本作品的行为，均违反《中华人民共和国著作权法》，其行为人应承担相应的民事责任和行政责任，构成犯罪的，将被依法追究刑事责任。

为了维护市场秩序，保护权利人的合法权益，我社将依法查处和打击侵权盗版的单位和个人。欢迎社会各界人士积极举报侵权盗版行为，本社将奖励举报有功人员，并保证举报人的信息不被泄露。

举报电话：（010）88254396；（010）88258888
传　　真：（010）88254397
E-mail：　dbqq@phei.com.cn
通信地址：北京市海淀区万寿路 173 信箱
　　　　　电子工业出版社总编办公室
邮　　编：100036